厚黑学

李宗吾 著

我自读书识字以来，就想为英雄豪杰，求之四书五经，茫无所得，求之诸子百家，与夫廿四史，仍无所得，以为古之为英雄豪杰者，必有不传之秘，不过吾人生性愚鲁，寻他不出罢了。穷索冥搜，忘寝废食，如是者有年，一日偶然想起三国时几个人物，不觉恍然大悟曰：得之矣，得之矣，古之为英雄豪杰者，不过面厚心黑而已。

线装书局

图书在版编目（CIP）数据

厚黑学/李宗吾著.—北京：线装书局，2008.4
ISBN 978-7-80106-778-4

Ⅰ.厚… Ⅱ.李… Ⅲ.伦理学—研究—中国 Ⅳ.B825

中国版本图书馆 CIP 数据核字（2008）第 051180 号

厚黑学

著　　者：	李宗吾
责任编辑：	崔建伟　孙嘉镇
出版发行：	线装书局
	地址：北京市鼓楼西大街41号（100009）
	电话：010-64045283
	网址：www.xzhbc.com
经　　销：	新华书店
排　　版：	长　盛
印　　刷：	三河市金元印装有限公司
开　　本：	787×1092　1/16
印　　张：	21
字　　数：	388 千字
版　　次：	2008 年 5 月第 1 版　2018 年 6 月第 3 次印刷
印　　数：	20001－25000 册

定　　价：38.00 元

目　次

第一部　厚黑学
自　序 ··· 1
一、绪　论 ·· 2
二、厚黑学论 ·· 4
三、厚黑经 ·· 8
四、厚黑传习录 ··· 11
五、结　论 ·· 16
附：古文体之《厚黑学》 ·· 17

第二部　我对于圣人之怀疑
自　序 ·· 21
我对于圣人之怀疑 ··· 23

第三部　厚黑丛话
自　序 ·· 30
致读者诸君 ·· 32
厚黑丛话卷一 ··· 34
厚黑丛话卷二 ··· 47
厚黑丛话卷三 ··· 65
厚黑丛话卷四 ··· 78
厚黑丛话卷五 ··· 98
厚黑丛话卷六 ··· 115

第四部　厚黑原理（心理与力学）

自序一 ……………………………………………………………… 132
自序二 ……………………………………………………………… 134
一、性灵与磁电 …………………………………………………… 136
二、孟荀言性争点 ………………………………………………… 141
三、宋儒言性误点 ………………………………………………… 146
四、告子言性正确 ………………………………………………… 151
五、心理依力学规律而变化 ……………………………………… 159
六、人事变化之轨道 ……………………………………………… 164
七、世界进化之轨道 ……………………………………………… 169
八、达尔文学说之修正 …………………………………………… 173
九、克鲁泡特金学说之修正 ……………………………………… 178
十、我国古哲学说含有力学原理 ………………………………… 182
十一、经济、政治、外交三者应采用合力主义 ………………… 189

第五部　社会问题之商榷

自　序 ……………………………………………………………… 193
一、公私财产之区分 ……………………………………………… 195
二、人性善恶之研究 ……………………………………………… 197
三、世界进化之轨道 ……………………………………………… 207
四、解决社会问题之办法 ………………………………………… 214
五、各种学说之调和 ……………………………………………… 226

第六部　中国学术之趋势

自序一 ……………………………………………………………… 230
自序二 ……………………………………………………………… 232
一、老子与诸教之关系 …………………………………………… 233
二、宋学与蜀学 …………………………………………………… 254
三、宋儒之道统 …………………………………………………… 262
四、中西文化之融合 ……………………………………………… 270

第七部　李宗吾自述

一、迂老自述（李宗吾自传） …………………………………… 281

二、我的思想统系 ……………………………………………… 297

三、怕老婆哲学 ………………………………………………… 324

四、六十晋一妙文 ……………………………………………… 329

第一部　厚黑学

自　序

　　我于民国元年，曾写一文曰《厚黑学》，此后陆陆续续写了些文字，十六年汇刻一册，名曰《宗吾臆谈》，中有一文，曰《解决社会问题之我见》。十七年扩大之为一单行本，曰《社会问题之商榷》。近年复有些新感想，乃将历年所作文字，拆散之，连同新感想，用随笔体裁，融合写之，名曰《厚黑丛话》。自民国二十四年八月一日起，每日写一二段，在成都《华西日报》发表，以约有二万字为一卷，每两卷印一单行本，现已写满六卷。我本是闲着无事，随意写来消遣，究竟写若干长，写至何时止，我也无一定计划，如心中高兴，就长期写去，如不高兴，随时都可终止。唯文辞过于散漫，阅者未免生厌，而一般人所最喜欢者，是听我讲厚黑学，因将二十三年北平所印《厚黑学》单行本，略加点窜，重行付印，用供众览。

　　许多人劝我把《宗吾臆谈》和《社会问题之商榷》重印，我觉得二书有许多地方应该补充，叫我一一修改，又觉麻烦，因于丛话中，信笔写去，读者只读丛话，即无须再读二书，因二书的说法和应该补充之点，业已融化丛话中了。

　　十六年刊《宗吾臆谈》，李君澄波，周君雁翔，曾作有序。十七年刊《社会问题之商榷》，吴君毓江，郝君德，姚君勤如，杨君仔耘，均作有序。一并刊列卷首，聊作《厚黑丛话提要》，俾读者知道丛话内容之大概，苟无暇晷，即无须再读丛话。

　　《宗吾臆谈》和《社会问题之商榷》，业已各检二本，寄存四川图书馆，因忆自非家中尚有数本，撮取来一并邮寄南京、北平及其他图书馆存储，借表现在所写《厚黑丛话》与昔年思想仍属一贯也。

二十五年四月十二日李宗吾于成都。

一、绪　论

我读中国历史，发现了许多罅漏，觉得一部二十四史的成败兴衰，和史臣的论断，是完全相反的；律以圣贤所说的道理，也不符合。我很为诧异，心想古来成功的人，必定有特别的秘诀，出于史臣圣贤之外。我要寻它这个秘诀，苦求不得，后来偶然推想三国时候的人物，不觉恍然大悟。古人成功的秘诀，不过是脸厚心黑罢了。

由此推寻下去，一部二十四史的兴衰成败，这四个字确可以包括无遗；我于是乎作一种诙谐的文字，题名《厚黑学》，分为三卷：上卷厚黑学，中卷厚黑经，下卷厚黑传习录。民国元年三月，在成都《公论日报》上披露出来。那个时候，这种议论，要算顶新奇了，读者哗然。中卷还未登完，我受了朋友的劝告就停止了。不料从此以后，"厚黑学"三字，竟洋溢乎四川，成为普通的名词；我到了一个地方，就有人请讲《厚黑学》，我就原原本本的从头细述。听者无不点头领会，每每叹息道："我某事的失败，就是不讲厚黑学的缘故。"又有人说："某人声威赫赫，就是由于《厚黑学》研究得好。"有时遇了不相识的人，彼此问了姓名，他就用一种很惊异的声调问我："你是不是发明厚黑学的李某？"抑或旁人代为介绍道："他就是发明厚黑学的李宗吾。"更可笑者：学生做国文的时候，竟有用这个名词的，其传播的普遍，也就可以想见了。

我当初本是一种游戏的文字，不料会发生这种影响，我自己也十分诧异，心想这种议论，能受众人的欢迎，一定与心理学有关系。我于是继续研究下去，才知道厚黑学是渊源于性恶说。与王阳明的"致良知"渊源于性善说，其价格是相等的。古人说："仁义是天性中固有之物。"我说："厚黑是天性中固有之物。"阳明说："见父自然知孝，见兄自然知悌。"说得头头是道，确凿不移。我说："小儿见了母亲口中的糕饼，自然会取来放在自己口中，在母亲怀中吃东西的时候，见他哥哥来了，自然会用手推他打他。"也说得头头是道，确凿不移。阳明讲学，受一般人欢迎，所以《厚黑学》也受一般人欢迎。

有孟子的性善说，就有荀子的性恶说与之对抗，有王阳明的"致知良"三字，这"厚黑学"三字，也可与之对抗；究竟人性是怎样做起的，我很想把他研究出来，寻些宋、元、明、清讲学的书来看。见他所说的道理，大都是支离穿凿，迂曲难通，令人烦闷欲死。我于是乎把这些书抛开，用研究物

·2·

理学的方法来研究心理学，才知道心理学与力学是相通的。我们研究人性，不能断定他是善是恶，犹之研究水火之性质，不能断定他是善是恶一样。

孟子的性善说，荀子的性恶说，俱是一偏之见，我所讲的《厚黑学》，自然是更偏了，其偏的程度，恰与王阳明"致良知"之说相等；读者如果不明了这个道理，认真厚黑起来，是要终归失败的，读者能把我著的《心理与力学》看一下，就自然明白了。但是我们虽不想实行厚黑，也须提防人在我们名下施行厚黑，所以他们的法术，我们不能不知道。

二、厚黑学论

　　我自读书识字以来,就想为英雄豪杰,求之《四书》《五经》,茫无所得,求之诸子百家,与夫廿四史,仍无所得,以为古之为英雄豪杰者,必有不传之秘,不过吾人生性愚鲁,寻他不出罢了。穷索冥搜,忘寝废食,如是者有年,一日偶然想起三国时几个人物,不觉恍然大悟曰:得之矣,得之矣,古之为英雄豪杰者,不过面厚心黑而已。

　　三国英雄,首推曹操,他的特长,全在心子黑:他杀吕伯奢,杀孔融,杀杨修,杀董承、伏完,又杀皇后皇子,悍然不顾,并且明目张胆地说:"宁我负人,毋人负我。"他心子之黑,真是达于极点了。有了这样本事,当然称为一世之雄了。

　　其次要算刘备,他的特长,全在于脸皮厚:他依曹操,依吕布,依刘表,依孙权,依袁绍,东窜西走,寄人篱下,恬不为耻,而且生平善哭,做三国演义的人,更把他写得惟妙惟肖,遇到不能解决的事情,对人痛哭一场,立即转败为功,所以俗语有云:"刘备的江山。是哭出来的。"这也是一个大有本事的英雄。他和曹操,可称双绝;当着他们煮酒论英雄的时候,一个心子最黑,一个脸皮最厚,一堂对晤,你无奈我何,我无奈你何,环顾袁本初诸人,卑鄙不足道,所以曹操说:"天下英雄,唯使君与操耳。"

　　此外还有一个孙权,他和刘备同盟,并且是郎舅之亲,忽然夺取荆州,把关羽杀了,心子之黑,仿佛曹操,无奈黑不到底,跟着向蜀请和,其黑的程度,就要比曹操稍逊一点。他与曹操比肩称雄,抗不相下,忽然在曹丞驾下称臣,脸皮之厚,仿佛刘备,无奈厚不到底,跟着与魏绝交,其厚的程度也比刘备稍逊一点。他虽是黑不如操,厚不如备,却是二者兼备,也不能不算是一个英雄。他们三个人,把各人的本事施展开来,你不能征服我,我不能征服你,那时候的天下,就不能不分而为三。

　　后来曹操、刘备、孙权相继死了,司马氏父子乘时崛起,他算是受了曹刘诸人的熏陶,集厚黑学之大成,他能欺人寡妇孤儿,心子之黑与曹操一样;能够受巾帼之辱,脸皮之厚,还更甚于刘备;我读史见司马懿受辱巾帼这段事,不禁拍案大叫:"天下归司马氏矣!"所以得到了这个时候,天下就不得不统一,这都是"事有必至,理有固然"。

　　诸葛武侯,天下奇才,是三代下第一人,遇着司马懿还是没有办法,他下了"鞠躬尽瘁,死而后已"的决心,终不能取得中原尺寸之地,竟至呕血而死,可见王佐之才,也不是厚黑名家的敌手。

我把他们几个人物的事反复研究,就把这千古不传的秘诀发现出来。一部二十四史,可一以贯之:"厚黑而已。"兹再举楚汉的事来证明一下。

项羽拔山盖世之雄,喑哑叱咤,千人皆废,为什么身死东城,为天下笑?他失败的原因,韩信所说:"妇人之仁,匹夫之勇"两句话包括尽了。"妇人之仁",是心有所不忍,其病根在心子不黑;"匹夫之勇",是受不得气,其病根在脸皮不厚。鸿门之宴,项羽和刘邦同坐一席,项庄已经把剑取出来了,只要在刘邦的颈上一划,"太祖高皇帝"的招牌,立刻可以挂出,他偏偏徘徊不忍,竟被刘邦逃走。垓下之败,如果渡过乌江,卷土重来,尚不知鹿死谁手?他偏偏又说:"籍与江东子弟八千人,渡江而西,今无一人还,纵江东父兄怜我念我,我何面目见之。纵彼不言,籍独不愧于心乎?"这些话,真是大错特错!他一则曰"无面见人";再则曰"有愧于心"。究竟敌人的面,是如何长起的,敌人的心,是如何生起的?也不略加考察,反说:"此天亡我,非战之罪",恐怕上天不能任咎罢。

我们又拿刘邦的本事研究一下,《史记》载:项羽问汉王曰:"天下匈匈数岁,徒以吾两人耳,愿与汉王挑战决雌雄。"汉王笑谢曰:"吾宁斗智不斗力。"请问笑谢二字从何生出?刘邦见郦生时,使两女子洗脚,郦生责他倨见长者,他立即辍洗起谢。请问起谢二字,又从何生出?还有自己的父亲,身在俎下,他要分一杯羹;亲生儿女,孝惠鲁元,楚兵追至,他能够推他下车;后来又杀韩信,杀彭越,"鸟尽弓藏;兔死狗烹",请问刘邦的心子是何状态,岂是那"妇人之仁,匹夫之勇"的项羽所能梦见?太史公著本纪,只说刘邦隆准龙颜,项羽是重瞳子,独于二人的面皮厚薄,心之黑白,没有一字提及,未免有愧良史。

刘邦的面,刘邦的心,比较别人特别不同,可称天纵之圣。黑之一字,真是"生和安行,从心所欲不逾矩",至于厚字方面,还加了点学历,他的业师,就是三杰中的张良,张良的业师,是圯上老人,他们的衣钵真传,是彰彰可考的。圯上受书一事,老人种种作用,无非教张良脸皮厚罢了。这个道理,苏东坡的《留侯论》,说得很明白。张良是有凤根的人,一经指点,言下顿悟,故老人以王者师期之。这种无上妙法,断非钝根的人所能了解,所以《史记》上说:"良为他人言,皆不省,独沛公善之,良曰,沛公殆天授也。"可见这种学问,全是关乎资质,明师固然难得,好徒弟也不容易寻找。韩信求封齐王时候,刘邦几乎误会,全靠他的业师在旁指点,仿佛现在学校中,教师改正学生习题一般。以刘邦的天资,有时还有错误,这种学问的精深,就此可以想见了。

　　刘邦天资既高，学历又深，把流俗所传君臣、父子、兄弟、夫妇、朋友五伦，一一打破，又把礼义廉耻，扫除净尽，所以能够平荡群雄，统一海内，一直经过了四百几十年，他那厚黑的余气，方才消灭，汉家的系统，于是乎才断绝了。

　　楚汉的时候，有一个人，脸皮最厚，心不黑，终归失败。此人为谁？就是人人知道的韩信。胯下之辱，他能够忍受，厚的程度，不在刘邦之下。无奈对于黑字，欠了研究；他为齐王时，果能听蒯通的话，当然贵不可言，他偏偏系念着刘邦解衣推食的恩惠，冒冒昧昧的说："衣人之衣者，怀人之忧；食人之食者，死人之事。"后来长乐钟室，身首异处，夷及九族，真是咎由自取。他讥诮项羽是妇人之仁，可见心子不黑，做事还要失败的，这个大原则，他本来也是知道的，但他自己也在这里失败，这也怪韩信不得。

　　同时又有一个人，心最黑，脸皮不厚，也归失败。此人也是人人知道的，姓范名增。刘邦破咸阳，系子婴，还军霸上，秋毫不犯，范增千方百计，总想把他置之死地，心子之黑，也同刘邦仿佛；无奈脸皮不厚，受不得气，汉用陈平计，间疏楚君王，增大怒求去，归来至彭城，疽发背死。大凡做大事的人，哪有动辄生气的道理？"增不去，项羽不亡"，他若能隐忍一下，刘邦的破绽很多。随便都可以攻进去。他愤然求去，把自己的老命，把项羽的江山，一齐送掉，因小不忍，坏了大事，苏东坡还称他是人杰，未免过誉？

　　据上面的研究，厚黑学这种学问，法子很简单，用起来却很神妙，小用小效，大用大效。刘邦、司马懿把它学完了，就统一天下；曹操、刘备各得一偏，也能称孤道寡，割据争雄；韩信、范增，也是各得一偏，不幸生不逢时，偏偏与厚黑兼全的刘邦并世而生，以致同归失败。但是他们在生的时候，凭其一得之长，博取王侯将相，烜赫一时，身死之后，史传中也占了一席之地，后人谈到他们的事迹，大家都津津乐道，可见厚黑学终不负人。

　　上天生人，给我们一张脸，而厚即在其中，给我们一颗心，而黑即在其中。从表面上看去，广不数寸，大不盈掬，好像了无奇异，但若精密的考察，就知道它的厚是无限的，它的黑是无比的，凡人世的功名富贵、宫室妻妾、衣服车马，无一不从这区区之地出来。造物生人的奇妙，真是不可思议。钝根众生，身有至宝，弃而不用，可谓天下之大愚。

　　厚黑学共分三步功夫，第一步是"厚如城墙，黑如煤炭"。起初的脸皮，好像一张纸，由分而寸，由尺而丈，就厚如城墙了。最初心的颜色，作乳白状，由乳色而炭色、而青蓝色，再进而就黑如煤炭了。到了这个境界，只能算初步功夫；因为城墙虽厚，轰以大炮，还是有攻破的可能；煤炭虽黑，但

· 6 ·

颜色讨厌，众人都不愿挨近它。所以只算是初步的功夫。

第二步是"厚而硬。黑而亮"。深于厚学的人，任你如何攻打，他一点不动，刘备就是这类人，连曹操都拿他没办法。深于黑学的人，如退光漆招牌，越是黑，买主越多，曹操就是这类人。他是著名的黑心子，然而中原名流，倾心归服，真可谓"心子漆黑，招牌透亮"。能够到第二步，固然同第一步有天渊之别，但还露了迹象，有形有色，所以曹操的本事，我们一眼就看出来了。

第三步是"厚而无形，黑而无色"。至厚至黑，天上后世，皆以为不厚不黑，这个境界，很不容易达到，只好在古之大圣大贤中去寻求。有人问："这种学问，哪有这样精深？"我说："儒家的中庸，要讲到'无声无臭'方能终止；学佛的人，要到'菩提无树，明镜非台'，才算正果：何况厚黑学是千古不传之秘。当然要做到'无形无色'，才算止境"。

总之，由三代以至于今，王侯将相，豪杰圣贤，不可胜数，苟其事之有成，无一不出于此；书册俱在，事实难诬，读者倘能本我指示的途径，自去搜寻，自然左右逢源，头头是道。

三、厚黑经

　　李宗吾曰："不薄谓之厚，不白谓之黑，厚者天下之厚脸皮，黑者天下之黑心子。此篇乃古人传授心法，宗吾恐其久而差矣，故笔之于书，以授世人。其书始言厚黑，中散为万事，末复合为厚黑；放之则弥六合，卷之则退藏于面与心，其味无穷，皆实学也。善读者玩索而有得焉，则终身用之，有不能尽者矣。"

　　"天命之谓厚黑，率厚黑之谓道，修厚黑之谓教；厚黑也者，不得须臾离也，可离非厚黑也。是故君子戒慎乎其所不厚，恐惧乎其所不黑，莫险乎薄，莫危乎白，是以君子必厚黑也。喜怒哀乐皆不发谓之厚，发而无顾忌谓之黑！厚也者，天下之大本也；黑也者，天下之达道也。至厚黑，天下畏焉，鬼神惧焉。"

　　右第一章：宗吾述古人不传之秘以立言。首言厚黑之本源出于天而不可易，其实厚黑备于己而不可离，次言孝养厚黑之要；终差厚黑功化之极；盖欲学者于此，反求诸身而自得之，以去夫外诱之仁义，而充其本然之厚黑，所谓一篇之体要是也。以下各章亲引宗吾之言，以终此章之义。

　　宗吾曰："厚黑之道，易而难。夫妇之愚，可以与知焉，及其至也，虽曹刘亦有所不知焉；夫妇之不肖，可以能行焉，及其至也，虽曹刘亦有所不能焉。厚黑之大，曹刘犹有所憾焉，而况世人乎！"

　　宗吾曰："人皆曰予黑，驱而纳诸煤炭之中，而不能一色也；人皆曰予厚，遇乎炮弹而不能不破也。"

　　宗吾曰："厚黑之道，本诸身，征诸众人，考诸三王而不谬，鉴诸天地而不悖，质诸鬼神而无疑，百世以俟，圣人而不惑。"

　　宗吾曰："君子务本，本立而道生。厚黑也者，其为人之本与？"

　　宗吾曰："三人行，必有我师焉。择其厚黑者而从之，其不厚黑者而改之。"

　　宗吾曰："天生厚黑于予，世人其如予何？"

　　宗吾曰："十室之邑，必有厚黑如宗吾者焉，不如宗吾之明说也。"

　　宗吾曰："君子无终食之间违厚黑，造次必于是，颠沛必于是。"

　　宗吾曰："如有项羽之才之美，使厚且黑，刘邦不足观也已！"

　　宗吾曰："厚黑之人，能得千乘之国；苟不厚黑，箪食豆羹不可得。"

宗吾曰："五谷者，种之美者也，苟为不熟，不如荑稗；夫厚黑亦在乎熟之而已矣。"

宗吾曰："道学先生，厚黑之贼也，居之似忠信，行之似廉洁，众皆悦之，自以为是，而不可与入曹刘之道。故曰：厚黑之贼也。"

宗吾曰："无惑乎人之不厚黑也！虽有天下易生之物也，一日曝之，十日寒之，未有诞生者也。吾见人讲厚黑亦罕矣！吾退而道学先生至矣！吾其如道学先生何哉？今夫厚黑之为道，大道也，不专心致志，则不得也。宗吾发明厚黑学者也，使宗吾诲二人厚黑，其一人专心致志，唯宗吾之为听，一人虽听之，一心以为有道学先生将至，思窃圣贤之名而居之，则虽与之俱学，弗若之矣！为其资质弗若欤？曰：非也。"

宗吾曰："有失败之事于此，君子必自反也，我必不厚；其自反而厚矣，而失败犹是也，君子必自反也，我必不黑；其自反而黑矣，其失败犹是也，君子曰：反对我者，是亦妄人也已矣！如此则与禽兽奚择哉！用厚黑以杀禽兽，又何难焉？"

宗吾曰："厚黑之道，高矣美矣？宜若登天然，而未尝不可几及也。譬如行远，必自迩，譬如登高，必自卑；身不厚黑，不能行于妻子，使人不以厚黑，不能行于妻子。"

我著厚黑经，意在使初学的人便于讽诵，以免遗忘。不过有些道理，太深奥了，我就于经文上下加以说明。

宗吾曰："不曰厚乎，磨而不薄；不曰黑乎，洗而不白。"后来我改为："不曰厚乎，越磨越厚；不曰黑乎，越洗越黑。"有人问我："世间哪有这种东西？"我说："手足的茧疤，是越磨越厚；沾了泥土尘埃的煤炭，是越洗越黑。"人的面皮很薄，慢慢的磨炼，就渐渐的加厚了；人的心，生来是黑的，遇着讲因果的人，讲理学的人，拿些道德仁义蒙在上面，才不会黑，假如把他洗去了。黑的本体自然出现。

宗吾曰："厚黑者，非由外铄我也，我固有之也。天生庶民，有厚有黑，民之秉彝，好是厚黑。"这是可以试验的。随便找一个当母亲的，把她亲生孩子抱着吃饭，小孩见了母亲手中的碗，就伸手去拖，如不提防，就会被他打烂；母亲手中拿着糕饼，他一见就伸手来拿，如果母亲不给他，把糕饼放在自己口中，他就会伸手把母亲口中糕饼取出，放在他自己的口中。又如小孩坐在母亲的怀中吃奶或者吃饼的时候，哥哥走至面前，他就要用手推他打他。这些事都是"不学而能，不虑而知"的，这即是"良知良能"了。把这种"良知良能"扩充出去，就可建立惊天动地的事业。唐太宗杀他的哥哥建成。杀他的弟弟元吉。又把建成和元吉的儿子全行杀死，把元吉的妃子纳入后宫，又逼着父亲把天下让与他。他这种举动，全是把当小孩时抢母亲口中糕饼和推哥哥、打哥哥那种"良知良能"扩充出来了。普通人有了这种"良知良能"不知道扩充，唯有唐太宗把它扩充了。所以他就成为千古的英雄。故宗吾曰："口之于味也，有同耆焉；耳之于声也，有同听焉；目之于色也，有同美焉。于至而与心，独无所同然乎？心之所同然者，何也？谓厚也，黑也。英雄特扩充我面与心之所同然'耳。"

厚黑这个道理，很明白的摆在面前，不论什么人都可见到，不过刚刚一见到，就被感应篇、阴骘文或道学先生的学说压服下去了。故宗吾曰："牛山之木尝美矣，斧刀伐之，非无萌蘖之生焉；牛羊又从而牧之，是以若彼其濯濯也。虽存乎人者，岂无厚与黑哉！其所以摧残其厚黑者，亦犹斧斤之于木也，旦旦而伐之，则其厚黑不足以存。厚黑不足以存，则欲为英雄也难矣！人见其不能为英雄也，而以为未尝有厚黑焉，是岂人之情也哉？故苟得其养，厚黑日长；苟失其养，厚黑日消。"

宗吾曰："小孩见母亲口中有糕饼，皆知抢而夺之矣，人能充其抢母亲口中糕饼之心，而厚黑不可胜用也，足以为英雄为豪杰。是之谓'大人者，不失其赤子之心者也。'苟不充之，不足以保身体，是之谓'自暴自弃'。"

有一种天资绝高的人，他自己明白这个道理，就实力奉行，秘不告人。又有一种资质鲁钝的人，已经走入这个途径，自己还不知道。故宗吾曰："行之而不著焉，习矣而不察焉，终身由之，而不知厚黑者众也。"

世间学说，每每误人，唯有厚黑学绝不会误人，就是走到了山穷水尽，当乞丐的时候，讨口，也比别人多讨点饭。故宗吾曰："自大总统以至于乞儿，壹是皆以厚黑为本。"

厚黑学博大精深，有志此道者，必须专心致志，学过一年，才能应用，学过三年，才能大成。故宗吾曰："苟有学厚黑者，期月而已可也，三年有成。"

四、厚黑传习录

有人问我道："你发明厚黑学，为什么你做事每每失败，为什么你的学生的本领还比你大，你每每吃他的亏？"我说："你这话差了。凡是发明家，都不可登峰造极。儒教是孔子发明的，孔子登峰造极了，颜、曾、思、孟去学孔子，他们的学问，就比孔子低一层；周、程、朱、张去学颜、曾、思、孟，学问又低一层；后来学周、程、朱、张的，更低一层，愈趋愈下，其原因就是教主的本领太大了。西洋的科学则不然，发明的时候很粗浅，越研究越精深。发明蒸汽的人，只悟得汽冲壶盖之理；发明电气的人，只悟得死蛙运动之理。后人继续研究下去，造出种种的机械。有种种的用途，这是发明蒸汽、电气的人所万不逆料的。可见西洋科学，是后人胜过前人，学生胜过先生；我的"厚黑学"与西洋科学相类。我只能讲点汽冲壶盖、死蛙运动，中间许多道理，还望后人研究，我的本领当然比学生小，遇着他们，当然失败；将来他们传授些学生出来，他们自己又被学生打败。一辈胜过一辈，厚黑学自然就昌明了！"

又有人问道："你把厚黑学讲得这样神妙，为什么不见你做出一些轰轰烈烈的事情？"我说道："我试问：你们的孔夫子，究竟做出了多少轰轰烈烈的事情？"他讲的为政为邦，道千乘之国，究竟实行了几件？曾子著一部《大学》，专讲治国平天下，请问他治的国在哪里？平的天下在哪里？子思著了一部《中庸》，说了些中和位育的话，请问他中和位育的实际安在？你不去质问他们，反来质问我，明师难遇，至道难闻，这种'无上甚深微妙法，百千万劫难遭遇'，你听了还要怀疑，未免自误。"

我把厚黑学发表出来，一般人读了，都说道："你这门学问，博大精深，难于领悟，请指示一条捷径。"我问他："想做什么？"他说："我想弄一个官来做，并且还要轰轰烈烈的做些事，一般人都认为是大政治家。"我于是传他求官六字真言、做官六字真言和办事二妙法。

（一）求官六字真言

求官六字真言："空、贡、冲、捧、恐、送"。此六字俱是仄声，其意义如下：

1. 空

即空闲之意，分两种：一指事务而言，求官的人，定要把一切事放下，

不工不商，不农不贾，书也不读，学也不教，一心一意，专门求官。二指时间而言，求官的人要有耐心，不能着急，今日不生效，明日又来，今年不生效，明年又来。

2. 贡

这个字是借用的，是四川的俗语，其意义等于钻营的钻字，"钻进钻出"，可以说"贡进贡出"。求官要钻营，这是众人知道的，但是定义很不容易下。有人说："贡字的定义，是有孔必钻。"我说："这错了！只说得一半，有孔才钻，无孔者其奈之何？"我下的定义是："有孔必钻。无孔也要入。"有孔者扩而大之；无孔者，取出钻子，新开一孔。

3. 冲

普通所谓之"吹牛"，四川话是"冲帽壳子"。冲的工夫有两种：一是口头上，二是文字上的。口头上又分普通场所及上峰的面前两种；文字上又分报章杂志及说帖条陈两种。

4. 捧

就是捧场的捧字。戏台上魏公出来了，那华歆的举动，是绝好的模范的人物。

5. 恐

是恐吓的意思，是及物动词。这个字的道理很精深，我不妨多说几句。官之为物，何等宝贵，岂能轻易给人？有人把捧字做到十二万分，还不生效，这就是少了恐字的工夫；凡是当轴诸公，都有软处，只要寻着他的要害，轻轻点他一下，他就会惺然大吓，立刻把官儿送来。学者须知，恐字与捧字，是互相为用的，善恐者捧之中有恐，旁观的人，看他在上峰面前说的话，句句是阿谀逢迎，其实是暗击要害，上峰听了，汗流浃背。善捧者恐之中有捧，旁观的人，看他傲骨棱棱，句句话责备上峰，其实受之者满心欢喜，骨节皆酥。"神而明之，存乎其人"，"大匠能与人规矩，不能使人巧"，要在求官的人细心体会。最要紧的，用恐字的时候，要有分寸，如用过度了，大人们老羞成怒，作起对来，岂不就与求官的宗旨大相违背？这又何苦乃尔？非到无可奈何的时候，恐字不能轻用。

6. 送

即是送东西，分大小二种：大送，把银元钞票一包一包的拿去送；小送，如春茶、火肘及请吃馆子之类。所送的人分两种，一是操用舍之权者，二是未操用舍之权而能予我以助力者。

这六字做到了，包管字字发生奇效，那大人先生，独居深念，自言自语说：某人想做官，已经说了许多（这是空字的效用），他和我有某种关系（这是贡字的效用），其人很有点才具（这是冲字的效用），对于我很好（这是捧字的效用）。但此人有点坏才，如不安置，未必不捣乱（这是恐字的效用），想到这里，回头看见桌上黑压压的，或者白亮亮的堆了一大堆（这是送字的效用），也就无话可说，挂出牌来，某缺着某人署理。求官到此，可谓功行圆满了。于是走马上任，实行做官六字真言。

（二）做官六字真言

做官六字真言："空、恭、绷、凶、聋、弄"。此六字俱是平声，其意义如下：

1. 空

空即空洞的意思。一是文字上，凡是批呈词、出文告，都是空空洞洞的，其中奥妙，我难细说，请到军政各机关，把壁上的文字读完，就可恍然大悟；二是办事上，随便办什么事情，都是活摇活动，东倒也可，西倒也可，有时办得雷厉风行，其实暗中藏有退路，如果见势不佳，就从那条路抽身走了，绝不会把自己牵挂着。

2. 恭

就是卑躬折节、胁肩谄笑之类，分直接间接两种，直接是指对上司而言，间接是指对上司的亲戚朋友、丁役及姨太太等等而言。

3. 绷

即俗语所谓绷劲，是恭字的反面字，指对下属及老百姓而言。分两种：一是仪表上，赫赫然大人物，凛不可犯；二是言谈上，俨然腹有经纶，槃槃大才。恭字对饭甑子所在地而言，不必一定是上司；绷字对非饭甑子所在地而言，不必一定是下属和老百姓，有时甑子之权，不在上司，则对上司亦不妨绷；有时甑子之权，操诸下属或老百姓，又当改而为恭。吾道原是活泼泼地，运用之妙，存乎一心。

4. 凶

只要能达到我的目的，他人亡身灭家，卖儿贴妇，都不必顾忌；但有一层应当注意，凶字上面，定要蒙一层道德仁义。

5. 聋

就是耳聋："笑骂由他笑骂，好官我自为之。"但，聋字中包含有瞎子的意义，文字上的诋骂，闭着眼睛不看。

6. 弄

即弄钱之弄，川省俗语读作平声。千里来龙，此处结穴，前面的十一个字，都是为了这个字而设的。弄字与求官之送字是对照的，有了送就有弄。

这个弄字，最要注意，是要能够在公事上通得过才成功。有时通不过，就自己垫点腰包里的钱，也不妨；如果通得过，任他若干，也就不用客气了。

以上十二个字，我不过粗举大纲，许多的精义，都没有发挥，有志于官者可按门径，自去研究。

（三）办事二妙法

1. 锯箭法

有人中了箭，请外科医生治疗，医生将箭干锯下，即索谢礼。问他为什么不把箭头取出？他说：那是内科的事，你去寻内科好了。这是一段相传的故事。

现在各军政机关，与夫大办事家，都是用的这种方法。譬如批呈词："据呈某某等情，实属不合已极，仰候令饬该县知事查明严办。""不合已极"这四个字是锯箭干，"该知事"是内科，抑或"仰候转呈上峰核办"，那"上峰"就是内科。又如有人求我办一件事情，我说："这个事情我很赞成，但是，还要同某人商量。""很赞成"三字是锯箭干，"某人"是内科。又或说："我先把某部分办了，其余的以后办。""先办"是锯箭干，"以后"是内科。此外有只锯箭干，并不命其寻找内科的，也有连箭干都不锯，命其径寻内科的，种种不同，细参自悟。

2. 补锅法

做饭的锅漏了，请补锅匠来补。补锅匠一面用铁片刮锅底煤烟，一面对主人说："请点火来我烧烟。"他乘着主人转背的时候，用铁锤在锅上轻轻地敲几下，那裂痕就增长了许多，及主人转来，就指与他看，说道："你这锅裂痕很长，上面油腻了，看不见，我把锅烟刮开，就现出来了，非多补几个钉子不可。"主人埋头一看，很惊异地说："不错！不错！今天不遇着你，这个锅子恐怕不能用了！"及至补好，主人与补锅匠，皆大欢喜而散。

郑庄公纵容共叔段，使他多行不义，才举兵征讨，这就是补锅法了。历史上这类事情是很多的。有人说："中国变法，有许多地方是把好肉割坏了来医。"这是变法诸公用的补锅法。在前清宦场，大概是用锯箭法，民国以来，是锯箭、补锅二者互用。

上述二妙法，是办事的公例，无论古今中外，合乎这个公例的就成功，违反这个公例的即失败。管仲是中国的大政治家，他办事就是用这两种方法。狄人伐卫，齐国按兵不动，等到狄人把卫绝了，才出来做"兴灭国继绝世"的义举，这是补锅法。召陵之役，不责楚国僭称王号，只责他包茅不贡，这是锯箭法。那个时候，楚国的实力，远胜齐国，管仲敢于劝齐桓公兴兵伐楚，可说是锅敲烂了来补。及到楚国露出反抗的态度，他立即锯箭了事。召陵一役，以补锅法始，以锯箭法终，管仲把锅敲烂了能把它补起，所以称为"天下才"。

明季武臣，把流冠围住了，故意放他出来，本是用的补锅法，后来制他不住，竟至国破君亡，把锅敲烂了补不起，所以称为"误国庸臣"。岳飞想恢复中原，迎回二帝，他刚刚才起了取箭头的念头，就遭杀身之祸。明英宗也先被捉去，于谦把他弄回来，算是把箭头取出了，仍然遭杀身之祸。何以故？违反公例故。

晋朝王导为宰相，有一个叛贼，他不去讨伐。陶侃责备他，他复信说："我遵养时晦，以待足下。"侃看了这封信笑说："他无非是'遵养时贼'罢了。"王导"遵养时贼"以待陶侃，即是留着箭头，专等内科。诸名士在新亭流涕，王导变色曰："当共戮力王室，克复神州，何至作楚囚对泣？"他义形于色，俨然手执铁锤，要去补锅，其实说两句漂亮话就算完事，怀、愍二帝，陷在北边，永世不返，箭头永未取出。王导这种举动，略略有点像管仲，所以历史上称他为"江左夷吾"。读者如能照我说的方法去实行，包管成为管子而后的第一个大政治家。

五、结　论

　　说了一大堆的话，在这收头结大瓜的时候，不妨告诉读者一点秘诀：厚黑的施用，定要糊一层仁义道德，不能把它赤裸裸的表现出来。王莽的失败，就是由于露出了厚黑的缘故。如果终身不露，恐怕王莽至今还在孔庙里吃冷猪肉。韩非子说："阴用其言而显弃其身。"这个法子，也是定要的。即如我著这本《厚黑学》，你们应当秘藏枕中，不可放在桌上。假如有人问你："你认识李宗吾吗？"你就要做一种很庄严的面孔说："这个人坏极了，他是讲厚黑学的，我认他不得。"口虽这样说，但心里应当供一个"大成至圣先师李宗吾之位"。你们能够这样做去，生前的事业，一定惊天动地，死后一定入孔庙吃冷猪肉无疑。所以我每听见人骂我，我非常高兴，说道："吾道大行矣。"

　　还有一点，我前面说："厚黑上面，要糊上一层仁义道德。"这是指遇着道学先生而言。假如遇着讲性学的朋友，你同他讲仁义道德，岂非自讨没趣？这个时候，应当糊上"恋爱神圣"四个字。若遇着了讲马克思的朋友，就糊上"阶级斗争，劳工专政"八个字，难道他不喊你是同志吗？总之，面子上应当糊以什么东西，是在学者因时因地，神而明之，而里子的厚黑二字，则万变不离其宗。有志斯学者，细细体会！

附：古文体之《厚黑学》

初期的《厚黑学》，并不是像后来流传的本子，没有所谓《厚黑经》及《厚黑传习录》之类，那只是标题为《厚黑学》的短篇而已。文字是用的古文体，这在宗吾的所有著作中，是仅有体裁。今为保留这节《厚黑学》的形式起见，也可以让读者看看这位厚黑教主的古文笔法如何，将全文照录如下：

吾自读书识字以来，见古之享大名膺厚誉者，心窃异之。欲究其致此之由，渺不可得，求之六经群史，茫然也；求之诸子百家，茫然也；以为古人必有不传之秘，特吾人赋性愚鲁，莫之能识耳。穷索冥搜忘寝与食，如是者有年。偶阅《三国志》，而始憬然大悟曰："得之矣，得之矣，古之成大事者，不外面厚心黑而已！"三国英雄。曹操其首也。曹逼天子，杀皇后，粮罄而杀主者，昼寝而杀幸姬，他如吕伯奢、孔融、杨修、董承、伏完等，无不一一屠戮，宁我负人，毋人负我，其心之黑亦云至矣。次于操者为刘备。备依曹操、依吕布、依袁绍、依刘表、依孙权，东窜西走，寄人篱下，恬不知耻，而稗史所记生平善哭之状，尚不计焉，其面之厚亦云至矣。又次则为孙权。权杀关羽，其心黑矣，而旋即媾和；称臣曹丕，其面厚矣，而旋即与绝，则犹有未尽厚黑者在也。总而言之，操之心至黑，备之面至厚，权之面与心不厚不黑，亦厚亦黑。故曹操深于黑学者也；刘备深于厚学者也；孙权与厚黑二者，或出焉，或入焉，黑不如操，而厚亦不如备。此三子，皆英雄也，各出所学，争为雄长，天下于是乎三分。此后，三子相继而殁，司马氏父子乘时崛起，奄有众长，巾帼之遗而能受之，孤儿寡妇而能忍欺之，盖受曹刘诸人孕育陶铸，而集其大成者，三分之天下，虽欲不混一于司马氏不得也。诸葛武侯天下奇才，率师北伐，志决身歼，卒不复汉室，还于旧都，王佐之才，固非厚黑名家之敌哉！

吾于是返而求之群籍。则向所疑者，无不涣然冰释。即以汉初言之，项羽喑哑叱咤，千人昏厥，身死东城，为天下笑，亦由面不厚，心不黑，自速其亡，非有他也。鸿门之宴，从范增计，不过一举手之势，而太祖高皇帝之称，羽已安坐而享之矣；而乃徘徊不决，俾沛公乘间逸去。垓下之败，亭长舣船以待，羽则曰："籍与江东子弟八千人渡江而西，今无一人还，纵江东父兄怜而王我，我何面目见之？纵彼不言，籍独不愧于心乎？"噫，羽误矣！人心不同，人面亦异，不一审他人所操之术，而曰此天亡我，非战之罪也，岂不谬哉？沛公之黑，由于天纵，推孝惠于车前，分杯羹于俎上．韩彭菹醢，兔死狗烹，独断于心，从容中道。至其厚学则得自张良。良之师曰圯上老人，良进履受书，顿悟妙谛，老人以王者师期之。良为他人言．皆不省，独沛公善之，尽得其传。项王忿与挑战，则笑而谢之；郦生责其倨见长者，则起而延之上坐；韩信乘其困于荥阳，求为假王之镇齐，亦始怒之，而终忍之；自非深造有得，胡能豁达大度若是？至吕后私辟阳侯，佯为不知，尤其显焉者。彼其得天既厚，学养复深，于流俗所传君臣父子兄弟夫妇朋友之伦，廓而清之，翦灭群雄，传祚四百余载，虽曰天命，岂非人事哉？

楚汉之际，有一人焉，厚而不黑，卒归于败者，韩信是也。胯下之辱，信能忍之，其厚学非不优也。后为齐王，果听蒯通之说，其实诚不可言。奈何惓惓于解衣推食之私情，贸然曰："衣人之衣者，怀人之事；食人之食者，死人之事？"长乐钟室，身首异处，夷及九族，有以也。楚汉之际，有一人焉，黑而不厚，亦归于败者，范增是也。沛公破咸阳，击子婴，还军霸上，秋毫无犯，增独谓其志不在小，必欲置之死地而后生已。既而汉用陈平计，间疏楚君臣，增大怒求去，归未至彭城，疽发背死。夫欲图大事，怒何为者！增不去，项羽不亡，苟能稍缓须臾，除乘刘氏之敝，天下事尚可为；而增竟以小不忍，亡其身，复之其君，人杰固如是乎？

夫厚黑之为学也，其法至简，其效至神，小用小效，大用大效。沛公得其全而光汉，司马得其全而光晋，曹操、刘备得其偏，割据称雄，烜赫一世。韩信、范增，其学亦不在曹刘下，不幸遇沛公而失败，惜哉！然二子虽不善终，能以一长之畏，显名当世，身死之后，得于史传中列一席地，至今犹津津焉乐道之不衰，则厚黑亦何负于人哉？由三代迄于今，帝王将相，不可胜数，苟其事之有济，何一不出此？书策俱在，事实难诬。学者本吾出以求之，自有豁然贯通之妙矣。

世之衰也，邪说充盈，真理汩没。下焉者，诵习《感应篇》、《阴骘文》，沉迷不反；上焉者，狃于礼义廉耻之习，碎碎吾道，弥近理而大乱真。若夫不读书不识字者，宜乎至性未漓，可与言道矣：乃所谓善男信女，又幻出城隍阁老、牛头马面、刀山剑树之属，以慴服之，缚束之，而至道之真，遂隐而不见矣。我有面，我自厚之，我有心，我自黑之，取之裕如，无待于外。钝根众生，身有至宝，弃而不用，薄其面而为厚所贼，白其心而为黑所欺，穷蹙终身，一筹未展，此吾所以叹息痛恨上叩穹苍而代诉不平也。虽然，厚黑者，秉彝之良，行之非艰也。愚者行而不著，习而不察；黠者阳假仁义之名，阴行厚黑之实，大道锢蔽，无所遵循，可哀也已。

有志斯道者，毋怛怛尔色，与厚太忒，毋坦白尔胸怀，与黑违乖。其初也，薄如纸焉，白如乳焉。日进不已，由分而寸而尺而寻丈，乃垒若垣然。由乳色而灰色而青蓝色，乃黯若石炭然。夫此尤其粗焉者耳；善厚者必坚，攻之不破；善黑者有光，悦之者众。然犹有迹象也。神而明者，厚而无形，黑而无色，至厚至黑，而常若不厚不黑，此诚诣之至精也。曹刘诸人，尚不足语此，求诸古之大圣大贤，庶几一或遇之。吾生也晚，幸窥千古之不传之秘，先觉觉后，舍我其谁？亟发其凡。以告来哲。君子之道，引而不发，跃如也。举一反三，贵在自悟。老予曰：上士闻道，勤而行之；中士闻道，若存若亡；下士闻道，大笑之。不笑不足以为道。闻吾言而行者众，则吾道伸；闻吾言而笑者众，则吾道绌。伸乎绌乎？吾亦任之而已。

他把这篇文章写出来，果然廖绪初就为他作了一序，以后谢绶青也为他写了一跋。当时他未用本名，是用的别号"独尊"二字，盖取"天上地下，唯我独尊"之意。绪初也是用的别号，取名"淡然"：

廖的序云：

吾友独尊先生，发明《厚黑学》，恢诡谲怪，似无端崖；然考之中外古今，验诸当世大人先生，举莫能外，诚宇宙间至文哉！世欲从斯学而不得门径者，当不乏人。特劝先生登诸报端，以飨后学。异日将此理扩而充之，刊为单行本，普度众生，同登彼岸，质之独尊，以为何如？

民国元年，三月，淡然。

谢的跋云：

独尊先生《厚黑学》出，论者或以为讥评末俗，可以导人为善；或以为击破混沌，可以导人为恶。余则曰：《厚黑学》无所谓善，无所谓恶，如利刃然，用以诛盗贼者则善，用以屠良民者则恶，善与恶，何关于刃？用《厚黑学》以为善则为善人，用《厚黑学》以为恶则为恶人，于厚黑无与也。读者当不以余言为谬。谢绶青跋。

于是《厚黑学》就从此问世了。果然不出王简恒、雷民心诸人所料,《厚黑学》发表出来,读者哗然,他虽是用的笔名,却无人不知《厚黑学》是李宗吾作的。"淡然"二字,大家也晓得是廖绪初的笔名。但廖大圣人的称谓,依然如故;而宗吾则博得了"李厚黑"的徽号。当时,他也曾后悔不听良友的劝告,继而以为此事业已作了,后悔又有什么用呢?倒不如把心中所积蓄的道理痛痛快快地说出来,任凭世人笑骂好了。于是而又采用四句的文句,写了一篇《厚黑经》;袭取宋儒的语录体,写了一篇《厚黑传习录》,在他的《传习录》中,又特别提出"求官六字真言"、"做官六字真言"及"办事二妙法"三项,加以详说,以为古今的"官场现形"绘出一逼真的写照,而自己便索性以"厚黑教主"自命,甘愿一身担当天下人的笑骂,大有耶稣背十字架的精神,笑骂也由他,杀戮也由他。

第二部　我对于圣人之怀疑

自　序

我原来是孔子的信徒，小的时候父亲与我命的名，我嫌他不好，见《礼记》上孔子说，儒有今人与居，古人与稽，今世行之，后世以为楷，就自己改名世楷，字宗儒，表示信从儒教之意。光绪癸卯年，我从富顺赴成都读书，与友人雷君詧皆同路，每日步行百里，途中无事，纵谈时局，并寻些经史，彼此讨论。他对于时事，非常愤慨，心想铁肩担宇宙，就改字铁崖。我觉得儒家学说有许多缺点，心想与其宗孔子，不如宗自己，因改字宗吾。从此之后，我的思想，也就改变，每读古人的书，就有点怀疑，对于孔子，虽未宣布独立，却是宗吾二字，是我思想独立的旗帜，二十多年前，已经树立了。

我见二十四史上一切是非都是颠倒错乱的，曾做了一本《厚黑学》，说古来成功的人，不过面厚心黑罢了。民国元年，曾在成都报纸上发表。我对于尧舜禹汤文武周公孔子十分怀疑，做了一篇《我对于圣人之怀疑》。这篇文字，我从前未曾发表。

我做了那两种文字之后，心中把一部二十四史，一部宋元明清学案扫除干净，另用物理学的规律来研究心理学，觉得人心的变化，处处是跟着力学轨道走的，从古人事迹上，现今政治上，日用琐事上，自己心坎上，理化数学上，中国古书上，西洋学说上，四面八方，印证起来，似觉处处可通。我于是创设了一条臆说：心理之变化，循力学公例而行。这是我一人的拘墟之见，是否合理，不得而知，特著《心理与力学》一篇，请阅者赐教。

我应用这条臆说，觉得现在的法令制度很有些错误的地方，我置身学界把学制拿来研究，曾做了一篇《考试制之商榷》，又著了一篇《学业成绩考察会之计划》，曾在成都报纸发表，并经四川教育厅印行。那个时候，我这个臆说，还未发表，文中只就现在的学制陈说利弊，我的根本原理，未曾说出，诸君能把那两篇文字，与这篇《心理与力学》对看，合并赐教，更是感激。我近日做有一篇《推广平民教育之计划》，也附带请教。

我从癸卯年，发下一个疑问道，孔孟的道理，既是不对，真正的道理，究竟在什么地方？这个疑团，蓄在心中，迟至二十四年，才勉强寻出一个答案，真可谓笨极了。我重在解释这个疑问。很希望阅者指示迷途，我绝对不

敢自以为是，指驳越严，我越是感激。如果我说错了，他人说得有理，我就抛弃我的主张，改从他人之说，也未尝不可。诸君有赐教的，请在报纸上发表，如能交成都国民公报社社长李澄波先生，或成都新四川日刊社社长周雁翔先生代转，那就更好了。

　　我从前做的《厚黑学》及《我对于圣人之怀疑》，两种文字的底稿，早已不知抛往何处去了，我把大意写出来，附在后面，表明我思想之过程。凡事有破坏，才有建设。这两篇文字，算是一种破坏。目的在使我自己的思想独立，所以文中多偏激之论。我们重在寻求真理，无须乎同已死的古人争闹不休；况且我们每研究一理，全靠古人供给许多材料，我们对于古人，只有感谢的，更不该吹毛求疵。这两篇文字的误点，我自己也知道，诸君不加以指正也使得。

　　　　　　　　中华民国二十七年一月十五日李世楷序于成都。

我对于圣人之怀疑

我先年对于圣人，很为怀疑，细加研究，觉得圣人内面有种种黑幕，曾做了一篇《圣人的黑幕》。民国元年本想与《厚黑学》同时发表，因为《厚黑学》还未登载完，已经众议哗然，说我破坏道德，煽惑人心，这篇文字，更不敢发表了，只好藉以解放自己的思想。现在国内学者，已经把圣人攻击得身无完肤，中国的圣人，已是日暮途穷。我幼年曾受过他的教育，本不该乘圣人之危，坠井下石，但是我要表明我思想的过程，不妨把我当日怀疑之点，略说一下。

世间顶怪的东西，要算圣人，三代以上，产生最多，层见叠出，同时可以产生许多圣人。三代以下，就绝了种，并莫产出一个。秦汉而后，想学圣人的，不知有几千百万人，结果莫得一个成为圣人，最高的，不过到了贤人地位就止了。请问圣人这个东西，究竟学得到学不到？如说学得到，秦汉而后，有那么多人学，至少也该再出一个圣人；如果学不到，我们何苦朝朝日日，读他的书，拼命去学？

三代上有圣人，三代下无圣人，这是古今最大怪事。我们通常所称的圣人，是尧舜禹汤文武周公孔子。我们把他们分析一下，只有孔子一人是平民，其余的圣人，尽是开国之君，并且是后世学派的始祖，他的破绽，就现出来了。

原来周秦诸子，各人特创一种学说，自以为寻着真理了，自信如果见诸实行，立可救国救民，无奈人微言轻，无人信从。他们心想，人类通性，都是悚慕权势的，凡是有权势的人说的话，人人都能够听从。世间权势之大者，莫如人君，尤莫如开国之君，兼之那个时候的书，是竹简做的，能够得书读的很少，所以新创一种学说的人都说道，我这种主张，是见之书上，是某个开国之君遗传下来的。于是道家托于黄帝，墨家托于大禹，倡并耕的托于神农，著本草的也托于神农，著医书的，著兵书的，俱托于黄帝。此外百家杂技，与夫各种发明，无不托始于开国之君。孔子生当其间，当然也不能违背这个公例。他所托的更多，尧舜禹汤文武之外，更把鲁国开国的周公加入，所以他是集大成之人。甩秦诸子，个个都是这个办法，拿些嘉言懿行，与古帝王加上去，古帝王坐享大名，无一个不成为后世学派之祖。

周秦诸子，各人把各人的学说发布出来，聚徒讲授，各人的门徒，都说我们的先生是个圣人。原来圣人二字，在古时并不算高贵，依《庄子·天下篇》所说，圣人之上，还有天人、神人、至人等名称，圣人列在第四等；圣字的意思，不过是闻声知情，事无不通罢了，只要是聪明通达的人，都可呼之为圣人，犹之古时的朕字一般，人人都称得，后来把朕字、圣字收归御用，不许凡人冒称，朕字、圣字才高贵起来。周秦诸子的门徒，尊称自己的先生是圣人，也不为僭妄。孔子的门徒，说孔子是圣人，孟子的门徒说孟子是圣人，老庄杨墨诸人，当然也有人喊他为圣人。到了汉武帝的时候，表章六经，罢黜百家，从周秦诸子中，把孔子挑选出来。承认他一人是圣人，诸子的圣人名号，一齐削夺，孔子就成为御赐的圣人了。孔子既成为圣人，他所尊崇的尧舜禹汤文武周公当然也成为圣人。所以中国的圣人，只有孔子一人是平民，其余的是开国之君。

周秦诸子的学说，要依托古之人君，也是不得已而为之，这可举例证明。南北朝有个张士简，把他的文章拿与虞讷看，虞讷痛加诋斥。随后张士简把文改作，托名沈约，又拿与虞讷看，他就读一句，称赞一句。清朝陈修园，著了一本《医学三字经》，其初托名叶天士，及到其书流行了，才改归己名。有修园的自序可证。从上列两事看来，假使周秦诸子不依托开国之君，恐怕他们的学说早已消灭，岂能传到今日？周秦诸子，志在救世，用了这种方法，他们的学说才能推行，后人受赐不少。我们对于他们是应该感谢的，但是为研究真理起见。他们的内幕，是不能不揭穿的。

孔子之后，平民之中。也还出了一个圣人，此人就是人人知道的关羽。凡人死了，事业就完毕，唯有关羽死了过后，还干了许多事业，竟自挣得圣人的名号，又著有《桃园经》、《觉世真经》等书，流传于世。孔子以前，那些圣人的事业与书籍，我想恐怕也与关羽差不多。

现在乡僻之区偶然有一人得了小小富贵，讲因果的，就说他阴功积得多，讲堪舆的，就说他坟地葬得好，看相的，算命的，就说他面貌生庚与众不同。我想古时的人心与现在差不多，大约也有讲因果的人，看见那些开基立国的帝王，一定说他品行如何好，道德如何好，这些说法流传下来，就成为周秦诸子著书的材料了。兼之，凡人皆有我见，心中有了成见，眼中所见的东西，就会改变形象。戴绿眼镜的人，见凡物皆成绿色；戴黄眼镜的人，见凡物皆成黄色。周秦诸人，创了一种学说，用自己的眼光去观察古人，古人自然会改形变相，恰与他的学说符合。

我们权且把圣人中的大禹提出来研究一下。他腓无胈，胫无毛，忧其黔首，颜色黎墨，宛然是摩顶放踵的兼爱家。韩非子说："禹朝诸侯于会稽，防风氏之君后至而禹斩之。"他又成了执法如山的大法家。孔子说："禹，吾无间然矣。菲饮食而致孝乎鬼神，恶衣服而致美乎黻冕，卑宫室而尽力乎沟洫。"俨然是恂恂儒者，又带点栖栖不已的气象。读魏晋以后禅让文，他的行径，又与曹丕、刘裕诸人相似。宋儒说他得了危微精一的心传，他又成了一个析义理于毫芒的理学家。杂书上说他娶涂山氏女，是个狐狸精，仿佛是《聊斋》上的公子书生；说他替涂山氏造傅面的粉，又仿佛是画眉的风流张敞；又说他治水的时候，驱遣神怪，又有点像《西游记》上的孙行者、《封神榜》上的姜子牙。据著者的眼光看来，他始而忘亲事仇，继而夺仇人的天下，终而把仇人逼死苍梧之野，简直是厚黑学中的重要人物。他这个人，光怪陆离，真是莫名其妙。其余的圣人，其神妙也与大禹差不多。我们略加思索，圣人的内幕也就可以了然了。因为圣人是后人幻想结成的人物，各人的幻想不同，所以圣人的形状有种种不同。

　　我做了一本《厚黑学》，从现在逆推到秦汉是相合的，又推到春秋战国，也是相合的，可见从春秋以至今日，一般人的心理是相同的。再追溯到尧舜禹汤文武周公，就觉得他们的心理神秘难测，尽都是天理流行，唯精唯一，厚黑学是不适用的。大家都说三代下人心不古，仿佛三代上的人心，与三代下的人心，成为两截了，岂不是很奇的事吗？其实并不奇。假如文景之世，也像汉武帝的办法，把百家罢黜了，单留老子一人，说他是个圣人，老子推崇的黄帝，当然也是圣人，于是乎平民之中，只有老子一人是圣人，开国之君，只有黄帝一人是圣人。老子的心，微妙玄通，深不可识。黄帝的心，也是微妙玄通，深不可识。其政闷闷，其民淳淳。黄帝而后，人心就不古：尧夺哥哥的天下，舜夺妇翁的天下，禹夺仇人的天下，成汤文武以臣叛君，周公以弟弑兄。我那本《厚黑学》，直可逆推到尧舜而止，三代上的人心，三代下的人心，就融成一片了。无奈再追溯上去，黄帝时代的人心，与尧舜而后的人心，还是要成为两截的。

　　假如老子果然像孔子那样际遇，成了御赐的圣人，我想孟轲那个亚圣名号，一定会被庄子夺去，我们读的四子书，一定是《老子》、《庄子》、《列子》、《关尹子》，所读的经书，一定是《灵枢》、《素问》、孔孟的书，与管商申韩的书，一齐成为异端，束诸高阁，不过遇着好奇的人，偶尔翻来看看，《大学》、《中庸》在《礼记》内，与《王制》、《月令》并列。"人心唯危"十六字，混在"曰若稽古"之内，也就莫得什么精微奥妙了。后世讲道学的人，一定会向《道德经》中，玄牝之门，埋头钻研，一定又会造出天玄人玄，理牝欲牝种种名词，互相讨论。依我想，圣人的真相不过如是。

　　儒家的学说，以仁义为立足点，定下一条公例，行仁义者昌，不行仁义者亡。古今成败，能合这个公例的，就引来做证据，不合这个公例的，就置诸不论。举个例来说，太史公《殷本纪》说："西伯归，乃阴修德行善。"《周本纪》说："西伯阴行善。"连下两个阴字，其作用就可想见了。《齐世家》更直截了当说道："周西伯昌之脱羑里归，与吕尚阴谋修德以倾商政，其事多兵权与奇计。"可见文王之行仁义，明明是一种权术，何尝是实心为民。儒家见文王成了功，就把他推尊得了不得。徐偃王行仁义，汉东诸侯朝者三十六国，荆文王恶其害己也，举兵灭之。这是行仁义失败了的，儒者就绝口不提。他们的论调，完全与乡间讲因果报应的一样，见人富贵，就说他积得有阴德，见人触电器死了，就说他忤逆不孝。推其本心，固是劝人为善，其实真正的道理，并不是那么样。

古来的圣人，真是怪极了！虞芮质成，脚踏了圣人的土地，立即洗心革面。圣人感化人，有如此的神妙，我不解管蔡的父亲是圣人，母亲是圣人，哥哥弟弟是圣人，四面八方被圣人围住了，何以中间会产生鸱鸮。清世宗呼允禩为阿其那，允禟为塞思赫，翻译出来，是猪狗二字。这个猪狗的父亲也是圣人，哥哥也是圣人，鸱鸮猪狗，会与圣人错杂而生，圣人的价值，也就可以想见了。

李自成是个流贼，他进了北京，寻着崇祯帝后的尸，载以宫扉，盛以柳棺，放在东华门，听人祭奠。武王是个圣人，他走至纣死的地方，射他三箭，取黄钺把头斩下来，悬在太白旗上。他们爷儿，曾在纣名下称过几天臣，做出这宗举动，他们的品行连流贼都不如，公然也成为唯精唯一的圣人，真是妙极了！假使莫得陈圆圆那场公案，吴三桂投降了，李自成岂不成为太祖高皇帝吗？他自然也会成为圣人，他那闯太祖本纪，所载深仁厚泽，恐怕比《周本纪》要高几倍。

太王实始翦商，王季、文王继之，孔子称武王缵太王、王季、文王之绪，其实与司马炎缵懿师昭之绪何异？所异者，一个生在孔子前，得了世世圣人之名，一个生在孔子后，得了世世逆臣之名。

后人见圣人做了不道德的事，就千方百计替他开脱，到了证据确凿，无从开脱的时候，就说书上的事迹，出于后人附会。这个例是孟子开的，他说"以至仁伐至不仁"，断不会有流血的事，就断定《武成》上血流漂杵那句话是假的。我们从殷民三叛，多方大诰，那些文字看来，可知伐纣之时，血流漂杵不假，只怕"以至仁伐至不仁"那句话有点假。

子贡曰："纣之不善，不如是之甚也。是以君子恶居下流，而天下之恶皆归焉。"我也说："尧舜禹汤文武周公之善，不如是之甚也。是以君子愿居上流，而天下之美皆归焉。"若把下流二字改作失败，把上流二字改作成功，更觉确切。

第二部 我对于圣人之怀疑

古人神道设教，祭祀的时候，叫一个人当尸，向众人指说道："这就是所祭之神。"众人就朝着他磕头礼拜。同时又以至道设教，对众人说："我的学说，是圣人遗传下来的。"有人问："哪个是圣人？"他就顺手指着尧舜禹汤文武周公说道："这就是圣人。"众人也把他当如尸一般，朝着他磕头礼拜。后来进化了，人民醒悟了，祭祀的时候，就把尸撤销，唯有圣人的迷梦，数千年未醒，尧舜禹汤文武周公，竟受了数千年的崇拜。

讲因果的人，说有个阎王，问阎王在何处，他说在地下。讲耶教的人，说有个上帝，问上帝在何处，他说在天上。讲理学的人，说有许多圣人，问圣人在何处，他说在古时。这三种怪物，都是只可意中想像，不能目睹，不能证实。唯其不能证实，他的道理就越是玄妙，信从的人就越是多。在创这种议论的人，本是劝人为善，其意固可嘉，无如事实不真确，就会生出流弊。因果之弊，流为拳匪圣人之弊，使真理不能出现。

汉武帝把孔子尊为圣人过后，天下的言论，都折中于孔子，不敢违背。孔融对于父母问题，略略讨论一下，曹操就把他杀了。嵇康菲薄汤武，司马昭也就把他杀了。儒教能够推行，全是曹操、司马昭一般人维持之力；后来开科取士，读书人若不读儒家的书，就莫得进身之路。一个死孔子，他会左手拿官爵，右手拿钢刀，哪得不成为万世师表？宋元明清学案中人，都是孔圣人马蹄脚下人物，他们的心坎上受了圣人的摧残踩躏，他们的议论，焉得不支离穿凿？焉得不迂曲难通？

中国的圣人，是专横极了，他莫有说过的话，后人就不敢说，如果说出来，众人就说他是异端，就要攻击他。朱子发明了一种学说，不敢说是自己发明的，只好把孔门的"格物致知"加一番解释，说他的学说是孔子嫡传，然后才有人信从。王阳明发明一种学说，也只好把"格物致知"加一番新解释，以附会己说，说朱子讲错了，他的学说才是孔子嫡传。本来朱、王二人的学说，都可以独树一帜，无须依附孔子，无如处于孔子势力范围之内，不依附孔子。他们的学说万万不能推行。他二人费尽心力去依附当时的人，还说是伪学，受重大的攻击。圣人专横到了这个田地，怎么能把真理搜寻得出来。

韩非子说得有个笑话，郢人致书于燕相国，写书的时候，天黑了，喊"举烛"，写书的人，就写上"举烛"二字，把书送去。燕相得书，想了许久，说道，举烛是尚明，尚明是任用贤人的意思，就对燕王说了。燕王听他的话，国遂大治。虽是收了效，却非原书本意，所以韩非说："先王有郢书，后世多燕说。"究竟"格物致知"四字作何解释，恐怕只有手著《大学》的人才明白，朱、王二人中，至少有一人免不脱郢书燕说的批评，岂但"格物致知"四字，恐怕《十三经注疏》，《皇清经解》，宋元明清学案内面，许多妙论也逃不脱郢书燕说的批评。

学术上的黑幕，与政治上的黑幕，是一样的。圣人与君主，是一胎双生的，处处狼狈相依。圣人不仰仗君主的威力，圣人就莫得那么尊崇；君主不仰仗圣人的学说，君主也莫得那么猖獗。于是君主把他的名号分给圣人，圣人就称起王来了；圣人把他的名号分给君主，君主也称起圣来了。君主钳制人民的行动，圣人钳制人民的思想。君主任便下一道命令，人民都要遵从；如果有人违背了，就算是大逆不道，为法律所不容。圣人任便发一种议论，学者都要信从；如果有人批驳了，就算是非圣无法，为清议所不容。中国的人民，受了数千年君主的摧残压迫，民意不能出现，无怪乎政治紊乱；中国的学者，受了数千年圣人的摧残压迫，思想不能独立，无怪乎学术消沉。因为学说有差误，政治才会黑暗，所以君主之命该革，圣人之命尤其该革。

我不敢说孔子的人格不高，也不敢说孔子的学说不好，我只说除了孔子，也还有人格，也还有学说。孔子并莫有压制我们，也未尝禁止我们别创异说，无如后来的人，偏要抬出孔子，压倒一切。使学者的思想不敢出孔子的范围之外。学者心坎上被孔子盘踞久了，理应把他推开，思想才能独立，宇宙真理才研究得出来。前几年，有人把孔子推开了，同时杜威、罗素就闯进来，盘踞学者心坎上，天下的言论，又热衷于杜威、罗素，成一个变形的孔子，有人违反了他的学说，又算是大逆不道，就要被报章杂志骂个不休。如果杜威、罗素去了，又会有人出来，执行孔子的任务。他的学说，也是不许人违反的。依我想，学术是天下公物，应该听人攻击，如果说错了，改从他人之说，于己也无伤，何必取军阀态度，禁人批评。

凡事以平为本。君主对于人民不平等，故政治上生纠葛；圣人对于学者不平等，故学术上生纠葛。我主张把孔子降下来，与周秦诸子平列，我与阅者诸君一齐参加进去，与他们平坐一排，把杜威、罗素诸人欢迎进来，分庭抗礼，发表意见，大家磋商，不许孔子、杜威、罗素高踞我们之上，我们也不高踞孔子、杜威、罗素之上，人人思想独立，才能把真理研究得出来。

我对于圣人既已怀疑，所以每读古人之书，无在不疑，因定下读书三诀，为自己用功步骤。兹附录于下。

读书三诀：

第一步，以古为敌。读古人之书，就想此人是我的劲敌，有了他，就莫得我，非与他血战一番不可。逐处寻他缝隙，一有缝隙，即便攻入；又代古人设法抗拒，愈战愈烈，愈攻愈深。必要如此，读书方能入理。

第二步，以古为友。我若读书有见，即提出一种主张，与古人的主张对抗，把古人当如良友，互相切磋。如我的主张错了，不妨改从古人；如古人主张错了，就依着我的主张，向前研究。

第三步，以古为徒。著书的古人，学识肤浅的很多，如果我自信心力在那些古人之上，不妨把他们的书拿来评阅，当如评阅学生文字一般。说得对的，与他加几个密圈；说得不对的，与他画几根杠子。我想世间俚语村言，含有妙趣的，尚且不少，何况古人的书，自然有许多至理存乎其中，我评阅越多，智识自然越高，这就是普通所说的教学相长了。如遇一个古人，智识与我相等，我就把他请出来，以老友相待，如朱晦庵待蔡元定一般。如遇有智识在我上的，我又把他认为劲敌，寻他缝隙，看攻得进攻不进。

我虽然定下三步功夫，其实并莫有做到，自己很觉抱愧。我现在正做第一步功夫，想达第二步还未达到。至于第三步，自量终身无达到之一日。譬如行路，虽然把路径寻出，无奈路太长了，脚力有限，只好努力前进，走一截，算一截。

第三部　厚黑丛话

自　序

　　民国十六年，我将历年作品汇刊一册，名曰《宗吾臆谈》，内容计：（1）厚黑学；（2）我对于圣人之怀疑；（3）心理与力学；（4）考试制之商榷；（5）解决社会问题之我见。十七年，我把"解决社会问题之我见"扩大为一单行本，题曰《社会问题之商榷》。第六章有云："我讨论这个问题，自有我的根据地，并未依傍孙中山，乃所得结果，中山已先我而言之，真理所在，我也不敢强自立异。于是把我研究所得，作为阐发孙中山学说之资料"，云云。此书流传至南京，石青阳与刘公潜见之，曾电致四川省政府刘主席自乾，叫我入京研究党义，我因事未去。本年我到重庆，伍君心言对我说："你著的《社会问题之商榷》，曾揭登南京《民生报》，许多人说你对于孙中山学说，有独到之见。你可再整理一下，发表出来，大家讨论。"我因把原作再加整理，名曰《改革中国之我见》。

　　《社会问题之商榷》理论多而办法少，我认为现在所需要者，是办法，不是理论，乃将原书大加删除，注重办法。原书偏于经济方面，乃再加入政治和外交，基于经济之组织，生出政治之组织，基于经济政治之方式，生出外交之方式。换言之，即是由民生而民权，而民族，三者联为一贯，三民主义就成为整个的东西了。书成拿到省党部，请胡素民、颜伯通二君批评。二君道："此书精神上，对于三民主义完全吻合，但办法上，有许多地方，孙中山未曾这样说，如果发表出来，恐浅见者流产出误会，你可以不必发表。"我因把原稿收藏起。我是发明厚黑学的人，还是回头转来讲我的厚黑学，因此才写《厚黑丛话》。

　　我生平揭的标识，是"思想独立"四字。因为思想独立，就觉得一部二十四史，和《四书》《五经》，与宋元明清学案，无在不是破绽。《厚黑学》一文，是揭穿一部二十四史的黑幕；《我对于圣人之怀疑》一文，是揭穿一部宋元明清学案的黑幕。马克思的思想，是建筑在唯物史观上；我的思想，可说是建筑在厚黑史观上。

　　我的思想，既以厚黑史观为基础，则对于人性不能不这样的观察，对于人性既这样观察，则改革经济、政治、外交等等，不能不有这样的办法。今之研究三民主义者，是置身三民主义之中，一字一句研究。我是把中国的《四书》《五经》，二十四史和宋元明清学案，与夫外国的……斯密士、达尔文、卢梭、克鲁泡特金、孟德斯鸠，等等，一齐扫荡了，另辟蹊径，独立研究，结果与三民主义精神相合，成了殊途同归，由此可以证明孙中山学说是合真理的。

孙中山尝说："主义不能变更，政策可因时势而变更。"主义者精神也，政策者办法也，我们只求精神上与三民主义相合，至于办法上，大家可提些出来，公开讨论……办法生于理论，我的理论，以厚黑史观为基础，故从厚黑学讲起来。

此次所写《厚黑丛话》，是把我旧日作品和新近的感想糅合写之。我最近还做有一本《中国学术之趋势》，曾拿与友人舒君实、官梦兰二君看，二君都说可以发表，我也把他拆散写入，将所有作品冶为一炉，以见思想之一贯。中间许多说法，已越出厚黑学范围，而仍名之为《厚黑丛话》者，因种种说法，都是从厚黑学生出来，犹之树上的枝叶花果，是从树干生出来，题以厚黑二字，示不忘本也。

我这《厚黑丛话》，从二十四年八月一日起，逐日在成都《华西日报》发表，每日写一两段，每两个月合刊一册，请阅者赐教。旧著《宗吾臆谈》和《社会问题之商榷》，我送有两本在成都图书馆，读者可便中取阅。有不合处，一经指出，即当遵照修改。

二十四年十月十八日，李宗吾于成都。

致读者诸君

成都《华西日报》民国二十四年十一月十七日

二十四年十一月十日,《成都快报》载有窦枕原君所写《读〈厚黑丛话〉与〈厚黑学的基础安在〉后的意见》,说道:"《厚黑丛话》是李先生宗吾宗自己的意见写的。《厚黑学的基础安在》,是客尘先生批评厚黑而写的。我呢,因为站在壁上观的立场,不便有什么言论,来判定谁是谁非,但我亦不是和事老的鲁仲连。我的意见便是请求两先生的文章,按月刊成单行本,露布书店,使阅者得窥全豹,同时又可使阅者有研讨的可能。愚见如此,不知你们的尊意怎样?"窦君这种主张,我极端赞成,决定每两月刊一册,自八月一日至九月卅日,在成都《华西日报》发表的《厚黑丛话》,业已加以整理,交付印刷局,不日即可出版,余者续出。

同日快报载客尘君《答枕原先生兼请教读者》一文,内云:"出单行本却不敢有此企图,最大的原因,便是囊空如洗,一钱莫名,并且文字是随便写的,异常拖沓拉杂……"客尘君既不自出单行本,我打算纂一部《厚黑丛话之批评》,以若干页为一册,挨次出版,册数之多寡,视批评者之多寡为断。快报十一月十日所载窦君及客尘君两文,决定刊入。又成都《新四川日报》十月十三日载子健君《健斋琐录》,对于厚黑学亦有批评,亦当录入。至客尘君所著《厚黑学的基础安在》,我希望客尘加以整理,力求短简明洁,在报上重新发表,以便刊行。如或过长,只好仍请客尘君自印单行本。

客尘君在快报上宣言要向我总攻击,所谓总攻者,无所不攻之谓也。客尘君写了如许长的文字,只攻击我"厚黑救国"四字,拙作中类此四字者很多,请一一攻击,俾知谬点所在。我为客尘君计,可每文标一题目,直揭出攻击之点,简简单单的数百字,一日登完,庶阅者一目了然。不必用《厚黑学的基础安在》那种写法,定一个大题目,每次登一两千字,几个星期都未登完,致流于拖沓拉杂之弊。客尘君以我的话为然否?并希望其他的批评者也这样办。

我这《厚黑丛话》,不断写去,逐日《华西日报》发表,究竟写好长,写好久,我也无一定计划。如无事故,而又心中高兴,就长期写去。凡批评的文字,只要在报章杂志上发表过的,无论赞成或反对,俱一一刊入;且反对愈烈者,我愈欢迎。我是主张思想独立的人,常喜欢攻击他人,因之也喜欢他人攻击我。有能痛痛快快的攻击我,我就认他是我的同志,当然欢迎。唯文字冗长、词意晦涩者则不录。其直接寄我之信函,而未经报章杂志披露者亦不录。

我平居无事,即寻些问题来研究,研究所得,究竟合与不合,自己无从知道,特写出来。请求阅者指正。我研究这些问题,已闹得目迷五色,好像彷徨失落的人。诸君旁观者清,万望指我去路,我重再把这些道理研究明白。只要把真理寻出就好了,不必定要是我寻出的,犹之救国救民等事,只要人民的痛苦能够解除就好了,不必定要功自我出。我只埋头发表我的意见,或得或失,一任读者批评,自己不能置辩一字。我说错了,自当改从君之主张,不敢固执己见。

我这《厚黑丛话》,是把平日一切作品和重庆《新蜀报》发表的《随录》,《济川报》发的《汲心斋杂录》,连同近日的新感想,糅合写之,所讨论的问题,往往轶出厚黑二字之外。诸君可把这"厚黑丛话"四字当如书篇名目,如《容斋随笔》、《北梦琐言》之类,如把这四字认为题目,则我许多说法,都成为文不对题了。

诸君批评的文字,在报章杂志上发表后,请惠赠一份,交成都《华西日报》副刊部转交,无任感盼。

李宗吾二十四年十一月十五日。

厚黑丛话卷一

成都《华西日报》民国二十四年八月一日至八月三十一日

著者予满清末年发明厚黑学，大旨言一部二十四史中的英雄豪杰，其成功秘诀不外面厚心黑四字，历引史事为证。民国元年，揭登成都《公论日报》，计分三卷，上卷《厚黑学》，中卷《厚黑经》，下卷《厚黑传习录》。发表出来，读者哗然。中卷仅登及一半，我受友人的劝告，也就中止。原文底稿，已不知抛弃何所。十六年，刊《宗吾臆谈》，把三卷大意摘录其中。去年舍侄等在北平，从《臆谈》中抽出，刊为单行本，上海某杂志，似乎也曾登过。

我当初本是随便写来开玩笑，不料从此以后，厚黑二字，竟洋溢乎四川，成一普通名词。我也莫名其妙，每遇着不相识的朋友，旁人替我介绍，必说道："这就是发明厚黑学的李某。"几于李宗吾三字和厚黑学三字合而为一，等于释迦牟尼与佛教合而为一，孔子与儒教合而为一。

有一次在宴会席上，某君指着我，向众人说道："此君姓李名宗吾，是厚黑学的先进。"我赶紧声明道："你这话错了，我是厚黑学祖师，你们才是厚黑学的先进。我的位置，等于佛教中的释迦牟尼，儒教中的孔子，当然称为祖师。你们亲列门墙，等于释迦门下的十二圆觉，孔子门下的四科十哲，对于其他普通人，当然称为先进。"

厚黑学，是千古不传之秘，我把他发明出来，可谓其功不在禹下。每到一处，就有人请我讲厚黑学，我身抱绝学，不忍自私，只好勤勤恳恳的讲授，随即笔记下来，名之曰《厚黑丛话》。

有人驳我道："面厚心黑的人，从古至今，岂少也哉？这本是极普通的事，你何得妄窃发明家之名？"我说："所谓发明者，等于矿师之寻出煤矿铁矿，并不是矿师拿些煤铁嵌入地中，乃是地中原来有煤有铁，矿师把上面的土石除去，煤铁自然出现，这就谓之发明了。厚黑本是人所固有的，只因被《四书》《五经》、宋儒语录和《感应篇》、《阴骘文》、《觉世真经》等等蒙蔽了，我把它扫而空之，使厚与黑赤裸裸的现出来，是谓之发明。

牛顿发明万有引力，这种引力，也不是牛顿带来的，自开辟以来，地心就有吸力，经过了百千万亿年，都无人知道，直至牛顿出世，才把他发现出来。厚黑这门学问，从古至今，人人都能够做，无奈行之而不著，习矣而不察，直到李宗吾出世，才把他发现出来。牛顿可称为万有引力发明家，李宗吾当然可称厚黑学发明家。

有人向我说道："我国连年内乱不止，正由彼此施行厚黑学，才闹得这样糟。现在强邻压迫，亡国在于眉睫，你怎么还在提倡厚黑学？"我说："正因亡国在于眉睫，更该提倡厚黑学，能把这门学问研究好了，国内纷乱的状况，才能平息，才能对外。"厚黑是办事上的技术，等于打人的拳术。诸君知道：凡是拳术家，都要闭门练习几年，然后才敢出来与人交手。从辛亥至今，全国纷纷扰扰者，乃是我的及门弟子和私淑弟子实地练习，他们师兄师弟，互相切磋。迄今二十四年，算是练习好了，开门出来，与人交手，真可谓"以此制敌，何敌不摧，以此图功，何功不克"。我基于此种见解，特提出一句口号曰：厚黑救国。请问居今之日，要想抵抗列强，除了厚黑学，还有什么法子？此《厚黑丛话》，所以不得不作也。

抵抗列强，要有力量，国人精研厚黑学，能力算是有了的。譬之射箭，射是射得很好，从前是关着门，父子弟兄，你射我，我射你；而今以列强为箭垛子，支支箭向同一之垛子射去。我所谓厚黑救国，如是而已。

厚黑救国，古有行之者，越王勾践是也。会稽之败，勾践自请身为吴王之臣，妻入吴宫为妾，这是厚字诀。后来举兵破吴，夫差遣人痛哭乞情，甘愿身为臣，妻为妾，勾践毫不松手，非把夫差置之死地不可，这是黑字诀。由此知：厚黑救国。其程序是先之以厚，继之以黑，勾践往事，很可供我们的参考。

项羽拔山盖世之雄，其失败之原因，韩信所说"匹夫之勇，妇人之仁"，两句话就断定了。匹夫之勇，是受不得气，其病根在不厚。妇人之仁，是心有所不忍，其病根在不黑。所以我讲厚黑学，谆谆然以不厚不黑为大戒。但所谓不厚不黑者，非谓全不厚黑，如把厚黑用反了，当厚而黑，当黑而厚，也是断然要失败的。以明朝言之，不自量力，对满洲轻于作战，是谓匹夫之勇。对流寇不知其野性难驯，一意主抚，是谓妇人之仁。由此知明朝亡国，其病根是把厚黑二字用反了。有志救国者，不可不精心研究。

我国现在内忧外患，其情形很与明朝相类，但所走的途径，则与之相反。强邻压境，熟思审处，不悻悻然与之角力，以匹夫之勇为戒……明朝外患愈急迫，内部党争愈激烈。崇祯已经在煤山缢死了，福王立于南京，所谓志士者，还在闹党争。福王被满清活捉去了，辅立唐王、桂王、鲁王的志士，还在闹党争。我国迩来则不然，外患愈紧迫，内部党争愈消灭，许多兵戎相见的人，而今欢聚一堂。明朝的党人，忍不得气，现在的党人，忍得气，所走的途径又与明朝相反，这是更为可喜的。厚黑先生曰："知明朝之所以亡，则知民国之所以兴矣。"我希望有志救国者把我发明的"厚黑史观"仔细研究。

昨日我回到寓所,见客厅中坐一个很相熟的朋友,一见面就说道:"你怎么又在报上讲厚黑学?现在人心险诈,大乱不已,正宜提倡旧道德,以图挽救,你发出这些怪议论,岂不把人心越弄越坏吗?"我说:"你也太过虑了。"于是把我全部思想原原本本说与他听,直谈到二更,他欢然而去,说道:"像这样说来,你简直是孔子信徒,厚黑学简直是救济世道人心的妙药,从今以后,我在你这个厚黑教主名下当一个信徒就是了。"

梁任公曾说:"假令我不幸而死,是学术界一种损失。"不料他五十六岁就死了,学术界受的损失,真是不小。古来的学者如程明道、陆象山,是五十四岁死的。韩昌黎、周濂溪、王阳明,都是五十七岁死的。鄙人在厚黑界的位置,自信不在梁程陆韩周王之下,讲到年龄,已经有韩周王三人的高寿,要喊梁程陆为老弟,所虑者万一我一命呜呼,则是曹操、刘备诸圣人相传之心法,自我而绝,厚黑界受的损失,还可计算吗?所以我汲汲皇皇的写文字,余岂好厚黑哉?余不得已也。

马克思发明唯物史观,我发明厚黑史观。用厚黑史观去读二十四史,则成败兴衰,了如指掌,用厚黑史观去考察社会,则如牛渚燃犀,百怪毕现。……我们又可用厚黑史观攻击达尔文强权竞争的说法,使迷信武力的人失去理论上的立场。我希望阅者耐心读去,不可先存一个心说:"厚黑学,是诱惑人心的东西。"更不可先存一个成见说:"马克思、达尔文是西洋圣人,李宗吾是中国坏人,从古至今,断没有中国人的说法会胜过西洋人的。"如果你心中是这样想,就请你每日读《华西副刊》的时候,看见《厚黑丛话》一栏,就闭目不视,免得把你诱坏。

有天我去会一个朋友。他是讲宋学的先生,一见我,就说我不该讲厚黑学。我因他是个迂儒,不与深辩,婉辞称谢。殊知他越说越高兴,简直带出训饬的口吻来了。我气他不过,说道:"你自称孔子之徒,据我看来,只算是孔子之奴,够不上称孔子之徒。何以言之呢?你们讲宋学的人,神龛上供的是'天地君亲师之位'。你既尊孔子为师,则师徒犹父子,也可说等于君臣。古云:'事父母几谏。'又云:'事君有犯而无隐。'你为什么不以事君父之礼事孔子?明知孔子的学说,有许多地方,对于现在不适用,不敢有所修正,直是谐臣媚子之所为,非孔子家奴而何?古今够得上称孔子之徒者,孟子一人而已,孔子曰:'我战则克。'孟子则曰:'善战者服上刑。'依孟子的说法,孔子是该处以枪毙的。孟子曰:'仲尼之徒,无道桓文之事者。'又把管仲说得极不堪,曰:'功烈如彼其卑也。'而《论语》上明明载,孔子曰:'齐桓公正而不谲。'又曰:'桓公九合诸侯,不以兵车,管仲之力也。如其仁，如其仁。'又曰："管仲相桓公，霸诸侯，一匡天下，民到于今受其赐。微管仲，吾其被发左衽矣。'孟子的话，岂不显与孔子冲突吗？孔子修《春秋》，以尊周为主，称周王曰'天王'。孟子游说诸侯，一则曰：'地方百里而可以王。'再则曰：'大国五年，小国七年，必为政于天下。'未知置周王于何地，岂非孔教叛徒？而其自称，则曰'乃所愿则学孔子也。'孟子对于孔子，是脱了奴性的，故可称之曰孔子之徒，汉宋诸儒，皆孔子之奴也。至于你吗！满口程朱，对于宋儒，明知其有错误，不敢有所纠正，反曲为之庇，直是家奴之奴，称曰'孔子之奴'，犹未免过誉。"说罢，彼此不欢而散。阅者须知，世间主人的话好说，家奴的话不好说，家奴之奴，更难得说。中国纷纷不已者，孔子家奴为之也……达尔文家奴为之也，于主人何干！

　　我不知有孔子学说，更不知有马克思学说和达尔文学说，我只知有厚黑学而已。问厚黑学何用？曰用以抵抗列强。我敢以厚黑教主之资格，向四万万人宣言曰："勾践何人也，予何人也，凡我同志，快快的厚黑起来！何者是同志？心思才力，用于抵抗列强者，即是同志。何者是异党？心思才力，用于倾陷本国人者，即是异党。"从前张献忠祭梓潼文昌帝君文曰："你姓张，咱老子也姓张，咱与你联宗罢。"我想，孔子在天之灵，见了我的宣言，一定说："咱讲内诸夏，外夷狄，你讲内中国，外列强，咱与你联合罢。"

　　梁任公曰："读春秋当如读《楚辞》，其辞则美人香草，其义则灵修也，其辞则齐桓、晋文，其义则素王制也。"呜呼，知此者可以读厚黑学矣！其词则曹操、刘备，其义则十年沼吴之勾践、八年血战之华盛顿也。师法曹操、刘备者，师法厚黑之技术，至曹刘之目的为何，不必深问。斯义也，恨不得起任公于九原，而一与讨论之。

　　我著《厚黑学》，纯用春秋笔法，善恶不嫌同辞，据事直书，善恶自见。同是一厚黑，用以图谋一己之私利，是极卑劣之行为，用以图谋众人之公利，是至高无上的道德。所以不懂春秋笔法者，不可以读《厚黑学》。

　　民国六年，成都国民公报社把《厚黑学》印成单行本，宜宾唐倜风作序，中江谢绶青作跋。绶青之言曰："宗吾发明厚黑学，或以为议评末俗，可以劝人为善，或以为凿破混沌，可以导人为恶。余则谓：厚黑学无所谓善，无所谓恶，亦视用之何如耳。如利刃然，用以诛叛逆则善，用以屠良民则恶。善与恶，何关于刃？故用厚黑以为善，则为善人，用厚黑以为恶，则为恶人，或善或恶，于厚黑无与也。"绶青这个说法，是很对的，与我所说春秋笔法，同是一意。

　　倜风之言曰："孔子曰：'谏有五，吾从其讽。'昔者汉武帝欲杀乳母，东方朔叱令就死。齐景公欲诛圉人，晏子执而数其罪。二君闻言，惕然而止。

宗吾此书，大有东方朔、晏子遗意，其言最诙谐，其意最沉痛，直不啻聚千古大奸大诈于一堂，而一一谳定其罪，所谓诛奸谀于既死者非欤！吾人熟读此书，即知厚黑中人比比皆是，庶几出而应世，不为若辈所愚。彼为鬼为蜮者，知人之烛破其隐，亦将惺然思返，而不敢妄试其技。审如是也，人与人之间，不得不出于赤心相见之一途，则宗吾此书之有益于世道人心也，岂浅显哉！厚黑学之发布，已有年矣，其名词人多知之。试执人而语之曰：'汝固素习厚黑学者。'无不色然怒，则此书收效为何如，固不俟辩也。"偑风此说固有至理，然不如绥青所说尤为圆通。

庄子曰："能不龟手，一也，或以封，或不免于洴澼絖。"呜呼！若庄子者，始可与言厚黑矣。禅让一也，舜禹行之则为圣人，曹丕、刘裕行之则为逆臣。宗吾曰："舜禹之事，倘所谓厚黑，是耶非耶，余甚惑焉。偑风披览《庄子》不释手，而于厚黑学，犹一间未达，惜哉！晚年从欧阳竟无讲唯识学，回成都，贫病而死。夏斧私挽以联，有云："有钱买书，无钱买米。"假令偑风只买厚黑学一部，而以余钱买米，虽至今生存可也，然而偑风不悟也。厚黑救国中，失此健将，悲夫！悲夫！

我宣传厚黑学，有两种意思：（甲）即偑风所说，"聚千古大奸大诈于一堂，而一一谳定其罪"。民国元年发布的《厚黑传习录》所说求官六字真言、做官六字真言和办事二妙法等等，皆属甲种。（乙）即绥青所说："用厚黑以为善。"此次所讲厚黑救国等语，即属乙种。

阅者诸君对于我的学问，如果精研有得，以后如有人对于你行使厚黑学，你一人眼就明白，可直告之曰："你是李宗吾的甲班学生，我与你同班毕业，你那些把戏，少拿出来耍些。"于是同学与同学辟诚相见，而天下从此太平矣，此则厚黑学之功也。有人说："老子云'邦之利器，不可以示人。'你把厚黑学公开讲说，万一国中的汉奸，把他翻译为英法德俄日等外国文，传播世界，列强得着这种秘诀，用科学方法整理出来，还而施之于我，等于把我国发明的火药加以改良，还而轰我一般，如何得了？"我说：唯恐其不翻译，越翻译得多越好。宋朝用司马光为宰相，辽人闻之，戒其边吏曰："中国相司马公矣，勿再生事。"列强听见中国出了厚黑教主，还不闻风丧胆吗？孔子曰："言忠信，行笃敬，虽蛮貊之邦可行也。"我国对外政策，应该建筑在一个诚字上，今可明明白白告诉他："我国现遍设厚黑学校，校中供的是'大成至圣先师越王勾践之神位'。厚黑教主开了一个函授学校，每日在报上发讲稿，定下十年沼吴的计划。这十年中，你要求什么条件，我国就答应什么条件，等到十年后，算账就是了。"我们口中如此说，实际上即如此做，决不欺哄他。但要敬告翻译的汉奸先生，译《厚黑学》时，定要附译一段，说："勾践最初对于吴王，身为臣，妻为妾。后来吴王请照样的身为臣，妻为妾，勾践不允，非把他置于死地不可，加了几倍的利钱。这是我们先师遗传下来的教条，请列强于头钱之外，多预备点利钱就是了。"从前王德用守边，契丹遣人来侦探，将士请逮捕之，德用说："不消。"明日，大阅兵，简直把军中实情拿与他看。侦探回去报告，契丹即遣人来议和。假如外国人知道我国朝野上下一致研究厚黑学，自量非敌，因而敛戢其野心，十年后不开大杀戒，则厚黑学之造福于人类者，宁有暨耶。此即汉奸先生翻译之功也。彼高谈仁义者，乌足知之？传曰："火烈，民望而畏之，故鲜死焉。水懦弱，民狎而玩之，则多死焉。"厚黑先生者，其我佛如来之化身欤！

友人雷民心，发明了一种最精粹的学说，其言曰："世间的事，分两种，一种是做得说不得，一种是说得做不得。例如夫妇居室之事，尽管做，如拿在大庭广众中来说，就成为笑话，这是做得说不得。又如两个朋友，以狎亵语相戏谑，抑或骂人的妈和姐妹，闻者不甚以为怪，如果认真实现，就大以为怪了，这是说得做不得。"民心这个学说，凡是政治界学术界的人，不可不悬诸座右。厚黑学是做得说不得。……

做得说不得这句话，是《论语》"民可使由之，不可使知之"的注脚，说得做不得这句话，是《孟子·井田章》和《周礼》一书的注脚。假令王莽、王安石聘民心去当高等顾问，决不会把天下事闹得那么坏。

辛亥年成都十月十八日兵变，全城秩序，非常之乱，杨莘友出来任巡警总监，捉着扰乱治安的人，就地正法，出的告示，模仿张献忠七杀碑的笔调，连书斩斩斩，大得一般人的欢迎。全城男女长幼，提及杨总监之名，歌颂不已。后来秩序稍定，他发表了一篇《杨维（莘友名）之宣言》，说今后当行开明专制，于是物议沸腾，报章上指责他，省议会也纠举他，说："而今是共和时代，岂能再用专制手段！"殊不知莘友从前用的手段，纯是野蛮专制，后来改行开明专制，在莘友算是进化了，只因把专制二字明白说出，所以大遭物议。民心说："天下事有做得说不得的。"莘友之事，是很好的一个例证。观于莘友之事，孔子所说"民可使由之，不可使知之"，就算得了的解释。

我定有一条公例："用厚黑以图谋一己之私利。是极卑劣之行为；用厚黑以图谋众人公利，是至高无上之道德。"莘友野蛮专制，其心黑矣，而人反歌颂不已，何以故？图谋公利故。

厚黑救国这句话，做也做得，说也说得，不过学识太劣的人，不能对他说罢了。我这次把厚黑学公开讲说，就是想把他变成做得说得的科学。

胡林翼曾说："只要有利于国，就是顽钝无耻的事我都干。"相传林翼为湖北巡抚时，官文为总督。有天总督夫人生日，藩台去拜寿，手本已经拿上去了，才知道是如夫人生日，立将手本索回，折身转去。其他各官，也随之而去。不久林翼来，有人告诉他，他听了，伸出大拇指说道："好藩台！好藩台！"说毕取出手本递上去，自己红顶花翎的进去拜寿。众官听说巡抚都来了，又纷纷转来。次日官妾来巡抚衙门谢步，林翼请他母亲十分优待，官妾就拜在胡母膝下为义女，林翼为干哥哥。此后军事上有应该同总督会商的事，就请干妹妹从中疏通。官文稍一迟疑，其妾聒其耳曰："你的本事，哪一点比我们胡大哥？你依着他的话做就是了。"因此林翼办事，非常顺手。官胡交欢，关系满清中兴甚巨。林翼干此等事，其面可谓厚矣，众人不唯不说他卑鄙，反引为美谈，何以故？心在国家故。

严世蕃是明朝的大奸臣，这是众人知道的，后来皇上把他拿下，丢在狱中，众臣合拟一奏折，历数其罪状，如杀杨椒山、沈炼之类，把稿子拿与宰相徐阶看。阶看了说道："你们是想杀他，想放他？"众人说："当然想杀他。"徐阶说："你这奏折一上去，皇上立即把他放出来，何以故呢？世蕃杀这些人，都是巧取上意，使皇上自动的要杀他。此折上去，皇上就会说：'杀这些人明明出自我的意思，怎么诬在世蕃身上？'岂不立把他放出吗？"众人请教如何办。徐阶说："皇上最恨的是倭寇，说他私通倭寇就是了。"徐阶关着门把折子改了递上去。世蕃在狱中探得众人奏折内容，对亲信人说道："你们不必担忧，不几天我就出来了。"后来折子发下，说他私通倭寇，大惊道："完了，完了！"果然把他杀了。世蕃罪大恶极，本来该杀，独莫有私通倭寇，可谓死非其罪。徐阶设此毒计，其心不为不黑，然而后人都称他有智谋，不说他阴毒，何以故？为国家除害故。

李次青是曾国藩得意门生，国藩兵败靖港、祁门等处，次青与他患难相共。后来次青兵败失地，国藩想学孔明斩马谡，叫幕僚拟奏折严参他，众人不肯拟。叫李鸿章拟，鸿章说道："老师要参次青，门生愿以去就争。"国藩道："你要去，很可以，奏折我自己拟就是了。"次日叫人与鸿章送四百两银子去，"请李大人搬铺"。鸿章在幕中，有数年的劳绩，为此事逐出。奏折上去，次青受重大处分。国藩此等地方手段狠辣，逃不脱一个黑字，然而次青仍是感恩知遇，国藩死，哭以诗，非常恳挚。鸿章晚年，封爵拜相，谈到国藩，感佩不已，何以故？以其无一毫私心故。

上述胡、徐、曾三事，如果用以图谋私利，岂非至卑劣之行为吗？移以图谋公利，就成为最高尚之道德。像这样的观察，就可把当伟人的秘诀寻出，也可说把救国的策略寻出。现今天下大乱，一般人都说将来收拾大局，一定是曾国藩、胡林翼一流人，但是要学曾、胡，从何下手？难道把曾、胡全集，字字读，句句学吗？这也无须，有个最简单的法子，把全副精神集中在抵抗

· 40 ·

列强上面，目无旁视，耳无旁听，抱定厚黑二字，放手做去，得的效果。包管与曾、胡一般无二。如嫌厚黑二字不好听，你在表面上换两个好听字眼就是，不要学杨莘友把专制二字说破。你如有胆量，就学胡林翼，赤裸裸地说道："我是顽钝无耻。"列强其奈你何！是之谓厚黑救国。

我把世界外交史研究了多年，竟把列强对外的秘诀发现出来，其方式不外两种：一曰劫贼式，一曰娼妓式。时而横不依理，用武力掠夺，等于劫贼之明火劫抢，是谓劫贼式的外交。时而甜言蜜语，曲结欢心，等于娼妓媚客，结的盟约，毫不生效，等于娼妓之海誓山盟，是谓娼妓式的外交。

人问列强以何者立国？我答曰："厚黑立国。"娼妓之面最厚，劫贼之心最黑，大概军阀的举动是劫贼式，外交官的言论是娼妓式。劫贼式之后，继以娼妓式，娼妓式之后，继以劫贼式，二者循环互用。娼妓之面厚矣，毁弃盟誓则厚之中有黑。劫贼之心黑矣，不顾唾骂则黑之中有厚。我国自五口通商以来，直至今日，都是吃列强这两种方式的亏。我们把他的外交秘诀发现出来，就有对付的方法了。

人问："我国当以何者救国？"我答曰："厚黑救国。"他以厚字来，我以黑字应之；他以黑字来，我以厚字应之。娼妓艳装而来，开门纳之，但缠头费丝毫不能出。如服侍不周，把他衣饰剥了，逐出门去，是谓以黑字破其厚。如果列强横不依理，以武力压迫，我们就用张良的法子对付他。张良圯上受书，老人种种作用，无非教他面皮厚罢了。苏东坡曰："高帝百战百败而能忍之，此子房所教也。"我们以对付项羽的法子对付列强，是谓以厚字破其黑。

全国人士都大声疾呼曰："救国！救国！"试问救国从何下手？譬诸治病，连病根都未寻出，从何下药？我们提出厚黑二字，就算寻着病根了。寒病当用热药，热病当用寒药，相反才能相胜。外人黑字来，我以厚字应；外人厚字来，我以黑字应。刚柔相济，医国妙药，如是而已。他用武力，我即以武力对付之，他讲亲善，我即与之亲善，是为医热病用热药，医寒病用寒药。以此等法医病，病人必死；以此等法医国，国家必亡。

《史记》：项王谓汉王曰："天下汹汹数岁者，徒以吾两人耳，愿与汉王挑战决雌雄。"汉王笑谢曰："吾宁斗智不斗力。"笑谢二字，非厚而何？后来鸿沟划定，楚汉讲和了，项王把太公、吕后送还，引兵东归，汉王忽然败盟，以大兵随其后，把项王逼死乌江，非黑而何？我国现在对于列强，正适用笑谢二字，若与之斗力，就算违反了刘邦的策略。语曰："安不忘危。"《厚黑经》曰："厚不忘黑。"问："厚不忘黑奈何？"曰："有越王勾践之先例在，有刘邦对付项羽之先例在。"

我在民国元年，就把《厚黑学》发表出来，苦口婆心，谆谆讲说，无奈莫得一人研究这种学问，把一个国家闹成这样。今年石青阳死了，重庆开追悼会，正值外交紧急，我挽以联云："哲人其萎乎，鸣呼青阳，吾将安仰；斯道已穷矣，吁嗟黑厚，予欲无言。"袁随园谒岳王墓诗云："岁岁君臣拜诏书，南朝可谓有人无，看烧石勒求和币，司马家几是丈夫。"吁嗟黑厚，予欲无言！往者不可谏，来者犹可追。凡我同志，快快的厚黑起来，一致对外。

著者住家自流井。我尝说我们自流井的人，目光不出峡子口；四川的人，目光不出夔门口；中国的人，目光不出吴淞口。阿比西尼亚，是非洲弹丸大一个国家，阿皇敢于对意大利作战，对法西斯蒂怪杰墨索里尼作战，其人格较之华盛顿，有过之无不及，真古今第一流人杰哉！将来战争结果，无论阿国或胜或败，抑或败而至于亡国，均是世界史上最光荣的事。我们应当把阿皇的谈话，当如清朝皇帝颁发的《圣谕广训》，楷书一通，每晨起来，恭读一遍这就算目光看出吴淞口去了。

有人问我道："你的厚黑学，怎么我拿去实行，处处失败？"我问："我著的《宗吾臆谈》和《社会问题之商榷》二书，你看过莫有？"答："莫有。"我问："《厚黑学》单行本，你看过莫有？"答："莫有。我只听见人说：'做事离不得脸皮厚，心子黑。'我就照这话行去。"我说："你的胆子真大，听见厚黑学三字，就拿去实行，仅仅失败，尚能保全生命而还，还算你的造化。我著《厚黑学》，是用厚黑二字，把一部二十四史一以贯之，是为'厚黑史观'。我著《心理与力学》，定出一条公例：'心理变化，循力学公例而行'。是为'厚黑哲理'。基于厚黑哲理，来改良政治、经济、外交与夫学制等等，是为厚黑哲理之应用。其详俱见《宗吾臆谈》及《社会问题之商榷》二书。你连书边边都未看见，就去实行，真算胆大。"

厚黑学这门学问，等于学拳术，要学就要学精，否则不如不学，安分守己，还免得挨打。若仅仅学得一两手，甚或拳师的门也未拜过，一两手都未学得，远远望见有人在习拳术，自己就出手伸脚的打人，焉得不为人痛打？你想：项羽坑降卒二十万，其心可谓黑到极点了，而我的书上，还说他黑字欠了研究，宜其失败。吕后私通审食其，刘邦佯为不知。后人诗曰："果然公大度，容得辟阳侯。"面皮厚到这样，而于厚字还是欠研究，韩信求封齐王时，若非有人从旁指点，几乎失败。厚黑学有这样的精深，仅仅听见这个名词，就去实行，我可以说越厚黑越失败。

人问："要如何才不失败？"我说："你须先把厚黑史观、厚黑哲理与夫厚黑哲理之应用彻底了解，出而应事，才可免于失败。兵法曰：'先立于不败之地。'又曰：'先为不可胜，以待敌之可胜。'厚黑学亦如是而已。"

孙子曰："战势不过奇正，奇正之变，不可胜穷也。"处世不外厚黑，厚黑之变，不可胜穷也。用兵是奇中有正，正中有奇，奇正相生，如循环之无端。处世是厚中有黑，黑中有厚，厚黑相生，如循环之无端。《厚黑学》与《孙子》十三篇，二而一，一而二。不知兵而用兵，必至兵败国亡。不懂厚黑哲理，而就实行厚黑，必至家破身亡。闻者曰："你这门学问太精深了，还有简单法子莫有？"我答曰："有。我定有两条公例，你照着实行，不需研究厚黑史观和厚黑哲理，也就可以为英雄，为圣贤。如欲得厚黑博士的头衔，仍非把我所有作品穷年累月的研究不可。"

就人格言之，我们可下一公例曰："用厚黑以图谋一己之私利，越厚黑，人格越卑污；用厚黑以图谋众人之公利，越厚黑，人格越高尚。"就成败言之，我们可下一公例曰："用厚黑以图谋一己私利，越厚黑越失败；用厚黑以图谋众人之公利，越厚黑越成功。"何以故呢？凡人皆以我为本位，为我之心，根于天性。用厚黑以图谋一己之私利，势必妨害他人之私利，越厚黑则妨害于人者越多，以一人之身，敌千万人之身，焉得不失败？人人既以私利为重，我用厚黑以图谋公利，即是替千万人图谋私利，替他行使厚黑，当然得千万人之赞助，当然成功。我是众人中之一分子，众人得利，我当然得利，不言私利而私利自在其中。例如曾、胡二人，用厚黑以图谋国家之公利，其心中无丝毫私利之见存，后来功成了，享大名，膺厚赏，难道私人所得的利还小吗？所以用厚黑以图谋国家之利，成功固得重报，失败亦享大名，无奈目光如豆者，见不及此。从道德方面说，攘夺他人之私利，以为我有，是为盗窃行为，故越厚黑人格越卑污。用厚黑以图谋众人之公利，则是牺牲我的脸，牺牲我的心，以救济世人。视人之饥，犹己之饥，视人之溺，犹己之溺，即所谓"我不入地狱，谁入地狱？"故越厚黑人格越高尚。

人问："世间有许多人，用厚黑以图谋私利，居然成功，是何道理？"我说："这即所谓'时无英雄，遂使竖子成名耳。'"与他相敌的人，不外两种：一种是图谋公利而不懂厚黑技术的人，一种是图谋私利，而厚黑之技术不如他的人，故他能取胜。万一遇着一个图谋公利之人，厚黑之技术与他相等，则必败无疑。语云："千夫所指，无病而死。"因为妨害了千万人之私利，这千万人中只要有一个觑着他的破绽，就要乘虚打他。例如《史记》项王谓汉王曰："天下汹汹数岁者，徒以吾两人耳。"其时的百姓，个个都希望他两人中死去一个，所以项王迷失道，问于田父，田父绐曰左，左乃陷大泽中，致被汉兵追及而死。如果是救民水火之兵。田父方保持之不暇。何至会给他呢？我们提倡厚黑救国，这是用厚黑以保卫四万万人之私利，当然得四万万人之赞助，当然成功。

昔人云"文章报国"。文章非我所知，我所知者，厚黑而已。自今以往，请以厚黑报国。《厚黑经》曰:"我非厚黑之道,不敢陈于国人之前,故众人莫如我爱国也。"叫我不讲厚黑,等于叫孔孟不讲仁义,试问:能乎不能?我自问:生平有功于世道人心者,全在发明厚黑学,抱此绝学而不公之于世,是为怀宝迷邦,岂非不仁之甚乎!李宗吾曰:"鄙人圣之厚黑者也。夫天未欲中国复兴也,如欲中国复兴,当今之世,舍我其谁?吾何为不讲厚黑哉?"

昔人诗云:"锄禾日当午,汗滴禾下土。谁知盘中餐,粒粒皆辛苦。"众人都说饭好吃,哪个知道种田人的艰难?众人都说厚黑学适用,哪个知道发明人的艰难?我那部《厚黑学》,可说字字皆辛苦。

我这门学问,将来一定要成为专科,或许还要设专门大学来研究。我打算把发明之经过和我同研究的人写出来,后人如仿《宋元学案》、《明儒学案》,做一部《厚黑学案》,才寻得出材料。抑或与我建厚黑庙,才有配享人物。

旧友黄敬临,在成都街上遇着我,说道:"多年不见了,听说你要建厚黑庙,我是十多年以前就拜了门的,请把我写一段上去,将来也好配享。"我说:"不必再写,你看《论语》上的林放,见着孔子,只问了'礼之本'三个字,直到而今,还高坐孔庙中吃冷猪肉。你既有志斯道,即此一度谈话,已足配享而有余。"敬临又说:"我今年已经六十二岁了,因为钦佩你的学问,不惜拜在门下。"我说:"难道我的岁数比你小,就够不上与你当先生吗?我把你收列门墙,就是你莫大之幸,将来在你的自撰年谱上,写一笔'吾师李宗吾先生',也就比'前清诰封某某大夫',光荣多了。"

往年同县罗伯康致我信说道:"许多人说你讲厚黑学,我逢人辩白,说你不厚不黑。"我复信道:"我发明厚黑学,私淑弟子遍天下,我曰'厚黑先生',与我书者以作上款,我复书以作下款,自觉此等称谓,较之文成公、文正公光荣多矣。俯仰千古,常以自豪。不谓足下乃逢人说我不厚不黑,我果何处开罪足下,而足下乃以此报我耶?呜呼伯康,相知有年,何竟自甘原壤,尚其留意尊胫,免遭尼山之杖!"近日许多人劝我不必再讲厚黑学。嗟乎!滔滔天下,何原壤之多也!

从前发表的《厚黑传习录》,是记载我与众人的谈话,此次的丛话,是把传习录扩大之。我从前各种文字,许多人都未看过,今把他全行拆散来,与现在的新感想混合写之。此次的丛话,是随笔体裁,内容包含五种:(1)厚黑史观;(2)厚黑哲理;(3)厚黑学之应用;(4)厚黑学辩证法;(5)厚黑学发明史。我只随意写去,不过未分门类罢了。

人问:"既是如此,你何不分类写之,何必这样杂乱无章的写?"我说:"著书的体裁分两种。一是教科书体,一是语录体。凡一种专门学问发生,最初是语录体，如孔子之《论语》，释迦之《佛经》，六祖之《坛经》，朱明诸儒之语录，都是门人就本师口中所说者笔记下来。老子手著之《道德经》，可说是自写的语录。后人研究他们的学问，才整理出来，分出门类，成为教科书方式。厚黑学是新发明的专门学问，当然用语录体写出。"

宋儒自称："满腔子是恻隐。"而我则："满腔子是厚黑。"要我讲，不知从何处讲起，只好随缘说法，想说什么，就说什么，口中如何说，笔下就如何写。或谈古事，或谈时局，或谈学术，或追述生平琐事，高兴时就写，不高兴就不写。或长长的写一篇，或短短的写几句，或概括地说，或具体地说，总是随其兴之所至，不受任何拘束，才能把我整个思想写得出来。

我们用厚黑史观去看社会，社会就成为透明体，既把社会真相看出，就可想出改良社会的办法。我对于经济、政治、外交，与夫学制等等，都有一种主张，而此种主张，皆基于我所谓厚黑哲理。我这个丛话，可说是拉杂极了，仿佛是一个大山，满山的昆虫鸟兽、草木土石等等，是极不规则的。唯其不规则，才是天然的状态。如果把他整理得厘然秩序，极有规则，就成为公园的形式，好固然是好，然而参加了人工，非复此山的本来面目。我把我胸中的见解，好好歹歹，和盘托出，使山的全体表现，有志斯道者，加以整理，不足者补充之，冗芜者删削之，错误者改正之。开辟成公园也好，在山上采取木石，另建一个房子也好，抑或捉几个雀儿，采些花草，拿回家中赏玩也好。如能大规模的开采矿物则更好。再不然，在山上挖点药去医病，捡点牛犬粪去肥田，也未尝不好。我发明厚黑学，犹如瓦特发明蒸汽机，后人拿去纺纱织布也好，行驶轮船、火车也好，开办任何工业都好。我讲的厚黑哲理，无施不可，深者见深，浅者见浅。有能得我之一体，引而伸之，就可独成一派。孔教分许多派，佛教分许多派，将来我这厚黑教，也要分许多派。

写文字，全是兴趣，兴趣来了，如兔起鹘落，稍纵即逝。我写文字的时候，引用某事或某种学说，而案头适无此书，就用苏东坡"想当然耳"的办法，依稀恍惚的写去，以免打断兴趣。写此类文字与讲考据不同，乃是心中有一种见解，平空白地，无从说起，只好借点事物来说，引用某事某说，犹如使用家伙一般，把别人的偶尔借来用用，若无典故可用，就杜撰一个来用，也无不可。

庄子寓言，是他胸中有一种见解，特借鲲鹏野马、渔父盗跖以写之，只求将胸中所见达出。至鲲鹏野马，果否有此物，渔父盗跖，是否有此人，皆非所问。胸中所见者，主人也。鲲鹏野马，渔父盗跖，皆寓舍也。孟子曰："说诗者不以文害辞，不以辞害意，以意逆志，是为得之。"读《诗》当如是，读《庄子》当如是，读《厚黑学》也当如是。

昔人谓："文王周公，繁《易》，象辞爻辞，取其象，亦偶触其机，假令《易》，而为之，其机之所触少变，则其辞之取象亦少异矣。"达哉所言！战国策士，如苏秦诸人，平日把人情世故揣摩纯熟，其游说人主也，随便引一故事，或设一个比喻，妙趣横生，头头是道，其途径与《庄》之寓言，《易》之取象无异。宋儒初读儒书，继则出入佛老，精研有得，自己的思想已经成了一个系统，然后退而注孔子之书，借以明其胸中之理，于是孔门诸书，皆成为宋儒之鲲鹏野马，渔父盗跖。而清代考据家，乃据训诂本义，字字讥弹之，其解释字义固是，而宋儒所说之道理，也未尝不是。九方皋相马，在牝牡骊黄之外。知此义者，始可以读朱子之《四书集注》。无如毛西河诸人不悟，刺刺不休。嗟乎！厚黑界中，九方皋何其少，而毛西河诸人何其多也！

研究宋学者，离不得宋儒语录。然语录出自门人所记，有许多靠不住，前人已言之。明朝王学，号称极盛，然阳明手著之书无多，欲求王氏之学，只有求之传习录及龙溪诸子所记，而天泉证道一席话，为王门极大争点。我尝说"四有四无"之语，假使阳明能够亲手写出，岂不少去许多纠葛。大学"格物致知"四字，解释者有几十种说法。假使曾子当日记孔子之言，于此四字下加一二句解释，不但这几十种说法不会有，而且朱学与王学争执也无自而起。我在重庆有个姓王的朋友，对我说道："你先生谈话很有妙趣，我改天邀几个朋友来谈谈，把你的谈话笔记下来。"我听了，大骇，这样一来，岂不成了宋明诸儒的语录吗！万一我门下出了一个曾子，模仿《大学》那种笔法，简简单单的写出，将来厚黑学案中，岂不又要发生许多争执吗？于是我赶紧仿照我家"聃大公"的办法，手写语录，名曰《厚黑丛话》，谢绝私人谈话，以示大道无私之意。将来如有人说，"我亲闻厚黑教主如何说"，你们万不可听信。经我这样的声明，绝不会再有天泉证道这种疑案了。我每谈一理，总是反反复复的解说，宁肯重复，不肯简略，后人再不会像"格物致和"四字，生出许多奇异的解释。鄙人之于厚黑学也，可谓尽心焉耳矣。噫！一衣一钵，传之者谁乎！

厚黑丛话卷二

成都《华西日报》民国二十四年九月一日至九月三十日

有人问道："你这丛话，你说内容包含厚黑史观、厚黑哲理、厚黑学之应用、厚黑学辩证法及厚黑学发明史，共五部分，你不把他分类写出，则研究这门学问的人，岂不目迷五色吗？岂不是故意使他们多费些精神吗？"我说："要想研究这种专门学问，当然要用心专研，中国的十三经和二十四史，泛泛读去，岂不是目迷五色，纷乱无章吗？而真正之学者，就从这纷乱无章之中寻出头绪来。如果惮于用心，就不必操这门学问。我只揭出原则和大纲，有志斯道者，第一步加以阐发，第二步加以编纂，使之成为教科书，此道就大行了。所以分门别类，挨一挨二地讲，乃是及门弟子和私淑弟子的任务，不是我的任务。"

我从前刊了一本《宗吾臆谈》。内面的篇目：（1）厚黑学；（2）我对于圣人之怀疑；（3）心理与力学；（4）解决社会问题之我见；（5）考试制之商榷。后来我把"解决社会问题之我见"扩大成为一单行本，曰《社会问题之商榷》，这是业已付印的。近来我又做有一本《中国学术之趋势》，已脱稿，尚未发布。这几种作品，在我的思想上是一个系统，是建筑在厚黑哲理上，但每篇文字独立写去，看不出连贯性。因把他拆散来，在丛话中混合写去，一则见得各种说法互相发明，二则谈心理、谈学术是很沉闷的，我把他夹在厚黑学中，正论谐语错杂而出，阅者才不至枯燥无味。

我心中有种种见解，不知究竟对与不对，特写出来，请阅者指驳，指驳越严，我越是欢迎。我重在解释我心中的疑团，并不是想独创异说。诸君有指驳的文字，就在报上发表，我总是细细的研究，认为指驳得对的，自己修改了即是，认为不对，我也不回辩，免至成为打笔墨官司，有失研究学问的态度。我是主张思想独立的人，我的心坎上，绝不受任何人的压抑，同时我也尊重他人思想之独立，所以驳诘我的文字，不能回辩。我倡的厚黑史观和厚黑哲理，倘被人推翻，我就把这厚黑教主让他充当，拜在他门下称弟子。何以故？服从真理故。

宇宙真理，明明的摆在我们面前，我们自己可以直接去研究，无须请人替我研究。古今的哲学家，乃是我和真理中间的介绍人，他们所介绍的有无错误，不可得知，应该离开了他们的说法，直接去研究一番。有个朋友，读了我所作的文字，说道："这些问题，东西洋哲学家讨论的很多，未见你引用，并且学术上的专名词你也少用，可见你平时对于这些学说少有研究。"我听了这个话，反把我所作的文字翻出来，凡引有哲学家的名字及学术上的专名词，尽量删去，如果名词不够用，就自己造一个来用，直抒胸臆，一空依傍。偶尔引有古今人的学说，乃是用我的斗秤去衡量他的学说，不是以他的斗秤来衡量我的学说。换言之，乃是我去审判古今哲学家，不是古今哲学家来审判我。

中国从前的读书人，一开口即是诗云书云，孔子曰，孟子曰。戊戌政变以后，一开口即是达尔文曰，卢梭曰，后来又添些杜威曰，孟子曰，马克思曰，纯是以他人的思想为思想。究竟宇宙真理是怎样，自己也不伸头去窥一下，未免过于懒惰了！假如驳我的人，引了一句孔子曰，即是以孔子为审判官，以《四书》《五经》为新刑律，叫李宗吾来案候审。引了一句达尔文诸人曰，即是以达尔文诸人为审判官，以他们的作品为新刑律，叫李宗吾来案候审。像这样的审判，我是绝对不到案的。有人问："要谁人才能审判你呢？"我说：你就可以审判我，以你自家的心为审判官，以眼前的事实为新刑律。例如说道："李宗吾，据你这样说，何以我昨日看见一个人做的事不是这样，今日看见一只狗，也不是这样？可见你说的道理不确实。"如果能够这样的判断，我任是输到何种地步，都要与你立一个铁面无私的德政碑。

牛顿和爱因斯坦的学说，任人怀疑，任人攻击，未尝强人信从，结果反无人不信从。注《太上感应篇》的人说道："有人不信此书，必受种种恶报。"关圣帝君的《觉世真经》说道："不信吾教，请试吾刀。"这是由于这两部书所含学理经不得研究，无可奈何，才出于威吓之一途。我在厚黑界的位置，等于科学界的牛顿和爱因斯坦，假如不许人怀疑，不许人攻击，即无异于说："我发明的厚黑学，等于《太上老君感应篇》和关圣帝君的《觉世真经》。"岂不是我自己诋毁自己吗？

有人说：假如人人思想独立，各创一种学说，思想界岂不成纷乱状态吗？我说：这是不会有的。世间的真理，只有一个，如果有两种或数种学说互相违反，你也不必抑制哪一种，只叫他彻底研究下去，自然会把真理发现出来。真理所在，任何人都不能反对的。例如穿衣吃饭的事，叫人人独立的研究，得的结果，都是饿了要吃，冷了要穿，同归一致。凡所谓冲突者，都是互相抑制生出来的。假如各种学说，个个独立，犹如林中树子，根根独立，有何冲突？树子生在林中，采用与否，听凭匠师。我把我的说法宣布出来，采用与否，听凭众人，哪有闲心同人打笔墨官司。如果务必要强天下之人尽从己说，真可谓自取烦恼，而冲突于是乎起矣。程伊川、苏东坡见不及此，以致洛蜀分党，把宋朝的政局闹得稀烂。朱元晦、陆象山见不及此，以致朱陆分派，一部宋元学案，明儒学家，打不完的笔墨官司。而我则不然，读者要学厚黑学，我自然不吝教，如其反对我，则是甘于自误，我也只好付之一叹。

拙著《宗君臆谈》，流传至北平，去岁有人把《厚黑学》抽出翻印，向舍侄征求同意，并说道："你家伯父，是八股出身，而今凡事都该欧化，他老人家那套笔墨，实在来不倒。等我们与他改过，意思不变更他的，只改为新式笔法就是了。"我闻之，立发航信说道："孔子手著的《春秋》，旁人可改一字吗？"他们只知我笔墨像八股，殊不知我那部《厚黑学》，思想之途径，内容之组织，完全是八股的方式，特非老于八股者看不出来。宋朝一代讲理学，出了文天祥、陆秀夫诸人来结局，一般人都说可为理学生色。明清两代以八股取士，出了一个厚黑教主来结局，可为八股生色。我的厚黑哲学，完全从八股中出来，算是真正的国粹。我还希望保存国粹的先生由厚黑学而上溯八股，仅仅笔墨上带点八股气，你们都容不过吗？要翻印，就照原文一字不改，否则不必翻印。"哪知后来书印出来，还是与我改了些。特此声明，北平出版的《厚黑学》是赝本，以免贻误后学。

大凡有一种专门学问，就有一种专门文体，所以《论语》之文体与《春秋》不同，《老子》之文体与《论语》不同，佛经之文体与《老子》又不同。在心为思想，在纸为文字，专门学问之发明者，其思想与人不同，故其文字也与人不同。厚黑学是专门学问，当然另有一种文体。闻者说道："李宗吾不要自夸，你那种文字，任何人都写得出来。"我说："不错，不错，这是由于我的厚黑学，任何人都做得来的缘故。"

我写文字，定下三个要件：见得到，写得出，看得懂。只求合得到这三个要件就够了。我执笔时，只把我胸中的意见写出，不知有文法，更不知有文言白话之分，之字的字，乎字吗字，任便用之。民国十六年刊的《宗吾臆谈》，十八年刊的《社会问题之商榷》，都是这样。有人问我："是什么文体？"我说："是厚黑式文体。"近见许多名人的文字都带点厚黑式，意者中国其将兴乎！

有人说："我替你把《厚黑学》译为西洋文，你可把曹操、刘备这些典故改为西洋典故，外国人才看得懂。"我说："我的厚黑学，决不能译为西洋文，也不能改为西洋典故。西洋人要学这门学问，非来读一下中国书，研究一下中国历史不可，等于我们要学西洋科学，非学英文德文不可。"

北平赝本《厚黑学》，有几处把我的八股式笔调改为欧化式笔调，倒也无关紧要，只是有两点把原文精神失掉，不得不声明：（1）我发明厚黑学，是把中外古今的事逐一印证过，觉得道理不错了，才就人人所知的曹操、刘备、孙权几个人，举以为例。又追溯上去，再举刘邦、项羽为例，意在使读者举一反三，根据三国和楚汉两代的原则，以贯通一部二十四史。原文有曰："楚汉之际，有一人焉，厚而不黑，卒归于败者，韩信是也。……楚汉之际，有一人焉，黑而不厚，亦归于败者，范增是也……"这原是就楚汉人物，当下指点，更觉亲切。北平赝本，把这几句删去，径说韩信以不黑失败，范增以不厚失败。诸君试想：一部二十四史中的人物，以不厚不黑失败者，岂少也哉！鄙人何至独举韩、范二人。北平赝本，未免把我的本意失掉了。(2)《厚黑传习录》中，求官六字真言，先总写一笔曰："空、贡、冲、捧、恐、送"。注明此六字俱是仄声。做官六字真言，总写一笔曰："空、恭、绷、凶、聋、弄"，注明此六字俱是平声。以下逐字分疏。每六字俱是叠韵，念起来音韵铿锵，原欲宦场中人朝夕持诵，用以替代佛书上"唵嘛呢叭咪吽"六字，或"南无阿弥陀佛"六字。倘能虔诚持诵，立可到极乐世界，不比持诵经咒或佛号，尚须待诸来世。这原是我一种救世苦心。北平赝本把总写之笔删去，径从逐字分疏说起来，则读者只知逐字埋头工作，不能把六字作咒语或佛号虔诚讽诵，收效必鲜。此则北平赝本不能不负咎者也。

近有许多人，请我把《厚黑学》重行翻印，我说这也无须。所有民元发表的厚黑学，我把他融化于此次丛话中，遇有重要的地方，就把原文整段写出，读者只读丛话就是了，不必再读原本。至于北平赝本，经我这样的声明，也可当真本使用，诸君前往购买，也不会贻误。

厚黑学，共分三步工夫。第一步："厚如城墙，黑如煤炭。"人的面皮，最初薄如纸一般，我们把纸叠起来，由分而寸，而尺，而丈，就厚如城墙了。心子最初作乳白状，由乳色而灰色，而青蓝色，再进就黑如煤炭了。到了这个境界，只能算初步。何以故呢？城墙虽厚，轰炸得破。即使城墙之外再筑几十层城墙，仍还轰炸得破，仍为初步。煤炭虽黑，但颜色讨厌，众人不敢挨近他，即使煤炭之上再灌以几炉缸墨水，众人仍不敢挨近他，仍为初步。

第二步："厚而硬，黑而亮。"深于厚学的人，任你如何攻打，丝毫不能动。刘备就是这样的人，虽以曹操之绝世奸雄，都把他莫奈何，真可谓硬之极了。深于黑学的人，如退光漆招牌，越是黑，买主越是多，曹操就是这类人。他是著名的黑心子，然而天下豪杰，奔集其门，真可谓黑得透亮了。人能造到第二步，较之第一步，自然有天渊之别。但还着了迹象，有形有色，所以曹刘的本事，我们一着眼就看得出来。

第三步："厚而无形，黑而无色。"至厚至黑，天下后世皆以为不厚不黑，此种人只好于古之大圣大贤中求之。有人问："你讲厚黑学，何必讲得这样精深？"我说："这门学问，本来有这样精深。儒家的中庸，要讲到'无声无臭'才能终止。学佛的人，要到'菩提无树，明镜非台'。才能证果。何况厚黑学是千古不传之秘，当然要到'无形无色'才算止境。"

吾道分上中下三乘。前面所说，第一步是下乘，第二步是中乘，第三步是上乘。我随缘说法，时而说下乘，时而说中乘、上乘，时而三乘会通来说。听者往往觉得我的话互相矛盾。其实始终是一贯的，只要知道吾道分上中下三乘，自然就不矛盾了。我讲厚黑学，虽是五花八门，东拉西扯。仍滴滴归源，犹如树上千枝万叶，千花百果，俱是从一株树上生出来的，枝叶花果之外，别有树之生命在。《金刚经》曰："若以色见我，若以声音求我，是人行邪道。不能见如来。"诸君如想学厚黑学，须在佛门中参悟有得，再来听讲。

我民国元年发表《厚黑学》，勤勤恳恳，言之不厌其详，乃领悟者殊少。后阅《五灯会元》及《论》、《孟》等书，见禅宗教人以说破为大戒；孔子"举一隅，不以三隅反，则不复也"；孟子"引而不发，跃如也"；然后知禅学及孔孟之说盛行良非无因。我自悔教授法错误，故十六年刊《宗吾臆谈》，厚黑学仅略载大意，出言弥简，属望弥殷。噫！"无上甚深微妙法，百千万劫难遭遇。"世尊说法四十九年，厚黑学是内圣外王之学，我已说二十四年，打算再说二十六年，凑足五十年，比世尊多说一年。

有人劝我道："你的怪话少说些，外面许多人指责你，你也应该爱惜名誉。"我道："我有一自警之语：'吾爱名誉，吾尤爱真理。'话之说得说不得，我内断于心，未下笔之先，迟回审慎，既著于纸，听人攻击，我不答辩。但攻击者说的话我仍细细体会，如能令我心折，即自行修正。"

有个姓罗的朋友，留学日本归来，光绪三十四年，与我同在富顺中学堂当教习。民国元年，他从懋功知事任上回来，我在成都学道街栈房内会着他，他把任上的政绩告诉我，颇为得意。后来被某事诖误，官失掉了，案子还未了结，言下又甚愤恨。随谈及厚黑学，我细细告诉他，他听得津津有味。我见他听入了神，猝然站起来，把桌子一拍，厉声说道："罗某！你生平做事，有成有败，究竟你成功的原因，在什么地方？失败的原因，在什么地方？你摸着良心说，究竟离脱这二字没有？速说！速说！不许迟疑！"他听了我的话，如雷贯耳，呆了许久，叹口气说道："真是没有离脱这二字！"此君在吾门，可称顿悟。

我告诉读者一个秘诀，大凡行使厚黑学，外面定要糊一层仁义道德，不能赤裸裸的显露出来。王莽之失败。就是由于后来把它显露出来的缘故。如果终身不露，恐怕至今孔庙中。还有王莽一席地。韩非子说："阴用其言而显弃其身。"这个法子，诸君不可不知。假如有人问你："认得李宗吾否？"你须放出一种很庄严的面孔说道："这个人坏极了，他是讲厚黑学的，我认他不

得。"口虽如此说，心中却供一个"大成至圣先师李宗吾之神位"。果能这样做，包管你生前的事业惊天动地，死后还要在孔庙中吃冷猪肉。我每听见有人说道："李宗吾坏极了！"我就非常高兴道："吾道大行矣！"

还有一层，前面说"厚黑上面，要糊一层仁义道德"，这是指遇着道学先生而言，假如遇着讲性学的朋友，你向他讲仁义道德，岂非自讨莫趣？此时应当糊上"恋爱神圣"四字。若遇着讲马克思的朋友，就糊上"阶级斗争，劳工专政"八字，难道他不喊你是同志吗？总之，厚黑二字是万变不离其宗，至于表面上应该糊以什么，则在学者因时因地，神而明之。

《宗吾臆谈》中，载有求官六字真言、做官六字真言及办事二妙法，许多人问我是怎样的，兹把原文照录于下：

  我把《厚黑学》发布出来，有人向我说："你这门学问，博大精深，我们读了，不能受用，请你指示点切要门径。"我问："你的意思打算做什么？"他说："我想做官。"我于是传他求官六字真言："空、贡、冲、捧、恐、送。"此六字俱是仄声，其意义如下：

1. 空

即空闲之意，分两种：（1）指事务而言，求官的人，定要把诸事放下，不工，不商，不农，不贾，书也不读，学也不教，跑在成都住起，一心一意，专门求官；（2）指时间而言，求官要有耐心，着不得急，今日不生效，明日又来，今年不生效，明年又来。

2. 贡

这个字是借用的，是我们川省的方言，其意义等于钻营之钻，钻进钻出，可说贡进贡出。求官要钻门子，这是众人都知道的，但定义很不好下。有人说："贡字的定义，是有孔必钻。"我说："错了，错了！你只说得一半，有孔才钻，无孔者其奈之何！"我下的定义是："有孔必钻，无孔也要入。"有孔者扩而大之，无孔者取出钻子，新开一眼。

3. 冲

普通所说的吹牛，川省说是"冲帽壳子"。冲分为二，一口头上，二文字上。每门又分为二，口头上分普通场所及在上峰面前两种，文字上分报章杂志上及投递条陈说帖两种。

4. 捧

即是捧场面那个捧字。戏台上魏公出来，那华歆的举动，是绝好的模范。

5. 恐

是恐吓之意，是他动词。这个理很精深，我不妨多讲几句。官之为物，何等宝贵，岂能轻易给人？有人把捧字做到十二万分，还不生效，就是少了恐字工夫。其方法是把当局的人要害寻出，轻轻点他一下，他就会惶然大骇，立把官儿送出来。学者须知：恐字与捧字，是互相为用的。善恐者捧之中有恐，旁观的人，见他在上峰面前，说的话句句是阿谀逢迎，其实上峰听之，汗流浃背。善捧者恐之中有捧，旁观的人见他丰骨棱棱，句句话责备上峰，其实听之者满心欢喜，骨节皆酥。"神而明之，存乎其人"，"大匠能与人规矩，不能使人巧"，是在求官者之细心体会。最要紧的，用恐字时，要有分寸，如用过度，大人先生老羞成怒，与我作起对来，岂不与求官之宗旨太悖？这又何苦乃尔？非到无可奈何时，恐字不可轻用。切嘱！切嘱！

6. 送

即是送东西，分大小二种：一大送，把银元一包一包的拿出来送；二小送，如送春茶、火肘及请上馆子之类。所送之人有二：一操用舍之权者，二表操用舍之权而能予我以助力者。

有人能把六字一一做到，包管字字发生奇效。那大人先生，独居深念，自言自语道："某人想做官，已经说了许久（空字之效），他与我有某种关系（贡字之效），其人很有点才具（冲字之效），对于我也很好（捧字之效），但此人有坏才，如不安置，未必不捣乱（恐字之效）。想至此处，回顾室中，黑压压的或白亮亮的，摆了一大堆（送字之效），也就无话可说，挂出牌来，某缺着某人署理。求官至此，功行圆满，于是能走马上任，实行做官六字真言。

做官六字真言："空、恭、绷、凶、聋、弄。"此六字俱是平声，其意义如下：

1. 空

即空洞的意思，分二种。一，文字上：凡批呈词，出文告，都是空空洞洞的，其中奥妙，我难细说，读者请往各官厅，把壁上的文字从东辕门读到西辕门，就可恍然大悟。二，办事上，任办何事，都是活摇活动，东倒也可，西倒也可。有时办得雷厉风行，其实暗中藏得有退路，如果见势不佳，就从那条路抽身走，绝不会把自己牵挂着，闹出移交不清及撤任查办等笑话。

2. 恭

即卑躬折节，胁肩谄笑之类。分直接间接两种：直接指对上司而言，间接指对上司的亲戚朋友、丁役、姨太太等而言。

3. 绷

即俗语所谓绷劲，是恭字的反面字，指对下属及老百姓而言。分两种：一，仪表上，赫赫然大人物，凛不可犯。二，言谈上，俨然腹有经纶，槃槃大才。

上述对上司用恭，对下属及老百姓用绷，是指普通而言。然亦不可拘定，须认清饭甑子所在地，看操我去留之权者在乎某处。对饭甑子所在地用恭，非饭甑子所在地用绷。明乎这个理，有时对上司反可用绷，对下属及老百姓反该用恭。

4. 凶

只要能达我之目的，就使人卖儿贴妇，亡身灭家，也不必管；但有一层要注意，凶字上面，定要蒙一层仁义道德。

5. 聋

即耳聋，笑骂由他笑骂，好官我自为之。聋字包有瞎字之意，文字上的诋骂，闭目不视。

6. 弄

即弄钱之弄，川省俗语，往往读作平声。千里来龙，此处结穴。前面十一字，都为此字而设。弄字与求官之送字相对，要有送，才有弄。但弄字要注意，看公事上通得过通不过。如果通不过，自己垫点腰包也不妨；如通得过，那就十万八万都不谦虚。

以上十二字，我不过粗举大纲，许多精义，都未发挥，有志于官者，可按着门类自去研究。

有人问我办事秘诀，我授以办事二妙法如下：

1. 锯箭法

相传：有人中箭，请外科医生治疗，医生将箭干锯下，即索谢礼。问何不将箭头取出？答："这是内科的事，你去寻内科好了。"现在各官厅，与夫大办事家，都是用着这种方法。譬如批呈词云："据呈某某等情，实属不合已极，仰候令饬该县知事查明严办"等语。"不合已极"四字是锯箭干，"该知事"已是内科。抑或云"仰候转呈上峰核办"，那"上峰"就是内科。又如有人求我办一件事。我说："此事我很赞成，但是还要同某人商量。""很赞成"三个字是锯箭干，"某人"是内科。又或说："我先把某部分办了，其余的以后办。""先办"是锯箭干，"以后"是内科。此外有只锯箭干，并不命寻内科的，也有连箭干都不锯，命其径寻内科的。种种不同，细参自悟。

2. 补锅法

家中锅漏，请补锅匠来补。补锅匠一面用铁皮刮锅底煤烟，一面对主人说道："请点火来我烧烟。"乘着主人转背之际，用铁锤在锅上轻轻敲几下，那裂痕就增长了许多。主人转来，指与他看道："你这锅，裂痕很长，上面油腻了，看不见。我把锅烟刮开，就现出来了，非多补几个钉子不可。"主人埋头一看，说道："不错！不错！今天不遇着你，我这锅恐怕不能用了。"及到补好。主人与补锅匠皆大欢喜而散。有人曾说："中国变法，有许多地方是把好肉割坏来医。"这即是用的补锅法。《左传》上郑庄公纵容共叔段，使他多行不义，才用兵讨伐，也是补锅法。历史上这类事很多，举不胜举。

大凡办事的人，怕人说他因循，就用补锅法，无中生有，寻些事办。及到事情棘手，就用锯箭法，脱卸过去。后来箭头溃烂了，反大骂内科坏事。我国的政治，大概前清官场是用锯箭法，变法诸公是用补锅法，民国以来是锯箭、补锅二法互用。

上述二妙法，是办事公例，合得到这公例的就成功，违反这公例的就失败。我国政治家，推管子为第一，他的本事，就是把这两个法子用得圆转自如。狄人伐卫，齐国按兵不动，等到狄人把卫灭了，才出来做"兴灭国，继绝世"的义举。这是补锅法。召陵之役，不责楚国僭称王号，只责他包茅不贡。这是锯箭法。那个时候，楚国的实力远在齐国之上，管仲敢于劝齐桓公兴兵伐楚，可说是把锅敲烂来补。及到楚国露出反抗的态度，他立即锯箭了事。召陵一役，以补锅法始，以锯箭法终。管仲把锅敲烂了，能把它补起，所以称为"天下才"。

明季武臣，把流寇围住了，故意放他出来，本是用的补锅法；后来制他不住，竟至国破君亡，把锅敲烂了补不起，所以称为"误国庸臣"。岳飞想恢复中原，迎回二帝，他刚刚才起了取箭头的念头，就遭杀身之祸。明英宗被也先捉去，于谦把他弄回来，算是把箭头取出了，仍遭杀身之祸。何以故？违反公例故。

晋朝王导为宰相，有一个叛贼，他不去讨伐，陶侃责备他。他复书道："我遵养时晦，以待足下。"侃看了这封信，笑道："他无非是遵养时贼罢了。"王导遵养时贼，以待陶侃，即是留着箭头，以待内科。诸名士在新亭流涕，王导变色曰："当共戮力王室，克复神州，何至作楚囚对泣？"他义形于色，俨然手执铁锤要去补锅，其实说两句漂亮话，就算完事。怀、愍二帝陷在北边，永世不返，箭头永未取出。王导此等举动，略略有点像管仲，所以史上称他为"江左夷吾"。读者如能照我说的方法去实行。包管成为管子而后第一个大政治家。

我著的《厚黑经》，说得有："不曰厚乎，磨而不薄？不曰黑乎，洗而不白？"后来我改为："不曰厚乎，越磨越厚。不曰黑乎，越洗越黑。"有人问我："世间哪有这种东西？"我说："手足的茧疤，是越磨越厚；沾了泥土尘埃的煤炭，是越洗越黑。"人的心，生来是黑的，遇着讲因果的人，讲理学的人，拿些仁义道德蒙在上面，才不会黑，假如把他洗去了，黑的本体自然出现。

中国幅员广大，南北气候不同，物产不同，因之人民的性质也就不同。于是文化学术，无在不有南北之分。例如：北有孔孟，南有老庄，两派截然不同。曲分南曲北曲，字分南方之帖、北方之碑，拳术分南北两派，禅宗亦分南能北秀，等等尽是。厚黑学是一种大学问，当然也要分南北两派。门人问厚黑，宗吾曰：南方之厚黑欤，北方之厚黑欤？任金革，死而不愿，北方之厚黑也，卖国军人居之。革命以教，不循轨道，南方之厚黑也，投机分子居之。人问："究竟学南派好，还是学北派好？"我说："你何糊涂乃尔！当讲南派，就讲南派，当讲北派，就讲北派。口南派而实行北派，是可以的；口北派而实行南派，也是可以的。纯是相时而动，岂能把南北成见横亘胸中。民国以来的人物，有由南而北的，有由北而南的，又复南而北，北而南，往返来回，已不知若干次，独你还徘徊歧路，向人问南派好呢，北派好呢？我实在无从答复。"

有人问我道："你既自称厚黑教主，何以你做事每每失败？何以你的学生本事比你大，你每每吃他的亏？"我说："你这话差了。凡是发明家，都不可登峰造极。儒教是孔子发明的，孔子登峰造极了，颜曾思孟去学孔子，他们的学问，就比孔子低一层；周程朱张去学颜曾思孟，学问又低一层；后来学周程朱张的又低一层，一辈不如一辈。老子发明道教，释迦发明佛教，其现象也是这样，这是由于发明家本事太大了的缘故。唯西洋科学则不然，发明的时候很粗浅，越研究越精深。发明蒸汽的人，只悟得汽冲壶盖之理，发明电气的人，只悟得死蛙运动之理。后人继续研究下去，造出种种机械，有种种用途，为发明蒸汽电气的人所万不及料。可见西洋科学，是后人胜过前人，学生胜过先生。我的厚黑学，与西洋科学相类，只能讲点汽冲壶盖、死蛙运动，中间许多道理，还望后人研究。我的本事，当然比学生小，遇着他们，当然失败。将来他们传授些学生出来，他们自己又被学生打败，一辈胜过一辈，厚黑学自然就昌明了。

又有人问我道："你既发明厚黑学，为什么未见你做些轰轰烈烈的事？"我说道："你们的孔夫子，为什么未见他做些轰轰烈烈的事？他讲的为政为邦，道千乘之国，究竟实行了几件？曾子著一部《大学》，专讲治国平天下，请问他治的国在哪里？平的天下在哪里？子思著一部《中庸》，说了些中和位育的话，请问他中和位育的实际安在？你去把他们问明了，再来同我讲。"

世间许多学问我不讲，偏要讲厚黑学，许多人都很诧异。我可把原委说明：我本来是孔子信徒，小的时候，父亲与我命的名，我嫌它不好，见《礼记》上孔子说："儒有今人与居，古人与稽，今世行之，后世以为楷。"就自己改名世楷，字宗儒表示信从孔子之意。光绪癸卯年冬，四川高等学堂开堂，我从自流井赴成都，与友人雷詟皆同路，每日步行百里，途中无事，纵谈时局，并寻些经史来讨论。詟皆有他的感想，就改字铁崖。我觉得儒教不能满我之意，心想与其宗孔子，不如宗我自己，因改字宗吾。这宗吾二字，是我思想独立之旗帜。今年岁在乙亥，不觉已整整的三十二年了。自从改字宗吾后，读一切经史，觉得破绽百出，是为发明厚黑学之起点。

及入高等学堂。第一次上讲堂，日本教习池永先生演说道："操学问，全靠自己，不能靠教师。教育二字，在英文为 Education，照字义是'引出'之意。世间一切学问，俱是我脑中所固有，教师不过'引之使出'而已，并不是拿一种学问来，按入学生脑筋内。如果学问是教师给予学生的，则是等于此桶水倾入彼桶，只有越倾越少的，学生只有不如先生的。而学生每每有胜过先生者，即是由于学问是各人脑中的固有的缘故。脑如一个囊，中贮许多物，教师把囊口打开，学生自己伸手去取就是了。"他这种演说，恰与宗吾二字冥合，予我印象很深，觉得这种说法，比朱子所说"学之为言效也"精深得多。后来我学英文，把字根一查，果然不错。池永先生这个演说，于我发明厚黑学有很大的影响。我近来读报章，看见日本二字就刺眼，凡是日本人的名字，都觉得讨厌，独有池永先生，我始终是敬佩的。他那种和蔼可亲的样子，至今还常在我脑中。

我在学堂时，把教习口授的写在一个副本上，书面大书"固囊"二字。许多同学不解，问我是何意义？我说：并无意义，是随便写的。这固囊二字，我自己不说明，恐怕后来的考古家考过一百年也考不出来。"固囊者，脑是一个囊，副本上所写，皆囊中固有之物也。"题此二字，聊当座右铭。

池永先生教理化数学，开始即讲水素酸素，我就用"引而出之"的法子，在脑中搜索，走路吃饭睡觉都在想，看还可以引出点新鲜的东西否。以后凡遇他先生所讲的，我都这样的工作。哪知此种工作，真是等于王阳明之格竹子,干了许久许久,毫无所得。于是废然思返,长叹一声道:"今生已过也,再结后生缘。"我从前被八股缚束久了,一听见废举,兴学堂,欢喜极了,把家中所有《四书》《五经》,与夫诗文集等等,一火而焚之。及在学堂内住了许久,大失所望。有一次,星期日,在成都学道街买了一部《庄子》。雷民心见了诧异道:"你买这些东西来做什么?"我说:"雷民心,科学这门东西,你我今生还有希望吗?他是茫茫大海的,就是自己心中想出许多道理,也莫得器械来试验,还不是等于空想罢了。在学堂中,充其量,不过在书本上得点人云亦云的智识,有何益处?只好等儿子儿孙再来研究,你我今生算了。因此我打算仍在中国古书上寻一条路来走。"他听了这话,也同声叹息。

我在高等学堂的时候,许多同乡同学的朋友都加入同盟会。有个朋友曾对我说:"将来我们起事,定要派你带一支兵。"我听了非常高兴,心想古来当英雄豪杰,必定有个秘诀,因把历史上的事汇集拢来,用归纳法搜求他的秘诀。经过许久,茫无所得。宣统二年,我当富顺中学堂监督(其时校长名曰监督)。有一夜,睡在监督室中,偶然想到曹操、刘备、孙权几个人,不禁搥床而起曰:"得之矣!得之矣!古之所谓英雄豪杰者,不外面厚心黑而已!"触类旁通,头头是道,一部二十四史,都可一以贯之。那一夜,我终夜不寐,心中非常愉快,俨然像王阳明在龙场驿大彻大悟,发明格物致知之理一样。

我把厚黑学发明了,自己还不知这个道理对与不对。我同乡同学中,讲到办事才,以王简恒为第一,雷民心尝呼之为"大办事家"。适逢简恒进富顺城来,我就把发明的道理说与他听,请他批评。他听罢,说道:"李宗吾,你说的道理,一点不错。但我要忠告你,这些话,切不可拿在口头说,更不可见诸文字。你尽管照你发明的道理埋头做去,包你干许多事,成一个伟大人物。你如果在口头或文字上发表了,不但终身一事无成,反有种种不利。"我不听良友之言,竟自把它发表了,结果不出简恒所料。诸君!诸君!一面读《厚黑学》,一面须切记简恒箴言。

我从前意气甚豪,自从发明了厚黑学,就心灰意冷,再不想当英雄豪杰了。跟着我又发明"求官六字真言"、"做官六字真言"及"办事二妙法"。这些都是民国元年的文字。反正后许多朋友,见我这种颓废样子,与从前大异,很为诧异,我自己也莫名其妙。假使我不讲厚黑学,埋头做去,我的世界或许不像现在这个样子。不知是厚黑学误我,还是我误厚黑学。

《厚黑学》一书,有些人读了,慨然兴叹,因此少出了许多英雄豪杰。有些人读了,奋然兴起,因此又多出了许多英雄豪杰。我发明厚黑学,究竟为功为罪,只好付诸五殿阎罗裁判。

我发表《厚黑学》的时候,念及简恒之言,迟疑了许久。后来想到朱竹垞所说："宁不食两庑无豚肩，《风怀》一诗，断不能删。"奋然道："英雄豪杰可以不当，这篇文字不能不发表。"就毅然决然。提笔写去，而我这英雄豪杰的希望，从此就断送了。读者只知厚黑学适用，哪知我是牺牲掉一个英雄豪杰换来的，其代价不为不大。

其实朱竹垞删去《风怀》一诗，也未必能食"两庑豚肩"；我把厚黑学秘为独得之奇，也未必能为英雄豪杰。于何征之呢？即以王简恒而论，其于吾道算是独有会心，以他那样的才具，宜乎有所成就，而孰知不然。反正时，他到成都，张列五委他某县知事，他不干，回到自流井。民国三年，讨袁之役，熊杨在重庆独立，富顺响应，自流井推简恒为行政长。事败，富顺廖秋华、郭集成、刁广乎被捕到泸州，廖被大辟，郭、刁破家得免，简恒东藏西躲，昼伏夜行，受了雨淋，得病，缠绵至次年死，身后非常萧条。以简恒之才具之会心，还是这样的结果，所以读我《厚黑学》的人，切不可自命为得了明人的指点，即便自满。民国元年，我到成都，住童子街《公论日报》社内，与廖绪初、谢绥青、杨仔耘诸人同住，他们再三怂恿我把《厚黑学》写出来。绪初并说道："你如果写出来，我与你做一序。"我想："绪初是讲程朱学的人，绳趋矩步，朋辈呼之为'廖大圣人'，他都说可以发表，当然可以发表，我遂逐日写去。我用的别号，是独尊二字，取"天上地下，唯我独尊"之意。绪初用淡然的别号作一序曰："吾友独尊先生，发明厚黑学，成书三卷，上卷《厚黑学》，中卷《厚黑经》，下卷《厚黑传习录》，嬉笑怒骂，亦云苛矣。然考之中外古今，与夫当世大人先生，举莫能外，诚宇宙至文哉！世欲业斯学而不得门径者，当不乏人，特劝先生登诸报端，以飨后学，他日更刊为单行本，普度众生，同登彼岸，质之独尊，以为何如？民国元年，月日，淡然。"哪知一发表，读者哗然。说也奇怪，我与绪初同是用别号，乃廖大圣人之称谓，依然如故，我则博得李厚黑的徽号。

绪初办事，富有毅力，毁誉在所不计。民国八年，他当省长公署教育科科长，其时校长县视学（县视学即后来之教育局长）任免之权，操诸教育科。杨省长对于绪初，倚畀甚殷，绪初签呈任免之人，无不照准。有时省长下条子任免某人，绪初认为不当者，将原条退还，杨省长不以为忤，而信任益坚。最奇的，其时我当副科长，凡是得了好处的人，都称颂曰："此廖大圣人之赐也。"如有倒甑子的，被记过的，要求不遂的，预算被核减的，往往对人说道："这是李厚黑干的。"成了个"善则归廖绪初，恶则归李宗吾"。绪初今虽死，旧日教育科同事诸人，如侯克明、黄治畛等尚在，请他们当天说，究竟这些事是不是我干的？究竟绪初办事能不能受旁人支配？我今日说这话，并不是卸责于死友，乃是举出我经过的事实，证明简恒的话是天经地义，厚黑学三字，断不可拿在口中讲。我厚爱读者诸君，故敢掬诚相告。

未必绪初把得罪人之事向我推卸吗？则又不然。有人向他说及我，绪初即说道："某某事是我干的，某人怪李宗吾，你可叫某人来，我当面对他说，与宗吾无干。"无奈绪初越是解释，众人越说绪初是圣人，李宗吾干的事，他还要代他受过，非圣人而何？李宗吾能使绪初这样做，非大厚黑而何？雷民心曰："厚黑学做得说不得。"真绝世名言哉！后来我也挣得圣人的徽号，不过圣人之上，冠有厚黑二字罢了。

圣人也，厚黑也，二而一，一而二也。庄子说："圣人不死，大盗不止。"圣人与大盗的真相，庄子是看清楚了。跖之徒问于跖曰："盗有道乎？"跖曰："奚啻其有道也！夫妄意关内中藏，圣也；入先，勇也；出后，义也；知时，智也；分均，仁也。不通此五者而能成大盗者，天下无有。"圣勇义智仁五者，本是圣人所做的，跖能窃用之，就成为大盗。反过来说，厚黑二者，本是大奸大诈所做的，人能善用之，就可成大圣大贤。试举例言之，胡林翼曾说："只要于公家有利，就是顽钝无耻的事，我都要干。"又说："办事要包揽把持。"所谓顽钝无耻也，包揽把持也，岂非厚黑家所用的技术吗？林翼能善用之，就成为名臣了。

王简恒和廖绪初，都是我很佩服的人。绪初办旅省叙属中学堂和当省议会议员，只知为公二字，什么气都受得，有点像胡林翼之顽钝无耻。简恒办事，独行独断，有点像胡林翼之包揽把持。有天我当着他二人说道："绪初得了厚字诀，简恒得了黑字诀，可称吾党健者。"历引其事以证之。二人欣然道："照这样说来，我二人可谓各得圣人之一体了。"我说道："百年后有人一与我建厚黑庙，你二人都是有配享希望的。"

民国元年，我在成都《公论日报》社内写《厚黑学》，有天绪初到我室中，见案上写有一段文字："楚汉之际，有一人焉，厚而不黑，卒归于败者，韩信是也。胯下之辱，信能忍之，面之厚可谓至矣。及为齐王，果从蒯通之说，其贵诚不可言，独奈何倦倦于解衣推食之私情，贸然曰：'衣人之衣者，怀人之忧；食人之食者，死人之事。'卒至长乐钟室，身首异处，夷及三族，谓非咎由自取哉！楚汉之际，有一人焉，黑而不厚，亦归于败者，范增是也。……"绪初把我的稿子读了一遍。转来把韩信这一段反复读之，默然不语，长叹一声而去。我心想道："这就奇了，韩信厚有余而黑不足，范增黑有余而厚不足，我原是二者对举，他怎么独有契于韩信这一段？"我下细思之，才知绪初正是厚有余而黑不足的人。他是盛德夫子，叫他忍气，是做得来，叫他做狠心的事，他做不来。患寒病的人，吃着滚水很舒服；患热病的人，吃着冷水很舒服；绪初所缺乏者，正是一黑字，韩信一段，是他对症良药，故不知不觉，深有感触。

中江谢绶青。光绪三十三年，在四川高等学堂与我同班毕业。其时王简恒任富顺中学堂监督，聘绶青同我当教习。三十四年下学期，绪初当富顺视学，主张来年续聘，其时薪水以两计。他向简恒说道："宗吾是本县人，核减一百两，绶青是外县人，薪仍旧。"他知道我断不会反对他，故毅然出此。我常对人说："绪初这个人万不可相交，相交他，银钱上就要吃亏，我是前车之鉴。"有一事更可笑，其时县立高小校校长姜选臣因事辞职，县令王琰备文请简恒兼任。有天简恒笑向我说道："我近日穷得要当衣服了，高小校校长的薪水，我很想支来用。照公事说，是不生问题。像顺这一伙人，要攻击我，我倒毫不睬他，最怕的是廖圣人酸溜溜说道：'这笔款似乎可以不支吧。'你叫我这个脸放在何处？只好仍当衣服算了。"我尝对人说："此虽偶尔谈笑，而绪初之令人敬畏，简恒之勇于克己，足见一斑。"后来我发明《厚黑学》，才知简恒这个谈话，是厚黑学上最重要的公案。我尝同雷民心批评：朋辈中资质偏于厚字者甚多，而以绪初为第一。够得上讲黑字者，只有简恒一人。近日常常有人说："你叫我面皮厚，我还做得来，叫我黑，我实在做不来，宜乎我做事不成功。"我说："特患你厚得不彻底，只要彻底了，无往而不成功。你看绪初之厚，居然把简恒之黑打败，并且厚黑教主还送了一百两银子的贽见。世间资质偏于厚字的人，万不可自暴自弃。"

相传凡人的颈子上，都有一条刀路，刽子手杀人，顺着刀路砍去，一刀就把脑壳削下。所以刽子手无事时，同人对坐闲谈，他就要留心看你颈上的刀路。我发明厚黑学之初，遇事研究，把我往来的朋友作为实验品，用刽子手看刀路的方法，很发现些重要学理。滔滔天下，无在非厚黑中人。诸君与朋辈往还之际，本我所说的法子去研究，包管生出无限趣味，比读《四书》《五经》、二十五史受的益更多。老子曰："邦之利器，不可以示人。"老夫耄矣。无志用世矣，否则这些法子，我是不能传授人的。

我遇着人在我名下行使厚黑学，叨叨絮絮，说个不休。我睁起眼睛看着他，一言不发。他忽然脸一红，噗一声笑道："实在不瞒你先生，当学生的实在没法了，只有在老师名下行使点厚黑学。"我说道："可以！可以！我成全你就是了！"语云："对行不对货。"奸商最会欺骗人，独在同业前不敢卖假货。我苦口婆心，劝人研究厚黑学，意在使大家都变成内行，假如有人要使点厚黑学，硬是说明了来干，施者受者，大家心安理顺。

我把厚黑学发明过后，凡人情冷暖，与夫一切恩仇，我都坦然置之。有人对我说："某人对你不起，他如何如何。"我说："我这个朋友，他当然这样做。如果他不这样做，我的厚黑学还讲得通吗？我所发明的是人类大原则，我这个朋友，当然不能逃出这个原则。"

辛亥十月，张列五在重庆独立，任蜀军政府都督，成渝合并，任四川副都督，嗣改民政长。他设一个审计院，拟任绪初为院长。绪初再三推辞，乃以尹仲锡为院长。绪初为次长，我为第三科科长。其时民国初成，我以为事事革新，应该有一种新学说出现，乃把我发明的厚黑学发表出来。及我当了科长，一般人都说："厚黑学果然适用，你看李宗吾公然做起科长官来了。"相好的朋友，劝我不必再登，我就停止不登。于是众人又说道："你看李宗吾，做了科长官，厚黑学就不登了。"我气不过，向众人说道："你们只羡我做官，须知奔走宦场，是有秘诀的。"我就发明求官六字真言、做官六字真言，每遇着相好的朋友，就尽心指授。无奈我那些朋友资质太钝，拿来运用不灵，一个个官运都不亨通，反是从旁窃听的和间接得闻的，倒还很出些人才。

在审计院时，绪初寝室与我相连，有一日下半天，听见绪初在室内拍桌大骂，声震屋瓦，我出室来看，见某君仓皇奔出，绪初追而骂之："你这个狗东西！混账……直追至大门而止（此君在绪初办旅省叙属中学时曾当教职员）。绪初转来，看见我，随入我室中坐下，气忿忿道："某人，真正岂有此理！"我问何事，绪初道："他初向我说：某人可当知事，请我向列五介绍。我唯唯否否应之。他说：'事如成了，愿送先生四百银子。'我桌子上一巴掌道：'胡说！这些话，都可拿来向我说吗？'他站起来就走，说道：'算了，算了，不说算了。'我气他不过，追去骂他一顿。"我说："你不替他说就是了，何必为此已甚。"绪初道："这宗人，你不伤他的脸，将来不知还要干些什么事。我非对列五说不可，免得用着这种人出去害人。"此虽寻常小事，在厚黑学上却含有甚深的哲理。我批评绪初"厚有余而黑不足，叫他忍气是做得来"，叫他做狠心的事做不来，何以此事忍不得气？其对待某君，未免太狠，竟自侵入黑字范围，这是什么道理呢？我反复研究，就发现一条重要公例。公例是什么呢？厚黑二者，是一物体之两方面，凡黑到极点者，未有不能厚，厚到极点者，未有不能黑。举例言之：曹操之心至黑，而陈琳作檄，居然容他得过，则未尝不能厚；刘备之面至厚，刘璋推诚相待，忽然举兵灭之，则未尝不能黑。我们同辈中讲到厚字，既公推绪初为第一，所以他逃不出这个公例。

古人云："夫道一而已矣。"厚黑二者，根本上是互相贯通的，厚字翻过来，即是黑，黑字翻过来，即是厚。从前有个权臣，得罪出亡。从者说道："某人是公之故人，他平日对你十分要好，何不去投他？"答道："此人对我果然很好。我好音，他就遗我以鸣琴，我好佩，他就遗我以玉环。他平日既见好于我，今日必以我见好于人，如去见他，必定缚我以献于君。"果然此人从后追来。把随从的人捉了几个去请赏。这就是厚脸皮变而为黑心子的明证。人问：世间有黑心子变而为厚脸皮的没有？我答道：有！有！《聊斋》上马介甫那一段所说的那位太太，就是由黑心子一变而为厚脸皮。

绪初辱骂某君一事，询之他人，迄未听见说过，除我一人而外，无人知之，后来同他相处十多年，也未听他重提。我尝说："绪初辱骂某君，足见其人刚正，虽暗室中，亦不可干以私，事后绝口不言，隐人之恶，又见其盛德。"但此种批评，是站在儒家立场来说，若从厚黑哲学上研究，又可得出一条公例："黑字专长的人，黑者其常，厚者其暂；厚字专长的人，厚者其常，黑者其暂。"绪初是厚字专长的人，其以黑字对付某君，是暂时的现象；事过之后，又回复到厚字常轨，所以后此十多年隐而不言。我知他做了此等狠心事，必定于心不安，故此后见面，不便向他重提此事。他办叙属学堂的时候，业师王某来校当学生，因事犯规，绪初悬牌把他斥退。后来我曾提起此事，他蹙然道："这件事我疚心。"这都是做了狠心的事，要恢复常规的明证。因知他辱骂某君一定很疚心，所以不便向他重提。

绪初已经死了十几年，生平品行，粹然无疵。凡是他的朋友和学生，至今谈及，无不钦佩。去岁我做了一篇《廖张轶事》，叙述绪初和列五二人的事迹，曾登诸《华西日报》。绪初是国民党的忠实信徒，就是异党人，只能说他党见太深，对于他的私德，仍称道不置。我那篇《廖张轶事》，曾胪举其事，将来我这《厚黑丛话》写完了，莫得说的时候，再把他写出来，充塞篇幅。一般人呼绪初为廖大圣人，我看他，得力全在一个厚字。我曾说："用厚黑以图谋公利，越厚黑人格越高尚。"绪初人格之高尚，是我们朋辈公认的。他的朋友和学生存者甚多，可证明我的话不错，即可证明我定的公例不错。

我发表《厚黑学》，用的别号是独尊二字，与朋友写信也用别号，后来我改写为"蜀酋"。有人问我蜀酋作何解释？我答应道：我发表《厚黑学》，有人说我疯了，离经叛道，非关在疯人院不可。我说：那吗，我就成为蜀中之罪酋了。因此名为蜀酋。我发表《厚黑学》过后，许多人实力奉行，把四川造成一个厚黑国。有人向我说道：国中首领，非你莫属。我说：那吗，我就成为蜀中之酋长了。因此又名蜀酋。再者，我讲授厚黑学，得我真传的弟子，本该授以衣钵。但我的生活是沿门托钵，这个钵要留来自用，只有把我的狗皮褂子脱与他穿。所以独（獨）字去了犬旁，成为蜀字。我的高足弟子很多，弟子之足高，则先生之足短，弟子之足高一寸，则先生之足短一寸。所以尊字截去寸字，成为酋字。有此原因，我只好称为蜀酋了。

世间的事，有知难行易的，有知易行难的，唯有厚黑学最特别，知也难，行也难。此道之玄妙，等于修仙悟道的口诀，古来原是秘密传授，黄石老人因张良身有仙骨，于半夜三更传授他。张良言下顿悟，老人以王者师期之。无奈这门学问太精深了，所以《史记》上说："良为他人言，皆不省，独沛公善之。"良叹曰："沛公殆天授也。"可见这门学问不但明师难遇，就遇着了，也难于领悟。苏东坡曰："项籍百战百胜，而轻用其锋。高祖忍之，养其全锋而待其敝，此子房教之也。"衣钵真传，彰彰可考。我打算做一部《厚黑学师承记》，说明授受渊源，使人知这门学问，要黄石公这类人才能传授，要张良、刘邦这类人才能领悟。我近倡厚黑救国之说，许多人说我不通，这也无怪其然，是之谓知难。

刘邦能够分杯羹，能够推孝惠、鲁元下车，其心之黑还了得吗？独至韩信求封假齐王，他忍不得气，怒而大骂，使非张良从旁指点，几乎误事。勾践入吴，身为臣，妻为妾，其面之厚还了得吗？沼吴之役，夫差遣人痛哭求情，勾践心中不忍，意欲允之。全亏范蠡悍然不顾，才把夫差置之死地。以刘邦、勾践这类人，事到临头，还须军师临场指挥督率才能成功，是之谓行难。

苏东坡的《留侯论》，全篇是以一个厚字立柱。他文集中论及沼吴之役，深以范蠡的办法为然。他这篇文字，是以一个黑字立柱。诸君试取此二字，细细研读，当知鄙言不谬。人称东坡为坡仙，他是天上的神仙下凡，才能揭出此种妙谛。诸君今日，听我讲说，可谓有仙缘。噫，外患迫矣，来日大难，老夫其为黄石老人乎！愿诸君以张子房自命。

厚黑丛话卷三

成都《华西日报》民国二十四年十月

有人读《厚黑经》，读至"盖欲学者于此，反求诸身而自得之，以去夫外诱之仁义，而充其本然之厚黑"，发生疑问道："李宗吾，你这话恐说错了。孟子曰：'仁义礼智，非由外铄我也，我固有之也。'可见仁义是本然的。你怎么把厚黑说成本然，把仁义说成外诱？"我说："我倒莫有说错，只怕你们那个孟子错了。孟子说：'孩提之童，无不知爱其亲也，及其长也，无不知敬其兄也。'他这个话究竟对不对，我们要实地试验。就叫孟子的夫人把他亲生小孩抱出来，由我当着孟子试验。母亲抱着小孩吃饭，小孩伸手来拖，如不提防，碗就会落地打烂。请问孟子，这种现象是不是爱亲？母亲手中拿一块糕饼，小孩伸手来索，母亲不给他，放在自己口中，小孩就会伸手从母亲口中取出，放在他口中。请问孟子，这种现象是不是爱亲？小孩在母亲怀中食乳，食糕饼，哥哥走近前，他就要用手推他打他。请问孟子，这种现象是不是敬兄？只要全世界寻得出一个小孩，莫得这种现象，我的厚黑学立即不讲，既是全世界的小孩无一不然，可见厚黑是天性中固有之物，我的厚黑学当然成立。"

孟子说："人之所不学而能者，其良能也，所不虑而知者，其良知也。"小孩见母亲口中有糕饼，就伸手去夺，在母亲怀中食乳食糕饼，哥哥近前，就推他打他，都是不学而能，不虑而知，依孟子所下的定义，都该认为良知良能。孟子教人把良知良能扩而充之，现在许多官吏刮取人民的金钱，即是把小孩时夺取母亲口中糕饼那种良知良能扩充出来的。许多志士，对于忠实同志，排挤倾轧，无所不用其极，即是把小孩食乳食糕饼时推哥哥、打哥哥那种良知良能扩充来的。孟子曰："大人者，不失其赤子之心者也。"现在的伟人，小孩时那种心理，丝毫莫有失掉，可见中国闹到这么糟，完全是孟子的信徒干的，不是我的信徒干的。

我民国元年发表《厚黑学》，指定曹操、刘备、孙权、刘邦几个人为模范人物。迄今廿四年并莫一人学到。假令有一人像刘备，过去的四川，何至成为魔窟？有一人像孙权，过去的宁粤，何至会有裂痕？有一人像曹操，伪满敢独立吗？有一人像刘邦，中国会四分五裂吗？吾尝曰："刘邦吾不得而见之矣，得见曹操斯可矣；曹操吾不得而见之矣，得见刘备、孙权斯可矣。"所以

· 65 ·

说中国闹得这么糟,不是我的信徒干的。

汉高祖分杯羹,是把小孩夺母亲口中糕饼那种良知良能扩充出来的。唐太宗杀建成、元吉,是把小孩食乳食糕饼时推哥哥、打哥哥那种良知良能扩充出来的。这即是《厚黑经》所说:"充其本然之厚黑。"昔人咏汉高祖诗云:"俎上肉,杯中羹,黄袍念重而翁轻。辕羹嫂,羹颉侯,一饭之仇报不休。……君不见汉家开基四百明天子,君臣父子兄弟夫妇朋友之间乃如此。"汉高祖把通常所谓五伦与夫礼义廉耻扫荡得干干净净,这即是《厚黑经》所说:"去夫外诱之仁义。"

有人难我道:"孟子曰:'恻隐之心,人皆有之。'据你这样说,岂不是应该改为'恻隐之心,人皆无之'吗?"我说:"这个道理,不能这样讲。孟子说:'今人乍见孺子将入于井,皆有怵惕恻隐之心。'明明提出怵惕恻隐四字。下文忽言'无恻隐之心非人也。"恻隐之心,仁之端也。'凭空把怵惕二字摘来丢了,请问是何道理?再者孟子所说:'乍见孺子将入于井',这是孺子对于井发生了死生存亡的关系,我是立在旁观地位。假令我与孺子同时将入井,请问孟子,此心作何状态?此时发出来的第一念,究竟是怵惕,是恻隐?不消说,这刹那间只有怵惕而无恻隐,只能顾我之死,不暇顾及孺子之死。非不爱孺子也,事变仓促,顾不及也。必我心略为安定,始能顾及孺子,恻隐心乃能出现。我们这样的研究,就可把人性真相看出。怵惕是为我的念头,恻隐是为人的念头。孟子曰:'恻隐之心,仁之端也。'李宗吾曰:'怵惕之心,厚黑之端也。'孟子讲仁义,以恻隐为出发点。我讲厚黑,以怵惕为出发点。先有怵惕,后有恻隐,孟子的学说是第二义,我的学说才是第一义。"

成都属某县,有曾某者,平日讲程朱之学,品端学粹,道貌岩岩,人呼为曾大圣人,年已七八十岁,当县中高小学校校长。我查学到校,问:"老先生近日还看书否?"答:"现在纂集宋儒语录。"我问:"孟子说:'今人乍见孺子将入于井,皆有怵惕恻隐之心。'何以下文只说:'无恻隐之心非人也。''恻隐之心,仁之端也。'把怵惕二字置之不论,其意安在?"他听了沉吟思索。我问:"见孺子将入于井,发出来的第一个念头,究竟是怵惕,是恻隐?"他信口答道:"是恻隐。"我听了默然不语,他也默然不语。我本然想说:第一念既是恻隐,何以孟子不言"恻隐怵惕"而言"怵惕恻隐"?因为他是老先生,不便深问,只问道:"宋儒之书,我读得很少,只见他们极力发挥恻隐二字,未知对于怵惕二字,亦会加以发挥否?"他说:"莫有。"我不便往下再问,就谈别的事去了。

《孟子》书上,孩提爱亲章,孺子将入井章,是性善说最根本的证据。宋儒的学说,就是从这两个证据推阐出来的。我对于这两个证据,根本怀疑,所以每谈厚黑学，就把宋儒任意抨击。但我生平最喜欢怀疑，不但怀疑古今人的说法，并且自己的说法也常常怀疑。我讲厚黑学，虽能自圆其说，而孟子的说法，也不能说他莫得理由。究竟人性的真相是怎样？孟子所说孩提知爱和恻隐之心，又从何处生出来呢？我于是又继续研究下去。

中国言性者五家，孟子言性善，荀子言性恶，告子言性无善无恶，扬雄言善恶混，韩昌黎言性有三品。这五种说法，同时并存，竟未能折中一是。今之政治家，连人性都未研究清楚，等于医生连药性都未研究清楚。医生不了解药性，断不能治病；政治家不了解人性，怎能治国？今之举世纷纷者，实由政治家措施失当所致。其措施之所以失当者，实由对于人性欠了精密的观察。

中国学者，对于人性欠精密的观察，西洋学者，观察人性更欠精密。现在的青年，只知宋儒所说"妇人饿死事小，失节事大"这个道理讲不通……这都是对于人性欠了研究。才有这类不通的学说。学说既不通，基于这类学说生出来的措施，遂无一可通，世界焉得不大乱？

从前我在报章杂志上，常见有人说："中国的礼教，是吃人的东西。"殊不知西洋的学说，更是吃人的东西。阿比西尼亚被墨索里尼摧残蹂躏，是受达尔文学说之赐，将来算总账，还不知要牺牲若干人的生命。我们要想维持世界和平，非把这类学说一律肃清不可。要肃清这类学说，非把人性彻底研究清楚不可。我们把人性研究清楚了，政治上的设施，国际上的举动，才能适合人类通性，世界和平才能维持。

我主张把人性研究清楚，常常同友人谈及。友人说："近来西洋出了许多心理学的书，你虽不懂外国文，也无妨买些译本来看。"我说："你这个话太奇了！我说个笑话你听：从前有个查学员视察某校，对校长说：'你这个学校，光线不足。'校长道：'我已派人到上海购买去了。'人人有一个心，自己就可直接研究，本身就是一副仪器标本，随时随地都可以试验，朝夕与我往来的人，就是我的试验品，你叫我看外国人著的心理学书，岂不等于到上海买光线吗？"闻者无辞可答。

我民国元年著的《厚黑学》，原是一种游戏文字，不料发表出来，竟受一般人的欢迎，厚黑学三字。在四川几乎成一普通名词。我以为此种说法能受人欢迎，必定于人性上有关系，因继续研究。到民国九年，我想出一种说法，似乎可以把人性问题解决了，因著《心理与力学》一文，载入《宗吾臆谈》内。我这种说法，未必合真理，但为研究学术起见，也不妨提出来讨论。

西洋人研究物理学研究得很透彻，得出来的结论，五洲万国无有异词，独于心理学却未研究透彻，所以得出来的结论，此攻彼讦。这是什么道理呢？

因为研究物理，乃是以人研究物，置身局外，冷眼旁观，把真相看得很清楚，毫无我见，故所下判断最为正确。至于研究心理学，则研究者是人，被研究者也是人，不知不觉就参入我见，下的判断就不公平。并且我是众人中之一人，古人云："不识庐山真面目，只缘身在此山中。"即使此心放得至公至平，仍得不到真相。因此我主张：研究心理学，应当另辟一个途径来研究。科学家研究物理学之时，毫无我见，等他研究完毕了，我们才起而言曰："人为万物之一，物理与人事息息相通，物理上的公例也适用于人事。"据物理的公例，以判断人事，而人就无遁形了。声光磁电的公例，五洲万国无有异词。人之情感，有类磁电，研究磁电，离不脱力学公例，我们就可以用力学公例以考察人之心理。

民国九年。我家居一载，专干这种工作，用力学上的公例去研究心理学，觉到许多问题都涣然冰释。因创一公例曰："心理变化，循力学公例而行。"从古人事迹上，现今政治上，日用琐事上，自己心坎上，理化数学上，中国古书上，西洋学说上，四面八方印证起来，似觉处处可通。有了这条公例，不但关于人事上一切学说若网若纲，有条不紊，就是改革经济政治等等，也有一定的轨道可循，而我心中的疑团，就算打破，人性问题就算解决了。但我要声明：所谓疑者，是我心中自疑，非谓人人俱如是疑也。所谓解决者，是我自谓解决，非谓这个问题果然被我解决也。此乃我自述经过，聊备一说而已。

本来心理学是很博大精深的，我是个讲厚黑学的，怎能谈这门学问？我说"心理变化，循力学公例而行"，等于说"水之波动，循力学公例而行"。据科学家眼光看来，水之性质和现象，可供研究者很多，波动不过现象中之一小部分。所以我谈心理，只谈得很小很小一部分，其余的我不知道，就不敢妄谈。

为甚力学上的公例可应用到心理学上呢？须知科学上许多定理，最初都是一种假说，根据这种假说，从各方试验，都觉可通，这假说就成为定理了。即如地球这个东西，自开辟以来就有的。人民生息其上，不经经过了若干万万年，对于地球之构成就无人了解。距今二百多年以前，出了个牛顿，发明万有引力，说"地心有吸力，把泥土沙石吸成一团，成为地球。"究竟地心有无吸力，无人看见，牛顿这个说法，本是假定的，不过根据他的说法，任如何试验，俱是合的，于是他的假说就成了定理。从此一般人都知道："凡是有形有体之物，俱要受吸力的吸引。"到爱因斯坦出来，发明相对论，本牛顿之说扩大之，说："太空中的星球发出的光线，经过其他星球，也要受其吸引。因天空中众星球互相吸引之故，于是以直线进行之光线，就变成弯弯曲曲的形状。"他这种说法，经过实地测验，证明不错，也成为定理。从此一般人又知道，有形无体之光线，也要受吸力的吸引。我们要解决心理学上的疑团，无妨把爱因斯坦的说法再扩大之，说："我们心中也有一种引力，能把耳闻目睹、无形无体之物吸收来成为一个心。心之构成，与地球之构成相似。"我们这样的设想，牛顿的三例和爱因斯坦的相对论，就可适用到心理学方面，而人事上一切变化，就可用力学公例去考察他了。

通常所称的心，是由于一种力，经过五官出去，把外边的事物牵引进来，集合而成的。例如有一物在我面前。我注目视之，即是一种力从目透出去，与那个物联结；我将目一闭，能够记忆那物的形状，即是此力把那物拖进来绾住了。听人的话能够记忆，即是把那人的话拖进来绾住了。由这种方式，把耳濡目染与夫环境所经历的事项一一拖进来，集合为一团，就成为一个心。所以心之构成，与地球之构成完全相似。

一般人都说自己有一个心，佛氏出来，力辟此说，说："人莫得心，通常所谓心，是假的，乃是六尘的影子。"《圆觉经》曰："一切众生，元始以来，种种颠倒，妄认四大为自身相，六尘缘影为自心相。"我们试思，假使心中莫得引力，则六尘影子之经过，亦如雁过长空，影落湖心一般，雁一去，影即不存。而吾人见雁之过，其影能留在心中者，即是心中有一种引力把雁影绾住的缘故。所以我们拿佛家的话来推究，也可证明心之构成与地球之构成是相似的。

佛家说："六尘影子落在八识田中，成为种子，永不能去。"这就像谷子豆子落在田土中。成为种子一般。我们知谷子豆子落在田土中，是由于地心有引力，即知六尘影子落在八识田中，是由于人心有引力。因为有引力绾住，所以谷子豆子在田土中永不能去，六尘影子在八识田中也永不能去。

我们如把心中所有知识一一考察其来源，即知其无一不从外面进来。其经过的路线，不外眼耳鼻舌身。虽说人能够发明新理，但仍靠外面收来的智识作基础，犹之建筑房屋，全靠外面购来的砖瓦木石。假如把心中各种智识的来源考出了，从目进来的，命他仍从目退出去，从耳进来的，令他仍从耳退出去，其他一一俱从来路退出，我们的心即空无所有了。人的心能够空无所有，对于外物无贪恋，无嗔恨，有如湖心雁影，过而不留，这即是佛家所说"还我本来面目"。

地球之构成，源于引力，意识之构成，源于种子，试由引力再进一步，推究到天地未有以前，由种子再进一步，推究到父母未生以前，则只有所谓寂兮寥兮的状况，而二者就会归于一了。由寂兮寥兮生出引力，而后有地球，而后有物。由寂兮寥兮生出种子，而后有意识，而后有人。由此知心之构成与地球之构成相似，物理与人事相通，故物理学的规律可适用于心理学。

心理的现象，与磁电现象很相像。人有七情，大别之，只有好、恶二种。心所好的东西，就引之使近；心所恶的东西，就推之使远。其现象与磁电相同。人的心，分知、情、意三者，意是知与情合并而成，其元素只有知、情二者。磁电同性相推，异性相引，他相推相引的作用，是情的现象。能够判别同性异性，又含有知的作用。可见磁电这个东西，也具有知、情，与我们的心理是一样的。阳电所需要的是阴电，忽然来了一个阳电，要分他的阴电，他当然把他推开。阴电所需要的是阳电，忽然来了一个阴电，要分他的阳电，他当然也把他推开。这就像小儿食乳食糕饼的时候，见哥哥来了，用手推他打他一般，所以成了同性相推的现象。至于磁电异性相引，犹如人类男女相爱，更是不待说的。所以我们研究心理学，可当如磁电学研究。

佛说："真佛法身，映物现形。"宛然磁电感应现象。又说："本性圆融，用遍法界。"又说："非有非无。"宛然磁电中和现象。又说："不生不灭，不增不减。"简直是物理学家所说"能量不灭"。因此之故，我们用力学公例去考察人性，想来不会错。

孟子讲性善，说："孩提之童，无不知爱其亲，及其长也，无不知敬其兄。"我讲厚黑学，说："小儿见母亲口中有糕饼，就取来放在自己口中。小儿在母亲怀中食乳食糕饼，见哥哥走近来。就用手推他打他。"这两种说法，岂不是极端相反吗？究竟人性的真相是怎样？我们细观察，即知小儿一切动作都是以我为本位，各种现象，都是从比较上生出来的。将母亲与己身比较，小儿更爱己身，故将母亲口中糕饼取出，放入自己口中。母亲是怀抱我、乳哺我的人，拿母亲与哥哥比较，母亲与我更接近，故更爱母亲。大点的时候，与哥哥朝夕一处玩耍。有时遇着邻人，觉得哥哥与我更接近，自然更爱哥哥。由此推之，走到异乡，就爱邻人；走到外省，就爱本省人；走到外国，就爱本国人。其间有一定之规律，其规律是："距我越近，爱情越笃，爱情与距离成反比例。"与牛顿万有引力定律是相像的。我们把他绘出来，如甲图，第一圈是我，第二圈是亲，第三圈是兄，第四圈是邻人，第五圈是本省人，第六圈是本国人，第七圈是外国人。这个图是人心的现象，我们详加玩索，就觉得这种现象很像讲堂上试验的磁场一般。距磁石越近的地方，铁屑越多，可见人的情感与磁力相像。我们从甲图研究，即知我说的小儿抢母亲口中糕饼，和孟子所说孩提爱亲，原是一贯的事，俱是以我字为出发点，性善说与厚黑学就可贯通为一。

甲图上面所绘，是否真确，我们可再设法证明：假如暮春三月的时候，我们约着二三友人出去游玩，走至山明水秀的地方，心中觉得非常愉快，走至山水粗恶的地方，心中就戚然不乐，这是什么缘故呢？因为山水是物，我也是物，物与我本是一体，所以物类好，心中就愉快，物类不好，心中就不愉快。我们又走至一个地方，见地上许多碎石，碎石之上，落花飘零，我们心中很替落花悲戚，对于碎石不甚动念，这是什么缘故？因为石是无生之物，花与我同是有生之物，所以对于落花更觉关情。假如落花之上卧一将毙之犬，哀鸣婉转，那种声音，人耳惊心，骤闻之下，就会把悲感落花之心移向犬方而去了。这是什么缘故？因为花是植物，犬与我同是动物，自然会起同情心。我们游毕归来，途中见一只犬拦住一个行人，狂跳狂吠，那人持杖乱击，人犬相争，难解难分，我们看见，总是帮人的忙，不会帮犬的忙。因为犬是兽类。那人与我同是人类，对乎人的感情，当然不同。假如我们回来，一进门就有人来对我说：某个友人，因为某事，与人发生绝大冲突，胜负未分，我就很替这个友人关心，希望他得胜。虽然同是人类，因为有交情的关系，不知不觉就偏重在我的友人方面去了。我把朋友邀入室中，促膝谈心，正在尔我忘情的时候，陡然房子倒下来，我们心中发出来的第一个念头，是防卫自己，第二个念头，才顾及友人。我们把各种事实、各种念头汇合拢来，搜求他的规律，即知每起一念，都是以我字为中心点，我们步步追寻，层层剥剔，逼到尽头处，那个我字。即赤裸裸的现出来了。我们可得一个结论：凡有两个物体，同时出现于我的面前，我无须计较，无须安排，心中自然会有亲疏远近之分。其规律是："距我越远，爱情越减，爱情与距离成反比例。"终不外牛顿万有引力的定律。我们把它绘出图来，如乙图：第一圈是我，第二圈是友，第三圈是他人，第四圈是犬，第五圈是花，第六圈是石。它的现象仍与磁场一般。我们绘这乙图，是舍去了甲图的境界，凭空另设一个境界。乃绘出之图与中图无异，可知甲图是合理的，乙图也是合理的。这两个图，都是代表人心的现象，既是与磁场相像，与地心引力相像，即可说心理变化不外力学公例。

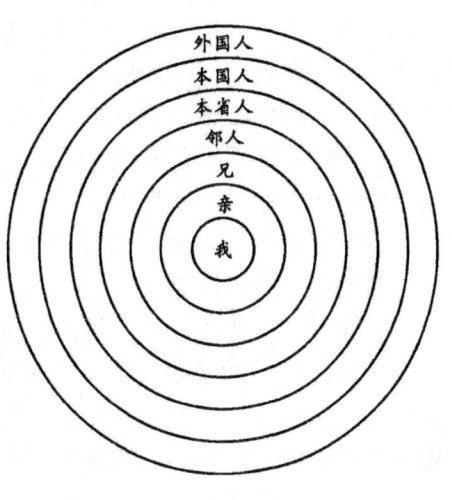

甲图　孟子的性善图

孟子讲性善，有两个证据，第一个证据是："孩提之童，无不知爱其亲，及其长也，无不知敬其兄。"前已绘图证明，是发源于为我之心，根本上与厚黑学相通。他第二个证据是："今人乍见孺子将入于井，皆有怵惕恻隐之心。"

我们细细推求，仍是发源于为我之心，仍与厚黑学相通。兹说明如下：

怵惕是惊惧的意思，是自己畏死的表现。假如我们共坐谈心的时候，陡见前面有一人提一把白亮亮的刀追杀一人，我们一齐吃惊，各人心中都要跳几下。这个现象，即是怵惕。这是因为各人都有畏死的天性，看见刀仿佛是杀我一般，所以心中会跳，所以会怵惕。我略一审视，晓得不是杀我，是杀别人，登时就会把畏死的念头放大，化我身为被追的人，对乎他起一种同情心，就想救护他。这就是恻隐。先有怵惕，后有恻隐，是天然的顺序，不是人力安排的。由此可知：恻隐是从怵惕生出来的，莫得怵惕，就不会恻隐，可以说恻隐二字仍发源于我字。

见孺子将入井的时候，共有三物，一曰我，二曰孺子，三曰井。我们把他绘为图：第一圈是我，第二圈是孺子，第三圈是井。我与孺子同是人类，井是无生之物，孺子对于井生出死生存亡的关系，我当然对孺子表同情，不能对井表同情。有了第一圈的我，才有第二圈的孺子。因为我怕死，才觉得孺子将入井是不幸的事；假如我不怕死，就叫我自己入井，我也认为不要紧的事，不起怵惕心。看见孺子将入井，也认为不要紧的事，断不会有恻隐心。莫得我，即莫得孺子，莫行怵惕，即莫得恻隐，道理本是极明白的。孺子是我身的放大形，恻隐是怵惕的放大形，孟子看见怵惕心能放大而为恻隐心，就叫人把恻隐心再放大起来，扩充到四海。道理本是对的，只因少说一句："恻隐是怵惕扩充出来的。"就生出宋儒的误会。宋儒言性，从恻隐二字讲起走，舍去怵惕二字不讲，成了有恻隐无怵惕，知有第二圈之孺子，不知有第一圈之我。宋儒学说，许多迂曲难通，其病根就在这一点。

我们把甲乙两图详加玩味，就可解决孟、荀两家的争执。甲图是层层放大，由我而亲，而兄，而邻人，而本省人，而本国人，而外国人，其路线是由内向外，越放越大。孟子看见人心有此现象，就想利用他，创为性善说。所以他说："老吾老，以及人之老；幼吾幼，以及人之幼……举斯心。加诸彼……推恩足以保四海。"力劝人把圈子放大点。孟子喜言诗，诗是宣畅人的性情，含有利导的意思。乙图是层层缩小，由石而花，而犬，而人，而友，而我，其路线是由外向内。越缩越小。荀子看见人心有此现象，就想制止他，创为性恶说。所以他说："妻子具而孝衰于亲，嗜欲得而信衰

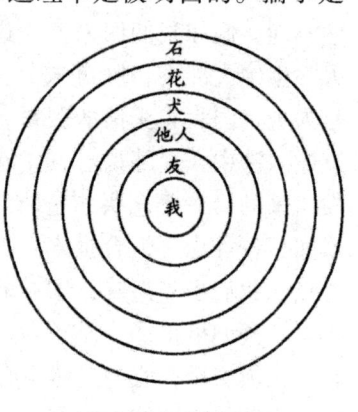

乙图　荀子的性恶图

孺子入井图

于友，爵禄盈而忠衰于君。"又说："拘木待檃括蒸矫然后直，钝金待砻厉然后利，人待师法然后正，得礼义然后治，"生怕人把圈子缩小了。荀子习于礼，礼是范围人的行为，含有制裁的意思。甲乙两图，都是代表人心的现象，甲图是离心力现象，乙图是向心力现象。从力学方面说，两种现象俱不错，即可说孟荀二人的说法俱不错。无奈他二人俱是各说一面，我们把甲乙二图一看，孟荀异同之点就可了然了。事情本是一样，不过各人的看法不同罢了。我们详玩甲乙二图，就可把厚黑学的基础寻出来。

荀、孟争论图

王阳明讲的致良知，是从性善说生出来的。我讲的厚黑学，是从性恶说生出来的。王阳明说："满街都是圣人。"我说："滔滔天下，无在非厚黑中人。"此两说何以会极端相反呢？因为同是一事，可以说是性善之表现，也可说是性恶之表现。举例言之：假如有个友人来会我，辞去不久，仆人来报道："刚才那个友人，出门去就与人打架角孽，已被警察将双方捉去了。"我听了，就异常关心，立命人去探听。听说警察判友人无罪，把对方关起了，我就很欢喜。倘判对方无罪，把友人关起，我就很忧闷。请问我这种心理究竟是善是恶？假如我去问孟子，孟子一定说："这明明是性善的表现，何以故呢？你的朋友与人相争，与你毫无关系，你愿你的朋友胜，不愿他败，这种爱友之心，是从天性中不知不觉流露出来的。此种念头，是人道主义的基础。所谓博施济众，是从此种念头生出来的，所谓民胞物与，也是从此种念头生出来的，所以人们起了此种念头，就须把他扩充起来。"假如我去问荀子，荀子一定说："这明明是性恶的表现，何以故呢？你的朋友是人，和他打架的也是人，人与人相争，你不考察是非曲直，只是愿友胜不愿友败；这种自私之心，是从天性中不知不觉流露出来的。此种念头，是扰乱世界和平的根苗。日本以武力占据东北四省，是从此种念头生出来的，墨索里尼用飞机轰炸阿比西尼亚，也是从此种念头生出来的，所以人们起了此种念头，即须把他制伏下去。"我们试看上面的说法，两边都有道理，却又极端相反，这是什么缘故呢？我们要解决孟荀两家的争执，只消绘图一看，就自然明白了。如图：第一圈是我，第二圈是友。第三圈是他人，此心愿友得胜，即是第二圈。请问这第二圈是大是小呢？孟子寻个我字，与友字比较，即是在外面画个小圈来比较，说第二圈是个大圈。荀子寻个人字，与友字比较，即是在外面画个大圈来比较，说第二圈是个小圈。孟子以为第二圈是第一圈放大而成，其路线是向人字方面扩张出去，故断定人之性善。荀子以为第二圈是由第三圈缩小而成，其路线是向我字方面收缩拢来，故断定人之性恶。其实第二圈始终只有那么大，并未改变。单独画一个圈，不能断他是大是小；单独一种爱友之心，不能断他是善是恶。画了一圈之后，再在内面或外面画一圈，才有大小之可言。因爱友而做出的事，妨害他人，或不妨害他人。才有善恶之可言。

愿友胜不愿友败之心理，是一种天然现象，乃人类之通性，不能断他是善是恶，只看如何应用就是了。本此心理，可做出相亲相爱之事，也可做出相争相夺之事，犹之我们在纸上画了一圈之后，可以在内面画一小圈，也可以在外面画一大圈。孟子见人画了一圈。就断定他一定会把两脚规张开点，在外面画一个较大之圈。荀子见人画了一圈，就断定他一定会把两脚规收拢点，在内面画一个较小之圈。若问他二人的理由，孟子说："这个圈，明明是由一个小圈放大而成。依着它的趋势，当然会再放大，在外面画一个更大之圈。"荀子说："这个圈明明是由一个大圈缩小而成。依着它的趋势，当然会再缩小，在内面画一个更小之圈。"这些说法，真可算无谓之争。

我发表厚黑学后，继续研究，民国九年，创出一条公例："心理变化，循力学公例而行。"并绘出甲乙二图，因知孟子的性善说和荀子的性恶说都带有点诡辩的性质。同时悟得：我民国元年讲的厚黑学，和王阳明讲的致良知，也带有点诡辩的性质。什么是诡辩呢？把整个的道理蒙着半面，只说半面，说得条条有理，是之谓诡辩。战国策士，游说人主，即是用的此种方法。其时，坚白异同之说甚盛，孟荀生当其时，染得有点此种气习，读者切不可为其所愚。我是厚黑先生，不是道学先生，所以我肯说真话。

力有离心、向心两种现象，人的心理也有这两种现象。孟荀二人，各见一种，各执一词。甲乙两图，都与力学公例不悖，故孟荀两说，能够对峙二千余年，各不相下。我们明白这个道理，孟荀两说就可合而为一了。孟荀两说合并，就成为告子的说法。告子说："性无善无不善。"任从何方面考察，他这个说法都是对的。

人性本是无善无恶，也可说是：可以为善，可以为恶。孟子出来，于整个人性中裁取半面以立说，成为性善说。遗下了半面，荀子取以立论，就成为性恶说。因为各有一半的真理，故两说可以并存。又因为只占得真理之一半，故两说互相攻击。

有孟子之性善说，就有荀子之性恶说与之对抗。有王阳明的致良知，就有李宗吾的厚黑学与之对抗。王阳明说："见父自然知孝，见兄自然知悌。"把良知二字讲得头头是道。李宗吾说："小孩见着母亲口中糕饼，自然会取来放在自己口中。在母亲怀中食乳食糕饼，见哥哥近前，自然会用手推他打他。"我把厚黑二字也讲得头头是道。有人呼我为教主，我何敢当？我在学术界，只取得与阳明对等的位置罢了。不过阳明在孔庙中配享，吃冷猪肉，我将来只好另建厚黑庙，以廖大圣人和王简恒、雷民心诸人配享。

我的厚黑学，本来与王阳明的致良知有对等的价值，何以王阳明受一般人的推崇，我受一般人的訾议呢？因为自古迄今，社会上有一种公共的黑幕，这种黑幕，只许彼此心心相喻，不许揭穿，揭穿了，就要受社会的制裁。这算是一种公例。我每向人讲厚黑学，只消连讲两三点钟，听者大都津津有味，说道："我平日也这样想，不过莫有拿出来讲。"请问：心中既这样想，为什么不拿出来讲呢？这是暗中受了这种公例支配的缘故。我赤裸裸的揭穿出来，是违反了公例，当然为社会不许可。

社会上何以会生出这种公例呢？俗语有两句："逢人短命，遇货添钱。"诸君都想知道，假如你遇着一个人，你问他尊龄？答："今年五十岁了。"你说："看你先生的面貌，只像三十几的人。最多不过四十岁罢了。"他听了，一定很欢喜，是之谓"逢人短命"。又如走到朋友家中，看见一张桌子，问他买成若干钱？他答道："买成四元。"你说："这张桌子，普通价值八元，再买得好，也要六元。你真是会买。"他听了一定也很喜欢。是之谓"遇货添钱"。人们的习性，既是这样，所以自然而然地就生出这种公例。主张性善说者，无异于说："世间尽是好人，你是好人，我也是好人。"说这话的人，怎么不受欢迎？主张性恶说者，等于说："世间尽是坏人，你是坏人，我也是坏人。"说这话的人，怎么不受排斥？荀子本来是入了孔庙的，后来因为他言性恶，把他请出来，打脱了冷猪肉，就是受了这种公例的制裁。于是乎程朱派的人，遂高坐孔庙中，大吃其冷猪肉。

《孟子》书上有"阉然媚于世也"一句话，可说是孟子与宋明诸儒定的罪案，也即是孟子自定的罪案。何以故呢？性恶说是箴世，性善说是媚世。性善说者曰：你是好人，我也是好人。此妾妇媚语也。性恶说者曰：你是坏人，我也是坏人，此志士箴言也。天下妾妇多而志士少，箴言为举世所厌闻，荀子之逐出孔庙也宜哉。呜呼！李厚黑，真名教罪人也！

近人蒋维乔著《中国近三百年哲学史》说："荀子在周末，倡性恶说，后儒非之者多，绝无一人左袒之者，历一千九百余年，俞曲园独毅然赞同之……我国主张性恶说者，古今只有荀俞二氏。"云云。俞曲园是经学大师，一般人只研究他的经学，他著的《性说》上下二篇，若存若亡，可以说中国言性恶之书，除荀子而外，几乎莫有了。箴言为举世所厌闻，故敢于直说的人，绝无仅有。

滔滔天下，皆是讳疾忌医的人，所以敢于言性恶者，非天下的大勇者不能，非舍得牺牲者不能。荀子牺牲孔庙中的冷猪肉不吃，才敢于言性恶。李宗吾牺牲英雄豪杰不当，才敢于讲厚黑学。将来建厚黑庙时，定要在后面与荀子修一个启圣殿，使他老人家借着厚黑教主的余荫，每年春秋二祭，也吃吃冷猪肉。

常常有人向我说道："你的说法，未免太偏。"我说：诚然，唯其偏，才医得好病，芒硝大黄，姜桂附片，其性至偏，名医起死回生，所用皆此等药也。药中之最不偏者，莫如泡参甘草。请问世间的大病，被泡参甘草医好者自几？自孟子而后，性善说充塞天下，把全社会养成一种不痒不痛的大肿病，非得痛痛的打几针，烧几艾不可。所以听我讲厚黑学的人，当说道："你的议论，很痛快。"因为害了麻木不仁的病，针之灸之，才觉得痛；针灸后，全体畅适，才觉得痛快。

有人读了《厚黑丛话》，说道："你何必说这些鬼话？"我说：我逢着人说人话，逢着鬼说鬼话，请问当今之世，不说鬼话，说什么？我这部《厚黑丛话》，人见之则为人话，鬼见之则为鬼话。

我不知过去生中，与孔子有何冤孽，他讲他的仁义，偏偏遇着一个讲厚黑的我，我讲我的厚黑，偏偏遇着一个讲仁义的他。我们两家的学说，极端相反，永世是冲突的。我想："冤家宜解不宜结。"我与孔子讲和好了。我想个折中调和的法子，提出两句口号："厚黑为里，仁义为表。"换言之，即是枕头上放一部《厚黑学》，案头上放一部《四书》《五经》；心头上供一个大成至圣先师李宗吾之神位，壁头上供一个大成至圣先师孔子之神位。从此以后，我的信徒，即是孔子的信徒，孔子的信徒，即是我的信徒，我们两家学说，永世不会冲突了。千百年后，有人出来做一篇《仲尼宗吾合传》，一定说道："仁近于厚，义近于黑，宗吾引绳墨，切事情，仁义之弊，流于麻木不仁，而宗吾深远矣。"

讳疾忌医，是病人通例，因之就成了医界公例。荀子向病人略略针灸了一下，医界就哗然，说他违反了公例，把他逐出医业公会，把招牌与他下了，药铺与他关了。李宗吾出来，大讲厚黑学，叫把衣服脱了，赤条条的施用刀针。这是自荀子而后，二千多年，都莫得这种医法，此李厚黑所以又名李疯子也。

昨有友人来访，见我桌上堆些《宋元学案》、《明儒学案》一类书，诧异道："你怎么看这类书？"我说："我怎么不看这类书？相传某国有一井，汲饮者，立发狂。全国人皆饮此井之水，全国人皆狂。独有一人，自凿一井饮之，独不狂。全国人都说他得了狂病，捉他来，针之灸之，施以种种治疗，此人不胜其苦，只得自汲狂泉饮之。于是全国人都欢欣鼓舞，道：'我们国中，从此无一狂人了。'我怕有人替我医疯疾，针之灸之，只好读宋明诸儒的书，自己治疗。"

人性是浑然的，仿佛是一个大城，王阳明从东门攻入，我从西门攻入，攻进去之后，所见城中的真相，彼此都是一样。人性以告子所说，无善无不善，最为真确。王阳明倡致良知之说，是主张性善的，而他教人提出："无善无恶心之体，有善有恶意之动"等语，请问此种说法，与告子何异？我民国元年发表《厚黑学》，是性恶说这面的说法。民国九年，我创一条公例："心理变化，循力学公例而行。"这种说法，即是告子的说法。告子曰："性犹湍水也。"湍水之变化，即是循着力学公例走的，所以"性犹湍水也"五个字，换言之。即是"心理变化，循力学公例而行"。

有人难我道："告子说：性无善无不善。'阳明说：'无善无恶心之体。'一个言性。一个言心体，何能混为一谈？至于你说的'心理变化'，则是就用上言之，更不能牵涉到体上。"我说：我的话不足为凭，请看阳明的话。阳明曰："心统性情，性，心体也，情，心用也，夫体用一源也，知体之所以为用，则知用之所以为体矣。"心体即是性，这是阳明自己下的定义。我说："阳明的说法，即是告子的说法。"难道我冤诬了阳明吗？

告子曰："性犹湍水也。"决诸东方则东流，决诸西方则西流，请问东流西流。是不是就用上言之？请问水之流东流西，能否逃出力学公例？我说："'性犹湍水也'五个字，换言之，即是'心理变化，循力学公例而行。'似乎不是穿凿附会。"

阳明曰："性，心体也，情，心用也。"世之言心言性者，因为体不可见，故只就用上言之，因为性不可见，故只就情上言之。孟子曰："孩提之童，无不知爱其亲也。"又曰："今人乍见孺子将入于井，皆有怵惕恻隐之心。"皆是就情上言之。也即是就用上言之。由此知：孟子所谓性善者，乃是据情之善。因以断定性之善。试问人与人的感情，是否纯有善而无恶？所以孟子的话，就会发生问题，故阳明易之曰："有善有恶意之动。"意之动即用也，即情也。阳明的学力，比孟子更深，故其说较孟子更圆满。

王阳明从性善说悟人，我从性恶说悟人，同到无善无恶而止。我国人讲厚黑学，等于用手指月，人能循着手看去，就可以看见天上之月，人能循着厚黑学研究去，就可以窥见人性之真相。常有人执著厚黑二字，同我刺刺不休，等于在我手上寻月，真可谓天下第一笨人。我的厚黑学，拿与此等人读，真是罪过。

厚黑丛话卷四

成都《华西日报》民国二十四年十一月十二日

两月前成都某报总编辑对我说："某君在宴会席上说道：李宗吾做了一篇《我对于圣人之怀疑》，把孔子的面子太伤了，我当著一文痛驳之。"静待至今，寂然无闻，究竟我那篇文字，对于孔子的面子，伤莫有伤，尚待讨论，原文于民国十六年载入拙著《宗吾臆谈》内，某君或许只听人谈及，未曾见过，故无从着笔。兹特重揭报端，凡想打倒厚黑教主者，快快地联合起来。原文如下：

我先年对于圣人，很为怀疑，细加研究，觉得圣人内面有种种黑幕，曾做了一篇《圣人之黑幕》。民国元年，本想与厚黑学同时发表，因为厚黑学还未登载完，已经众议哗然，这篇文字更不敢发表了，只好借以解放自己的思想。现在国内学者，已经把圣人攻击得体无完肤，中国的圣人，已是日暮途穷。我幼年曾受过他的教育，本不该乘圣人之危，坠井下石，但我要表明我思想之过程，不妨把当日怀疑之点略说一下。底稿早不知抛往何处，只把大意写出来。

世间顶怪的东西，要算圣人，三代以上，产生最多，层见叠出，同时可以产出许多圣人，三代以下，就绝了种，并莫产生一个。秦汉而后，想学圣人的，不知有几千百万人，结果莫得一个成为圣人，最高的不过到了贤人地位就止了。请问圣人这个东西，究竟学得到学不到？如说学得到，秦汉而后，有那么多人学，至少也该出一个圣人。如果学不到，我们何苦朝朝日日，读他的书，拼命去学。

三代上有圣人，三代下无圣人，这是古今最大怪事。我们通常所称的圣人，是尧舜禹汤文武周公孔子。我们把他分析一下，只有孔子一人是平民，其余的圣人，尽是开国之君，并且是后世学派的始祖，他的破绽，就现出来了。

原来周秦诸子，各人特创一种学说，自以为寻着真理了，自信如果见诸实行，立可救国救民，无奈人微言轻，无人信从。他们心想，人类通性，都是悚慕权势的，凡是有权势的人说的话，人人都肯听从，世间权势之大者，莫如人君，尤莫如开国之君；兼之那个时候的书，是竹简做的，能够得书读的人很少，所以新创一种学说的人，都说道，我这种主张是见之书上，是某个开国之君遗传下来的。于是道家托于黄帝，墨家托于大禹，倡并耕的托于神农，著本草的也托于神农，著医书的，著兵书的，俱托于黄帝。此外百家杂技，与夫各种发明。无不托始于开国之君。孔子生当其间，当然也不能违背这个公例。他所托的更多，尧舜禹汤文武之外，更把鲁国开国的周公加入，所以他是集大成之人。周秦诸子，每人都是这个办法，拿些嘉言懿行，与古帝王加上去，古帝王坐享大名，无一个不成为后世学派之祖。

周秦诸子，各人把各人的学说发布出来，聚徒讲授，各人的门徒，都说我们的先生是个圣人。原来圣人二字，在古时并不算高贵，依《庄子·天下篇》所说，圣人之上，还有天人、神人、至人等名称，圣人列在第四等，圣字的意义，不过是"闻声知情，事无不通"罢了，只要是聪明通达的人，都可呼之为圣人，犹之古时的朕字一般，人人都称得，后来把朕字、圣字收归御用，不许凡人冒称，朕字圣字才高贵起来。周秦诸子的门徒，尊称自己的先生是圣人，也不为僭妄。孔子的门徒，说孔子是圣人，孟子的门徒，说孟子是圣人，老庄杨墨诸人，当然也有人喊他为圣人。到了汉武帝的时候，表章六经，罢黜百家，从周秦诸子中把孔子挑选出来，承认他一人是圣人，诸子的圣人名号，一齐削夺，孔子就成为御赐的圣人了。孔子既成为圣人，他所尊崇的尧舜禹汤文武周公，当然也成为圣人。所以中国的圣人，只有孔子一人是平民，其余的都是开国之君。

周秦诸子的学说，要依托古之人君，也是不得已而为之。这可举例证明：南北朝有个张士简，把他的文字拿与虞讷看，虞讷痛加诋斥。随后士简把文改作，托名沈约，又拿与虞讷看，他就读一句，称赞一句。清朝陈修园，著了一本《医学三字经》，其初托名叶天士，及到其书流行了，才改归己名。有修园的自序可证。从上列两事看来，假使周秦诸子不依托开国之君，恐怕他们的学说早已消灭，岂能传到今日？周秦诸子，志在救世，用了这种方法，他们的学说，才能推行，后人受赐不少。我们对于他是应该感谢的，但是为研究真理起见，他们的内幕是不能不揭穿。

孔子之后，平民之中，也还出了一个圣人，此人就是人人知道的关羽。凡人死了，事业就完毕，唯有关羽死了过后，还干了许多事业，竟自挣得圣人的名号，又著有《桃园经》、《觉世真经》等书，流传于世。孔子以前那些圣人的事业与书籍，我想恐怕也与关羽差不多。

现在乡僻之区偶然有一人得了小小富贵，讲因果的，就说他阴功积得多，讲堪舆的，就说他坟地葬得好，看相的，算命的，就说他面貌生庚与众不同。我想古时的人心，与现在差不多，大约也有讲因果的人，看见那些开基立国的帝王，一定说他品行如何好，道德如何好。这些说法流传下来，就成为周秦诸子著书的材料了。兼之，凡人皆有我见，心中有了成见，眼中所见东西，就会改变形象，戴绿色眼镜的人，见凡物皆成绿色，戴黄眼镜的人，见凡物

皆成黄色。周秦诸子，创了一种学说，用自己的眼光去观察古人，古人自然会改变形象，恰与他的学说符合。

我们权且把圣人中的大禹提出来研究一下。他腓无胈，胫无毛，忧其黔首，颜色黎墨，宛然是摩顶放踵的兼爱家。韩非子说："禹朝诸侯于会稽，防风氏之君后至而禹斩之。"他又成了执法如山的大法家。孔子说："禹，吾无间然矣。菲饮食而致孝乎鬼神，恶衣服而致美乎黻冕，卑宫室而尽力乎沟洫。"俨然是恂恂儒者，又带点栖栖不已的气象。读魏晋以后禅让文，他的行径，又与曹丕、刘裕诸人相似。宋儒说他得了危微精一的心传，他又成了一个析义理于毫芒的理学家。杂书上说他娶涂山氏女，是个狐狸精，仿佛是《聊斋》上的公子书生。说他替涂山氏造傅面的粉，又仿佛是画眉的风流张敞。又说他治水的时候，驱遣神怪，又有点像《西游记》上的孙行者、《封神榜》上的姜子牙。据著者的眼光看来，他始而忘亲事仇，继而夺仇人的天下，终而把仇人逼死苍梧之野，简直是厚黑学中重要人物。他这个人，光怪陆离，真是莫名其妙。其余的圣人，其神妙也与大禹差不多。我们略加思索，圣人的内幕，也就可以了然了。因为圣人是后人幻想结成的人物，各人的幻想不同，所以圣人的形状有种种不同。

我做了一本《厚黑学》，从现在逆推到秦汉是相合的，又逆推到春秋战国，也是相合的，可见从春秋以至今日，一般人的心理是相同的。再追溯到尧舜禹汤文武周公，就觉得他们的心理神秘难测，尽都是天理流行，唯精唯一，厚黑学是不适用的。大家都说三代下人心不古，仿佛三代上的人心，与三代下的人心，成为两截了，岂不是很奇的事吗？其实并不奇。假如文景之世，也像汉武帝的办法，把百家罢黜了，单留老子一人，说他是个圣人，老子推崇的黄帝，当然也是圣人，于是乎平民之中，只有老子一人是圣人，开国之君，只有黄帝一人是圣人。老子的心，"微妙玄通，深不可识"。黄帝的心，也是"微妙玄通，深不可识"。"其政闷闷，其民淳淳。"黄帝而后，人心就不古了，尧夺哥哥的天下，舜夺妇翁的天下，禹夺仇人的天下，成汤文武以臣叛君，周公以弟杀兄。我那本《厚黑学》，直可逆推到尧舜而止。三代上的人心，三代下的人心，就融成为一片了。无奈再追溯上去，黄帝时代的人心。与尧舜而后的人心，还是要成为两截的。

假如老子果然像孔子那样际遇，成了御赐的圣人，我想孟轲那个亚圣名号，一定会被庄子夺去，我们读的四子书，一定是老子、庄子、列子、关尹子，所读的经书，一定是《灵枢》、《素问》，孔孟的书与管商申韩的书，一齐成为异端，束诸高阁，不过遇着好奇的人，偶尔翻来看看，《大学》、《中庸》在《礼记》内，与《王制》、《月令》并列。"人心唯危"十六字，混在"曰若稽古"之内，也就莫得什么精微奥妙了。后世讲道学的人，一定会向

《道德经》中，玄牝之门，埋头钻研，一定又会造出天玄人玄、理牝欲牝种种名词，互相讨论。依我想，圣人的真相不过如是（著者按：后来我偶翻《太玄经》，见有天玄地玄人玄等名词，唯理牝欲牝的名词，我还未看见）。

儒家的学说，以仁义为立足点，定下一条公例："行仁义者昌，不行仁义者亡。"古今成败，能合这个公例的，就引来做证据，不合这个公例的，就置诸不论。举个例来说，太史公《殷本纪》说："西伯归，乃阴修德行善。"《周本纪》说："西伯阴行善。"连下两个阴字，其作用就可想见了。《齐世家》更直截了当的说道："周西伯昌之脱羑里归，与吕尚阴谋修德以倾商政，其事多兵权与奇计。"可见文王之行仁义，明明是一种权术，何尝是实心为民？儒家见文王成了功，就把他推尊得了不得。徐偃王行仁义，汉东诸侯，朝者三十六国，荆文王恶其害己也，举兵灭之。这是行仁义失败了的，儒者就绝口不提。他们的论调完全与乡间讲因果报应的一样，见人富贵，就说他积得有阴德，见人触电器死了，就说他忤逆不孝，推其本心，固是劝人为善。其实真正的道理，并不是那么样。

古来的圣人，真是怪极了，虞芮质成，脚踏了圣人的土地，立即洗心革面，圣人感化人，有如此的神妙。我不解管蔡的父亲是圣人，母亲是圣人，哥哥弟弟是圣人，四面八方被圣人围住了，何以中间会产生鸱鸮？清世宗呼允禩为阿其那，允禟为塞思黑，翻译出来，是猪狗二字。这个猪狗的父亲是圣人，哥哥是圣人，侄儿也是圣人。鸱鸮猪狗，会与圣人错杂而生，圣人的价值，也就可以想见了。

李自成是个流贼，他进了北京，寻着崇祯帝后的尸，载以宫扉，盛以柳棺，放在东华门，听人祭奠。武王是个圣人，他走至纣死的地方，射他三箭，取黄钺把头斩下来，悬在太白旗上，他们爷儿，曾在纣名下称过几天臣，做出这宗举动，他的品行，连流贼都不如，公然也成为唯精唯一的圣人，真是妙极了。假使莫得陈圆圆那场公案，吴三桂投降了，李自成岂不成为太祖高皇帝吗？他自然也会成为圣人，他那闯太祖本纪所载深仁厚泽，恐怕比《周本纪》要高几倍。

太王实始翦商，王季、文王继之，孔子称武王缵太王、王季、文王之绪，其实与司马炎缵懿师昭之绪何异？所异者，一个生在孔子前，得了世世圣人之名，一个生在孔子后，得了世世逆臣之名。

后人见圣人做了不道德的事，就千方百计替他开脱，到了证据确凿，无从开脱的时候，就说书上的事迹出于后人附会。这个例是孟子开的。他说："以至仁伐至不仁"，断不会有流血的事，就断定《武成》上血流漂杵那句话是假的。我们从殷民三叛，多方大诰那些文字看来，可知伐纣之时，血流漂杵不假，只怕"以至仁伐至不仁"那句话有点假。

子贡曰："纣之不善，不如是之甚也。是以君子恶居下流，而天下之恶皆归焉。"我也说："尧舜禹汤文武周公之善，不如是之甚也。是以君子愿居上流，而天下之美皆归焉。"若把下流二字改作失败，把上流二字改作成功，更觉确切。

古人神道设教，祭祀的时候，叫一个人当尸，向众人指说："这就是所祭之神。"众人就朝着他磕头礼拜。同时又以圣道设教，对众人说："我的学说，是圣人遗传来的。"有人问："哪个是圣人？"他就顺手指着尧舜禹汤文武周公说道："这就是圣人。"众人也把他当如尸一般，朝着他磕头礼拜。后来进化了，人民醒悟了，祭祀的时候，就把尸撤销，唯有圣人的迷梦，数千年未醒，尧舜禹汤文武周公，竟受了数千年的崇拜。

讲因果的人，说有个阎王，问"阎王在何处？"他说："在地下。"讲耶教的人，说有个上帝，问"上帝在何处？"他说："在天上。"讲理学的人，说有许多圣人，问"圣人在何处？"他说："在古时。"这三种怪物，都是只可意中想像，不能目睹，不能证实。唯其不能证实，他的道理就越是玄妙，信从的人就越是多。在创这种议论的人，本是劝人为善，其意固可嘉，无如事实不真确，就会生出流弊。因果之弊，流为拳匪，圣人之弊，使真理不能出现。

汉武帝把孔子尊为圣人过后，天下的言论，都折中于孔子，不敢违背。孔融对于父母问题略略讨论一下，曹操就把他杀了。嵇康菲薄汤武，司马昭也把他杀了。儒教能够推行，全是曹操、司马昭一般人维持之力。后来开科取士，读书人若不读儒家的书，就莫得进身之路。一个死孔子，他会左手拿官爵，右手拿钢刀，哪得不成为万世师表？宋元明清学案中人，都是孔圣人马蹄脚下人物，他们的心坎上，受了圣人的摧残，他们的议论，焉得不支离穿凿？焉得不迂曲难通？

中国的圣人，是专横极了，他莫有说过的话，后人就不敢说，如果说出来，众人就说他是异端，就要攻击他。朱子发明了一种学说，不敢说是自己发明的，只好把孔门的格物致知加一番解释，说他的学说是孔子嫡传，然后才有人信从。王阳明发明一种学说，也只好把格物致知加一番新解释，以附会己说，说朱子讲错了，他的学说，才是孔子嫡传。本来朱王二人的学说，都可以独树一帜，无须依附孔子，无如处于孔子势力范围之内。不依附孔子，他们学说，万万不能推行。他二人费尽心力去依附，当时的人，还说是伪学，受重大的攻击，圣人专横到了这个田地，怎么能把真理研究得出来？

韩非子说得有个笑话："郢人致书于燕相国，写书的时候，天黑了，喊：'举烛。'写书的人，就写上举烛二字，把书送去。燕相得书，想了许久，说道：'举烛是尚明，尚明是任用贤人的意思。'以此说进之燕王。燕王用他的话，国遂大治。虽是收了效，却非原书本意。"所以韩非说："先王有郢书。后世多燕说。"究竟"格物致知"四字作何解释，恐怕只有手著《大学》的人才明白，朱、王二人中，至少有一人免不脱"郢书燕说"的批评。岂但"格物致知"四字，恐怕《十三经注疏》，《皇清经解》，宋元明清学案内面许多妙论，也逃不脱"郢书燕说"的批评。

　　学术上的黑幕，与政治上的黑幕，是一样的。圣人与君主，是一胎双生的，处处狼狈相依。圣人不仰仗君主的威力，圣人就莫得那么尊崇；君主不仰仗圣人的学说，君主也莫得那么猖獗。于是君主把他的名号分给圣人，圣人就称起王来了；圣人把他的名号分给君主，君主也称起圣来了。君主钳制人民的行动，圣人钳制人民的思想。君主任便下一道命令，人民都要遵从；如果有人违背了，就算是大逆不道，为法律所不容。圣人任便发一种议论，学者都要信从；如果有人批驳了，就算是非圣无法，为清议所不容。中国的人民，受了数千年君主的摧残压迫，民意不能出现，无怪乎政治紊乱；中国的学者，受了数千年圣人的摧残压迫，思想不能独立，无怪乎学术消沉。因为学说有差误，政治才会黑暗，所以君主之命该革，圣人之命尤其该革。

　　我不敢说孔子的人格不高，也不敢说孔子的学说不好，我只说除了孔子，也还有人格，也还有学说。孔子并莫有压制我们，也未尝禁止我们别创异说，无如后来的人，偏要抬出孔子，压倒一切，使学者的思想不敢出孔子范围之外。学者心坎上，被孔子盘踞久了，理应把他推开，思想才能独立，宇宙真理才研究得出来。前时，有人把孔子推开了，同时达尔文诸人就闯进来，盘踞学者心坎上，天下的言论，又热衷于达尔文诸人，成一个变形的孔子，执行圣人的任务。有人违反了他们的学说，又算是大逆不道，就要被报章杂志骂个不休。如果达尔文诸人去了，又会有人出来执行圣人的任务。他的学说，也是不许人违反的。依我想，学术是天下公物，应该听人批评，如果我说错了，改从他人之说，于我也无伤，何必取军阀态度，禁人批评。

　　凡事以平为本。君主对于人民不平等，故政治上生纠葛；圣人对于学者不平等，故学术上生纠葛。我主张把孔子降下来，与周秦诸子平列，我与阅者诸君一齐参加进去，与他们平坐一排，把达尔文诸人欢迎进来，分庭抗礼，发表意见，大家磋商，不许孔子、达尔文诸人高踞我们之上，我们也不高踞孔子、达尔文诸人之上，人人思想独立，才能把真理研究得出来。

　　我对于圣人既已怀疑，所以每读古人之书，无在不疑。因定下读书三诀，为自己用功步骤。兹附录于下：

　　第一步，以古为敌：读古人之书，就想此人是我的劲敌，有了他，就莫得我，非与他血战一番不可。逐处寻他缝隙，一有缝隙，即便攻入；又代古人设法抗拒，愈战愈烈，愈攻愈深。必要如此，读书方能入理。

第二步，以古为友：我若读书有见，即提出一种主张，与古人的主张对抗，把古人当如良友，互相切磋。如我的主张错了，不妨改从古人；如古人主张错了，就依着我的主张，向前研究。

第三步，以古为徒：著书的古人，学识肤浅的很多。如果我自信学力在那些古人之上，不妨把他们的书拿来评阅，当如评阅学生文字一般。说得对的，与他加几个密圈；说得不对的，与他画几根杠子。世间俚语村言，含有妙趣的尚且不少，何况古人的书，自然有许多至理存乎其中。我评阅越多，智识自然越高，这就是普通所说的教学相长了。如遇一个古人，智识与我相等，我就把他请出来，以老友相待，如朱晦庵待蔡元定一般。如遇有智识在我上的，我又把他认为劲敌，寻他缝隙，看攻得进攻不进。

我虽然定下三步功夫，其实并莫有做到，自己很觉抱愧。我现在正做第一步功夫，想达第二步，还未达到。至于第三步，自量终身无达到之一日。譬如行路，虽然把路径寻出，无奈路太长了，脚力有限，只好努力前进，走一截，算一截。

以上就是《我对圣人之怀疑》的原文。这原是我满清末年的思想，民国十六年才整理出来，刊入《宗吾臆谈》内。因为有了这种思想，才会发明厚黑学。此文同《厚黑学》，在我的思想上，算是破坏工作。自民国九年著《心理与力学》起，以后的文字，算是我的建设工作。而《心理与力学》一文，是我全部思想的中心点。

民国九年，我定出二条公例："心理变化，循力学公例而行。"又绘出甲乙两图，以后一切议论，都以之为出发点。批评他人的学说，就以之为基础，合得到这个方式的，我就说他对，合不到的，我就说他不对。这是我自己造出一把尺子，用以度量万事万物。我也自知不脱我见，但我开这间铺子，是用的这把尺子，不能不向众人声明。

我们试就甲乙两图，来研究孟荀杨墨四家的学说：孟子讲"差等之爱"，层层放大，是很合天然现象的，但他言"亲亲而仁民，仁民而爱物"与夫"老吾老，以及人之老"一类话，总是从第二圈说起，对于第一圈之我，则浑而不言。杨子主张为我，算是把中心点寻出了，他却专在第一圈之我字上用功，第二以下各圈，置之不论。墨子摩顶放踵，是抛弃第一圈之我，他主张"爱无差等"，是不分大圈小圈，统画一极大之圈了事。杨子有了小圈，就不管大圈；墨子有了大圈，就不管小圈。他两家都不知：天然现象，是大圈小圈层层包裹的。孟荀二人，把层层包裹的现象看见了。但孟子说是层层放大，荀子说是层层缩小，就不免流于一偏了。我们取杨子的我字，作为中心点，在外面加一个差等之爱，就与天然现象相合了。孟言性善，荀言性恶，杨子为我，墨子兼爱，我们只用"扩其为我之心"一语，就可将四家学说折中为一。

孟子言"乍见孺子将入于井，皆有怵惕恻隐之心"。怵惕是自己畏死，恻隐是悯人之死。孟子知道人之天性，能因自己畏死，就会悯人之死，怵惕自然会扩大为恻隐，因教人再扩大之。推至于四海。道理本是对的，只因少说了一句："恻隐是从怵惕扩充出来"，又未把"我与孺子同时将入井，此心作何状态"提出来讨论，以致生出宋明诸儒的误会，以为人之天性一发出来，就是恻隐，忘却恻隐之上还有怵惕二字。一部宋元明清学案，总是尽力发挥恻隐二字，把怵惕二字置之不理，就流弊百出了。

怵惕是利己心之表现，恻隐是利人心之表现。怵惕扩大即为恻隐，利己扩大即为利人。荀子知人有利己心，故倡性恶说；孟子知人有利人心，故倡性善说。我们可以说：荀子的学说，以怵惕为出发点；孟子的学说，以恻隐为出发点。譬如竹子，怵惕是第一节，恻隐是第二节。孟子的学说，叫人把利人心扩充出来，即是从第二节生枝发叶。荀子的学说，主张把利己心加以制裁，是怕他在第一节就生枝发叶横起长，以致生不出第二节。两家都是勉人为善，各有见地，宋儒扬孟而抑荀，未免不对。我解释《厚黑经》，曾说："汉高祖之分杯羹，唐太宗之杀建成、元吉，是充其本然之厚黑。"这即是竹子在第一节，就生枝发叶横起长。

王阳明《传习录》说："孟子从源头上说来，荀子从流弊说来。"荀子所说，是否流弊，姑不深论，怵惕之上，有无源头，我们也不必深求，唯孟子所讲之恻隐，则确非源头。怵惕是恻隐之源，恻隐是怵惕之流。阳明所下流源二字，未免颠倒了。

孟子的学说，虽不以怵惕为出发点，但人有为我之天性，他是看清了的，怵惕二字，是明明白白提出了的。他对齐宣王说："王如好货，与民同之。"又说："王如好色，与民同之。"知道自己有一个我，同时又顾及他人之我，这本是孟子学说最精粹处。无奈后儒乃以为孟子这类话是对时君而言，叫人把好货好色之根搜除尽净，别求所谓危微精一者，真是舍了康庄大道不走，反去攀援绝壁，另寻飞空鸟道来走。

孟子说："老吾老，以及人之老；幼吾幼，以及人之幼。"又说："人人亲其亲长其长而天下平。"吾字其字，俱是我字的代名词。孟子讲学，不脱我字；宋儒讲学，舍去我字。所以孟子的话，极近人情；宋儒的话，不近人情。例如程子说："妇人饿死事小，失节事大。"这是舍去了我字。韩昌黎羑里操说："臣罪当诛兮天王圣明。"程子很为叹赏，这也是舍去了我字。其原因就由宋儒读孺子将入井章，未能彻底研究，其弊流于自己已经身在井中，宋儒还怪他不救孺子。诸君试取宋儒语录及胡致堂著的《读史管见》读之，处处可见。

· 85 ·

孟子的学说，不脱我字，所以敢于说："闻诛一夫纣矣，未闻弑君也。"敢于说："民为贵，社稷次之，君为轻。"敢于说："君视臣如草芥，则臣视君如寇仇。"宋儒的学说，舍去我字。不得不说："臣罪当诛。天王圣明。"

宋儒创出"去人欲存天理"之说，天理隐贴恻隐二字，把他存起，自是很好，唯人欲二字，界说不清。其流弊至于把怵惕认为人欲，想尽法子去铲除，甚至有身蹈危阶，练习不动心，这即是铲除怵惕的工作。于是"去人欲，存天理"变成了"去怵惕，存恻隐"。试思：怵惕为恻隐的来源，把怵惕去了，怎样会有恻隐？何以故呢？孺子为我身之放大形。恻隐为怵惕之放大形，我者圆心也，圆心既无，圆形安有？怵惕既无，恻隐安有？宋儒吕希哲目睹轿夫坠水淹死，安坐轿中，漠然不动。张魏公符离之败，死人三十万，他终夜鼾声如雷，其子南轩，还夸其父心学很精。宋儒自称上承孟子之学，孟子曰："今有同室之人斗者救之，虽被发缨冠而救之可也。"吕希哲的轿夫，张魏公的部下，当然要算同室之人，像他们这样漠不动心，未免显违孟氏家法。大凡去了怵惕的人，就会流于残忍，杀人不眨眼的恶匪，身临刑场，往往谈笑自若，就是明证。

我们研究古今人之学说，首先要研究他对于人性之观察，因为他对于人性是这样的观察，所以他的学说，才有这样的主张。把他学说的出发点寻出了，才能批评他的学说之得失。

小孩与母亲发生关系，共有三个场所：（1）一个小孩，一个母亲，一个外人，同在一处，小孩对乎母亲格外亲爱。这个时候，可以说小孩爱亲。（2）一个小孩，一个母亲，同在一处，小孩对乎母亲依恋不舍。这个时候，可以说小孩爱亲。（3）一个小孩，一个母亲，同在一处，发生了利害冲突，例如：有一块糕饼，母亲吃了，小孩就莫得吃，母亲放在口中，小孩就伸手取来，放在自己口中。这时候，断不能说小孩爱亲。

孟子看见前两种现象，忘了第三种，故创性善说。荀子看见第三种现象，忘了前两种，故创性恶说。宋儒却把三种现象同时看见，但不知这三种现象原是一贯的，乃造出气质之性的说法，隐指第三种现象；又用义理之性四字，以求合于孟子的性善说。人的性只有一个，宋儒又要顾孟子，又要顾事实，无端把人性分而为二，越讲得精微，越辗转不清。

孟子创性善说，以为凡人都有为善的天性，主张把善念扩充之以达于天下。荀子创性恶说，以为凡人都有为恶的天性，主张设法制裁，使不至为害人类。譬诸治水，孟子说水性向下，主张疏瀹，使之向下流去。孟子喜言《诗》，《诗》者宣导人之意志，此疏瀹之说也。荀子说水会旁溢，主张筑堤，免得漂没人畜。荀子喜言《礼》，《礼》者约束人之行止，此筑堤之说也。告子曰："性犹湍水也。"治水者疏瀹与筑堤二者并用。我们如奉告子之说，则知孟荀二家的学说可以同时并用。

苏东坡作《荀卿论》，以为：荀卿是儒家，何以他的门下会有李斯，很为诧异，其实不足怪。荀卿以为人之性恶，当用《礼》以制裁之。其门人韩非，以为《礼》之制裁力弱，不若法律之制裁力大，于是改而为刑名之学，主张严刑峻法，以制止轨外的行动。李斯与韩非同门，故其政见相同。我们提出性恶二字，即知荀卿之学变而为李斯，原是一贯的事。所以说：要批评他人的政见，当先考察他对于人性之观察。苏东坡不懂这个道理，所以他全集中论时事，论古人，俱有卓见，独于这篇文字，未免说外行话。

学问是进化的。小孩对于母亲有三种现象，孟子只看见前两种，故倡善性说；荀子生在孟子之后，看见第三种，故倡性恶说；宋儒生在更后，看得更清楚，看见小孩抢夺母亲口中糕饼的现象，故倡物欲说。这物欲二字，是从《礼记》上"感于物而动，性之欲也"两句话生出来的。物者何？母亲口中糕饼是也。感于物而动，即是看见糕饼，即伸手去抢也。宋儒把三种现象同时看见，真算特识。所以朱子注孟子，敢于说："以事理考之，程子较孟子为密。"其原因就是程子于性字之外，发明了一个气字，说道"论性不论气不备。"问："小孩何以会抢母亲口中糕饼？"曰："气为之也，气质之性为之也。"宋儒虽把三种现象同时看见，惜乎不能贯通为一。把小孩爱亲敬兄认为天理，抢夺母亲口中糕饼认为人欲，把一贯之事剖分为二，此不能不待厚黑先生出而说明也。

宋儒造出物欲的名词之后，自己细思之，还是有点不妥。何也？小儿见母亲口中糕饼，伸手去抢，可说感于物而动，但我与孺子同时将入井，此时只有赤裸裸一个怵惕之心，孟子所谓恻隐之心，忽然不见，这是什么道理呢？要说是物欲出现，而此时并无所谓物，于是又把物欲二字改为人欲。抢母亲口中糕饼是人欲，我与孺子同时将入井，我心只有怵惕而无恻隐，也是人欲，在宋儒之意，提出人欲二字，就可把二者贯通为一了。他们这种组织法，很像八股中做截搭题的手笔。我辈生当今日，把天理人欲物欲气质等字念熟了，以为吾人心性中。果有这些东西，殊不知这些名词，是宋儒凭空杜撰的。著者是八股先生出身，才把他们的手笔看得出来。

宋儒又见伪古文《尚书》上有"人心唯危，道心唯微"二语，故又以人心二字替代人欲，以道心二字替代天理。朱子《中庸章句·序》曰："人莫不有是形，故虽上智不能无人心，亦莫不有是性，故虽下愚不能无道心。"无异于说：当小孩的时候，就是孔子也会抢母亲口中糕饼，我与孺子同时将入井，就是孔子也是只有怵惕而无恻隐。何以故？虽上智不能无人心故。因为凡人必有这种天性，故生下地才会吃乳，井在我面前，才不会跳下去。朱子曰："人莫不有是形，虽上智不能无人心。"换言之，即是人若无此种心，世界上即不会有人。道理本是对的。无奈这种说法,已经侵入荀子学说范围去了。据阎百诗考证:"人心唯危"十六字,是撰伪古文《尚书》者窃取荀子之语,故曰侵入荀子范围。因为宇宙真理,明明白白摆在我们面前,任何人只要留心观察,俱见得到,荀子见得到,朱子也见得到,故不知不觉与之相合。无如朱子一心一意,想上继孟子道统,研究出来的道理,虽与荀子暗合,仍攻之不遗余力,无非是门户之见而已。

细绎朱子之意,小孩抢母亲口中糕饼是人心,爱亲敬兄是道心,人心是气,是人欲,道心是性,是天理,人心是形气之私,道心是性命之正。这些五花八门的名词,真把人闹得头闷眼花。奉劝读者,与其读宋元明清学案,不如读厚黑学,详玩甲乙二图,则小孩抢母亲口中糕饼也,爱亲敬兄也,均可一以贯之,把天人理气等字一扫而空,岂不大快!

最可笑者,朱子《中庸章句·序》又曰:"必使道心常为一身之主,而人心每听命焉。"主者对仆而言,道心为主,人心为仆。道心者,为圣为贤之心,人心者,好货好色之心,听命者,仆人职供驱使,唯主人之命是听也。细绎朱子之意,等于说,我想为圣为贤,人心即把货与色藏起,我想吃饭,抑或想"男女居室,人之大伦",人心就把货与色献出来。必如此方可曰:"道心常为一身之主,而人心每听命焉。"总而言之,宋儒有了性善说横亘胸中,又不愿抹杀事实,故创出的学说,无在非迂曲难通。此《厚黑丛话》之所以不得不作也。予岂好讲厚黑哉,予不得已也。

怵惕与恻隐,同是一物,天理与人欲也同是一物,犹之煮饭者是火,烧房子者也是火。宋明诸儒,不明此理,把天理人欲看作截然不同之二物,创出去人欲之说,其弊往往流于伤害天理。王阳明《传习录》说:"无事时,将好色好货好名等私,逐一追究搜寻出来,定要拔去病根,永不复起,方始为快。常如猫之捕鼠,一眼看着,一耳听着,才有一念萌动,即与克去,斩钉截铁,不可姑容,与他方便,不可窝藏,不可放他出路,方是真实用功,方能扫除廓清。"这种说法,仿佛是:见了火会烧房子,就叫人以后看见了一星之火,立即扑灭,断绝火种,方始为快。《传习录》又载:"一友问:欲于静坐时,将好名好色好货等根,逐一搜寻出来,扫除廓清,恐是剜肉做疮否?先生正色曰:这是我医人的方子,真是去得人病根。更有大本事人,过了十数年,亦还用得着。你如不用,且放起,不要作坏我的方法,是友愧谢。少间曰,此量非你事,必吾门稍知意思者,为此说以误汝,在座者皆悚然。"我们试思:王阳明是很有涵养的人,他平日讲学,任人如何问难,总是勤勤恳恳的讲说,从未动气,何以门人这一问,他会动气?何以始终未把那门人误点指出?又何以承认说这话的人是稍知意思者呢?因为阳明能把知行二者合而为一,能把明德亲民二者合而为一,能把格物、致知、诚意、正心、修身五者看作一事，独不能把天理人欲看作一物。这是他学说的缺点，他的门人这一问，正击中他的要害，所以他就动起气来了。究竟剜肉做疮四字，怎样讲呢？肉喻天理。疮喻人欲。剜肉做疮，即是把天理认作人欲，去人欲即未免伤及天理。门人的意思，即是说："我们如果见了一星之火，即把他扑灭，自然不会有烧房子之事，请问拿什么东西来煮饭呢？换言之，即是把好货之心连根去尽，人就不会吃饭，岂不饿死吗？把好色之心连根去尽。就不会有男女居室之事，人类岂不灭绝吗？"这个问法何等厉害！所以阳明无话可答，只好愤然作色。宋明诸儒主张去人欲存天理，所做的即是剜肉做疮的工作。其学说之不能餍服人心，就在这个地方。

以上一段，是从拙作《社会问题之商榷》第二章"人性善恶之研究"中录出来的，我当日深疑阳明讲学极为圆通，处处打成一片，何至会把天理、人欲歧而为二，近阅《龙溪语录》所载"天泉证道记"，钱绪山谓"无善无恶心之体，有善有恶意之动，知善知恶是良知，为善去恶是格物"四语，是师门定本。王龙溪谓："若悟得心是无善无恶之心，意即是无善无恶之意，知即是无善无恶之知，物即是无善无恶之物。"时阳明出征广西，晚坐天泉桥上，二人因质之。阳明曰："汝中（龙溪字）所见，我久欲发，恐人信不及，徒增躐等之弊，故含蓄到今。此是传心秘藏，颜子明道所不敢言，今既是说破，亦是天机该发泄时，岂容复秘？"阳明至洪都，门人三百余人来请益，阳明曰："吾有向上一机，久未敢发，以待诸君自悟。近被王汝中拈出，亦是天机该发泄时。"明年广西平，阳明归，卒于途中。龙溪所说，即是把天理、人欲打成一片。阳明直到晚年，才揭示出来，由此知：门人提出剜肉做疮之问，阳明愤然作色，正是恐增门人躐等之弊。《传习录》是阳明早年的门人所记，故其教法如此。

钱德洪极似五祖门下的神秀，王龙溪极似慧能，德洪所说，时时勤拂拭也，所谓渐也。龙溪所说，本来无一物也，所谓顿也。阳明曰："汝中须用德洪工夫，德洪须透汝中本旨，二子之见，止可相取，不可相病，"此顿悟渐修之说也。《龙溪语录》所讲的道理，几与《六祖坛经》无异，成了殊途同归，何也？宇宙真理，只要研究得彻底，彼此所见，是相同的。

就真正的道理来说，把孟子的性善说、荀子的性恶说合而为一，理论就圆满了。二说相合，即成为告子性无善无不善之说。人问：孟子的学说，怎样与荀子学说相合？我说：孟子曰："人少则慕父母，知好色则慕少艾。"荀子曰："妻子具而孝衰于亲。"请问二人之说，岂不是一样吗？孟子曰："大孝终身慕父母，五十而慕者，予于大舜见之矣。"据孟子所说：满了五十岁的人，还爱慕父母，他眼中只看见大舜一人。请问人性的真相究是怎样？难道孟荀之说不能相合吗？

性善说与性恶说,既可合而为一,则王阳明之致良知,与李宗吾之厚黑学,即可合而为一。人问:怎么可合为一?我说:孟子曰:"大孝终身慕父母。"《厚黑经》曰:"大好色终身慕少艾。"孟子曰:"五十而慕父母者,予于大舜见之矣。"《厚黑经》曰:"八百岁而慕少艾者,予于彭祖见之矣。"爱亲是不学而能,不虑而知的,好色也是不学而能,不虑而知的。用致良知的方法,能把孩提爱亲的天性致出来,做到终身慕父母,同时就可把少壮好色的天性致出来,做到终身慕少艾。昔人说:王学末流之弊,至于荡检逾闲,这就是用致良知的方法,把厚黑学致出来的缘故。

依宋儒之意,孩提爱亲,是性命之正,少壮好色,是形气之私。此等说法,真是穿凿附会。其实孩提爱亲,非爱亲也,爱其饮我食我也。孩子生下地,即交乳母抚养,则只爱乳母不爱生母,是其明证。爱乳母,与慕少艾、慕妻子,其心理原是一贯的,无非是为我而已。为我为人类天然现象,不能说他是善,也不能说他是恶,故告子性无善无不善之说,最为合理。告子曰:"食色性也。"孩提爱亲者,食也,少壮慕少艾慕妻子者,色也。食、色为人类生存所必需,求生存者,人类之天性也。故告子又曰:"生之谓性。"

告子观察人性,既是这样,则对于人性之处置,又当怎样呢?于是告子设喻以明之曰:"性犹湍水也,决诸东方则东流,决诸西方则西流。"又曰:"性犹杞柳也,义犹杯棬也,以人性为仁义,犹以杞柳为杯棬,"告子这种主张,是很对的。人性无善无恶,也即是可以为善,可以为恶。譬如深潭之水,平时水波不兴,看不出何种作用。从东方决一个口,则可以灌田亩,利行舟;从西方决一个口,则可以漂房舍,杀人畜。我们从东方决口好了。又譬如一块木头,可制为棍棒以打人,也可制为碗盏装食物。我们把他制为碗盏好了。这个说法,真可合孟苟而一之。

孟子书中载告子言性者五:曰性犹杞柳也,曰性犹湍水也,曰生之谓性,曰食色性也,曰性无善无不善也,此五者原是一贯的。朱子注"食色"章曰:"告子之辩屡屈,而屡变其说以求胜。"自今观之,告子之说,始终未变,而孟子亦卒未能屈之也。朱子注"杞柳"章,以为告子言仁义,必待矫揉而后成,其说非是。而注"公都子"章则曰:"气质所禀,虽有不善,而不害性之本善。性虽本善,而不可以无省察矫揉之功。"忽又提出矫揉二字,岂非自变其说乎?

朱子注"生之谓性"章曰:"杞柳湍水之喻,食色无善无不善之说,纵横缪戾,纷纭舛错,而此章之误,乃其本根。"殊不知告子言性者五,原是一贯说下,并无所谓纵横缪戾,纷纭舛错。"生之谓性"之生字,作生存二字讲,生存为人类重心,是世界学者所公认的。告子言性,以生存二字为出发点,由是而有"食色性也"之说,有"性无善无不善"之说,又以杞柳湍水为喻，其说最为合理。宋儒反认为根本错误，一切说法，离开生存立论，所以才有"妇人饿死事小，失节事大"一类怪话。然朱子能认出"生之谓性"一句为告子学说根本所在，亦不可谓非特识。

宋儒崇奉儒家言，力辟释道二家之说，在《尚书》上寻得"人心唯危，道心唯微，唯精唯一，允执厥中"四语，诧为虞廷十六字心传，遂自谓生于一千四百年之后，得不传之学于遗经。嗣经清朝阎百诗考出，这四句出诸伪古文《尚书》，作伪者系采自荀子，荀子又是引用道经之语。阎氏的说法，在经学界中，算是已定了的铁案。这十六字是宋儒学说的出发点，根本上就杂有道家和荀学的元素，反欲借孔子以排道家，借孟子以排荀子，遂无往而不支离穿凿。朱子曰："气质所禀，虽有不善，而不害性之本善。性虽本善，而不可以无省察矫揉之功。"又要顾事实，又要回护孟子，真可谓"纵横缪戾，纷纭舛错"也。以视告子扼定生存二字立论，明白简易，何啻天渊。

告子不知何许人，王龙溪说是孔门之徒，我看不错。孔子赞《易》，说："天地之大德曰生"。告子以"生"字言性，可说是孔门嫡传。孟子学说，虽与告子微异，而处处仍不脱"生"字。如云："黎民不饥不寒，然而不王者，未之有也。"又云："内无怨女，外无旷夫，于王何有？"仍以食色二字立论，窃意孟子与告子论性之异同，等于子夏、子张论交之异同，其大旨要不出孔氏家法。孟子与告子之交谊，当如子夏与子张之交谊，平日辨疑析难，互相质证。孟子曰："告子先我不动心。"心地隐微之际亦知之，交谊之深可想。宋儒有道统二字横亘在胸，左袒孟子，力诋告子为异端，而其自家之学说，则截去"生"字立论，叫妇人饿死，以殉其所谓节，叫臣子无罪受死，以殉其所谓忠。孟子有知，当必引告子为同调，而斥程朱为叛徒也。

孟子说："人少则慕父母，知好色则慕少艾，有妻子则慕妻子，仕则慕君。"全是从需要生出来的。孩提所需者食也，故慕饮我食我之父母；少壮所需者色也，故慕能满色欲之少艾与妻子；出仕所需者功名也，君为功名所自出，故慕君。需要者目的物也，亦即所谓目标，目标一定，则只知向之而趋，旁的事物是不管的。目标在功名，则吴起可以杀其妻，汉高祖可以分父之羹，乐羊子可以食子之羹。目标在父母，则郭巨可以埋儿，姜诗可以出妻，伍子胥可以鞭平王之尸。目标在色欲，则齐襄公可以淫其妹，卫宣公可以纳其媳，晋献公可以烝父妾。著者认为：人的天性，既是这样，所以性善性恶问题，我们无须多所争辩，负有领导国人之责者，只须确定目标，纠正国人的目标就是了。我国现在的大患，在列强压迫，故当提出列强为目标，手有指，指列强，口有道，道列强，使全国人之视线集中在这一点。于是乎吴起也、汉高祖也、乐羊子也、郭巨也、姜诗也、伍子胥也、齐襄公也、卫宣公也、晋献公也，一一向目标而趋。救国之道，如是而已。全国四万万人，有四万万

根力线，根根力线，直达列强，根根力线，挺然特立，此种主义，可名之曰"合力主义"，而其要点，则从人人思想独立开始。

有人问我道："你既自称厚黑教主，当然无所不通，无所不晓。据你说：你不懂外国文，有人劝你看西洋心理学译本，你也不看，像你这样的孤陋寡闻，怎么够得上称教主？"我说道："我试问，你们的孔夫子，不唯西洋译本未读过，连西洋这个名词都未听过，怎样会称至圣先师？你进文庙去把他的牌位打来烧了，我这厚黑教主的名称，立即登报取消。我再问：西洋希腊三哲，不唯连他们西洋大哲学家康德诸人的书一本未读过，并且恐怕现在英法德美诸国的字，一个也认不得，怎么会称西洋圣人？更奇者：释迦佛，中国字、西洋字一个都认不得，中国人的姓名。西洋人的姓名，一个都不知道，他之孤陋寡闻，万倍于我这个厚黑教主，居然成为五洲万国第一个大圣人，这又是什么道理？吁，诸君休矣！道不同不相为谋，我正在划出厚黑区域，建立厚黑哲学，我行我是，固不暇同诸君哓哓置辩也。"

我是八股学校的修业生，生平所知者，八股而已。常常有人向我说道："可惜你不懂科学，所以你种种说法，不合科学规律。"我说："我在讲八股，你怎么同我讲起科学来了？我正深恨西洋的科学家不懂八股，一切著作，全不合八股义法。我把达尔文的《种源论》，斯密士的《原富》，孟德斯鸠的《法意》，以评八股之法评之，每书上面，大批二字，曰"不通"。

天下文章之不通，至八股可谓至矣尽矣，蔑以加矣，而不谓西洋科学家文章之不通，乃百倍于中国之八股。现在全世界纷纷扰扰，就是几部死不通的文章酿出来的。因为达尔文和斯密士的文章不通，世界才会第一次大战，第二次大战。因为孟德斯鸠的文章不通，我国过去廿四年，才会四分五裂，中央政府，才会组织不健全。人问："这部书也不通，那部书也不通，要什么书才通？"我说："只有厚黑学，大通而特通。"

幸哉！我只懂八股而不懂科学也！如果我懂了科学，恐怕今日尚在朝朝日日的喊："达尔文圣人也，斯密士圣人也，孟德斯鸠圣人也，墨索里尼，希特勒，无一非圣人也。怎么会写《厚黑丛话》呢！如果要想全世界太平，除非以我这《厚黑丛话》为新刑律，把古之达尔文、斯密士、孟德斯鸠，今之墨索里尼、希特勒，一一处以枪毙，而后国际上、经济上、政治上，乃有曙光之可言。"

中国的八股研究好了，不过变成迂腐不堪的穷骨头，如李宗吾一类人是也。如果把西洋科学家、达尔文诸人的学说研究好了，立即要"尸骨成山，血水成河"。等我把中国圣人的话说完了，再来怀疑西洋圣人。

我之所以成为厚黑教主者，得力处全在不肯读书，不唯西洋译本不喜读，就是中国书也不认真读。凡与我相熟的朋友，都晓得我的脾气，无论什么书，抓着就看，先把序看了，或只看首几页，或从末尾倒起看，或随在中间乱翻来看，或跳几页看，略知书中大意就是了。如认为有趣味的几句，我就细细的反复咀嚼，于是一而二，二而三，就想到别个地方去了。无论什么高深的哲学书，和最粗浅的戏曲小说，我心目中都是一例视之，都是一样读法。

我认为世间的书有三种，一为宇宙自然的书，二为我脑中固有的书，三为古今人所著的书。我辈当以第一种、第二种融合读之，至于第三种，不过借以引起我脑中蕴藏之理而已，或供我之印证而已。我所需于第三种者，不过如是。中国之书，已足供我之用而有余，安用疲敝精神，读西洋译本为？

我读书的秘诀，是"跑马观花"四字，甚至有时跑马而不观花。中国的花圃，马儿都跑不完，怎能说到外国？人问："你读书既是跑马观花，何以你这《厚黑丛话》中，有时把书缝缝里细微事说得津津有味？"我说："说了奇怪！这些细微事，一触目即刺眼。我打马飞跑时，瞥见一朵鲜艳之花，即下马细细赏玩。有时觉得芥子大的花儿，反比斗大的牡丹更有趣味，所以书缝缝里细微事，也会跳入《厚黑丛话》中来。"

我是懒人，懒则不肯苦心读书，然而我有我的懒人哲学。古今善用兵者，莫如项羽，七十余战，战无不胜，到了乌江，身边只有二十八骑，还三战三胜。然而他学兵法，不过略知其意罢了。古今政治家，推诸葛武侯为第一，他读书也是只观大略。陶渊明在诗界中，可算第一流，他乃是一个好读书不求甚解的人。反之，熟读兵书者莫如赵括，长平之役，一败涂地。读书最多者莫如刘歆，辅佐王莽，以周礼治天下，闹得天怒人怨。注《昭明文选》的李善，号称书簏，而作出的文章就不通。书这个东西，等于食物一般，食所以疗饥，书所以疗愚。饮食吃多了不消化，会生病；书读多了不消化，也会作怪。越读得多，其人越愚，古今所谓书呆子是也。王安石读书不消化，新法才行不走。程伊川读书不消化，才有洛蜀之争。朱元晦读书不消化，才有庆元党案，才有朱陆之争。

世界是进化的，从前的读书人是埋头苦读，进化到项羽和诸葛武侯，发明了读书略观大意的法子。夫所谓略观大意者，必能了解大意也，则并大意亦未必了解。进化了到了陶渊明，好读书不求甚解，则并大意亦未必了解。再进化到厚黑教主，不求甚解，而并且不好读书。将来再进化，必至一书不读，一字不识，并且无理可解。呜呼，世无慧能，斯言也，从谁印证？

我写《厚黑丛话》，遇着典故不够用，就杜撰一个来用。人问：何必这样干？我说：自有宇宙以来，即应该有这种典故，乃竟无这种典故出现，自是宇宙之罪，我杜撰一个所以补造化之穷。人说：这类典故，古书中原有之，你书读少了，宜乎寻不出。我说：此乃典故之罪，非我之罪。典故之最古者，莫如天上之日月，昼夜摆在面前，举目即见。既是好典故，我写《厚黑丛话》

第三部 厚黑丛话

时，为甚躲在书堆中，不会跳出来？既不会跳出，即是死东西，这种死典故，要他何用！

近日有人向我说："你主张思想独立，讲来讲去，终逃不出孔子范围。"我说：岂但孔子，我发明厚黑学，未逃出荀子性恶说的范围；我说"心理变化，循力学公例而行，"未逃出告子"性犹湍水也"的范围；我做有一本《中国学术之趋势》，未逃出我家聃大公的范围；格外还有一位说法四十九年的先生，更逃不出他的范围。

宇宙真理，明明摆在我们面前，任何人只要能够细心观察，得出的结果，俱是相同。我主张思想独立，揭出宗吾二字，以为标帜，一切道理，经我心考虑而过。认为对的即说出，不管人曾否说过。如果自己已经认为是对的了，因古人曾经说过，我就别创异说，求逃出古人范围，则是非对古人立异，乃是对我自己立异，是以吾叛吾，不得谓之宗吾。孔子也、荀子也、告子也、老子也、释迦也，甚至村言俗语，与夫其他等等也，合一炉而冶之，无畛域，无门户，——以我心衡之，是谓宗吾。

宗吾者，主见之谓也。我见为是者则是之，我见为非者则非之。前日之我以为是，今日之我以为非，则以今日之我为主。如或回护前日之我，则今日之我，为前日之我之奴，是曰奴见，非主见，仍不得谓之宗吾。

老子曰："上士闻道，勤而行之；中士闻道，若存若亡；下士闻道则大笑，不笑不足以为道。"滔滔天下，皆周程朱张信徒也，皆达尔文诸人信徒也，一听见厚黑学三字，即破口大骂。吾因续老子之语曰："下下士闻道则大骂，不骂不足以为道。"

日前我同某君谈话，引了几句孔子的话。某君道："你是讲厚黑学的，怎么讲起孔子的学说来了？"我说：从前孔子出游，马吃了农民的禾，农民把马捉住。孔子命子贡去说，把话说尽了，不肯把马退还。回见孔子，孔子命马夫去，几句话说得农民大喜，立即退还。你想：孔门中，子贡是第一个会说的，当初齐伐鲁，孔子命子贡去游说，子贡一出而却齐存鲁，破吴霸越。以这样会说的人，独无奈农民何。其原因是子贡智识太高，说的话，农民听不入耳，马夫的智识与之相等，故一说即入。观世音曰：应以宰官身得度者，现宰官身而为说法。应以婆罗门身得度者，现婆罗门身而为说法。你当过厅长，我现厅长身而说法，你口诵孔子之言，我现孔子身而说法。一般人都说："今日的人，远不如三代以上。"果然不错。鄙人虽不才。自问可以当孔子的马夫，而民国时代的厅长，不如孔子时代的农民。

有一次我同友人某君谈话，旁有某君警告之曰："你少同李宗吾谈些，'谨防把你写入《厚黑丛话》'！"我说："两君放心，我这《厚黑丛话》中人物，是预备将来配享厚黑庙的，两君自问，有何功德，可以配享？你怕我把你们写入《厚黑丛话》，我正怕你们将来混入厚黑庙。"因此我写这段文字，记其事而隐其名。

我生怕我的厚黑庙中，五花八门的人，钻些进来，闹得来如孔庙一般。我撰有《敬临食谱序》一篇，即表明此意，录之如下：

我有个六十二岁的老学生，黄敬临，他要求入厚黑庙配享，我业已允许，写入《厚黑丛话》第一卷。读者想还记得，他在成都百花潭侧开一姑姑筵，备具极精美的肴馔，招徕顾主，读者或许照顾过。昨日我到他公馆，见他正在凝神静气，楷书《资治通鉴》。我诧异道："你怎么干这个事？"他说："我自四十八岁以后，即矢志写书，已手写《十三经》一通，补写新、旧《唐书》合钞，李善注《文选》，相台《礼记》、《坡门唱和集》各一通，现打算再写一部《资治通鉴》，以完夙愿而垂示子孙。"我说："你这种主意就错了。你从前历任射洪、巫溪、荥经等县知事，我游踪所至，询之人民，你政声很好，以为你一定在官场努力，干一番惊人事业。归而询知，退为庖师，自食其力，不禁大赞曰：'真吾徒也。'特许入厚黑庙配享，不料你在干这个生活。须知：古今干这一类生活的人，车载斗量，有你插足之地吗？庖师是你特别专长，弃其所长而与人争胜负，何苦乃尔！鄙人所长者厚黑学，故专读厚黑学，你所长者庖师，不如把所写十三经与夫《资治通鉴》等等，一火而焚之，撰一部食谱，倒还是不朽的盛业。"

敬临闻言，颇以为然，说道："往所在成都省立第一女子师范学校充烹饪教师，曾分'熏、蒸、烘、爆、烤、酱、酢、卤、铰、糟'十门教授学生，今打算就此十门条分缕析，作为一种教科书。但兹事体大，苦无暇晷，奈何！"我说："你又太拘了，何必一做就想做完善。我为你计，每日高兴时，任写一二段，以随笔体裁出之，积久成帙，有暇再把他分出门类，如不暇，既有底本，他日也有人替你整理。倘不及早写出，将来老病侵寻，虽欲写而力有不能，悔之何及？"敬临深感余言，乃着手写去。

敬临的烹饪学，可称家学渊源。其祖父由江西宦游到川，精于治馔，为其子聘妇，非精烹饪者不合选。闻陈氏女，在室，能制咸菜三百余种，乃聘之，即敬临母也。于是以黄陈两家烹饪法冶为一炉。清末，敬临宦游北京，慈禧后赏以四品衔，供职光禄寺三载，复以天厨之味，融合南北之味。敬临之于烹饪，真可谓集大成者矣。有此绝艺，自己乃不甚重视，不以之公诸世而传诸后，不亦大可惜乎？敬临勉乎哉！

古者有功德于民则祀之。我尝笑：孔庙中七十子之徒，中间一二十人有言行可述外，其大半则姓名亦在若有若无之间，遑论功德？徒以依附孔子末光，高坐吃冷猪肉，亦可谓僭且滥矣。敬临撰食谱嘉惠后人，有此功德，自足庙食千秋，生前具美馔以食人，死后人具美馔以祀之。此固报施之至平，正不必依附厚黑教主而始可不朽也。人贵自立,敬临勉乎哉!

孔子平日饭蔬饮水,后人以其不讲肴馔,至今以冷猪肉祀之,腥臭不可向迩。他日厚黑庙中,有敬临配享,后人不敢不以美馔进,吾可傲于众曰:吾门有敬临,冷猪肉可不入于口矣!是为序。民国二十四年十二月六日,李宗吾,于成都。

近有某君发行某种月刊,叫我作文一篇。我说:我做则做,但有一种条件,我是专门讲厚黑学的,三句不离本行,文成直署我名,你则非刊不可。他惶然大吓,婉言辞谢。我执定非替他做不可,他没法,只好"王顾左右而言他"。读者只知我会讲厚黑学,殊不知我还会作各种散文。诸君如欲表章先德,有墓志传状等件,请我做,包管光生泉壤,绝不会蹈韩昌黎谀墓之嫌。至于做寿文,尤是我的拿手好戏,寿星老读之,必多活若干岁。君如不信,有谢慧生寿文为证。寿文曰:

慧生谢兄,六旬大庆,自撰征文启事云:"知旧矜之而锡之以言,以纠过去六十年之失,乃所愿承。苟过爱而望其年之延,多为之辞,乃多持(慧生名)之惭且愧,益不可仰矣。"等语。慧生与我同乡,前此之失,唯我能纠之,若欲望其年之延,我也有妙法。故特撰此文为献。

民国元年二、三月,我在成都报上发表《厚黑学》。其时张君列五,任四川副都督,有天见着我,说道:"你疯了吗?什么厚黑学,天天在报上登载,成都近有一伙疯子,巡警总监杨莘友,成都府知事但怒刚,其他如卢锡卿、方琢章等,朝日跑来同我吵闹,我将修一疯人院,把这些疯子一齐关起。你这个乱说大仙,也非关在疯人院不可。"我说:"噫!我是救苦救难的大菩萨,你把我认为疯子,我很替你的甑子担忧。"后来列五改任民政长,袁世凯调之进京,他把印交了。第二天会着我,说道:"昨夜谢慧生说:'下细想来,李宗吾那个说法,真是用得着。'"我拍案叫道:"田舍奴,我岂妄哉!疯子的话,都听得吗?好倒好,只是甑子已经倒了。今当临别赠言,我告诉你两句:往者不可谏,来者犹可追。"哪知他信道不笃,后在天津织袜,被袁世凯逮京枪毙。他在天牢内坐了几个月,不知五更梦醒之时,会想及四川李疯子的学说否?宣布死刑时,列五神色夷然,负手旁立,作微笑状。同刑某君,呼冤忿骂。列五呼之曰:"某君!不说了!今日之事,你还在梦中。"大约列五此时,大梦已醒,知道今日之死,实系违反疯子学说所致。

同学雷君铁崖,留学日本,卖文为活,满肚皮不合时宜,满清末年跑在西湖白云寺去做和尚。反正时,任孙总统秘书,未几辞职。做诗云:"一笑飘然去,霜风透骨寒。八年革命党,半月秘书官。稷下竽方滥,邯郸梦已残。西湖山色好,莫让老僧看。"他对时事非常愤懑,在上海,曾语某君云:"你回去告诉李宗吾,叫他厚黑学少讲些。"旋得疯癫病,终日抱一酒瓶,逢人即乱说，常常独自一人，倒卧街中，人事不省。警察看见，把他弄回，时愈时发，民国九年竟死。我这种学说，正是医他那种病的妙药，他不唯不照方服药，反痛诋医生，其死也宜哉！

列五、铁崖，均系慧生兄好友，渠二人反对我的学说，结果如此。独慧生知道，疯子的学说，用得着，居然活了六十岁。倘循着这条路走去，就再活六十岁也是很可能的。我发明厚黑学二十余年，私淑弟子遍天下，尽都轰轰烈烈，做出许多惊天动地的事业，偏偏同我讲学的几个朋友，列五、铁崖而外，如廖君绪初、杨君泽溥、王君简恒、谢君绥青、张君荔丹，对于吾道，均茫无所得，先后憔悴忧伤以死。慧生于吾道似乎有明了的认识了，独不解何以蛰居海上，寂然无闻？得非过我门而不入我室耶？然因其略窥涯涘，亦获享此高寿，足征吾道至大，其用至妙，进之可以干惊天动地的事业，退之亦可延年益寿。今者远隔数千里，不获登堂拜祝，谨献此文，为慧生兄庆，兼为吾党劝。想慧生兄读之，当亦掀髯大笑，满饮数觥也。民国二十四年元月，弟宗吾拜撰。

后来我在重庆，遇着慧生侄又华新自上海归来，说道："家叔见此文，非常高兴，说道：'李先生说我还要再活六十岁，那个时候，你们都八九十岁了，恐怕还活我不赢！'"子章骷髅不过愈疟疾而已，陈琳檄文不过愈头风而已，我的学说，直能延年益寿。诸君试买一本读读，比吃红色补丸、参茸卫生丸，功效何啻万倍！

民国二年，讨袁失败后，我在成都会着一人，瘦而长，问其姓名，为隆昌黄容九。他问了我的姓名，而现惊愕色，说道："你是不是讲厚黑学那个李某？"我说："是的，你怎么知道？"他说："我在北京听见列五说过。"我想：列五能在北京宣传吾道，一定研究有得，深为之庆幸。民三下半年，我在中坝省立第二中校，列五由天津致我一信，历叙近况及织袜情形，并说当局如何如何与他为难，中有云："复不肯仳仳侧侧，乞怜于心性驰背之人！"我读了，失惊道："噫！列五死矣，知而不行，奈何！奈何！"不久，即闻被逮入京。此信我已裱作手卷，请名人题跋，以为信道不笃者戒。

列五是民国四年一月七日在天津被逮，三月四日在北京枪毙，如今整整的死了二十一年。我这疯子的徽号，最初是他喊起的。诸君旁观者清，请批评一下："究竟我是疯的，他是疯的？"宋朝米芾，人呼之为"米癫"。一日苏东坡请客，酒酣，米芾起言曰："人呼我为米癫，我是否癫？请质之子瞻。"东坡笑曰："吾从众。"我请诸君批评，我是不是疯子？诸君一定说："吾从众。"果若此，吾替诸君危矣！且替中华民国危矣！何以故？曰：有张列五的先例在，有民国过去二十四年的历史在。

厚黑丛话卷五

成都《华西日报》民国二十五年一月二日

去岁元旦,华西报的元旦增刊上,我作有一篇文字,题曰《元旦预言》。我的预言,是"中国必兴,日本必败"八个字,这是从我的厚黑史观推论出来,必然的结果,不过其中未提明厚黑二字罢了。今年华西报发元旦增刊,先数日总编辑请我做篇文字。我说:做则必做,但我做了,你则非刊上不可,我的题目,是"厚黑年"三字。他听了默然不语,所以二十五年华西报元旦增刊,诸名流都有文字,独莫得厚黑教主的文字,就是这个原因,我认为民国廿五年,是中国的厚黑年,也即是一九三六年,为全世界的厚黑年。诸君不信,且看事实之证明。

昔人说:"丈夫不能流芳百世,亦当遗臭万年。"我民国元年发表《厚黑学》,至今已二十五年,遗臭万年的工作,算是做了四百分之一,俯仰千古,常以自豪。所以民国二十五年,在我个人方面,也可说是厚黑年,是应该开庆祝大会的。我想我的信徒,将来一定会仿耶稣纪年的办法,以厚黑纪年,使厚黑学三字与国同休,每二十五年,开庆祝大会一次,自今以后,再开三百九十九次,那就是民国万年了。我写至此处,不禁高呼曰:中华民国万岁!厚黑学万岁!

去年吴稚晖在重庆时,新闻记者友人毛畅熙,约我同去会他。我说:"我何必去会他呢?他读尽中外奇书,独莫有读过《厚黑学》。他自称是大观园中的刘姥姥,此次由重庆,到成都,登峨眉,游嘉定,大观园中的风景和人物,算是看遍了,独于大观园外面,有一个最清白的石狮子,他却未见过。欢迎吴先生,我也去了来,他的演说,我也听过,石狮子看见刘姥姥在大观园进进出出,刘姥姥独未看见石狮子!我不去会他,特别与他留点憾事。"

有人听见厚黑学三字,即骂曰:"李宗吾是坏人!"我即还骂之曰:"你是宋儒。"要说坏,李宗吾与宋儒同是坏人,要说好,李宗吾与宋儒同是圣人。就宋学言之,宋儒是圣人,李宗吾是坏人;就厚黑学言之,李宗吾是圣人,宋儒是坏人。故骂我为坏人者,其人即是坏人,何以故?是宋儒故。

我所最不了解者,是宋儒去私之说。程伊川身为洛党首领,造成洛蜀相攻,种下南渡之祸,我不知他的私字去掉了莫有?宋儒讲性善,流而为洛党,在他们目中视之,人性皆善,我们洛党,尽是好人,唯有苏东坡,其性与人殊，是一个坏人。王阳明讲致良知，满街都是圣人，一变而为东林党。吾党尽是好人，唯有力抗满清的熊廷弼是坏人，是应该拿来杀的。清朝的皇帝，披览廷弼遗疏，认为他的计划实行，满清断不能入关，悯其忠而见杀，下诏访求他的后人，优加抚恤。而当日排挤廷弼最力，上疏请杀他的，不是别人，乃是至今公认为忠臣义士的杨涟、左光斗等。这个道理，拿来怎讲？呜呼洛党！呜呼东林党！我不知苍颉夫子，当日何苦造下一个党字，拿与程伊川、杨涟、左光斗一般贤人君子这样用！奉劝读者诸君，与其研究宋学，研究王学，不如切切实实的研究厚黑学。研究厚黑学，倒还可以做些福国利民的事。

宋儒主张去私，究竟私是个什么东西，非把他研究清楚不可。私字的意义，许氏说文，是引韩非子之语来解释。韩子原文，是"仓颉作书，自环者谓之私，背私谓之公。"环即是圈子。私字古文作厶，篆文是ζ，画一个圈圈。公字，从八从厶，八是把一个东西破为两块的意思，故八者背也。"背私谓之公"，即是说：把圈子打破了，才谓之公。假使我们只知有我，不顾妻子，这是环吾身画一个圈；妻子必说我徇私，我于是把我字这个圈子撤去，环妻子画一圈；但弟兄在圈之外，弟兄又要说我徇私，于是把妻子这个圈撤去，环弟兄画一个圈；但邻人在圈之外，又要说我徇私，于是把邻人这个圈撤去，环国入画一个圈；但他国人在圈外，又要说我徇私，这只好把本国人这个圈撤了，环人类画一个大圈，才可谓之公。但还不能谓之公。假使世界上动植矿都会说话，禽兽一定说：你们人类为什么要宰杀我们？未免太自私了！草木问禽兽道：你为什么要吃我们？你也未免自私。泥土沙石问木道：你为什么要吸取我的养料？你草木未免自私。并且泥土沙石可以问地心道：你为什么把我们向你中心牵引？你地心也未免自私。地球又问太阳道：你为什么把我向你牵引？你未免自私。太阳又可问地球道：我牵引你，你为什么不拢来！时时想向外逃走，并且还暗暗的牵引我？你也未免自私。再反过来说：假令太阳怕地球说他徇私，他不牵引地球，地球也不知飞向何处去了。地心怕泥土沙石说他徇私，也不牵引了，这泥土沙石，立即灰飞而散，地球也就立即消灭。

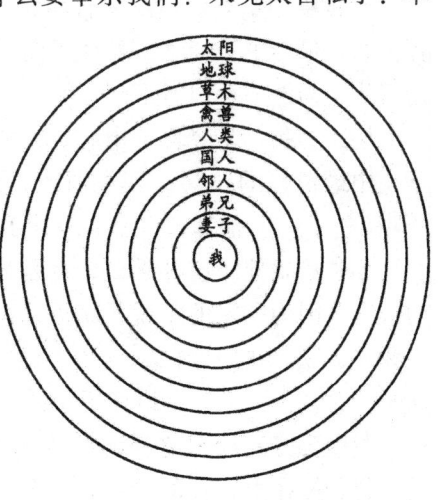

丙图　私与公的推演图

我们从上项推论，绘图如丙。就可得几个要件如下：（1）遍世界寻不出公字。通常所谓公，是画了范围的，范围内人谓之公，范围外人，仍谓之私。

（2）人心之私，通于万有引力，私字除不掉，等于万有引力之除不掉，如果除掉了，就会无人类，无世界。无怪宋儒去私之说，行之不通。

（3）我们讨论人性善恶问题，曾绘出甲乙两图，说："心理的现象，与磁场相像，与地心引力相像。"现在讨论私字，绘出丙图，其现象仍与甲乙两图相合。所以我们提出一条原则："心理变化，循力学公例而行"，想来不会错。

我们详玩丙图，中心之我，仿佛一块磁石，周围是磁场，磁力之大小，与距离成反比例。孟子讲的差等之爱，是很合天然现象的。墨子讲兼爱，只画一个人类的大圈，主张爱无差等，内面各小圈俱无之，宜其深为孟子驳斥。

墨子志在救人，摩顶放踵以利天下。杨朱主张为我，叫他拔一毛以利天下，他都不肯。在普通人看来，墨子的品格，宜乎在杨朱之上，乃孟子曰："逃墨必归于杨，逃杨必归于儒。"认为杨子在墨子之上，去儒家为近，岂非很奇的事吗？这正是孟子的卓见，我非宜下细研究。

凡人在社会上做事，总须人己两利，乃能通行无碍。孔孟的学说，正是此等主张。孔子所说："己欲立而立人，己欲达而达人。"《大学》所说："修齐治平。"孟子所说："王如好货，与民同之。""王如好色，与民同之"等语，都是本着人己两利的原则立论。叫儒家损人利己，固然绝对不做，就叫他损己利人，他也认为不对。观于孔子答宰我"井有人焉"之问，和孟子所说"君视臣如草芥，则臣视君如寇仇"等语，就可把儒家真精神看出来，此等主张，最为平正通达。墨子摩顶放踵以利天下，舍去我字，成为损己利人之行为，当然为孔门所不许。

杨子为我，是寻着了中心点，故孟子认为他的学说高出墨子之上。杨子学说中最精粹的，是"智之所贵，存我为贵；力之所贱，侵物为贱"四语（见《列子》）。他知道自己有一个我，把他存起；同时知道，他人也有一个我，不去侵犯他。这种学说，真是精当极了，然而尚为孟子所斥，这是什么道理呢？因为儒家的学说，是人己两利，杨子只做到利己而无损于人，失去人我之关联。孔门以仁字为主，仁字从二人，是专在人我间做工作，以我之所利，普及于人人。所以杨子学说，亦为孟子所斥。

我因为穷究厚黑之根源，造出甲乙丙三图，据三图以评判各家之学说，就觉得若网在纲，有条不紊了。即如王阳明所讲的"致良知"，与夫"知行合一"，都可用这图解释。把图中之我字作为一块磁石，磁性能相推用引，是具有离心向心两种力量。阳明所说的良知，与孟子所说的良知不同：孟子之良知，指仁爱之心而言，是一种引力；阳明之良知，指是非之心而言，是者引之使近，非者推之使远，两种力量俱具备了的。故阳明的学说，较孟子更为圆通。阳明所谓致良知，在我个人的研究，无非是把力学原理应用到事事物物上罢了。

王阳明讲"知行合一"，说道："知是行的主意，行是知的工夫；知是行之始，行是知之成。"这个道理，用力学公例一说就明白了。例如我闻友人病重想去看他，我心中这样想，即是心中发出一根力线，直射到友人方面。我由家起身，走到病人面前。即是沿着这根力线一直前进。知友人病重，是此线之起点，走到病人面前，是此线的终点，两点俱一根直线上，故曰："知行合一。"一闻友病，即把这根路线画定，故曰"知是行的主意"。画定了，即沿着此线走去，故曰："行是知的工夫。"阳明把明德亲民二者合为一事，把博学、审问、慎思、明辨、笃行五者合为一事，把格致诚正、修齐治平八者合为一事，即是用的这个方式，都是在一根直线上，从起点说至终点。

王阳明解释《大学·诚意章》"如好好色，如恶恶臭"二句，说道："见好色属知，好好色属行。只见好色时，已自好了，不是见后又立个心去好。闻恶臭属知，恶恶臭属行。只闻恶臭时，已自恶了，不是闻后别立一个心去恶。"他这种说法，用磁电感应之理一说就明白了。异性相引，同性相推，是磁电的定例。能判别同性异性者知也，推之引之者行也。我们在讲室中试验，即知磁电一遇异性，立即相引，一遇同性，立即相推，并不是判定同性异性后，才去推之引之，知行二者，简直分不出来，恰是阳明所说"即知即行"的现象。

历来讲心学者，每以镜为喻，以水为喻，我们用磁电来说明，尤为确切。倘再进一步，说："人之性灵，与地球之磁电同出一源。"讲起来更觉圆通。人事与物理，就可一以贯之。科学家说："磁电见同性自然相推，见异性自然相引。"王阳明说："凡人见父自然知孝，见兄自然知弟。"李宗吾说："小孩见母亲口中有糕饼，自然会取来放在自己口中，在母亲怀中吃乳吃糕饼，见哥哥近前来，自然会推他打他。"像这样地讲，则致良知也，厚黑学也，就成为一而二，二而一了。

万物有引力，万物有离力。引力胜过离力，则其物存；离力胜过引力，则其物毁。目前存在之物，都是引力胜过离力的，故有"万有引力"之说。其离力胜过引力之物，早已消灭，无人看见，所以"万有离力"一层，无人注意。地球是现存之物，故把外面的东西向内部牵引；心是现存之物，故把六尘缘影向内部牵引。小儿是求生存之物，故见外面的东西，即取来放入自己口中；人类是求生存之物，故见有利之事，即牵引到自己身上。我们旷观宇宙，即知天然现象无一不是向内部牵引，地球也，心也，小儿也，人类也，将来本是要由万有离力的作用，消归乌有的，但是未到消灭的时候，他那向内牵引之力，无论如何是不能除去的。宋儒去私之说，等于想除去地心吸力，怎能办得到？只好承认其私，提出生存二字为重心，人人各遂其私，使人人能够生存，天下自然太平。此鄙人之厚黑学所以不得不作，阅者诸君所以不得不研究也。

人人各遂其私，可说是私到极点，也即是公到极点。杨朱的学说，即是基于此种学理生出来的。他说道："智之所贵，存我为贵"，即是"各遂其私"的说法；同时他又恐各人放纵其私，妨害他人之私，所以跟着即说："力之所贱，侵物为贱。"这种学说，真是精当极了，施之现今，最为适宜，我们应当特别阐扬。所以研究厚黑学的人，同时应当研究杨朱的学说。杨氏之学，在吾道虽为异端，然亦可借证，对钝根人不能说上乘法，不妨谈谈杨朱学说。

地球是一个大磁石，磁石本具有引之推之两种力量，其被地球所推之物，已不知推到何方去了，出了我们视觉之外，只能看见他引而向内的力量，看不出推而向外的力量，所以只能说地球有引力，不能说地球有推力。人心犹如一块磁石，是具备了引之推之两种力量，由这两种力相推相引，才构成一个社会，其组织法，绝像太空中众星球之相推相引一般。人但知人世相贼相害，是出于人心之私。不知人世相亲相爱，也出于人心之私。人但知私心扩充出来，可以造成战争，扰乱世界和平；殊不知人类由渔猎，而游牧，而农业，而工商业，造成种种文明，也由于一个私字在暗中鼓荡。斯义也，彼程朱诸儒，乌足知之！此厚黑学所以为千古绝学也。

厚黑二字，是从一个私字生出来的，不能说他是好，也不能说他是坏，这就是我那个同学朋友谢绥青跋《厚黑学》所说的："如利刃然，用以诛盗贼则善，用以屠良民则恶，善与恶何关于刃，故用厚黑以为善则为善人，用厚黑以为恶，则为恶人……"我发明厚黑学，等于瓦特发明蒸汽机，无施不可。利用蒸汽，造成火车，驾驶得法，可以日行千里，驾驶不得法，就会跌下岩去。我提出"厚黑救国"的口号，就是希望司机先生驾驶火车，向列强冲去，不要向前朝岩下开，也不要在街上横冲直撞，碾死行人。

物质不灭，能力不灭，这是科学家公认的定律。吾人之性灵，算是一种能力，请问：其生也从何而来，其死也从何而去，岂非难解的问题吗？假定：吾人之性灵，与地球之磁电，同出而异名，这个问题，就可解释了。其生也，地球之物质，变为吾身之毛发骨血，同时地球之磁电，变为吾之性灵；其死也，毛发骨血，退还地球，仍为泥土，是谓物质不灭。同时性灵退还地球，仍为磁电，是谓能力不灭。我们这样的解释，则昔人所谓"浩气还太虚"，所谓"天地有正气……下则为河岳，上则为日星，于人曰浩然"，所谓"自其不变者而观之，则物与我皆无尽也？"种种说法，就不是得空谈了。倘有人问，灵魂是否存在？我们可以说："这是在各人的看法：吾人一死，此身化为泥土，性灵化为磁电，可谓之灵魂消灭。然吾身虽死，物质尚存，磁电尚存，即谓之灵魂尚存，亦无不可。性灵者吾人之灵魂也，磁电者地球之灵魂也，性灵与磁电，同出一源。我所绘甲乙丙三图，即基于此种观察生出来的，是为厚黑哲学的基础。至于实际的真理是否如此，我不知道，我只自己认为合理，就写出来，是之谓宗吾。

我虽讲厚黑学，有时亦涉猎外道诸书，一一以厚黑哲理绳之。佛氏说：佛性是不生不灭，不增不减，无边际，无终始；楞严七处征心，说心不在内，不在外，不在中间。我认为吾人之性灵，与地球之磁电，同出而异名，则佛氏所说，与太空磁电何异？佛说："本性圆融，周遍法世。"又说："非有非无。"推此与磁电中和现象何异？黄宗羲著《明儒学案》自序，开口第一句曰："盈天下皆心也。"高攀龙自序为学之次第云："程子谓：'心要在腔子里'，不知腔子何所指，果在方寸间否耶？觅注不得，忽于小学中见其解曰：'腔子犹言身子耳'，以为心不专在方寸，浑身是心也。"我们要解释黄高二氏之说，可假定宇宙之内，有一至灵妙之物，无处不是灌满了的。就其灌满全身躯壳言之，名之曰心，就其灌满宇宙言之，名之曰磁电，二者原是二而一，一而二的。佛氏研究心理，西人研究磁电，其途虽殊，终有沟通之一日。佛有天眼通，天耳通，能见远处之物，能闻远处之语。西人发明催眠术，发明无线电，也是能见远处之物，能闻远处之语，这即二者沟通之初基。

我们把物质的分子加以分析，即得原子，把原子再分析，即得电子。电子是一种力，这是科学家业已证明了的。我们的身体，是物质集合而成，也即是电子集合而成。身与心本是一物，所以我们心理的变化，逃不出磁电学的规律，逃不脱力学的规律。

人类有夸大性，自以为万物之灵，仿佛心理之变化，不受物理学的支配。其实只能说，人是物中之较高等者，终逃不出物理学的大原则。我们试验理化，温度变更，或掺入他种药品，形状和性质均要改变。吾人遇天气大热，心中就烦躁，这是温度的关系。饮了酒，性情也会改变，这是掺入一种药品，起了化学作用。从此等地方观察，人与物有何区别？故物理学中的力学规律，可适用到心理学上。

王阳明说"知行合一"，即是"思想与行为合一"。如把知字改作思想二字，更为明了。因为人的行为，是受思想的支配，所以观察人的行为，即可窥见其心理，知道他的心理，即可预料其行为。古人说："诚于中，形于外。"又说："中心达于面目。"又说："根于心，见于面，盎于背，施于四体。"这都是心中起了一个念头，力线一发动，即依着直线进行的公例，达于面目，跟着即见于行事了。但有时心中起了一个念头，竟未见诸实行，这是什么缘故呢？这是心中另起一种念头，把前线阻住了，犹如我起身去看友人之病，行至中途，因事见阻一样。

阳明说的"知行合一"，不必定要走到病人面前才算行，只要动了看病人的念头，即算行了。他说："见好色属知，好好色属行。"普通心理学，分知、情、意三者，这"好好色"，明明是情，何以谓之行呢！因为一动念，这力线即注到色字上去了，已经是行之始，故阳明把情字看作行字。他说的"知行合一"，可说是"知情合一"。

人心如磁石一般。我们学过物理，即知道：凡是铁条，都有磁力，因为内部分子凌乱，南极北极相消，才显不出磁力来。如用磁石在铁条上引导一下，内部分子，南北极排顺，立即发出磁力。我国四万万人，本有极大的力量，只因内部凌乱，致受列强的欺凌。我们只要把内部力线排顺，四万万人的心理，走在同一的线上，发出来的力量，还了得吗？问：内部分子，如何才能排顺？我说：你只有研究厚黑学，我所写的《厚黑丛话》，即是引导铁条的磁石。

我国有四万万人，只要能够联为一气，就等于联合了欧洲十几国。我们现受日本的压迫，与其哭哭啼啼，跪求国联援助，跪求英美诸国援助，毋宁哭哭啼啼，跪求国人，化除意见，协助中央政府，先把日本驱逐了，再说下文。人问：国内意见，怎能化除？我说：你把厚黑学广为宣传，使一般人了解厚黑精义及厚黑学使用法，自然就办得到了。

我发明厚黑学，一般人未免拿来用反了，对列强用厚字，摇尾乞怜，无所不用其极；对国人用黑字，排挤倾轧，无所不用其极，以致把中国闹得这样糟。我主张翻过来用，对国人用厚字，事事让步，任何气都受，任何旧账都不算；对列强用黑字，凡可以破坏帝国主义者，无所不用其极，一点不让步，一点气都不受，一切旧账，非算清不可。然此非空言所能办到，其下手方法，则在调整内部，把四万万根力线排顺，根根力线，直射列强，这即是我说"厚黑救国"。

人问我：对外的主张如何？我说：我无所谓主张，日本是入室之狼，俄国是当门之虎，欧美诸强国，是宅左宅右之狮豹，请问诸君，处此环境，室内人当如何主张？

世界第二次大战，迫在眉睫，有主张联英美以抗日本的，有主张联合日本以抗俄国的，又有主张如何如何的，若以我的厚黑哲学推论之，都未免错误。我写的《厚黑丛话》第二卷内面，曾有"黑厚国"这个名词，迩来外交紧急，我主张将"厚黑国"从速建立起来，即以厚黑教主兼充厚黑国的国王，将来还要钦颁厚黑宪法。此时东邻日本，有什么水鸟外交、啄木外交，我先把我的厚黑外交提出来，同我的厚黑弟子讨论一下：

我们学物理化学，可先在讲室中试验。唯有国家这个东西，不能在讲室中试验，据我看来，还是可以试验，现在五洲之中，各国林立，诸大强国，互相竞争，与我国春秋战国时代是一样的。我们可以说：现在的五洲万国，是春秋战国的放大形，当日的春秋战国，即是我们的试验品。

春秋战国，贤人才士最多，他们研究出来的政策，很可供我们的参考。那个时候，共计发生两大政策：第一是春秋时代，管仲"尊周攘夷"的政策。第二是战国时代，苏秦"联六国以抗强秦"的政策。自从管仲定下"尊周攘夷"的政策，齐国遂崛起为五霸之首；后来晋文称霸，也沿袭他的政策；就是孔子修春秋，也不外"尊周攘夷"的主张。这个政策，很值得我们研究。战国时，苏秦倡"联六国以抗强秦"之议，他的从约成功，秦人不敢出关者十五年，这政策，更值得研究。我国现在情形，即与春秋战国相似，我主张把管仲、苏秦的两个法子融合为一，定为厚黑国的外交政策。管仲的政策，是完全成功的，苏秦的政策，是始而成功，终而失败。究竟成功之点安在？失败之点安在？我们可以细细讨论。

春秋时，周天子失了统驭能力，诸侯互相攻伐，外夷乘间侵入，弱小国很受蹂躏，与现在情形是一样的。楚国把汉阳诸姬灭了，还要问鼎中原，与日本灭了琉球、高丽，进而占据东北四省，进而占据平津，是一样的。那个时候，一般人正寻不着出路，忽然跳出一个大厚黑家，名曰管仲，霹雳一声，揭出"尊周攘夷"的旗帜，用周天子的名义驱逐外夷，保全弱小国家的领土，大得一般人的欢迎。他的办法，是九合诸侯，把弱小民族的力量集中起来，向外夷攻打，伐山戎以救燕，伐狄以救卫邢。这是用一种合力政策，把外夷各个击破。以那时国际情形而论，楚国是第一强国，齐虽泱泱大国，但经襄公荒淫之后，国内大乱。桓公即位之初，长勺之战，连鲁国这种弱国都战不过，其衰弱情形可想。召陵之役，竟把楚国屈服，全由管仲政策适宜之故。我国在世界弱小民族中，弱则有之，小则未也，绝像春秋时的齐国，天然是盟主资格。当今之世，"管厚黑"复生，他的政策，一定是："拥护中央政府，把全国力量集中起来，然后进而联合弱小民族，把全世界力量集中起来，向诸大强国攻打。"基于此种研究，我国当"九一八"事变之后，早就该使下厚黑学，退出国际联盟，另组一个"世界弱小民族联盟"，与那个分赃集团的国联成一个对抗形势，由我国出来，当一个齐桓公，领导全世界被压迫民族，对诸大强国奋斗。

到了战国，国际情形又变，齐楚燕赵韩魏秦，七雄并立，周天子已经扶不起来，纸老虎成了无用之物，尊周二字，说不上了。秦楚在春秋时，为夷狄之国，到了此时，攘夷二字更不适用。七国之中，秦最强，骚骚乎有并吞六国之势，于是第二个大厚黑家苏秦，挺身出来，倡议联合六国，以抗秦国，即是联合众弱国，攻打一强国，仍是一种合力政策，可说是"管厚黑政策的变形"。基于此种研究，我们可把日俄英美法意德诸国，合看为一个强秦，把全世界弱小民族看作六国，当然组织一个"弱小民族联盟"，以与诸强国周旋。

诸君莫把苏秦的法子小视了，他是经过引锥刺股的工夫，揣摩期年，才研究出来。他这个法子，含有甚深的学理。他读的是《太公阴符》，阴符是道家之书。古阴符不传，现行的阴符，是伪书。我们既知是道家之书，就可借老子的《道德经》来说明。《老子》一书，包藏有很精深的厚黑原理。战国时厚黑大家文种、范蠡，汉初厚黑大家张良、陈平等，都是从道家一派出来的。管子之书，《汉书·艺文志》列入道家，所以管仲的内政外交，暗中以厚黑二字为根据。鄙人发明厚黑学，进一步研究，创一条定理："心理变化，循力学公例而行。"还读老子之书，就觉得处处可用力学公例来解释，将来我讲"中国学术"时，才来逐一说明。此时谈厚黑外交，谈到苏秦，我只能说，苏大厚黑的政策，与老子学说相合，与力学公例相合。

老子曰："天之道，其犹张弓欤？高者抑之，下者举之，有余者损之，不足者补之。"这明明是归到一个平字上。力学公例，两力平衡，才能稳定。水不平则流，人不平则鸣。苏秦窥见这个道理，游说六国，抱定一个平字立论，与近世孙中山学说相合。他说六国，每用"宁为鸡口，无为牛后"和"称东藩，筑帝宫，受冠带，祠春秋"一类话，激动人不平之气。孙中山说：中国人，连高丽、安南等亡国人都不如，位置在"殖民地"之下，当名曰"次殖民地"。其论调是一样的，无非是求归于平而已。苏秦的对付秦国的法子，是"把六国联合起来，秦攻一国，五国出兵相救"。此种办法，合得到克鲁泡特金"互助"之说。秦虽强，而六国联合起来，力量就比他大，合得到达尔文"强权竞争"之说。他把他的政策定名为"合纵"，更可寻味。齐楚燕赵韩魏六国，发出六根力线，取纵的方向，向强秦攻打，明明是力学上的合力方式。他这个法子，较诸管仲政策，含义更深，所以必须揣摩期年，才研究得出来。他一研究出来，自己深信不疑的说道："此真可以说当世之君矣。"果然一说就行，六国之君，都听他的话。《战国策》曰："当此之时，天下之大，万民之众，王侯之威，谋臣之权，皆决于苏秦之策。"又曰："廷说诸侯之王，杜左右之口，天下莫之能抗。"你想：战国时候，百家争鸣，是学术最发达时代，而"苏厚黑"的政策，能够风靡天下，岂是莫得真理吗？

管苏两位大厚黑家定下的外交政策。形式虽不同，里子是一样的，都是合众弱国以攻打强国，都是合力政策，然而管仲之政策成功，苏秦之政策终归失败，纵约终归解散，其原因安在呢？管仲和苏秦，都是起的联军，大凡联军，总要有负责的首领。唐朝九节度相州之败，中有郭子仪、李光弼诸名将，卒至溃败者，就由于莫得负责的首领。齐国是联军的中坚分子，战争责任，一肩担起，其他诸国，立于协助地位。六国则彼此立于对等地位，不相统辖，缺乏重心。苏秦当纵约长，本然是六国的重心，无奈他这个人，莫得事业心，当初只因受了妻不下机、嫂不为炊的气，才发愤读书，及佩了六国相印，可以骄傲父母妻嫂，就志满意得，不复努力。你想，当首领的人都这个样子，怎能成功？假令管大厚黑来当六国的纵约长，是决定成功的。

　　苏秦的政策，确从学理上研究出来，而后人反鄙视之，其故何也？这只怪他早生了两千多年，未克复领教李宗吾的学说。他陈书数十箧，中间缺少了一部《厚黑丛话》，不知道"厚黑为里，仁义为表"的法子。他游说六国，纯从利害上立论，赤裸裸的把厚黑表现出来，忘却在上面糊一层仁义，所以他的学说，就成为邪说，无人研究，这是很可惜的。我们用厚黑史观的眼光看去，他这个人，学识有余，实行不足，平生事迹，可分两截看：从刺股至当纵约长，为一截，是学理上之成功；当纵约长以后，为一截，是实行上之失败。前一截，我们当奉以为师；后一截，当引以为戒。

　　我们把春秋战国外交政策研究清楚了，再来研究魏蜀吴三国的外交政策。三国中，魏最强，吴、蜀俱弱。诸葛武侯，在隆中，同刘备定的大政方针，是东联孙吴，北攻曹魏，合两弱国以攻一强国，仍是苏大厚黑的法子。史称：孔明自比管、乐。我请问读者一下：孔明治蜀，略似管仲治齐，自比管仲，尚说得去，唯他平生政绩，无一点与乐毅相似，以之自比，是何道理？这就很值得研究了。考之《战国策》：燕昭王伐齐，是合五国之兵，以乐毅为上将军。他是联军的统帅，与管仲相桓公，帅诸侯之兵以攻楚是一样。燕昭王欲伐齐，乐毅献策道："夫齐霸国之余教，而聚胜之遗事也，闲于兵甲，习于战攻，王若欲攻之，则必举天下而图之。"因主张合赵楚魏宋以攻之。孔明在隆中，对刘先帝说道："曹操已拥百万之众，挟天子以令诸侯，此诚不可与争锋。"因主张：西和诸戎，南抚夷越，东联孙权，然后北伐曹魏，其政策与乐毅完全一样。乐毅曾奉昭王之命，亲身赴赵，把赵联好了，再合楚魏宋之兵，才把齐打破。孔明奉命入吴，说和孙权，共破曹操于赤壁，其举动也是一样，此即孔明自比乐毅所由来也。至于管仲纠合众弱国，以讨伐最强之楚，与孔明政策相同，更不待言。由此知孔明联吴伐魏的主张，不外管仲、乐毅的遗策。

东汉之末,天子失去统驭能力,群雄并起,与春秋战国相似。孔明隐居南阳时,与诸名士讨论天下大势,大家认定:曹操势力最强,非联合天下之力,不能把他消灭,希望有春秋时的管仲和战国时的乐毅这类人才出现。于是孔明遂自诩:有管仲、乐毅的本事,能够联合群雄,攻打曹魏。这是所谓"自比管乐"了。不过《古史简略》,只记"自比管仲乐毅"一句,把他和诸名士的议论概行删去了,及到刘先帝三顾草庐时,所有袁绍、袁术、吕布、刘表等,一一消灭,仅剩一个孙权,所以隆中定的政策,是东联孙吴,北攻曹魏。这种政策,是同诸名士细细讨论过的,故终身照着这个政策行去。

"联合众弱国攻打强国"的政策,是苏秦揣摩期年研究出来的,是孔明隐居南阳,同诸名士讨论出来的,中间含有绝大的道理。人称孔明为王者之才,殊不知:孔明澹泊宁静,颇近道家,他生平所读的,是最粗浅的两部厚黑教科书,第一部是《韩非子》,他治国之术,纯是师法申韩,曾手写申韩以教后主,申子之书不传,等我讲厚黑政治时再谈。第二部是《战国策》,他的外交政策,纯是师法苏秦。《战国策》载:苏秦说韩王曰:"臣闻鄙谚曰:'宁为鸡口,无为牛后。'今大王西面交臂而臣事秦,何以异于牛后乎?"韩王愤然作色,攘臂按剑,仰天太息曰:"寡人虽死,必不能事秦。"《三国志》载:孔明说孙权,叫他案兵束甲,北面降曹,孙权勃然曰:"吾不能举全吴之地,十万之众,受制于人!"我们对照观之,孔明的策略,岂不是与苏厚黑一样?

"联众弱国,攻打强国"的政策,非统筹全局从大处着眼看不出来。这种政策,在蜀只有孔明一人能了解,在吴只有鲁肃一人能了解。鲁肃主张舍出荆州,以期与刘备联合,其眼光之远大,几欲驾孔明而上之。蜀之关羽,吴之周瑜、吕蒙、陆逊,号称英杰,俱只见着眼前小利害,对于这种大政策全不了解。刘备、孙权有相当的了解,无奈认不清,拿不定,时而联合,时而破裂,破裂之后,又复联合。最了解者,莫如曹操。他听见孙权把荆州借与刘备,二人实行联合了,正在写字手中之笔都落了。其实孙刘联合,不过抄写苏厚黑的旧文章,曹操是千古奸雄,听了都要心惊胆战,这个法子的厉害,也就可想而知了。

从上面的研究,可得一结论曰:"当今之世,诸葛武侯复生,他的政策,决定是:退出国联,组织世界弱小民族联盟,向诸大强国进攻。"

我们倡出"弱小民族联盟"之议,闻者必惶然大骇,以为列强势力这样的大,我们组织弱小民族联盟,岂不触列强之怒,岂不立取灭亡?这种疑虑,是一般人所有的。当时六国之君,也有这样疑虑。张仪知六国之君胆怯,就乘势恐吓之,说道:"你们如果这样干,秦国必如何如何的攻打你。我劝你还是西向事秦,将来有如何的好处。"六国听他的话,遂联袂事秦,卒至一一为秦所灭。历史俱在，诸君试取战国策细读一过，看张仪对六国的话，像不像拿现在列强势力，去恐吓弱小国一般？六国信张仪的话而灭亡，然则为小民族计，何去何从，不言而决。

苏秦说六国联盟，是从利害立论，说得娓娓动听；张仪劝六国事秦，也是从利害立论，也是说得娓娓动听。同是就利害立论，二说极端相反，何以俱能动听呢？其差异之点：苏秦所说利害，是就大者远者言之，张仪是就小者近者言之。常人目光短浅，只看到眼前利害，虽以关羽、周瑜、吕蒙、陆逊这类才俊之士尚不免为眼前小利害所惑，何况六国昏庸之主？所以张仪之言，一说即入。由后日的事实来证明，从张仪之说而亡国，足知苏秦之主张是对的。今之论者，怕触怒列强，不敢组织弱小民族联盟，恰走入张仪途径。愿读者深思之！深思之！

苏秦与张仪同学，自以为不及仪，后来回到家中，引锥刺股，揣摩期年，加了一番自修的苦功，其学力遂超出张仪之上，说出的话，确有真理。孟子对齐宣王曰："海内之地，方千里者九，齐集有其一，以一服八，何以异于邹敌楚哉？"这种说法，宛然合纵声口。孟子讥公孙衍、张仪以顺为正，是妾妇之道，独未说及苏秦。我们细加研究，公孙衍、张仪教六国事秦，俨如妾妇事夫，以顺为正，若苏秦之反抗强秦，正是孟子所谓"威武不能屈"之大丈夫。

孟子之学说，最富于独立性。我们读孟子答滕文公"事齐事楚"之问，答"齐人筑薛"之问，答"事大国则不得免焉"之问，独立精神，跃然纸上。假令孟子生今之世，绝不会仰承列强鼻息，绝不会接受丧权辱国的条件。

宇宙真理，只要能够彻底研究，得出的结果，彼此是相同的，所以管仲"尊周攘夷"的政策，律以孔子的《春秋》是合的，苏秦"合众弱国以抗一个强国"的政策，律以孟子的学说，也是合的。司马光著《资治通鉴》，也说合纵是六国之利，足征苏秦的政策是对的。我讲厚黑学有两句秘诀："厚黑为里，仁义为表。"假令我们明告于众曰："我们应当师法苏秦联合六国之法，联合世界弱小民族。"一般人必诧异道："苏秦是讲厚黑学的，是李疯子一流人物，他的话都信得吗？信了立会亡国。"我们改口说道："此孔孟遗意也，此诸葛武侯之政策也，此司马温公之主张也。"听者必欢然接受。

大丈夫宁为鸡口，无为牛后，宁为玉碎，无为瓦全。我国以四万万民众之国，在国联中求一理事而不可得，事事唯列强马首是瞻，亡国之祸，迫于眉睫。与其坐以待毙，孰若起而攻之？与其在国联中仰承列强鼻息，受列强之宰割，曷若退而为弱小民族之盟主，与列强为对等之周旋？春秋之义，虽败犹荣，而况乎断断不败也。

晋时李特入蜀，周览山川形势，叹曰："刘禅有如此江山而降于人，岂非庸才？"我国有这样的土地人民，而受制于东邻三岛，千秋万岁后，读史者将谓之何！余岂好讲厚黑哉，余不得已也。凡我四万万民众，快快的厚黑起来，一致对外！全世界被压迫民族，快快地厚黑起来，向列强进攻。

《孙中山演说集》，载有一段故事，日俄战争的时候，俄国把波罗的海的舰队调来，绕过非洲，走入日本对马岛，被日本打得全军覆没。这个消息传出来，孙中山适从苏伊士河经过，有许多土人，看见孙中山是黄色人，现出很喜欢的样子来问道："你是不是日本人呀？"孙中山说道："我是中国人。你们为什么这样的高兴呢？"他答应道："我们东方民族，总是被西方民族压迫，总是受痛苦，以为没有出头的日子。这次日本打败俄国，我们当如自己打胜仗一样，这是应该欢喜的，所以我们便这样的高兴。"我们试想：日本打败俄国，与苏伊士河边的土人何关？日本又从莫说过要替他们解除痛苦的话。他们现出这种样子，世界弱小民族心理，也就可想见了。威尔逊提出"民族自决"的口号，大受弱小民族的欢迎。我们组织弱小民族联盟，于"民族自决"之外，再加以"弱小民族互助"的口号，对内自决，对外互助，当然更受欢迎。且威尔逊不过徒呼口号而已，我们组织弱小民族联盟，有特设之机关提挈之，更容易成功。

威尔逊"民族自决"之主张，其所以不能成功者，由于本身上是矛盾的。弱小民族，是被压迫者，威尔逊代表美国，美国是列强之一，是站在压迫者方面。威尔逊个人虽有这种主张，其奈美国之立场不同何？我国与弱小民族是站在一个立场，出来提倡"民族自决"，组织弱小民族联盟，彼此互助，是决定成功的。

至于和会上威尔逊之所以失败者，则由威尔逊是教授出身，不脱书生本色，未曾研究过厚黑学。美国参战之初，提出"十四条原则"，主张"民族自决"。巴黎和会初开，全世界弱小民族，把威尔逊当如救世主一般，以为他们的痛苦可以在和会上解除了。哪知英国的路易·乔治，法国的克利满梭，都是精研厚黑学的人，就说克利满梭，绰号"母大虫"，尤为凶悍，初闻威尔逊鼎鼎大名，见面之后，才知黔驴无技，时时奚落他，甚至说道："上帝只有十诫，你提出十四条，比上帝还多了四条，只好拿在天国去行使。"威尔逊只好忍受。后来意大利全权代表下旗归国，日本全权代表也要下旗归国，就把威尔逊吓慌了，俯首帖耳，接受他们要求，而"民族自决"四字遂成泡影。

假令我这个厚黑教主是威尔逊，我就装痴卖呆，听凭他们奚落，坐在和会席上，一言不发，直待意大利下旗归国，日本下旗归国，已经出了国门，猝然站起来，在席上一拍巴掌说道："你们要这样干吗？我当初提出'十四条原则'，主张'民族自决'，你们认了可，我美国才参战，而今你们这样干，使我失信于美国人民，失信于全世界弱小民族，而今只好领率全世界弱小民族，向你们英法意日四国决一死战，才可见谅于天下后世。你母大虫说我这十四条应拿在天国行使，你看我于一个星期内，用鲜血将这个地球染红，就从这鲜血中现出一个天国，与你母大虫看！"说毕，退出和会，应用我的补锅法，把锅敲破了再说，三十分钟内，通电全世界，叫所有弱小民族一致起来，对列强反戈相向，由美国指挥作战。这样一来，请问英法敢开战吗？当日事实俱在，我们不妨研究一下，德国战斗力并未损失，最感痛苦者，食料被列国封锁耳。只要接济他的粮食，单是一个德国，已够英法对付。大战之初，英法许殖民地许多权利，弱小民族抛弃旧日嫌怨，一致赞助。印度甘地，也叫他的党徒帮助英国，原想战胜之后，可以抬头，哪知和会上，列强食言，弱小民族，正在含血喷天。有了威尔逊这样的主张，他们在战地，还有不立即倒戈吗？兼之美国是生力军，国家又富，英法已是精疲力倦，如果实行开战，可断定：一个星期，把英法打得落花流水。这个战火，请问英法敢打吗？如果要我美国不打，除非十四条，条条实行，并须加点利息，格外增加两条。何以故呢？因为你英法诸国，素无信义，明明白白的承认了的条件，都要翻悔，所以十四条之外，非增加两条，以资保障不可。威尔逊果然这样干，难道"民族自决"之主张，不能实现吗？无奈威尔逊一见意大利和日本的使臣下旗归国，就手忙脚乱，用"锯箭法"了事，竟把千载一时之机会失去，惜哉！惜哉！不久箭头在内面陆续发作，我国东北四省，无端失去，阿比西尼亚，无端受意大利之摧残。世界第二次大战，行将爆发。凡此种种，都由威尔逊在和会席上少拍了一巴掌之故。甚矣，厚黑学之不可不讲也！

　　上述的办法，以威尔逊的学识，难道见不到吗？就说威尔逊是书呆子，不懂厚黑学，同威尔逊一路到和会的，有那么多专门人才，那么多外交家，一个个都是在厚黑场中来来往往的人，难道这种粗浅的厚黑技术都不懂得，还待李疯子来说吗？他们懂是懂得的，只是不肯这样干，其原因就是弱小民族是被压迫者，美国是压迫者之一，根本上有了这种大矛盾，美国怎能这样干呢？

　　威尔逊提出"民族自决"四字，与他本国的立场是矛盾的。日本是精研厚黑学的，窥破威尔逊有此弱点，就在和会上提出"人种平等"案，朝着他的弱点攻去，意若曰："你会唱高调，等我唱个高调，比你更高。"这本是厚黑学的妙用，果然把威尔逊制住了。然而威尔逊毕竟是天禀聪明，他并莫有读过《厚黑学》译本，居然懂得厚黑哲理，他明知"民族自决"之主张为列强所不许，为本国所不许，竟大吹大播起来，闹得举世震惊，此即是鄙人

"办事二妙法"中之"补锅法"也,把锅之裂痕敲得长长的,乘势大出风头,迨至意大利和日本全权代表要下旗归国,他就马马虎虎了事,此"办事二妙法"中之"锯箭法"也。威尔逊可以昭告世界曰:"民族自决之主张,其所以不能贯彻者,非我不尽力也,其奈环境不许何!其奈英法意日之不赞成何。"是无异外科医生对人说道:"我之只锯箭干而不取箭头者,非外科医生不尽力也,其奈内科医生袖手旁观何!"噫,威尔逊真厚黑界之圣人哉!

中国八股先生有言曰:"东海有圣人,西海有圣人,此心同,此理同也。"鄙人发明补锅法、锯箭法,此先知先觉之东方圣人也。威尔逊实行补锅法、锯箭法,不勉而中,不思而得,虽欲不谓之西方圣人,不可得已。

我当日深疑:威尔逊是个老教书匠出身,是一个书呆子,何以会懂得补锅法、锯箭法?后来我多方考察,才知他背后站有一位军师,豪斯大佐,是著名的阴谋家,是威尔逊的脑筋。威尔逊之当总统,他出力最多。威尔逊的阁员,大半是他推荐的。所有美国绝交参战也,山东问题也,都是此公的主张。他专门唱后台戏,威尔逊不过登场之傀儡罢了。威尔逊听信此公的话,等于刘邦之听信张子房。我们既承认刘邦为厚黑圣人,就呼威尔逊为厚黑圣人,也非过誉。

一般人都以为巴黎和会,威尔逊厚黑学失败,殊不知威尔逊之失败,即是威尔逊之成功;他当美国第二十八届的总统,试问:从前二十七位总统,读者诸君,记得几人姓名?我想除了华盛顿、林肯二人,鼎鼎大名而外,第三恐怕要数威尔逊了。任人如何批评,他总算是历史上有名人物。问其何修而得此,无非是善用补锅法、锯箭法罢了,假使他不懂点厚黑学,不过混在从前二十七位总统中间,姓名若有若无,威尔逊三字,安能赫赫在人耳目?由是知:厚黑之功用大矣哉!成则建千古不朽之盛业,败亦留宇宙大名,读者诸君快快的与我拜门,只要把脸儿弄得厚厚的,心儿弄得黑黑的,跳上国际舞台,包管你名垂宇宙,包管你把世界列强打得弃甲曳兵而逃。

巴黎和会,聚世界厚黑家于一堂,钩心斗角,仿佛一群拳术家在擂台上较技。我们站在台下,把他们的拳法看得清清楚楚,当用何种拳法才能破他,台下人了了然然,台上人反漠然不觉。当初威尔逊提出"民族自决"之主张,大得弱小民族之欢迎,深为英法意日所不喜,可知"民族自决"四字,可以击中列强的要害。及后日本提出"人种平等"案,威尔逊就哑口无言,而"民族自决"案就无形打消,可知"人种平等"四字,可以击中欧美人的要害。我国如出来提倡"弱小民族联盟",把威尔逊的"民族自决"案和日本的"人种平等"案合一炉而冶之,岂不更足以击中他们的要害吗?

美国和日本,是站在压迫者方面的,威尔逊主张的"民族自决",日本主张的"人种平等"，不过口头拿来说说，并无实行的决心，已经闹得举世震惊，列强大吓；我国是站在被压迫者方面，循着这个路子做去，口头这样说，实际上就这样做，并且猛力做，当然收很大的效果。

譬之打战，先要侦探一下，再用兵略略攻打一下，才知敌人某处虚、某处实，既把虚实明了了，然后才向着他的弱点猛攻。陆逊大破刘先帝，就是用的这个法子。刘先帝连营七百里，陆逊先攻一营不利，对众人说道："他的虚实，我已知道了，自有破之法。"于是纵火烧之，刘先帝遂全军溃败。威尔逊提出"民族自决"案，举世震动，算替弱小民族侦探了一下，日本提出"人种平等"案，就把威尔逊挟持着了，算是向列强略略攻了一下。他们几位厚黑家，把自家的弱点尽情暴露，我们就向着这个弱点猛力攻去，他们的帝国主义，当然可以一举而摧灭之。

刘先帝之失败，是由于连营七百里，战线太摆宽了。陆逊令军士每人持一把茅，隔一营，烧一营，同时动作，刘先帝首尾不能相顾，遂至全军溃败。列强殖民地太宽，仿佛刘先帝连营七百里一般。我们纠约世界弱小民族，同时动作，等于陆逊烧连营，遍地是火，列强首尾不能相顾，他们的帝国主义，当然溃败。英国自夸：凡是太阳所照之地，都有英国的国旗。我们把"弱联会"组织好了，可说：凡是太阳所照之地，英国人都该挨打。

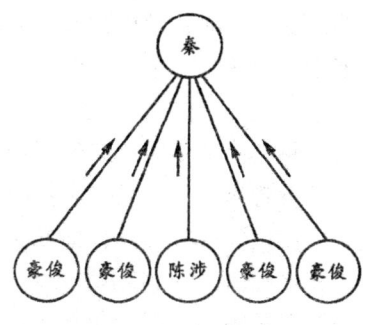

陈涉起义豪杰响应图

刘先帝身经百战，矜骄极了，以为陆逊是个少年，不把他放在眼里。不知陆逊能够忍辱负重，是厚黑界后起之秀，猝然而起，出其不意，把这位老厚黑打得一败涂地。列强自恃军械精利，把我国看不在眼，矜骄极了。我国备受欺凌，事事让步，忍辱负重，已经到了十二万分，当学陆逊，猝然而起，奋力一击。

蜀吴争荆州图

有人谓：弱小民族，极形涣散，不易联合。这也不必虑，以历史证之：嬴秦之末，天下苦秦苛政，陈涉振臂一呼，山东豪俊，群起响应，立即嬴秦灭了。这是什么道理呢？因为人人积恨嬴秦已久，人人都想推倒他，心中发出的力线，成为方向相同的合力线，所以陈涉起事之初，并未派人去联络山东豪俊，而山东豪俊，自然与之行动一致。现在列强压迫弱小民族，苛虐情形，较诸嬴秦，有过之无

三国蜀吴联合抗魏图

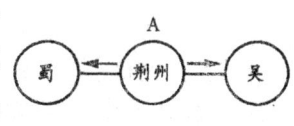

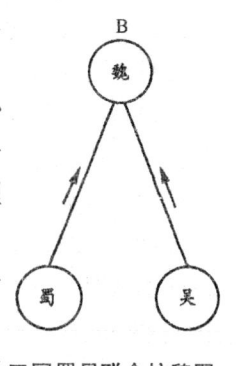

113

不及，嬴秦亡国条件，列强是具备了的。我国出来，当一个陈涉，振臂一呼，世界当然闻风响应。

刘备、孙权两位厚黑家，本是郎舅之亲。大家的眼光注射在荆州上，刘备把他向西拖，孙权把他向东拖，力线相反，其图如 A。于是郎舅决裂，夫妇生离，关羽被杀，七百里之连营被烧，刘先帝东征兵败，身死白帝城，吴蜀二国，几成了不共戴天之仇。后来诸葛亮遣邓芝入吴，约定同齐伐魏，目标一变，心理即变，其图如 B。于是仇雠之国，立即和好。心理变化，循力学公例而行。A 图力线，是横的方向，彼此是冲突的，B 图的力线，是纵的方向，是合力的方式，彼此不生冲突。

我国连年内乱，其原因是由国人的目光注射在国内之某一点，彼此的力线，成了横的方向，当然生冲突。我们应当师法诸葛武侯，另提目标，使力线成纵的方向，国内冲突，立即消灭。问："提什么目标？"答曰：提出组织弱小民族联盟之主张，全国人一致去干这种工作。譬之射箭，以列强为箭垛，四万万人，有四万万支箭，支支箭向同一之箭垛射去，成了方向相同之合力线，每支箭是不生冲突的。于是安内也，攘外也，就成为二而一、一而二了。奉劝读者诸君，如果有志救国，非研究我的厚黑学不可。

我们学过物理学，即知道凡是铁条，都有磁力。只因内部分子凌乱，南极北极相消，才显不出磁力来。如用磁石在铁条上引导了一下，内部分子，南北极排顺，立即发出磁力。我国四万万人，本有极大的力量，只因内部凌乱，故受外人的欺凌。我们只要把内部排顺了，四万万人的心理，走在同一的线上，发出来的力量，还了得吗？问："四万万人的心理，怎能走在同一的线上呢？"我说：我发明的厚黑学，等于一块磁石，你把他向国人宣传，就等于在铁条上引导了一下，全国分子，立可排顺，以此制敌，何敌不摧？以此图功，何功不克？只要把厚黑学研究好了，何畏乎日本？何畏乎列强？

日本的厚黑家，可以反诘我道：据你说，吴蜀二国结下不解之深仇，诸葛武侯提出伐魏之说，以魏为目标，二国立即和好。而今你们中国人仇视日本，我日本提出"中日联合，抵抗苏俄"的主张，以苏俄为目标，岂不与诸葛武侯联吴伐魏的政策一样吗？怎么你这个厚黑教主，还说要攻打日本呢？我说：你这话可谓不通之极！荆州本是孙权借与刘备的，孙权取得荆州，物归原主，吴蜀二国，立于对等地位，故能说联合伐魏的话。日本占据东四省，进窥平津，纯是劫贼行为，世间哪有同劫贼联合之理？必须恢复了"九一八"以前的状况，荆州归还了孙权，才能说联合对俄的话。日本是入室之狼，俄国是卧门之虎，欧美列强，是宅左宅右之狮豹，必须把室中之狼驱逐出去了，才能说及门前之虎，才能说及宅左宅右之狮豹。

厚黑丛话卷六

成都《华西日报》二十五年三月四日

　　我是八股学校的修业生，中国的八股，博大精深，真所谓宗庙之美，百官之富。我寝馈数十年，只能说是修业。不敢言毕业。我作八股有两个秘诀：一曰：抄袭古本；二曰：作翻案文字。先生出了一道题，寻一篇类似的题文，略略改换数字，沐手敬书的写去，是曰抄袭古本。我主张弱小民族联盟，这是抄袭管仲、苏秦和诸葛亮三位的古本。人说冬瓜做不得甑子，我说，冬瓜做得甑子并且冬瓜做的甑子，比世界上任何甑子还要好些。何以故呢？世界上的甑子，只有里面蒸的东西吃得，甑子吃不得，唯有冬瓜做的甑子，连甑子都可以当饭吃。此种说法，即所谓翻案文字也。我说：厚黑可以救国，等于说冬瓜可以做甑子，所以我的学说最切实用，是可以当饭吃的。

　　剿袭陈言，为作文之大忌。俾斯麦唱了一出铁血主义的戏，全场喝彩；德皇威廉第二重演一出，一败涂地；日本接着再演，将来决定一败涂地。诸君不信，请拭目以观其后。

　　抄袭古本，总要来得高明，诸葛武侯，治国师法申韩，外交师法苏秦，明明是纵横杂霸之学，后人反说他有儒者气象，明明是霸佐之才，反说他是王佐之才。此公可算是抄袭古本的圣手。

　　剿写文字的人，每喜欢剿写中式之文，殊不知应当剿写落卷，"铁血主义"四字，俾斯麦中式之文也，我们万不可剿写，"民族自决"四字，是威尔逊的落卷，"人种平等"四字，是日本的落卷，如果沐手敬书出来，一定高高中式。"九一八"这类事，与其诉诸国联，诉诸英美，毋宁诉诸非洲澳洲那些野蛮人，诉诸高丽、台湾那些亡国民，表面看去，似是做翻案文字，实在是抄写威尔逊的落卷，抄写日本的落卷。

　　川省未修马路以前，我每次走路，见着推车的、抬轿的、邀驮马的、挑担子的，来来往往，如蚂蚁一般，宽坦的地方，安然过去，一到窄路，就彼此大骂，你怪我走得不对，我怪你走得不对。我心中暗暗想道：何尝是走得不对，无非是路窄了的关系。我国组织、政权集中在上面，任你有何种抱负，非握得政权施展不出来，于是你说我不对，我说你不对。其实非不对也，政治舞台，地位有限，容不了许多人，等于走入窄路一般。无怪乎全国中志士和志士，吵闹不休。

　　以外交言之，我们当辟一条极宽的路来走，不能把责任属诸当局的几个人。什么是宽路呢？提出组织弱小民族联盟的主张，这个路子就极宽了，舞

台就极大了，任有若干人，俱容得下。在国外的商人、留学生和游历家，可以直接向弱小民族运动；在国内的，无论在朝在野，无论哪一界，都可担任种种工作。四万万人的目标，集中于弱小民族联盟之一点，根根力线，不相冲突，不言合作，而合作自在其中。有了这种宽坦的大路可走，政治舞台，只算一小部分，不需取得政权，救国的工作也可表现出来，在野党、在朝党，也就无须吵吵闹闹的了。

民主国人民是皇帝，无奈我国四万万人，不想当英明的皇帝，大家都以阿斗自居，希望出一个诸葛亮，把日本打倒，把列强打倒，四万万阿斗，好坐享其成。我不禁大呼道：陛下误矣！阿斗者，亡国之主也！有阿斗就有黄皓，诸葛亮千载不一出，且必三顾而后出，黄皓则遍地皆是，不请而自来。我国之所以濒于危亡者，正由全国人以阿斗自居所致。我只好照抄一句《出师表》曰："陛下不宜妄自菲薄。"我们何妨自己就当一个诸葛亮，自己就当一个刘先帝。我这个厚黑教主，不揣冒昧，自己就当起诸葛亮来，我写的《厚黑丛话》，即是我的"隆中对"。我希望读者诸君，大家都来当诸葛亮，各人提出一种主张，四万万人就有四万万篇"隆中对"。同时我们又化身为刘先帝，成了四万万刘先帝，把四万万篇"隆中对"加以选择。假令把李厚黑的"弱小民族联盟"选上了，我们四万万刘先帝，就亲动圣驾，做联吴伐魏的工作，想出种种法子，去把非洲澳洲那些野蛮国，与夫高丽、台湾、安南、缅甸那些亡国民联为一气，向世界列强进攻。

欲求我国独立？必先求四万万人能独立，四万万根力线挺然特立，根根力线，直射列强，欲求国之不独立，不可得已。问：四万万力线何以能独立？曰：先求思想独立。能独立乃能合作，我国四万万人不能合作者，由于四万万人不能独立之故。不独立则为奴隶，奴隶者，受驱使而已，独立何有！合作何有！

野心家办事，包揽把持，视众人如奴隶，彼所谓抗日者，率奴隶以抗日之谓也。日本在东亚，包揽把持，视中国人如奴隶，彼所谓抗俄者，率奴隶以抗俄之谓也。既无独立的能力，哪有抵抗的能力？所以我们要想抵抗日本，抵抗列强，当培植人民的独立性，不当加重其奴隶性。我写这部《厚黑丛话》，千言万语，无非教人思想独立而已。故厚黑国的外交，是独立外交，厚黑国的政策，是合力政策。军商政学各界的厚黑家，把平日的本事直接向列强行使，是之谓厚黑救国。

孔子谓子夏曰："汝为君子儒，无为小人儒。"我教门弟子曰："汝为大厚黑，无为小厚黑。"请问大小厚黑如何分别？张仪教唆六国互相攻打，是小厚黑。孙权和刘备，互争夺荆州，是小厚黑。要管仲和苏秦的法子，才算大厚黑。日本占据东北四省，占据平津，是小厚黑。欧美列强，掠夺殖民地，是小厚黑。鄙人主张运动全世界弱小民族，反抗日本和列强，才算大厚黑。孟子曰："小固不可以敌大。"我们的大厚黑成功，日本和列强的小厚黑，当然失败。

我国只要把弱小民族联盟明定为外交政策，政府与人民打成一片，全国总动员，一致去做这种工作，全国目光，注射国外，成了方向相同的合力线，不但内争消灭，并且抵抗日本和列强，也就绰绰然有余裕了，开战也可，不开战也可。惜乎诸葛武侯死了，恨不得起斯人于地下，而与之细细商榷。

我们一谈及"弱小民族联盟"，反抗列强，闻者必疑道：列强有那样的武力，弱小民族如何敌得过？殊不知战争的方式最多，武力只占很小一部分。以战争之进化言之，最初只有戈矛弓矢，后来进化，才有枪弹，这是旧式战争。再进化有飞机炸弹，这是日本在淞沪之役用以取胜的，是墨索里尼在阿比西尼亚用以取胜的。再进化则为化学战争，有毒瓦斯、毒菌、死光等等，这是第二次世界大战，一般人所凛凛畏惧的。再进化则为经济战争，英国对意制裁，即算是用这种战术。人问：经济战争之上，还有战术莫得？我答道：还有，再进化则为心理战争。三国时马谡曾说："用兵之道，攻心为上，攻城为下，心战为上，兵战为下。"这即是心理战争。心理战争的学说我国发明最早。战国时，孟子说："天时不如地利，地利不如人和。"此心理战争之说也。又云："……则邻国之民，仰之若父母矣，率其子弟，攻其父母，自生民以来，未有能济者也，如此则无敌于天下。"此心理战争之说也。我们从表面上看去，这种说法，岂非极迂腐的怪话吗？而不知这是战术中最精深的学说，一般人特未之思耳。

现在列强峙立的情形，很像春秋战国时代。春秋战国，为我国学术最发达时代，贤人才士最多。一般学者所倡的学说，都是适应环境生出来的，都是经过苦心研究，想实际的解决时局，并不是徒托空谈，所以他们的学说很可供我们今日之参考。即以兵争一端而论，春秋时战争剧烈，于是孙子的学说应运而生，他手著的《十三篇》，所谈的是军事上最高深的学理。这是中外军事家所公认的。到了战国时代，竞争更激烈，孙子的学说已经成了普通常识。于是孟子的学说，又应运而生，发明了心理战争的原则，说道："可使制梃，以挞秦楚之坚甲利兵。"无奈这种理论太高深了，一般人都不了解，以为世间哪有这类的事！哪知孟子死后，未及百年，陈涉揭竿而起，立把强秦推倒，孟子的说法居然实现，岂非很奇的事吗？

现在全世界兵争不已，识者都认为非到世界大同，人民是不能安定的。战国时情形也是这样，所以梁襄王问："天下恶乎定？"孟子对曰："定于一。"也认为：非统一是不能安定的。然则用何种方法来统一呢？现今的人，总是主张武力统一，而孟子的学说则恰恰相反。梁襄王问："孰能一之？"孟子曰："不嗜杀人者能一之。"主张武力统一者，正是用杀字来统一，孟子的学说，岂非又是极迂腐的怪话吗？后来秦始皇并吞六国，算是用武力把天下统一了，迨至汉高祖入关，除秦苛政，约法三章，从"不嗜杀"三字做去，竟把秦的天下夺了。孟子的学说，又居然实现，岂不更奇吗？楚项羽坑秦降卒二十余万人于新安城南，又屠咸阳，烧秦宫室，火三月不绝，其手段之残酷，岂不等于淞沪之役，日本用飞机炸弹任意轰炸吗？岂不等于墨索里尼在阿比西尼亚种种暴行吗？然而项羽武力统一的迷梦，终归失败，死在汉高祖手里。这是什么道理呢？因为高祖的谋臣，是张良、陈平，他二人是精研厚黑学的，懂得心理战争的学理，应用最高等战术，故把项羽杀死。这是历史上的事实，很可供我们的研究。

　　秦始皇和楚项羽，纯恃武力，是用一个杀字来统一；汉高祖不嗜杀人，是用一个"生"字来统一。生与杀二者，极端相反，然而俱有统一之可能，这是什么道理呢？因为凡人皆怕死，你不服从我，我要杀死你，所以杀字可以统一；凡人皆贪生，你如果拥护我，我可以替你谋生路，所以生字也可以统一。孟子说的："不嗜杀人者能一之"，完全是从利害二字立论，律以我的厚黑学，是讲得通的，所以他的学说，能够生效。

　　当举世战云密布的时候，各弱小国的人民，正在走投无路，不知死所，忽然有一个国家，定出一种大政方针，循着这个方针走去，是唯一的生路，这个国家，岂不等于父母替子弟谋生路吗？难道不受弱小国的人民热烈拥戴吗？孟子说："邻国之民，仰之若父母，率其子弟，攻其父母，自生民以来，未有能济者也。"就是基于这种原则生出来的。不过我这种说法，道学先生不承认的，他们认为："孟子的学说，纯是道德化人，若参有利害二字，未免有损孟子学说的价值。"这种说法，我也不敢深辩，只好同我的及门弟子和私淑弟子研究研究！

　　秦始皇、楚项羽，用"杀"字震慑人民，汉高祖用"生"字歆动人民，人之天性，好生而恶死，故秦皇、项羽为人民所厌弃，汉高祖为人民所乐戴。秦项败，而汉独成功，都是势所必至，理有固然。由此知"杀"字政策敌不过"生"字政策。日本及列强，极力扩张军备，用武力镇压殖民地，是走的秦皇、项羽的途径。大战爆发在即，全世界弱小民族，正在走投无路，我们趁此时机，提倡弱小民族联盟，向他们说道："这是唯一的生路，所谓民族自决也，人种平等也，扫灭帝国主义也，唯有走这条路，才能实现。你们如果跟着列强走，将来大战爆发，还不是第一次大战一样，只有越是增加你们的痛苦。"我们倡出这种论调，弱小民族还有不欢迎的吗？我们获得弱小民族的同情，把弱联会组织起，以后的办法就很多很多，外交方面，就进退裕如了。

　　楚汉相争，项羽百战百胜，其力最强，高祖百战百败，其力最弱，而高祖卒把项羽打败者，他有句名言："吾宁斗智不斗力。"这即是楚汉成败的关键。汉高祖是厚黑界的圣人，他的圣训，我们应该细细研究。日本和欧美列强，极力扩张军备，是为斗力；我们组织世界弱小民族联盟，采用经济战争和心理战争，是为斗智。我们也不是废去武力不用，只是专门研究经济和心理两种战争的方术，辅之以微弱的武力，就足以打倒帝国主义而有余了。

请问：汉高祖斗智，究竟用的什么法子呢？他从彭城大败而回，问群臣有什么策略，张良劝他把关以东之地捐与韩信、彭越、黥布三人，信为齐王，越为梁王，黥布为九江王。高祖联合他们，仍是一种联军方式。高祖用主力兵，在荥阳城，与项羽相持，而使信、越等三人，从他方面进攻，项羽遂大困。鸿沟议和后，项羽引兵东还，高祖追之，项羽还击，高祖大败，乃用张良之计，把睢阳以北之地划归彭越，陈以东之地划归韩信，于是诸侯之师，会于垓下，才把项羽杀死。由是知：汉高祖所谓斗智者，还不是袭用管厚黑、苏厚黑的故智，起一种联军罢了。

我们从历史上研究，得出一种公例："凡是列国纷争之际，弱国唯一的方法，是纠合众弱国，攻打强国。"任是第一流政治家，如管仲、诸葛武侯诸人，第一流谋臣策士，如张良、陈平诸人，都只有走这一条路，已成了历史上的定例。然而同是用这种法子，其结果则有成有败，其原因安在呢？我们可再加研究。

我们在前面，曾举出五个实例：（一）管仲纠合诸侯，以伐狄，伐戎，伐楚，这是成了功的。（二）乐毅合五国之兵以伐齐，这是成了功的。（三）苏秦联合六国以攻秦，卒之六国为秦所灭，这是失败了的。（四）汉高祖合诸侯之兵以攻项羽，这是成了功的。（五）诸葛亮倡吴蜀联盟之策，诸葛亮和孙权在时，尚能支持曹魏，他二人死后，后人秉承遗策做法，而吴蜀二国，终为司马氏所灭，这也算是失败了的。我们就这五种实例推求成败之原因，又可得出一种公例："各国联盟，中有一国为主干，其余各国为协助者，则成功；各国立于对等对位，不相统属者，则失败。"齐之称霸，是齐为主干，其他诸侯则为协助；燕之伐齐，燕为主于，其他四国则为协助；汉之灭楚，汉高祖为主干，众诸侯为协助，所以皆能成功。六国联盟，六国不能统属；吴蜀联盟，二国也不相统属，所以俱为敌人所灭。我国组织弱联会，我国当然是主干，当然成功。

现在国际的情形，既与春秋战国相似，我们就应该把春秋时管厚黑的方法和战国时苏厚黑的方法，融合为一而用之。管仲的致策，是尊周攘夷，先揭出尊周的旗帜，一致拥护周天子，把全国力量集中起来，然后才向外夷攻打，伐狄，伐戎，伐楚，各个击破。苏秦的政策，是合六个弱国，攻打一个强秦。我们可把全世界弱小民族，看作战国时之六国，把英法德美意俄日诸强国，合看为一个强秦，先用管件的法子，把全国力量集中起来，拥护中央政府，以整个的中国与全世界弱小民族联合，组织一个联盟会；迨至这种聪盟组织成功，即用堂堂之鼓、正正之旗，向列强一致进攻，他们赤白两色帝国主义，自然崩溃。

有人问：中国内部这样的涣散，全国力量，怎能集中起来？我说：我所谓集中者，是思想集中，全国人的心理，走在一条线上，不必定要有何种形式。例如：我李疯子提出"弱小民族联盟"之主张，有人说：这种办法是对的，又有人说不对，大家著些文字，在报章杂志上讨论，结果一致认为不对，则不用说，如一般人认为对，政府也认为对，我们就实行干去。如此，则不言拥护中央政府，自然是拥护中央政府，不言全国力量集中，自然是全国力量集中。所以我们要想统一全国，当先统一全国思想。所谓统一思想者，不是强迫全国人之思想必须走入某一条路，乃是使人人思想独立，从学理上、事势上彻底研究，大家公认为某一条路可以走，才谓之思想统一。

有人难我道：你会讲厚黑学，联合弱小民族，向列强进攻，难道列强不能讲厚黑学，一齐联合起来，向弱小民族进攻吗？我说：这是不足虑的，证以过去的历史，他们这种联合，是不能成功的。

战国时，六国联盟，有人批评他："连鸡不能俱飞。"六国之失败，就是这个原因。如果列强想联合起来，对付弱小民族，恰犯了连鸡不能俱飞之弊。语曰："蛇无头而不行。"列强不相统属，寻不出首领，是谓无头之蛇。我们出来组织弱小民族联盟，我国是天然的首领，是谓有头之蛇。列强与列强，利害冲突，矛盾之点太多，步调断不能一致，要联合，是联合不起的。弱小民族，利害共同，彼此之间，寻不出丝毫冲突之点，一经联合，团体一定很坚固。

前次大战，列强许殖民地许多权利，战后食言，不唯所许利益不能得，反增加许多痛苦。殖民地含恨在心，如果大战重开，断难得殖民地之赞助，且或乘机独立，这是列强所深虑的。日本精研厚黑学，窥破此点，所以"九一八"之役，悍然不顾，硬以第二次大战相威胁，列强相顾失色。就中英国殖民地更宽，怕得更厉害，因此国联只好牺牲我国的满洲，任凭日本为所欲为。德国窥破此点，乘机撕毁和约，英法也无如之何。墨索里尼窥破此点，以武力压迫阿比西尼亚，英国也无如之何。其唯一之方法，无非是以第二次大战相威胁而已，无非是实厚黑学而已。

世界列强，大讲其厚黑学，看这个趋势，第二次世界大战是断不能避免的。战争结果，无论谁胜谁负，弱小民族总是供他们牺牲的。我们应该应用厚黑哲理，趁大战将发未发之际，赶急把弱小民族联盟组织好，乘机予列强一种威胁，这个大战，与其由列强造成，弱小民族居于被动地位，毋宁由弱小民族造成，使列强居于被动地位。明明白白告诉列强道："你不接受我们弱小民族的要求，我们就把第二次大战与你们造起来。"请问世界弱小民族，哪个敢谈这个话呢？这恐怕除了我中华民国，再莫有第二个。请问我中国怎敢谈这类强硬话呢？则非联合世界弱小民族为后盾不可。

从前陈涉起事，曾经说过："逃走也死，起事也死，同是一死，不如起事好了。"弱小民族今日所处地位，恰与陈涉相同，大战所以迟迟未发者，由于列强内部尚未准备完好，我们与其坐受宰割，毋宁先发制人，约集全世界弱小民族，死中求生。不然他们准备好了，大战一开，弱小民族就永无翻身之日了。

全世界已划为两大战线，一为压迫者，一为被压迫者，孙中山讲民族主义，已断定第二次世界大战是被压迫者对压迫者作战，是十二万万五千万人对二万万五千万人作战，无奈……日本人口，除去台湾、高丽而外，全国约计六千万，也辜负孙中山之期望，变为明火劫抢之恶贼。所以我们应当秉承孙中山遗教，纠集被压迫之十万万四千万人，向赤白两色帝国主义四万万六千万人作战，才算顺应进化之趋势。现在这伙强盗，互相火并，乃是全世界被压迫民族同时起事的好机会，我们平日练习的厚黑本事，正好拿出来行使，以大厚黑破他的小厚黑。不然，第二次大战：仍是列强与列强作战，弱小民族，牵入漩涡，受无谓之牺牲，岂不违反中山遗训吗？岂不违反进化公例吗？

我讲厚黑学，分三步工夫，诸君想还记得。第一步：面皮之厚，厚如城墙；心子之黑，黑如煤炭。第二步：厚而硬，黑而亮。第三步：厚而无形，黑而无色。日本对于我国，时而用劫贼式，武力侵夺，时而用娼妓式，大谈亲善，狼之毒，狐之媚，二者俱备。所谓厚如城墙，黑如煤炭，他是做到了的，厚而硬，也是做到了的，唯有黑而亮的工夫，他却毫未梦见。曹操是著名的黑心子，而招牌则透亮，天下豪俊奔集其门，明知其为绝世奸雄，而处处觉得可爱，令人佩服。日本则"心子与招牌同黑"，成了世界公敌，如蛇蝎一般，任何人看见，都喊"打！打！"所以日本人的厚黑学越讲得好，将来失败越厉害。何以故？黑而不亮故。它只懂得厚黑学的下乘法，不懂上乘法，他同不懂厚黑学的人交手，自然处处获胜，若遇着名手，当然一败涂地。

我们组织弱小民族联盟，向列强攻打，用以消灭赤白两色帝国主义，本是用的黑字诀，然而这种方法，是从威尔逊"民族自决"四字抄袭出来，全世界都欢迎，是之谓黑而亮。闯者必起来争辩道："威尔逊主义，是和平之福音，是大同主义之初基，岂是面厚心黑的人干得来吗？实行这种主义，尚得谓之厚黑吗？"李疯子闻而叹曰："然哉！然哉！是谓'厚而无形，黑而无色'。"

有人难我道："你主张联合弱小民族，向列强攻打。我请问，一个日本，我国都对付不了，何敢去惹世界列强？日本以武力压迫我国，欧美列强，深抱不平，很同情于我国，我们正该联合他们，去攻打日本，你反要联合世界弱小民族，去攻打列强，这种外交，岂非疯子外交吗？你这类话，前几年说可以，再过若干年后来说也可以，现在这样说，真算是疯子。"我说：我历来都是这样说，不是今日才说，数年前我写有一篇《世界大战：我国应走的途径》,即是这样说的。四川省立国书馆,存有原印本,可资考证。这个话,前几年该说,现在更该说,再过若干年,也就无须说。你说是疯子外交,这是由于你不懂厚黑学的缘故。我讲厚黑学,不是有锯箭法和补锅法吗?我们把弱小民族联盟组织好了,就应用补锅法中之敲锅法,手执铁锤,向某某诸国说道:"信不信,我这一锤敲下去,叫你这锅立即破裂,再想补也补不起!"口中这样说,而手中之铁锤则欲敲下不敲下,这其间有无限妙用。如列强不睬,就略略敲一下,使锅上裂痕增第一点;再不睬,再敲一下。如果日本和列强要倒行逆施,宰割弱小民族,供他们的欲壑,我们就一锤下去,把裂痕增至无限长,纠合全世界被压迫人类一齐暴动起来,十万万四千万被压迫者,对四万万六千万压迫者作战,而孙中山先生之主张,于是乎实现。但是我们着手之初,则在组织弱小民族联盟,把弱联会组织好,然后铁锤在手,操纵自如,在国际上才能平等自由。

敲锅要有艺术,轻不得,重不得。轻了锅上裂痕不能增长,是无益的;敲重了,裂痕太长补不起。要想轻重适宜,非精研厚黑学不可。戏剧中有《补缸》一出,一锤下去,把缸子打得粉碎。这种敲法,未免太不高明。我们在国际上,如果这样干,真所谓疯子外交,岂足以言厚黑学!

我讲厚黑学,曾说:"管仲劝齐桓公伐楚,是把锅敲烂了来补。"他那种敲法,是很艺术的。讲到楚之罪名共有二项,一为周天子在上,他敢于称王;二为汉阳诸姬,楚实尽之,这本是彰彰大罪。乃楚遣使问出师理由,桓公使管仲对曰:"尔贡包茅不入,王祭不共,无以缩酒,寡人是征。"又曰:"昭王南征而不复,寡人是问。"舍去两大罪,而责问此极不要紧之事,岂非滑天下之大稽?昭王渡汉水,船覆而死,与楚何关?况且事隔数百年,更是毫无理由。管子为天下才,这是他亲自答复的,难道莫得斟酌吗?他是厚黑名家,用补锅法之初,已留锯箭法地步。假令把楚国真实罪状宣布出来,叫他把王号削去,把汉阳诸姬的地方退出来,楚国岂不与齐拼命血战吗?你想长勺之役,齐国连鲁国这种弱国都战不过,他敢与楚国打硬战吗?只好借周天子之招牌,对楚国轻轻敲一下罢了。楚是堂堂大国,管仲不敢伤他的面子,责问昭王不复一事,故意使楚国有抗辩的余地。楚王可以对臣下说道:"他责问二事,某一事,我与他骂转去,骂得他哑口无言,包茅是河边上芦苇一类东西,周天子是我的旧上司,砍几捆送他就是了。"这正是管仲的妙用,口骂无凭,贡包茅有实物表现,齐桓公于是背着包茅,进之周天子,作为楚国归服之实证。古者国之大事唯祀与戎,周天子祭祀的时候,把包茅陈列出来,贴一红纸签,写道:"这是楚国贡的包茅"。助祭的诸侯看见,周天子面上岂不光辉光辉?楚国都降伏了,众小国敢有异议吗?我写《厚黑传习录》曾说:"召陵一役,以补锅法始,以锯箭法终。"其妙用如是如是。我们把弱小民族联盟组织好了,就用铁锤在列强的锅上轻轻敲他一下,到达相当时机,就锯箭干了事。到某一时期，再敲一下，箭干出来一截，又锯一截。像这样不断的敲，不断的锯，待到终局，箭头退出来了，轻轻用手拈去，于是乎锯箭法告终，而锅也补起了。

外交上，原是锯箭法、补锅法二者互用，如车之双轮，鸟之双翼，不可偏废。我国外交之失败，其病根在专用锯箭法。自五口通商以来，所有外交，无一非锯箭干了事。"九一八"以后，尤为显著。应该添一个补锅法，才合外交方式。我们组织弱小民族联盟，即是应用补锅法的学理产生出来的。

现在日本人的花样，层出不穷，杀得我国只有招架之功，并无还兵之力，并且欲招架而不能。我们就应该还他一手，揭出"弱小民族联盟"的旗帜。你会讲"大亚细亚主义"，想把中国吞下去，进而侵略亚洲各国，进而窥伺全世界，我们就讲"弱小民族联盟"，以中国为主干，而台湾，而琉球，而高丽，而安南、缅甸，而暹罗、印度，而澳洲、非洲一切野蛮民族。日本把一个大亚细亚主义大吹大擂，我们也把一个弱小民族联盟大吹大擂，这才是旗鼓相当，才足以济补锅法之穷。

民国二年，我在某机关任职，后来该机关裁撤，我与同乡陈健人借银五十元，以作归计。他回信说道："我现无钱，好在为数无多，特向某某人转借，凑足五十元，与你送来。"信末附一诗云："五十块钱不为多，借了一堆又一坡，我今专人送与你，格外再送一首歌。"我读了，诗兴勃发，不可遏止，立复一信道："捧读佳作，大发诗兴。奉和一首，敬步原韵。辞达而已，工拙不论。君如不信，有诗为证。诗曰：'厚黑先生手艺多，哪怕甑子滚下坡。讨口就打莲花落，放牛我会唱山歌。'"诗既成，余兴未已，又作一首："大风起兮甑滚坡，收拾行李兮回旧窝，安得猛士兮守砂锅。"我出东门，走至石桥赶船，望见江水滔滔，诗兴又来了，又作一首曰："风萧萧兮江水寒，甑子一去兮不复还。"千古倒甑子的人，闻此歌，定当同声一哭。

近来军政各机关，常常起大风，甑子一批一批的向坡下滚去，许多朋友，向我叹息道："安得猛士兮守砂锅。"我说道：我的学问，而今长进了，砂锅无须守，也无须请猛士，只须借你的手杖向对方的砂锅一敲，他的砂锅打破，你的砂锅遂岿然独存。你如果莫得敲破对方砂锅的本事，自己的砂锅断不能保存。

东北四省，被日本占去，国人都有"甑子一去兮不复还"的感想，见日本在华北华南积极进行，又同声说道："安得猛士兮守砂锅。"这都是我先年的见解，应当纠正。甑子与砂锅，是一物之二名，日本人想把我国的甑子打破，把里面的饭贮入他的砂锅内，国人只知双手把甑子掩护，真是干的笨事！我们四万万人，每人拿一根打狗棒，向日本的砂锅敲去，包管发生奇效。问："打狗棒怎样敲法？"曰：组织弱小民族联盟。

我们对于日本，应该取攻势，不该取守势，对于列强，取威胁式，不取乞怜式。我们组织弱小民族联盟，即是对日本取攻势，对列强取威胁式。日本侵略我国，列强抱不平，对我国表同情，难道是怀好意吗？岂真站在公理立场上吗？日本希望的是独占，列强希望的是共管，方式虽不同，其为厚黑则一也。为我国前途计，应该极力联合世界弱小民族，努力促成世界大战，被压迫者对压迫者作战，全世界弱小民族，同齐暴动，把列强的帝国主义打破，即是把列强的砂锅打破，弱小民族的砂锅，才能保存。

威尔逊播下"民族自决"的种子，一天一天的潜滋暗长，现在快要成熟了。我国出来当一个陈涉，振臂一呼，揭出"弱小民族联盟"的旗帜，与威尔逊主义遥遥相应，全世界弱小民族，当然闻风响应。嬴秦亡国条件，列强是具备了的，而以日本具备尤多。一般人震于日本和列强之声威，反抗二字，生怕出诸口，这是由于平日不研究厚黑学，才会这样的畏惧。如果把我的《厚黑学》单行本熟读一万遍，立即发生一种勇气来，区区日本和列强，何足道哉！他们都是外强中干，自身内部，矛盾之点太多，譬诸筑墙，基础莫有稳固。我们组织弱小民族联盟，直向墙脚攻打。"弱联"一成功，日本和列强的帝国主义，当然崩溃。

我们联合弱小民族之初，当取甘地不抵抗主义，任他何种压迫俱不管，只埋头干"弱联"的工作，并且加紧工作，哪有闲心同他开战？等到"弱联"组织成功了，任何不平等条约，撕了即是，到了那时，他们敢于不接受我们的要求，就纠合全世界弱小民族，同时动作，以武力解决，由我国当主帅，指挥作战，把苏秦的老法子拿来行使，"秦攻一国，五国出兵助之，或出兵挠秦之后"。像这样干去，赤白两色帝国主义哪有不崩溃之理！以英国言之，他自夸凡是太阳所照之地，都有英国人的国旗，我们的"弱联"组织成功，可以说：凡是太阳所照之地，英国人都有挨打的资格。这样干，才是图谋和平的根本办法。机会一成熟，立把箭头取出，无须再用锯箭法。我们不从此种办法着手，徒悻悻然对日作战，从武力上同他决胜负，真是苏东坡所说的："匹夫见辱，拔剑而起，挺身而斗"了，律以我的厚黑哲理，是违反的。日本倡言亲善，如果就同他亲善，事事仰承日本鼻息，不敢反抗，不敢组织弱小民族联盟，更是厚黑界之小丑，够不上谈厚黑哲理。

日本是我国室中之狼，俄国是门前之虎，欧美列强，是宅左宅右之狮豹。日本是我国的仇国，当然无妥协余地，其他列强，为敌为友，尚不能预定，何也？因其尚在门前，尚在宅左宅右也。

威尔逊倡"民族自决"，想成一个国际联盟，以实现他的主张。哪知一成立，就被列强利用，成为分赃的集团，与威尔逊主义背道而驰。孙中山曾讲过"大亚细亚主义"，意在为黄种人吐气，哪知日本就想利用这种主张，以遂他独霸东亚之野心。所以我们成立"弱小民族联盟"，首先声明，英美德法意俄日等国永无入会之资格，日本不用说了。我们把英美等国划在会外，也不一定视为敌人，为敌为友，视其行为而定。如能赞助弱联，我们也可视为良友，但只能在会外，不能在会中说话，使他莫得利用操纵之机会。

我们对日抗战，当发挥自力，不能依赖某某强国，请他帮助。就使有时想列强帮助，也不能向他作乞怜语，更不能许以丝毫权利，只是埋头干"弱小民族联盟"的王作，一眼觑着列强的砂锅，努力攻打。要我不打破你的砂锅，除非帮助我把日本驱出东北四省，恢复"九一八"以前状况，我们也可以锯箭干了事。因为"九一八"之变，是国联不能执行任务酿出来的，当然寻国联算账，当然成一个"弱联"，推翻现在的"国联"。所以对付列强，当如对付横牛，牵着鼻子走，不能同他善说。问：列强的鼻子，怎能受我们的牵？曰努力的联合弱小民族，即是牵列强的鼻子，如列强扭着鼻子不受我们牵，我们就实行把砂锅与他打烂，实现孙中山之主张，十万万四千万被压迫者，对四万万六千万压迫者实行作战，忍一下痛苦，硬把箭头取出，废去锯箭法不用，更是直截了当。我认为这种办法，是我国唯一的出路，请全国厚黑同志研究研究。

和平是整个的，现在世界关联密切，一处发生战事，就波动全世界，就有第二次世界大战的可能。列强殖民地太宽，弱小民族受了威尔逊的宣传，早已蠢蠢欲动，大战争一发生，列强的砂锅就有破裂的危险。这一层，日本和列强都是看得很清楚的。日本自"九一八"以后，一切事悍然不顾，墨索里尼侵占阿比西尼亚，也悍然不顾，都是看清此点，以世界大战相威胁，料定国联不敢动作。果然国联顾忌此点，不敢实行制裁，只好因循敷衍，牺牲弱小民族利益，以饱横暴者之贪囊，暂维目前状况，于是国际联盟，就成为列强的分赃集团。我们看清此点，知道"国联"已经衰朽不适用了，就乘机推翻他，新兴一个"弱联"，以替代"国联"这种机构，催促威尔逊之主张早日实现。这种办法，才适合时代之要求。这种责任，应由我国出来担负，除了我国，其他国家是担负不起的。

我们组织弱小民族联盟，把甘地办法扩大之，改良之，当然发生绝大的效果。印度是亡了国的，甘地是赤手空拳，尚能有那样的成绩。我国是堂堂的独立大国，有强大的战斗力，淞沪之役，已经小小的表现一下，有这样的战斗力，而却不遽然行使，只努力干"弱联"工作，所得效果，当然百倍甘地。这种办法，我想一般厚黑同志绝对赞成的。

我是害了两重病的，一曰疯病，二曰八股病，而我之疯病，是从八股病生出来的。八股家遇着长题目，头绪纷繁，抑或合数章为一题，其做法，往往取题中一字，或一句，或一章做主，用以贯穿全题。曾国藩者，八股之雄也，其论作文之法曰："万山磅礴，必有主峰，龙衮九章，但挈一领。"斯言也，通于治国，通于厚黑学。我国内政外交，处处棘手，财政军政，纷如乱丝，这就像八股家遇着了合数章书的长题目，头绪纷繁，无从着笔。如果枝枝节节而为之，势必费力不讨好，所以我们解决时局，就该应用八股，寻出问题之中心点，埋头干去，纷乱的时局，自必厘然就绪。我们做这篇八股，应该提出抗日二字为中心点，基于抗日之主张，生出内政外交之办法。内政外交的方针既定了，一切措施，都与这个方针适应，是之谓："万山磅礴，必有主峰，龙衮九章，但挈一领。"我以后所写文字，就本此主张写去，但我从满清末年，就奔走宦场，发明求官六字真言，做官六字真言，八股一道，荒废已久，写出的文字，难免不通，希望八股老同志纠正纠正。

  科举时代的功令，作八股必遵朱注，试场中片纸不准夹带，应考的人，只好把朱子的《四书集注》读来背得，所以朱子可称为八股界之老祖宗。而他解决时局的办法，是很合八股义法的。他生当南宋，初见宋孝宗即说道："当今之世，要首先认定：金人是我不共戴天之敌，断绝和议，召还使臣，这层决定了，一切事才有办法。一般怀疑的人，都说根本未固，设备未周，进不能图恢复，退不能谋防御，故不得已而暂与金人讲和，以便从容准备，殊不知这话大错了。其所以根本不固，设备不周，进不能攻，退不能守者，正由有讲和之说的缘故。一有讲和之说，则进无决死之心，退有迁延之计，其气先馁，而人心遂涣然离沮。故讲和之说不罢，天下事无一可成。为今之计，必须闭门绝和，才可激发忠勇之气，才可言恢复。"这是朱子在隆兴元年对孝宗所说的话。他这篇文字，很合现在的题目，我们可以全部抄用。首先认定日本是仇国，使全国人有了公共的目标，然后才能说"对内团结，对外抵抗"的话。我国一般人，对于抗日，本下了最大决心，不过循着外交常轨，口头不能不说说亲善和调整这类话，不知亲善和调整这类名词，是西洋的八股话，对于中国全不适用，其弊害，朱子说得很明白。

  国人见国势日危，主张保存国粹，主张读经，这算是从根本上治疗了。八股是国粹的结晶体，我的厚黑学，是从八股出来的，算是根本之根本。我希望各校国文先生，把朱子对孝宗说的这段文字选与学生读，培养点中国八股智识，以便打倒西洋八股。

  中国的八股，有甚深的历史，一般文人，涵濡其中，如鱼在水，所以今人文字，以鼻嗅之，大都作八股气，酸溜酸溜的。章太炎文字，韩慕庐一类八股也；严又陵文字，管韫山一类八股也；康有为文字，"十八科闱墨"一类八股也；梁启超文字，"江汉炳灵"一类八股也；鄙人文字，小试场中，截搭题一类八股也；当代文豪，某某诸公，则是《聊斋》上的贾奉雉，得了仙人指点，高中经魁之八股也。"诸君莫笑八股酸，八股越酸越革命。"黄兴、蔡松坡，秀才也；吴稚晖、于右任，举人也；谭延闿、蔡元培，进士翰林也。我所知的同乡同学，几个革命专家，廖绪初举人也；雷铁崖、张列五、谢慧生，秀才也；曹叔实，则是一个屡试不售的童生。猗欤！盛哉！八股之功用大矣哉！满清末年，一伙八股先生，起而排满革命，我甚愿今之爱国志士，把西洋八股一火焚之，返而研究中国的八股，才好与我们的仇国日本奋斗到底。

唐宋八家中，我最喜欢三苏，因为苏氏父子，俱懂得厚黑学。老泉之学，出于申韩。申子之书不传，老泉《嘉裙集》，一切议论，极类韩非，文笔之峭厉深刻，亦复相似。老泉喜言兵，他对于孙子也很有研究。东坡之学，是战国纵横者流，熟于人情，明于利害，故辩才无碍，嬉笑怒骂，皆成文章。其为文诙诡恣肆，亦与《战国策》文字相似。子由深于老子，著有《老子解》。明李卓吾有言曰："解老子者众矣，而子由独高。"子由文汪洋淡泊，在八家中，最为平易。渐于黄老者深，其文固应尔尔。《孙子》、《韩非子》和《战国策》，可说是古代厚黑学教科书。《老子》一书，包涵厚黑哲理，尤为宏富。诸君如想研究孔子的学说，则孔子所研习的《诗经》、《书经》、《易经》，不可不熟读；万一想研究厚黑学，只读我的作品，不过等于读孔子的《论语》，必须上读《老子》、《孙子》、《韩非子》和《战国策》诸书，如儒家之读《诗》、《书》、《易》诸书，把这些书读熟了，参之以廿五史和现今东西洋事变，融会贯通，那就有得厚黑博士之希望了。

有人问我：厚黑学三字，宜以何字作对？我说：对以"道德经"三字。李老子的《道德经》和李疯子的《厚黑学》，不但字面可以相对，实质上，二者原是相通，于何征之呢？有朱子之言可证。《朱子全书》中有云："老氏之学最忍，他闲时似个虚无卑弱底人，莫教紧要处，发出来，更教你支格不住，如张子房是也。子房皆老氏是学，如峣关之战，与秦将连和了，忽乘其懈击之。鸿沟之约，与项羽讲和了，忽回军杀之。这个便是他卑弱之发处，可畏可畏。他计策不需多，只消两三处如此，高祖之业成矣。"依朱子这样说：老子一部《道德经》，岂不明明是一部《厚黑学》吗？我在《厚黑丛话》卷二之末，曾说："苏东坡的《留侯论》，全篇是以一个厚字立柱。"朱子则直将子房之黑字揭出，并探本穷源，说是出于老子，其论尤为精到。朱子认为峣关、鸿沟，这些狠心事，是卑弱之发处，足知厚黑二者原是一贯之事。

厚与黑，是一物体之二面，厚者可以变而为黑，黑者亦可变而为厚。朱子曰："老氏之学最忍。"他以一个忍字，总括厚黑二者。忍于己之谓厚。忍于人之谓黑。忍于己，故闲时虚无卑弱；忍于人，故发出来教你支持不住。张子房替老人取履，跪而纳之，此忍于己也；峣关鸿沟，败盟弃约，置人于死，此忍于人也。观此则知厚黑同源，二者可以互相为变。我特告诉读者诸君，假如有人在你面前胁肩谄笑，事事要好，你须谨防他变而为黑。你一朝失势，首先坠井下石，即是这类人。又假如有人在你面前肆意凌侮，诸多不情，你也不需怨恨，你若一朝得志，他自然会变而为厚，在你面前，事事要好。历史上这类事很多，诸君自去考证。

我发明厚黑学，进一步研究，得出一条定理："心理变化，循力学公例而行。"有了这条定理，厚黑学就有哲理上之根据了。水之变化，纯是依力学公例而变化。有时徐徐而流，有物当前，总是避之而行，总是向低处流去，可说是世间卑弱之物，无过于水。有时怒而奔流，排山倒海，任何物不能阻之，阻之则立被摧灭，又可说世间凶悍之物，无过于水。老子的学说，即是基于此种学理生出来的。其言曰："天下莫柔弱于水，而攻坚强者，莫之能胜。"诸君能把这个道理会通，即知李老子的《道德经》和鄙人的《厚黑学》，是莫得什么区别的。

忍于己之谓厚，忍于人之谓黑，在人如此，在水亦然。徐徐而流，避物而行，此忍于己之说也；怒而奔流，人物阻挡之，立被摧灭，此忍于人之说也。避物而行和摧灭人物，现象虽殊，理实一贯，人事与物理相通，心理与力学相通，明乎此，而后可以读李老子的《道德经》，而后可以读李疯子的《厚黑学》。

老子学说，纯是取法于水。《道德经》中，言水者不一而足，如曰："上善若水，水善利万物而不争，处众人之所恶，故几于道。"又曰："江海所以能为百谷王者，以其善下之，故能为百谷王。"水之变化，循力学公例而行，老子深有契于水，故其学说，以力学公例绳之，无不一一吻合。唯其然也，宇宙事事物物，遂逃不出老子学说的范围。

老子曰："吾言甚易知，甚易行，天下莫能知，莫能行。"这几句话，简直是他老人家替厚黑学做的赞语。面厚心黑，哪个不知道？哪个不能做？是谓"甚易知，甚易行"。然而"厚黑学"三字，载籍中绝未一见，必待李疯子出来才发明，岂非"天下莫能知"的明证吗？我国受日本和列强的欺凌，管厚黑、苏厚黑的法子俱在，不敢拿来行使，厚黑圣人勾践和刘邦对付敌人的先例俱在，也不一加研究，岂非"天下莫能行"的明证吗？

我发明的厚黑学，是一种独立的科学，与诸子百家的学说绝不相类，但是会通来看，又可说诸子百家的学说无一不与厚黑学相通，我所讲一切道理，无一不经别人说过，我也莫有新发明。我在厚黑界的位置，只好等于你们儒家的孔子。孔子祖述尧舜，宪章文武，述而不作，信而好古，他也莫得什么新发明。然而严格言之，儒家学说与诸子百家，又绝不相类，我之厚黑学，亦如是而已。孔子曰："知我者，其唯春秋乎！罪我者，其唯春秋乎！"鄙人亦曰："知我者，其唯厚黑学乎！罪我者，其唯厚黑学乎！"

老子也是一个"述而不作，信而好古"的人，他书中如"建言有之"，如"用兵有言"，如"古所谓"……一类话，都是明明白白的引用古书。依朱子的说法，《老子》一书，确是一部厚黑学，而老子的说法，又是古人遗传下来的，可见我发明的厚黑学，真是贯通古今，可以质诸鬼神而无疑，百世以俟圣人而不惑。

据学者的考证，周秦诸子的学说，无一人不渊源于老子，因此周秦诸子，无一不带点厚黑气味。我国诸子百家的学说，当以老子为总代表。老子之前，如伊尹，如太公，如管子诸人，《汉书·艺文志》都把他列入道家，所以前乎老子和后乎老子者，都脱不了老子的范围。周秦诸子中，最末一人，是韩非子。与非同时，虽有《吕览》一书，但此书是吕不韦的食客纂集的，是一部类书，寻不出主名，故当以韩非为最末一人。非之书有《解老》、《喻老》两篇，把老子的话一句一句解释，呼老子为圣人。他的学问，是直接承述老子的，所以说："刑名原于道德。"由此知周秦诸子，彻始彻终，都是在研究厚黑这种学理，不过莫有发明厚黑这个名词罢了。

韩非之书，对于各家学说俱有批评，足知他于各家学说，都一一研究过，然后才独创一派学说。商鞅言法，申子言术，韩非则合法、术而一之，是周秦时代法家一派之集大成者。据我看来，他实是周秦时代厚黑学之集大成者。不过其时莫得厚黑这个名词，一般批评者，只好说他惨刻少恩罢了。

老子在周秦诸子中，如昆仑山一般，一切山脉，俱从此处发出；韩非则如东海，为众河流之总汇处。老子言厚黑之体，韩非言厚黑之用，其他诸子，则为一支山脉或一支河流，于厚黑哲理，都有发明。

道法两家的学说，根本上原是相通，敛之则为老子之清静无为，发之则为韩非之惨刻少恩，其中关键，许多人都看不出来。朱子是好学深思的人，独看破此点。他指出张子房之可畏，是他卑弱之发处，算是一针见血之语。卑弱者，敛之之时也，所谓厚也；可畏者，发之之时，所谓黑也。即厚即黑，原不能歧而为二。

道法两家，原是一贯，故史迁修《史记》，以老庄申韩合为一传，后世一孔之儒，只知有一个孔子，于诸子学术源流，茫乎不解，至有谓李耳与韩非同传，不伦不类，力诋史迁之失，真是梦中呓语。史迁父子，是道家一派学者，所著《六家要指》，字字是内行话。史迁论大道则先黄老，老子是他最崇拜的人。他把老子与韩非同列一传，岂是莫得道理吗？还待后人为老子抱不平吗？世人连老子与韩非的关系都不了解，岂足上窥厚黑学？宜乎李厚黑又名李疯子也。

厚黑这个名词，古代莫得，而这种学理，则中外古今，人人都见得到。有看见全体的，有看见一部分的，有看得清清楚楚的，有看得依稀恍惚的，所见形态千差万别。所定的名词，亦遂千差万别。老子见之，名之曰道德，孔子见之，名之曰仁义，孔子见之，名之曰庙算，韩非见之，名之曰法术，达尔文见之，名之曰竞争，俾斯麦见之，名之曰铁血，马克思见之，名之曰唯物，其信徒威廉氏见之，名之曰生存，其他哲学家，各有所见，各创一名，真所谓"横看成岭侧成峰，远近高低各不同，不识庐山真面目，只缘身在此山中"。

有人诘问我道："你主张'组织弱小民族联盟，向列强攻打。'这本是一种正义,你何得呼之为厚黑?"我说:"这无须争辩,即如天上有两个亮壳,从东边溜到西边,从西边溜到东边,溜来溜去,昼夜不停。这两个东西,我们中国人呼之为日月,英国人则呼之为 Sun 或 Moon,名词虽不同,其所指之物则一。我们看见英文中之 Sun、Moon 二字,即译为日月二字。读者见了我的厚黑二字,把他译成正义二字可也,即译之为道德二字或仁义二字,也无不可。"

周秦诸子,无一人不是研究厚黑学理,唯老子窥见至深,故其言最为玄妙。非有朱子这类好学深思的人,看不出老子的学问。非有张子房这类身有仙骨的人,又得仙人指点,不能把老子的学问用得圆转自如。

周秦诸子,表面上,众喙争鸣,里子上,同是研究厚黑哲理,其学说能否适用,以所含厚黑成分多少为断。《老子》和《韩非》二书,完全是谈厚黑学,所以汉文行黄老之术,致治为三代下第一;武侯以申韩之术治蜀,相业为古今所艳称。孙吴苏张,于厚黑哲理,俱精研有得,故孙吴之兵,战胜攻取,苏秦、张仪,出而游说,天下风靡。由是知:凡一种学说,含有厚黑哲理者,施行出来,社会上立即发生重大影响。儒家高谈仁义,仁近于厚,义近于黑,所得者不过近似而已。故用儒术治国,不痒不痛,社会上养成一种大肿病,儒家强为之解曰:"王道无近功。"请问汉文帝在位,不过二十三年,武侯治蜀,亦仅二十年,于短时间收大效,何以会有近功?难道汉文帝是用的霸术吗?诸葛武侯,岂非后儒称为王佐之才吗?究竟是什么道理?请儒家有以语我来,厚黑是天性中固有之物,周秦诸子无一不窥见此点,我也不能说儒家莫有窥见,惜乎窥见太少,此其所以"博而寡要,劳而少功"也。此其所以"迂远而阔于事情"也。

老庄申韩,是厚黑学的嫡派。孔孟是反对派。吾国两千余年以来,除汉之文景、蜀之诸葛武侯、明之张江陵而外,皆是反对派执政,无怪乎治日少而乱日多也。

我深恨厚黑之学不明,把好好一个中国闹得这样糟,所以奋然而起,大声疾呼,以期唤醒世人。每日在报纸上,写厚黑丛话一二段,等于开办一个厚黑学的函授学校。经我这样的努力,果然生了点效。许多人向我说道:"我把你所说的道理,证以亲身经历的事项,果然不错。"又有个朋友说道:"我把你发明的原则,去读《资治通鉴》,读了几本,觉得处处俱合。"我听见这类话,知道一般人已经有了厚黑常识,程度渐渐增高,我讲的学理,不能不加深点,所以才谈及周秦诸子,见得我发明的厚黑学,不但证以一部廿五史,处处俱合,就证以周秦诸子的学说,也无一不合。读者诸君,尚有志斯学,请细细研究。

教授学生,要用启发式、自修式,最坏的是注入式。我民国元年发表《厚黑学》,只举曹操、刘备、孙权、刘邦、司马懿几人为例,其余的,叫读者自去搜寻，我写的《厚黑经》和《厚黑传习录》，也只简简单单的举出纲要，不一一详说，恐流于注入式，致减读者自修能力。此次我说：周秦诸子的学说，俱含厚黑哲理，也只能说个大概，让读者自去研究。

《诗经》、《书经》、《易经》、《周礼》、《仪礼》等书，是儒门的经典，凡想研究儒学的，这些书不能不熟读。周秦诸子的书，是厚黑学的经典，如不能遍读，可先读《老子》和《韩非子》二书，知道了厚黑的体用，再读诸子之书，自然头头是道。凡是研究儒家学说的人，开口即是"诗曰、书曰"，鄙人讲厚黑哲理，不时也要说几句"老子曰、韩非曰"。

《四书》《五经》，虽是外道的书，苟能用正法眼读之，也可寻出许多厚黑哲理。即如孟子书上的"孩提爱亲"章、"孺子将入井"章，岂非儒家学说的基础吗？鄙人就此两章书，绘出甲乙两图，反成了厚黑学的哲学基础，这是鄙人治厚黑学的秘诀。诸君有志斯学，不妨这样地研究。

第四部　厚黑原理（心理与力学）

自序一

民国元年，我在成都《公论日报》上发表一文，题曰《厚黑学》，谓：古今成功之英雄，无一非面厚心黑者。这本是一种游戏文字，不料自此以后，"厚黑学"三字，遂传播四川，成一普通名词。我自己也莫名其妙，心想：此等说法，能受一般人欢迎，一定与心理学有关系，继续研究下去，始知厚黑学是渊源于性恶说，在学理上是有根据的，然私心终有所疑。遍寻中外心理学书读之，均不足解我之疑，乃将古今人说法尽行扫去，另用物理学的规律来研究心理学，觉得人心之变化，处处是跟着力学规律走的。从古人事迹上、今日政治上、日用琐事上、自己心坎上、理化数学上、中国古书上、西洋学说上，四面八方，印证起来，处处可通，乃创一臆说："心理依力学规律而变化。"民国九年，写一文曰《心理与力学》，藏之箧中，未敢发表，十六年方刊入拙著《宗吾臆谈》内。兹特重加整理，扩大为一单行本。

我这《心理与力学》一书，开始于民国九年，今为民国二十七年，历时十八年，而此书渊源于厚黑学。我研究厚黑学，始于满清末年，可说此书之成，经过三十年之久。记得唐朝贾岛做了两句诗，"独行潭底影，数息树边身。"自己批道："二句三年得，一吟双泪流。"我今日发表此书，真有他那种感想。

我的思想，好比一株树；厚黑学是思想之出发点，等于树根；因厚黑学而生出一条臆说："心理依力学规律而变化"，等于树身；其他所写《社会问题之商榷》、《考试制度之商榷》、《中国学术之趋势》，与夫最近所写的《制宪与抗日》等书，都是以"心理依力学规律而变化"这条臆说为根据，等于树上生出的枝叶花果。故我所写的文，虽种种不同，实是一贯。

去岁遇川大教授福建江超西先生，是专门研究物理的，并且喜欢研究易学，是博通中外的学者。我把稿子全部拿与他看，把所有疑点提出请教。承蒙一一指示，认为我这种说法讲得通，并赐序一篇，我是非常感激。然而我终不敢自信，请阅者不客气的赐教。

我研究这个问题，已经闹得目迷五色，文中种种说法，对与不对，自己无从知道。我重在解释心中疑团：阅者指驳越严，我越是感激，绝不敢答辩一字。诸君赐教的文字，可在任何报章杂志上发表，发表后，请惠赠一份，交成都《华西日报》转交，以便改正。

民国二十七年一月十三日，富顺李宗吾，于成都。

自序二

　　我发表此书后，得着不少的批评，使我获益匪浅，至为感谢。除全部赞成和全部否认者外，其有认为大致不差，某某点尚应该改者，我已遵照修改。有些地方，虽经指示，而我认为尚应商酌者，则暂仍其旧，请阅者再加指正。所有赐教文字，请交重庆《国民公报》转交，以便再加修改。

　　读者常驳我道："人之心理，变化不测，哪里会有规律？"我说：物理也是变化不测，何以又有规律？今之科学家，研究物理，可谓极精了。我们试取一瓷杯，置之地上，手执一铁锤，请问：此锤击下去，此杯当成若干块？每块形状如何？恐怕聚世界科学家研究之，无一人能预知，所可知者，铁锤击下，此杯必破裂而已。何也？杯子内部分子之构造，无从推测也，我们不能因此就说，物理变化，无有规律。人藏其心，不可测度，与瓷杯之分子相同，所以心理变化，如珠走盘，横斜曲直，不可得知，所可知者，必不出此盘而已。人持弓箭，朝东射，朝西射，我们不能预知，但一射出来，其箭必依抛物线进行，这即是力之规律。我所谓心理变化有规律可循者，亦就是也。

　　我说"心理依力学规律而变化"，原是一种臆说，不能说是公例。公例者，无一例外之谓也。当初牛顿发明万有引力，定出三例，许多人都不承认，后来逐渐证明，逐渐承认，最后宇宙各种现象，俱合牛顿规律，唯天王星不合，有此例外，仍不能成为公例。直到一八四六年，有某天文家，将天王星合牛顿规律这部分提出，将其不合规律之部分加以研究，断定天王星之外，另有一行星，其形状如何，位置如何，加入此星之引力，天王星即合规律了。此说一发表出来，众天文家，依其说以搜求之，立把海王星寻出，果然丝毫不差错，牛顿之说，乃成为公例。心理之变化，较物理更复杂，更奇妙。我之说法，不为一般人所承认者，因为例外之事太多也。我不认为我之臆说有错，而认为人心中之海王星太多。我们亦能只握着大原则，以搜求各人心中之海王星耳。

　　有人说：你想把人事与物理沟通为一，从前许多人都做过这种工作，无奈这条路走不通。我说：苏伊士运河，从前许多人都说凿不通，卒之凿通。巴拿马运河，许多人都说凿不通，卒之也凿通。我认为自然界以同一原则生人生物，物理上之规律，必可适用于人事，不过我个人学识不够，不能把他沟通为一罢了。学术者，世界公物，当合全世界研究之，非一人之力所能胜也。尚望读者诸君共同研究，如我这种方式走不通，希望读者另用他种方式把他弄通。我研究这个问题，如堕五里雾中，诸君其亦怜我之愚，而有以教之乎！

物理纷繁极矣，牛顿寻出规律，纷繁之物理，厘然就诸，而科学因之大进步。世界纷乱极矣，我们在人事上如能寻出规律，则世界学说，可归一致，人世之纠纷，可以免除，而文明自必大进步。此著者所为希望诸君共同研究者也。

中华民国三十一年十月八日，李宗吾，于陪都。

第四部 厚黑原理（心理与力学）

一、性灵与磁电

　　科学上许多定理，最初都是一种假设，根据这种假设，从各方试验，都是合的，这假设就成为定理了。即如地球这个东西，自开辟以来就有的，经过了若干万万年，人民生息其上，视为固然，于地球之构成，不求甚解，距今二三百年前，出了一个牛顿，发明万有引力，说："地心有引力，把泥土沙石吸成一团，成为一个地球。"究竟地心有无引力，无人看见，牛顿这个说法，本是假定的。不过根据他的说法，任如何试验，俱是合的，于是他的假说，就成了定理。从此一般人都知道：凡是有形有体之物，都要受引力的吸引。到爱因斯坦出来，发明相对论，把牛顿之说扩大之，说："太空中的星球发出的光线，经过其他星球，也要受其吸引，由于天空中众星球互相吸引之故，于是以直线进行之光线，就变成弯弯曲曲的形状。"这也是一种假说，然经过实地测验，证明不错，也成了定理。从此一般人又知道：有形无体之光线，也要受引力之吸引。我们研究心理学，何妨把爱因斯坦之说再扩大之，说："我们的心中，也有一种引力，能把耳闻目睹、无形无体之物吸引来成为一个心，心之构成，与地球之构成相似。"我们这样的设想，则牛顿三例和爱因斯坦的相对论，就可适用到心理学方面，而人事上一切变化，就可本力学规律去考察他了。

　　通常所称的心，是由于一种力，经过五官出去，把外边的事物牵引进来，集合而成的。例如有一物在我面前，我注目视之，即是一种力从目透出去，与那个物连结。我将目一闭，能够回忆那物的形状，即是此力把那物拖进来绾住了。由于这种方式，把耳闻目睹与夫身所经历的事项，一一拖进来，集合为一团，就成为一个心，所以心之构成，与地球之构成，完全相似。

　　一般人都说：自己有一个心，佛氏出来，力辟此说，说：人莫得心，通常所谓心，是假的，乃是六尘的影子。《圆觉经》曰："一切众生，元始以来，种种颠倒，妄认四大，为自身相，六尘缘影，为自心相。"我们试思：假使心中莫得引力，则六尘影子之经过，亦如雁过长空、影落湖心一般，雁一去，影即不留了。而我们见雁之过，能记忆雁之影相者，即是心中有一种引力，能把雁影绾住的缘故。

　　佛家说："六尘影子，落在八识田中，成为种子，永不能去。"这正如谷子豆子落在田土中，成为种子一般。我们知：谷子豆子，落在田土中，是由于地心有引力，即知六尘影子落在八识田中，是由于人心有引力。因为有引力缩住，所以谷子豆子落在田土中，永不能去，六尘影子，落在八识田中，也永不能去。

我们如把心中所有知识，一一考察其来源，即知无一不从外面进来，其经过路线，不外眼耳鼻舌身，虽说人能发明新理，然仍靠外面收来的知识作基础，犹之修房子者，必须购买外面的砖瓦木料，才能建筑新房子一样。我们如把心中各种知识的来源，一一清出来，从目进来者，仍令从目退出去，从耳进来者，仍令从耳退出去，其他一一从来路退出去，此心即空无所有了。人的心，果然能够空无所有，对于外物无贪恋，无嗔恨，有如湖心雁影，过而不留，这即是佛家所说，还我本来面目。

地球之构成，源于引力，意识之构成，源于种子。试由引力再进一步，推究到天地未有以前，由种子再进一步，推究到父母未生以前，则只有所谓寂兮寥兮的状况，而二者就会归于一了。由寂兮寥兮生出引力，而后有地球，而后有物。由寂兮寥兮生出种子，而后有意识，而后有人。我们这样的研究，觉得心之构成，与地球之构成相似，而物理学的规律，就可适用于人事了。

我们把物体加以分析，就得原子，把原子加以分析，就得电子。电子是一种力，这是科学家业已证明了的。人是物中之一，我们的身体，是电子集合而成，身与心本是一物，所以我们的心理，不能逃磁电学的规律，不能逃力学的规律。

心的现象，与磁电的现象，是很相似的。人有七情，大别之，只有好恶二种，心所好的东西，就引之使近，心所恶的东西，就推之使远，这种现象，岂不与磁电相似吗？

人的心，分知、情、意三者，意是知与情合并而成，其元素只有知、情二者。磁电同性相推，异性相引，其相推相引，有似吾人之情，其能够判别同性异性，更是显然有知，足见磁电这个东西，具有知、情，与人之心理相同。

阳电所需要的是阴电，忽然来了一个阳电，要分他的阴电，他当然要把他推开；阴电所需要的是阳电，忽然来了一个阴电，要分他的阳电，他当然也要把他推开。这就像小孩食乳食糕饼的时候，见哥哥来了，用手推他打他一般，所以成了同性相推的现象。至于磁电异性相引，犹如人类男女相爱，更是不待说的。由此知磁电现象，与心理现象，完全相同。

佛说："真佛法身，映物现形。"宛然磁电感应现象。又说："性灵本融，周遍法界。"宛然磁电中和现象。又说："不生不灭，不增不减。"简直是物理学家所说："能力不灭。"因此之故，我们用力学规律去考察人性，想来不会错。

　　物质不灭，能力不灭，是科学上之定律。吾身之物质，是从地球之物质转变而来，身死埋之地中，物质退还地球。物质不灭之说，算是讲得通，独是吾人之性灵，是一种能力，请问此种能力，生从何处来？死往何处去？我们要答复这个问题。可以创一臆说，曰："人之性灵从地球之磁电转变而来。"吾人一死，身体化为地球之泥土，同时性灵化为地球之磁电，如此则性灵生有自来，死有所去，能力不灭之说，就讲得通了。世言成仙成佛者，或许是用一种修养力，能将磁电凝聚不散耳。俗云"冤魂不散"，当是一种嗔恨心，将磁电凝住，迨至冤仇已报，嗔恨心消失，磁电无从凝聚，其魂即归消灭。

　　有了"性灵由磁电转变而来"这条臆说，则灵魂存灭问题，就可以答复了。吾人一死，身上的物质，退还地球，性灵化为磁电，则灵魂即算消灭。然而吾身虽死，物质尚存，磁电尚存，亦可谓之灵魂尚存。此庄子所说"天地与我并生，万物与我为一"也。

　　禅家最重"了了常知"四字，吾人静中，此心明明白白，迨至事务纷乘，此明明白白之心，消归乌有。学力深者，事务纷乘，此心所明明白白，是谓"动静如一"。然而白昼虽明明白白，晚间梦寐中，则复昏迷。学力更深者，梦寐中亦明明白白，是谓"寤寐如一"。学力极深者，死了亦明明白白，是谓"死生如一"。到了死后明明白白，则谓之灵魂永存可也。

　　《楞严经》曰："如来从胸卐字，涌出宝光，其光昱昱，有千百色，十方微尘，普佛世界，一时周遍。"此宝光，盖即电光也。阿难白佛言："我见如来，三十二相，胜妙殊绝，形体映彻，犹如琉璃。尝自思维，此相非是欲爱所生，何以故？欲气粗浊，腥臊交遘，脓血杂乱，不能发生胜净妙明，紫金光聚。"释迦修养功深，已将血肉之躯变而为磁电凝聚体，故能发出宝光，遍达十方世界。佛氏有天眼通、天耳通之说，今者无线电发明，已可证明其非诬。释迦本身即是一无线电台，将来电学进步，必能证明释迦所说一一不虚，而"性灵由磁电转变而来"之臆说，或亦可证明其不虚。

　　老子言道，屡以水为喻，佛氏说法，亦常以水为喻，我们不妨以空气为喻，所谓不生不灭、不垢不净、不增不减，无古今、无边际、无内外，种种现象，空气是具备了的。倘进一步，以中和磁电为喻，尤为确切。若更进一步，假定"人之性灵，由磁电转变而来"，用以读老佛之书，觉得处处迎刃而解。

　　吾人自以为高出万物，这不过人类自己夸大的话，实则人与物，同是从地球生出来的，身体之元素，无一非地球之物质。自地球视之，人与物并无区别，仿佛父母生二子，长子曰人，次子曰物，不过长子聪明，次子患瘫病而又哑聋罢了。我们试验理化，温度变更，或参入一种物品，形状和性质都要改变。吾人遇天气大变，心中就烦躁，这是温度的关系；饮了酒，性情也会改变，这是参入一种药品，起了化学作用。从此等处考察，人与物有何区别？人身的物质和地球的物质，都是电子构成的，吾人有灵魂，地球亦有灵魂，磁电者地球之灵魂也，通常所说地心吸力者，即是磁电吸力之表现。地球的物质化为植物，同时地球的磁电，即变为植物的生机。吾人食植物，物质变为吾身的毛发骨肉，同时磁电即变为吾人的性灵。由泥土沙石变而为植物，变而为毛发骨肉，愈变愈高等。同时由地球的磁电变而为植物的生机，变而为吾人的性灵，也是愈变愈高等。虽经屡变，而本来之性质仍在，故吾身之元素，与地球之元素相同，心理之感应，与磁场之感应相同，所以本书第二部分甲乙丙图，其现象与磁场相同，与地心吸力相同。然既经屡变，吾身之毛发骨肉，与地球之泥土沙石不同，吾人之性灵，也与地球之磁电不同，何也？在地球为死物，在吾身则为活物也。所以用力学规律以考察人事，我们当活用之，而不能死用之。

老子曰："有物混成，先天地生，寂兮寥兮，独立而不改，周行而不殆，可以为天下母。吾不知其名，字之曰道，强为之名曰大。"老子所谓道，即释氏所谓真如也。释氏谓：山河大地，日月星辰，内身外器，都是由真如不守自性，变现出来的，其说与老子正同。真如者，空无所有也（实则非空非不空）。忽焉真如不守自性，而变现为中和磁电，由是而变现为气体，回旋太空中，几经转变，而地球生焉。由是而生植物，生动物，生人类。佛氏所谓阿赖耶识的状态，与中和磁电的状态绝肖。二者都是冲漠无朕，万象森然，也即是寂然不动，感而遂通。我们可以说：真如变现出来，在物为中和磁电，在人为阿赖耶识，犹之同一物质，在地球为泥土沙石，在人则为毛发骨肉也。今人每谓人之性灵，与磁电迥不相同，犹之无科学知识之人，见毛发骨肉，即认泥土沙石，迥不相同也。中和磁电，是真如最初变现出来之物，真如不可得见，我们读佛老之书，姑以中和磁电作为道与真如形态，觉得处处可通。

老子著书，开端即曰："道可道，非常道。"释迦说法四十九年，结果自认未说一字，归之于不可道，不可说而已。苏子由曰："夫道不可言，可言皆其似者也，达者因似以识真，而昧者执似以陷于伪。"道与真如，不可思议者也，阿赖耶识，与中和磁电，可思议者也，借可思议者，以说明不可思议者，此所谓言其似也。

老子曰："道生一，一生二，二生三，三生万物。"我们可解之曰，道者空无所有也，一者中和磁电也，中和磁电发动出来，则有相推相引两作用，所谓二也。由这两种作用，生出第三种作用，由是而辗转相生，千千万万之事物出焉。老子曰："抱一以为天下式。"又曰："天下有始，以为天下母，既得其母，以知其子，既知其子，复守其母。"一也，母也，都是指中和磁电，在人则为阿赖耶识。故曰："恍兮惚兮，窈兮冥兮。"又曰："渊兮似万物之宗。"老子专守阿赖耶识，故著出之书，可以贯通周秦诸子，可以贯通赵宋诸儒，可以贯通《易经》，贯通佛学，又为后世神仙方士所依托，据严又陵批，又可以贯通西洋学说（其说具见拙著《中国学术之趋势》）。《道德经》一书之无所不包者，正因阿赖耶识之无所不有也。佛氏则打破此说，而为大圆镜智，以"空无所有"为立足点。此由于佛氏立教，重在出世，故以"空无所有"为立足点。老子立教，重在将人世出世打成一片，故以阿赖耶识为立足点。由阿赖耶识而向内追寻，则可到大圆镜智，而空诸所有。由阿赖耶识而向外工作，则可诚意、正心、修身、齐家、治国、平天下。此二氏立足点，所由不同也。

我们假定"人之性灵，由磁电转变而来"，则佛告波斯匿王及阿难诸语，与夫宋儒所谓"如鱼在水，外面水便是肚里水，鳜鱼肚里水，与鲤鱼肚里水，只是一样"，明儒所谓"盖天地皆心也"等等说法，都可不烦言而解。《中庸》曰："喜怒哀乐皆不发，谓之中。"六祖曰："不思善，不思恶，正与么时，那个是明上座本来面目。"广成子曰："至道之精，窈窈冥冥，至道之极，昏昏默默。"庄子曰："心不忧乐，德之至也，一而不变，静之至也。"都是阿赖耶识现象，也即是磁电中和现象，中和磁电，发动出来，呈相推相引之作用，而纷纷纭纭之事物起矣。所以我们要研究人世事变，当首造一臆说曰："性灵由磁电转变而来。"研究磁电，离不得力学，我们再造一臆说曰："心理依力学规律而变化。"有这两个臆说，纷纷纭纭之事物就有轨道可循，而世界分歧之学说，可汇归为一，中、西、印三方学说，也可汇归为一。

佛氏谓：山河大地及人世一切事物，皆是幻相，牛顿造出三例，所以研究物理之幻相也；我们造出两个臆说，所以研究人事之幻相也。本章所说种种，乃是说明造此臆说之理由。第二章以下，即依据这两个臆说，说明人世事变，不复涉及本体。佛言本体，我们言现象，鸿沟为界。著者对于佛学及科学，根本是外行。所有种种说法，都是想当然耳，心中有了此种想法，即把他写出，自知纯出臆断，以佛学科学律之，当然诸多不合，我不过姑妄言之，读者亦姑妄听之可耳。

二、孟荀言性争点

孟子之性善说，荀子之性恶说，是我国学术史上未曾解除之悬案，两说对峙了二千多年，抗不相下。孟子说：人性皆善，主张仁义化民；宋儒承袭其说，开出理学一派，创出不少迂腐的议论。荀子生在孟子之后，反对其说，谓人之性恶，主张以礼制裁之；他的学生韩非，以为礼之制裁力弱，不若法律之制裁力强，遂变而为刑名之学，其流弊于刻薄寡恩。于是儒法两家，互相诋斥，学说上、政治上生出许多冲突。究竟孟荀两说，孰得孰失？我们非把他彻底研究清楚不可。

孟子谓："孩提之童，无不知爱其亲也，及其长也，无不知敬其兄也。"这个说法，是有破绽的。我们任喊一个当母亲的，把他亲生孩子抱出来，当众试验，母亲抱着他吃饭，他就伸手来拖母亲之碗，如不提防，就会落地打烂。请问这种现象，是否爱亲？又母亲手中拿一糕饼，他见了，就伸手来拖，如不给他，放在自己口中，他立刻会伸手从母亲口中取出，放在他的口中。又请问这种现象，是否爱亲？小孩在母亲怀中，食乳食糕饼，哥哥走近前，他就用手推他打他。请问这种现象，是否敬兄？五洲万国的小孩，无一不如此。事实上，既有了这种现象，孟子的性善说，岂非显有破绽；所有基于性善说发出的议论，订出的法令制度，就不少流弊。

然则孟子所说"孩提爱亲，少长敬兄"，究竟从什么地方生出来？我们要解释这个问题，只好用研究物理学的法子去研究。盖人之天性，以我为本位，我与母亲相对，小儿只知有我，故从母亲口中把糕饼取出，放在自己口中。母亲是乳哺我的人，哥哥是分乳吃、分糕饼吃的人，母亲与哥哥相对，小儿就很爱母亲，把哥哥打开推开。长大了点，出而在外，与邻人相遇，哥哥与邻人相对，小儿就很爱哥哥。走到异乡，邻人与异乡人相对，则爱邻人。走到外省，本省人与外省人相对，就爱本省人。走到外国，本国人与外国人相对，就爱本国人。我们细加研究，即知

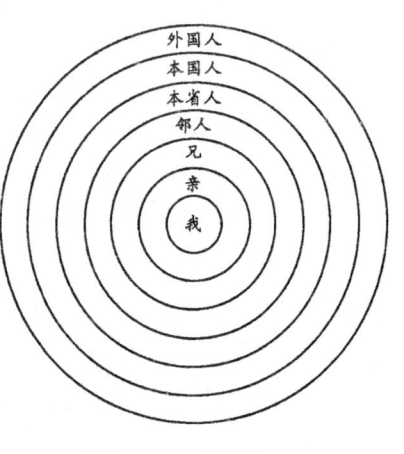

甲图　孟子的性善图

孟子所说爱亲敬兄，都是从为我之心流露出来的。

试绘之为图：如甲：第一圈是我，第二圈是亲，第三圈是兄，第四圈是邻人，第五圈是本省人，第六圈是本国人，第七圈是外国人。细玩此圈，即可寻出一定的规律："距我越近，爱情越笃，爱情与距离成反比例。"其规律与地心吸力相似，并且这种现象，很像磁场现象。由此知：人之性灵，与磁电相同，与地心吸力相同，故牛顿所创的公例，可适用于心理学。

上面所绘甲图，是否正确，我们还须再加考验：假如暮春三月，我们约着二三友人出外游玩，见着山明水秀，心中非常愉快，走到山水粗恶的地方，心中就不免烦闷，这是什么缘故呢？因为山水是物，我也是物，物我本是一体，所以物类好，心中就愉快，物类不好，心中就不愉快。我们又走至一个地方，见地上许多碎石，碎石之上，落花飘零，我心对于落花，不胜悲感，对于碎石，则不甚注意，这是什么缘故呢？因为石是无生之物，花与我同是有生之物，所以常常有人作落花诗、落花赋，而不作碎石歌、碎石行。古今诗词中，吟咏落花，推为绝唱者，无一不是连同人生描写的。假如落花之上，卧一将毙之犬，哀鸣婉转，入耳惊心，立把悲感落花之心打断，这是什么缘故呢？因为花是植物，犬与我同是动物，故不知不觉，对于犬特表同情。又假如归途中见一狰狞恶犬拦着一人狂噬，那人持杖乱击，当此人犬相争之际，我们只有帮人之忙，断不会帮犬之忙，这是什么缘故呢？因为犬是兽类，我与那人同是人类，故不知不觉，对于人更表同情。我同友人分手归家，刚一进门，便有人跑来报道，先前那个友人，走在街上，同一个人打架，正在难解难分。我闻之立即奔往营救，本来是与人打架，因为友谊的关系，故我只能营救友人，不能营救那人。我把友人带至我的书房，询他打架的原因，我倾耳细听，忽然屋子倒下来，我几步跳出门外，回头转来喊友人道：你还不跑呀？请问一见房子倒下，为什么不先喊友人跑，必待自己跑出门了，才回头来喊呢？这就是人之天性，以我为本位的证明。

我们把上述事实绘图如乙。第一圈是我，第二圈是友，第三圈是他人，第四圈是犬，第五圈是花，第六圈是石，其规律是"距我越远，爱情越减，爱情与距离成反比例。"与甲图是一样的。乙图所设的境界，与甲图全不相同，而得出的结果，完全一样，足证天然之理实是如此。兹再总括言之：凡有二物，同时呈于吾前，我心不假安排，自然会以我为本位，视距我之远近，定爱情之厚薄，与地心吸力、电磁吸力无有区别。

力有离心同心二种，甲图层层向外发展，是离心力现象；乙图层层向内收缩，是向心力现象。孟子站在甲图里面，向外看去，见得凡人的天性，都是孩提爱亲，稍长爱兄，再进则爱邻人，爱本省人，爱本国人，层层放大；

如果再放大，还可放至爱人类爱物类为止，因断定人之性善。故曰："老吾老，以及人之老，幼吾幼，以及人之幼。"又曰："举斯心，加诸彼。"总是叫人把这种固有的性善扩而充之。孟子喜言诗，诗是宣导人的意志的，凡人只要习于诗，自然把这种善性发挥出来，这即是孟子立说之本旨。所以甲图可看为孟子之性善图。

荀子站在乙图外面，向内看去，见得凡人的天性，都是看见花就忘了石，看见犬就忘了花，看见人就忘了犬，看见朋友，就忘了他人，层层缩小，及至房子倒下来，赤裸裸的只有一个我，连至好的朋友都忘去了，因断定人之性恶。故曰："妻子具而孝衰于亲，嗜欲得而信衰于友，爵禄盈而忠衰于君。"又曰："拘木待檃栝蒸矫然后直，钝金待砻厉然后利。"总是叫人把这种固有的恶性抑制下去。荀子喜言礼，礼是范围人的行为的，凡人只要习于礼，这种恶性自然不会发现出来。这就是荀子立说之本旨。故乙图可看为荀子之性恶图。

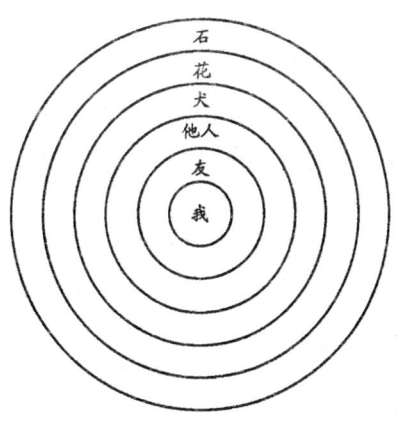

乙图 荀子的性恶图

甲乙二图，本是一样，自孟子荀子眼中看来，就成了性善性恶，极端相反的两种说法，岂非很奇的事吗？并且有时候，同是一事，孟子看来是善，荀子看来是恶，那就更奇了。例如我听见我的朋友同一个人打架，我总愿我的朋友打胜，请问这种心理是善是恶？

假如我们去问孟子，孟子一定说道：这明明是性善之表现，何以言之呢？友人与他人打架，与你毫无关系，而你之愿其打胜者，此乃爱友之心，不知不觉，从天性中自然流出，古圣贤明胞物与，无非基于一念之爱而已。所以你这种爱友之心，务须把他扩充起来。

假如我们去问荀子，荀子一定说道：这明明是性恶之表现，何以言之呢？你的朋友是人，他人也是人，你不救他人而救友人，此乃自私之心，不知不觉，从天性中自然流出。威廉第二，造成世界第一次大战，德意日造成第二次世界大战，无非起于一念之私而已。所以你这种自私之心，务须把它抑制下去。

荀孟争论图

上面所举，同是一事，而有极端相反之两种说法，两种说法，都是颠扑不灭，这是什么道理呢？我们要解释这个问题，只须绘图一看，就自然明白了。如图：第一圈是我，第二圈是友，第三圈是他人，请问友字这个圈，是大是小？孟子在里面画一个我字之小圈，与之比较，就说他是大圈。荀子在外面画一个人字之大圈，与之比较，就说他是小圈。若问二人的理由，孟子说：友字这个圈，乃是把画我字小圈的两脚规张开来画成的，怎么不是大圈？顺着这种趋势，必会越张越大，所以应该扩充之，使他再画大点。荀子说道：友字这个圈，乃是把人字大圈的两脚规收拢来画成的，怎么不是小圈？顺着这种趋势，必定越收越小，所以应该制止之，不使之再画小。孟荀之争，如是如是。

营救友人一事，孟子提个我字，与友字相对，说是性善之表现；荀子提个人字，与友字相对，说是性恶之表现。我们绘图观之，友字这个圈，只能说他是个圈，不能说他是大圈，也不能说他是小圈。所以营救友人一事，只能说是人类天性中一种自然现象，不能说他是善，也不能说他是恶。孟言性善，荀言性恶，乃是一种诡辩，二人生当战国，染得有点策士诡辩气习，我辈不可不知。

荀子而后，主张性恶者很少。孟子的性善说，在我国很占势力，我们可把他的学说再加研究。他说："今人乍见孺子将入于井，皆有怵惕恻隐之心。"这个说法，也是性善说的重要根据。但我们要请问：这章书，上文明明是怵惕恻隐四字，何以下文只说"无恻隐之心，非人也"，"恻隐之心，仁之端也"，凭空把怵惕二字摘来丢了，是何道理？性善说之有破绽，就在这个地方。

怵惕是惊惧之意，譬如我们共坐谈心的时候，忽见前面有一人，提一把白亮亮的刀，追杀一人，我们一齐吃惊，各人心中都要跳几下，这即是怵惕。因为人人都有畏死之天性，看见刀，仿佛是杀我一般，所以心中会跳，所以会怵惕。我略一审视，晓得不是杀我，是杀别人，登时就把畏死之念放大，化我身为被追之人，对乎他起一种同情心，想救护他，这就是恻隐。由此知：恻隐是怵惕之放大形。孺子是我身之放大形，莫得怵惕，即不会有恻隐，可以说：恻隐二字，仍是发源于我字。

见孺子将入井的时候，共有三物：一曰我，二曰孺子，三曰井，绘之为图，第一圈是我，第二圈是孺子，第三圈是井。我与孺子，同是人类，井是无生物。见孺子将入井，突有一"死"的现象呈于吾前，所以会怵惕，登时对于孺子表同情，生出恻隐心，想去救护他。故孟子曰："恻隐之心，仁之端也。"我们须知：怵惕者自己畏死也，恻隐者怜悯他人之死也，故恻隐可谓之仁，怵惕不能谓之仁，所以孟子把怵惕二字摘下来丢了。但有一个问题，假令我与孺子同时

孺子入井图

将入井，请问此心作何状态？不消说：这刹那间，只有怵惕而无恻隐，只能顾及我之死，不能顾及孺子。非不爱孺子也，变生仓促，顾不及也。必我身出了危险，神志略定，恻隐心才能发出。惜乎孟子当日，未把这一层提出来研究，留下破绽，遂生出宋儒理学一派，创出许多迂谬的议论。

　　孟子所说的爱亲敬兄，所说的怵惕恻隐，内部俱藏有一个我字，但他总是从第二圈说起，对于第一圈之我，则略而不言。杨子为我，算是把第一圈明白揭出了，但他却专在第一圈上用功，第二以下各圈，置之不管；墨子摩顶放踵，是抛弃了第一圈之我，他主张爱无差等，是不分大圈小圈，统画一极大之圈了事。杨子有了小圈，就不管大圈；墨子有了大圈，就不管小圈。他们两家，都不知道：天然现象是大圈小圈层层包裹的。孟荀二人，把层层包裹的现象看见了，但孟子说是层层放大，荀子说是层层缩小，就不免流于一偏了。我们取杨子的我字，作为中心点，在外面加一个差等之爱，就与天然现象相合了。

　　我们综孟荀之说而断之曰：孟子所说"孩提之童，无不知爱其亲也，及其长也，无不知敬其兄也"一类话，也莫有错，但不能说是性善，只能说是人性中的天然现象；荀子所说"妻子具而孝衰于亲，嗜欲得而信衰于友"一类话，也莫有错，但不能说是性恶，也只能说是人性中的天然现象。然则学者奈何？曰：我们知道：人的天性，能够孩提爱亲，稍长敬兄，就把这种心理扩充之，适用孟子"老吾老，以及人之老，幼吾幼，以及人之幼"的说法。我们又知道：人的天性，能够孝衰于亲，信衰于友，就把这种心理纠正之，适用荀子"拘木待檃括蒸矫然后直，钝金待砻厉然后利"的说法。

　　孟荀之争，只是性善性恶名词上之争，实际他二人所说的道理，都不错，都可见诸实用。我以为我们无须问人性是善是恶，只须创一条公例："心理依力学规律而变化。"把牛顿的吸力说，爱因斯坦的相对论，应用到心理学上，心理物理，打成一片而研究之，岂不简便而明确吗？何苦将性善性恶这类的名词，哓哓然争论不休。

三、宋儒言性误点

　　战国是我国学术最发达时代，其时游说之风最盛，往往立谈而取卿相之荣，其游说各国之君，颇似后世人主临轩策士，不过是口试，不是笔试罢了。一般策士，习于揣摩之术，先用一番工夫，把事理研究透彻了，出而游说，总是把真理蒙着半面，只说半面，成为偏激之论，愈偏激则愈新奇，愈足耸人听闻。苏秦说和六国，讲出一个理，风靡天下；张仪解散六国，反过来讲出一个道理，也是风靡天下。孟荀生当其时，染有此种气习，本来人性是无善无恶，也即是"可以为善，可以为恶"。孟子从整个人性中截半面以立论，曰性善，其说新奇可喜，于是在学术界遂独树一帜；荀子出来，把孟子遗下的那半面，揭而出之曰性恶，又成一种新奇之说，在学术界，又树一帜。从此性善说和性恶说，遂成为对峙之二说。宋儒笃信孟子之说，根本上就误了。然而孟子尚不甚误，宋儒则大误，宋儒言性，完全与孟子违反。

　　请问：宋儒的学说乃是以孟子所说（1）"孩提之童，无不知爱其亲"；（2）"乍见孺子将入于井，皆有怵惕恻隐之心"，两个根据为出发点，何至会与孟子之说完全违反？兹说明如下：

　　小孩与母亲发生关系，共有三个场所：（1）一个小孩，一个母亲，一个外人，同在一处，小孩对乎母亲，特别亲爱，这个时候，可以说小孩爱母亲；（2）一个小孩，一个母亲，同在一处，小孩对乎母亲依恋不舍，这个时候，可以说小孩爱母亲；（3）一个小孩，一个母亲，同在一处，发生了利害冲突，例如有一块糕饼，母亲吃了，小孩就莫得吃，母亲把他放在口中。小孩就伸手取来，放在自己口中。这个时候，断不能说小孩爱母亲。孟子言性善，舍去第三种不说，单说前两种，讲得头头是道。荀子言性恶，舍去前两种不说，单说第三种，也讲得头头是道。所以他二人的学说，本身上是不发生冲突的。宋儒把前两种和第三种同齐讲之，又不能把他贯通为一，于是他们的学说，本身上就发生冲突了。

　　宋儒笃信孟子孩提爱亲之说，忽然发现了小孩会抢母亲口中糕饼，而世间小孩，无一不是如此，也不能不说是人之天性，求其故而不得，遂创一名词曰："气质之性。"假如有人问道：小孩何以会爱亲？曰此"义理之性"也。问：即爱亲矣，何以会抢母亲口中糕饼？曰此"气质之性"也。好好一个人性，无端把他剖而为二，因此全部宋学，就荆棘丛生，迂谬百出了。……朱子出来，注孟子书上天生烝民一节，简直明明白白说道："程子之说，与孟子殊，以事理考之，程子为密。"他们自家即这样说，难道不是显然

· 146 ·

违反孟子吗？

孟子知道：凡人有畏死的天性，见孺子将入井，就会发生怵惕心，跟着就会把怵惕心扩大，而为恻隐心，因教人把此心再扩大，推至于四海，此孟子立说之本旨也。怵惕是自己畏死，不能谓之仁，恻隐是怜悯他人之死，方能谓之仁，故下文摘去怵惕二字，只说"恻隐之心，仁之端也"。在孟子本莫有错，不过文字简略，少说了一句"恻隐是从怵惕扩大出来的"。不料宋儒读书不求甚解，见了"恻隐之心，仁之端也"一句，以为人之天性一发出来，即是恻隐，忘却上面还有怵惕二字，把凡人有畏死的天性一笔抹杀。我们试读宋儒全部作品，所谓语录也，文集也，集注也，只是发挥恻隐二字，对于怵惕二字置之不理，这是他们最大的误点。

然而宋儒毕竟是好学深思的人，心想：小孩会夺母亲口中糕饼，究竟是什么道理呢？一旦读《礼记》上的乐记，见有"人生而静，天之性也，感于物而动，性之欲也"等语，恍然大悟道：糕饼者物也，从母亲口中夺出者，感于物而动也。于是创出"去物欲"之说，叫人切不可为外物所诱。

宋儒又继续研究下去，研究我与孺子同时将入井，发出来的第一念，只是赤裸裸一个自己畏死之心，并无所谓恻隐，遂诧异道，明明看见孺子将入井，为甚恻隐之心不出来，反发出一个自己畏死之念？要说此念是物欲，此时并莫有外物来诱，完全从内心发出，这是什么道理？断而又悟道：畏死之念，是从为我二字出来的，抢母亲口中糕饼，也是从为我二字出来的，我者人也，遂用人欲二字代替物欲二字。告其门弟子曰：人之天性，一发出来，即是恻隐，尧舜和孔孟诸人，满腔子是恻隐，无时无地不然，我辈有时候与孺子同时将入井，发出来的第一念，是畏死之心，不是恻隐之心，此气质之性为之也，人欲蔽之也，你们须用一番"去人欲，存天理"的工夫，才可以为孔孟，为尧舜。天理者何？恻隐之心是也，即所谓仁也。这种说法，即是程朱全部学说之主旨。

于是程子门下，第一个高足弟子谢上蔡，就照着程门教条做去，每日在危阶上跑来跑去，练习不动心，以为我不畏死，人欲去尽，天理自然流行，就成为满腔子是恻隐了。像他们这样的"去人欲，存天理"，明明是"去怵惕，存恻隐"。试思：恻隐是怵惕的放大形，孺子是我身的放大形，怵惕既无，恻隐何有？我身既无，孺子何有？我既不畏死，就叫我自己入井，也是无妨，见孺子入井，哪里会有恻隐？

程子的门人，专做"去人欲"的工作，即是专做"去怵惕"的工作。门人中有吕原明者，乘轿渡河坠水，从者溺死，他安坐轿中，漠然不动，他是去了怵惕的人，所以见从者溺死，不生恻隐心。程子这派学说传至南渡，朱子的好友张南轩，其父张魏公，符离之战，丧师十数万，终夜鼾声如雷，南轩还夸其父心学很精。张魏公也是去了怵惕的人，所以死人如麻，不生恻隐心。

孟子曰:"同室之人斗者救之,虽被发缨冠而救之可也。"吕原明的从者、张魏公的兵士,岂非同室之人?他们这种举动,岂不是显违孟子家法?大凡去了怵惕的人,必流于残忍。杀人不眨眼的恶贼,往往身临刑场,谈笑自若,是其明证。程子是去了怵惕的人,所以发出"妇人饿死事小,失节事大"的议论。故戴东原曰:宋儒以理杀人。

有人问道:怵惕心不除去,遇着大患临头,我只有个畏死之心,怎能干救国救民的大事呢?我说:这却不然,在孟子是有办法的,他的方法,只是集义二字,平日专用集义的工夫,见之真,守之笃,一旦身临大事,义之所在,自然会奋不顾身的做去。所以说:"生,亦我所欲也,义,亦我所欲也,二者不可得兼,舍生而取义者也。"孟子平日集义,把这种至大至刚的浩气养得完完全全的,并不像宋儒去人欲,平日身蹈危阶,把那种畏死之念去得干干净净的。孟子不动心,宋儒亦不动心。孟子之不动心,从积极的集义得来;宋儒之不动心,从消极的去欲得来,所走途径,完全相反。

孟子的学说:以我字为出发点,所讲的爱亲敬兄和怵惕恻隐,内部都藏有一个我字。其言曰:"老吾老,以及人之老,幼吾幼,以及人之幼。"又曰:"人人亲其亲长其长,而天下平。"吾者我也,其者我也,处处不脱我字,孟子因为重视我字,才有"民为贵君为轻"的说法,才有"君之视臣如草芥,则臣视君如寇仇"的说法。程子倡"去人欲"的学说,专作剥削我字的工作,所以有"妇人饿死事小,失节事大"的说法。孟子曰:"贼仁者谓之贼,贼义者谓之残,残贼之人谓之一夫。闻诛一夫纣矣,未闻弑君也。"这是孟子业已判决了的定案。韩昌黎《羑里操》曰:"臣罪当诛兮,天王圣明。"程子极力称赏此语。公然推翻孟子定案,岂非孟门叛徒?他们还要自称承继孟子道统,真百思不解。

孔门学说,"己欲立而立人,己欲达而达人",利己利人,合为一事。杨子为我,专讲利己,墨子兼爱,专讲利人。这都是把一个整道理,蒙着半面,只说半面。学术界公例:"学说愈偏则愈新奇,愈受人欢迎。"孟子曰:"天下之言,不归杨,则归墨。"孔子死后,未及百年,他讲学的地方,全被杨墨夺去,孟子攘臂而起,力辟杨墨,发挥孔子推己及人的学说。在我们看来,杨子为我,只知自利,墨子兼爱,专门利人,墨子价值,似乎在杨子之上。乃孟子曰"逃墨必归于杨,逃杨必归于儒",反把杨子放在墨子之上,认为去儒家为近,于此可见孟子之重视我字。

杨子拔一毛而利天下不为也,极端尊重我字,然杨子同时尊重他人之我。其言曰:"智之所贵,存我为贵,力之所贱,侵物为贱。"不许他人拔我一毛,同时我也不拔他人一毛,其说最精,故孟子认为高出墨子之上。然由杨子之说,只能做到利己而无损于人,与孔门仁字不合。仁从二人,是人与我中间的工作。杨子学说，失去人我之关联，故为孟子所斥。

墨子摩顶放踵以利天下，其道则为损己利人，与孔门义字不合。义（羲）字从羊从我，故义字之中有个我字在；羊者祥也，美善二字皆从羊。由我择其最美最善者行之，是之谓义。事在外，择之者我也，故曰义内也。墨子兼爱，知有人不知有我，故孟子深斥之。然墨子之损我，是牺牲我一人，以救济普天下之人，知有众人之我，不知自己之我，此菩萨心肠也。其说只能行之于少数圣贤，不能行之于人人，与孔门中庸之道，人己两利之旨有异，自孟子观之，其说反在杨子之下。何也？因其失去甲乙二图之中心点也。孟子曰："天之生物也，使之一本。"一本者何？中心点是也。

墨子之损我，是我自愿损之，非他人所得干预也；墨子善守，公输九攻之，墨子九御之，我不欲自损，他人固无如我何也。墨子摩顶放踵，与"腓元胈，胫无毛"之大禹何异？与"栖栖不已，席不暇暖"之孔子何异？孟子之极口诋之者，无非学术上门户之见而已。然墨子摩顶放踵，所损者外形也，宋儒去人欲，则损及内心矣，其说岂不更出墨子下？孔门之学，推己及人，宋儒亦推己及人，无如其所推而及之者，则为我甘饿死以殉夫，遂欲天下之妇人皆饿死以殉夫，我甘诛死以殉君，遂欲天下之臣子皆诛死以殉君，仁不如墨子，义不如杨子。孟子已斥杨墨为禽兽矣，使见宋儒，未知作何评语？

综而言之：孟子言性善，宋儒亦言性善，实则宋儒之学说，完全与孟子违反，其区分之点曰："孟子之学说，不损伤我字，宋儒之学说，损伤我字。"

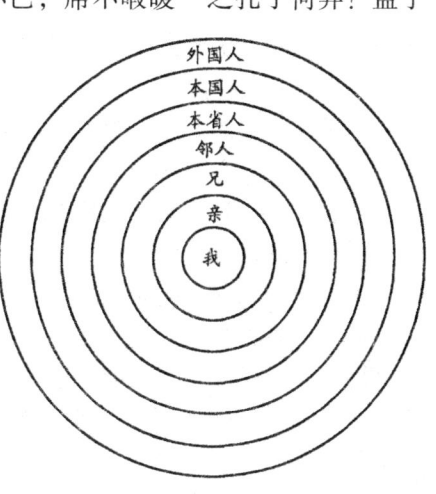

丙图　人心之私通于万有引力示图

再者宋儒还有去私欲的说法，究竟私是个什么东西？去私是怎么一回事？也非把他研究清楚不可。私字的意义，许氏说文，是引韩非的话来解释的。韩非原文："仓颉作书，自环者谓之私，背私谓之公。"环即是圈子，私字古文作厶，篆文作 ，画一个圈。公字从八从厶，八是把一个东西破为两块的意思，故八者背也。"背私谓之公"，即是说：把圈子打破了，才谓之公。假使我们只知有我，不顾妻子，环吾身画一个圈，妻子必说我徇私，我于是把我字这个圈撤去，环妻子画一圈；但弟兄在圈之外，又要说我徇私，于是把妻子这个圈撤去，环弟兄画一个圈；但邻人在圈之外，又要说我徇私，于是把弟兄这个圈撤去，环邻人画一个圈；但国人在圈之外，又要说我徇私，于是把邻人这个圈撤去，环国人画一个圈；但他国人在圈之外，又要说我徇私，这只好把本国人这个圈子撤了，环人类画一个大圈，才可谓之公。但还不能谓之公，假使世界上动植矿都会说话，禽兽一定说：你们人类为什么要宰杀我们？未免太自私了。草木问禽兽道：你为什么要吃我们？你也未免自私。泥土沙石问草木道：你为什么要在我们身上吸收养料？你草木未免自私。并且泥土沙石可以问地心道：你为什么把我们向你中心牵引？你未免自私。太阳又可问地球道：我牵引你，你为什么不拢来，时时想向外逃走，并且还暗暗的牵引我？你地球也未免自私。再反过来说，假令太阳怕地球说它徇私，他不牵引地球，地球早不知飞往何处去了。地心怕泥土沙石说他徇私，也不牵引了，这泥土沙石，立即灰飞而散，地球就立即消灭了。

　　我们这样的推想，即知道：遍世界寻不出一个公字，通常所谓公，是画了范围的，范围内人谓之公，范围外人仍谓之私。又可知道：人心之私，通于万有引力，私字之除不去，等于万有引力之除不去，如果除去了，就会无人类，无世界。宋儒去私之说，如何行得通？

　　请问私字既是除不去，而私字留着，又未免害人，应当如何处治？应之曰：这是有办法的。人心之私，既是通于万有引力，我们用处治万有引力的法子，处治人心之私就是了。本部分丙图，与第二部分甲乙两图，大圈小圈，层层包裹，完全是地心吸力现象，厘然秩然。我们应当取法之，把人世一切事安排得厘然秩然，像天空中众星球相维相系一般，而人世就相安无事了。

　　人类相争相夺，出于人心之私；人类相亲相爱，也出于人心之私。阻碍世界进化，固然由于人有私心；却是世界能够进化，也全靠人有私心。由渔佃而游牧，而耕稼，而工商，造成种种文明，也全靠人有私心，在暗中鼓荡。我们对于私字，应当把他当如磁电一般，熟考其性质，因而利用之，不能徒用铲除的法子。假使物理学家，因为电气能杀人，朝朝日日，只研究除去电气的法子，我们哪得有电话电灯来使用？私字之不可去，等于地心吸力之不可去，我们只好承认其私，使人人各遂其私，你不妨害我之私，我不妨害你之私，这可说是私到极点，也即是公到极点。有人问：人性是善是恶？应之曰：请问地心吸力是善是恶？请问电气是善是恶？你把这个问题答复了再说。

　　孟子全部学说，乃是确定我字为中心点，扩而充之，层层放大，亲亲而仁民，仁民而爱物。他不主张除去利己之私，只主张我与人同遂其私：我有好货之私，则使居者有积仓，行者有裹粮；我有好色之私，则使内无怨女，外无旷夫。宋儒之学，恰与相反，不唯欲除去一己之私，且欲除去众人之私，无如人心之私，通于万有引力，欲去之而卒不可去，而天下从此纷纷矣。读孟子之书，霭然如春风之生物；读宋儒之书，凛然如秋霜之杀物。故曰：宋儒学说，完全与孟子违反。

四、告子言性正确

　　人性本是无善无恶，也即是可以为善，可以为恶。告子的说法，任从何方面考察，都是合的。他说："性犹湍水也。"湍水之变化，即是力之变化。我们说："心理依力学规律而变化。"告子在二千多年以前，早用"性犹湍水也"五字把他包括尽了。

　　告子曰："性犹湍水也，决诸东方则东流，决诸西方则西流。"意即曰：导之以善则善，诱之以恶则恶。此等说法，即是《大学》上"尧舜率天下以仁而民从之，桀纣率天下以暴而民从之"的说法。孟子之驳论，乃是一种诡辩，宋儒不悟其非，力诋告子。请问《大学》数语，与告子之说有何区别？孟子书上，有"民之秉夷，好是懿德"之语，宋儒极口称道，作为他们学说的根据，但是《大学》于尧舜桀纣数语下，却续之曰："其所令，反其所好，而民不从。"请问，民之天性，如果只好懿德。则桀纣率之以暴，是为反其所好，宜乎民之不从了，今既从之，岂不成了"民之秉夷，好是恶德"？宋儒力诋告子，而于《大学》之不予驳正，岂足服人？

　　孟子全部学说都很精粹，独性善二字，理论未圆满。宋儒之伟大处，在把中国学术与印度学术沟通为一，以释氏之法治心，以孔氏之法治世，入世出世，打成一片，为学术上开一新纪元，是千古不磨之功绩（其详具见拙著《中国学术之趋势》一书）。宋儒能建此种功绩，当然窥见了真理，告子所说，是颠扑不破之真理，何以反极口诋之呢？其病根在误信孟子。宋儒何以会误信孟子？则由韩昌黎启之。

　　昌黎曰："尧以是传之舜，舜以是传之禹，禹以是传之汤，汤以是传之文武周公，文武周公传之孔子，孔子传之孟轲，轲之死不得其传焉。"这本是无稽之谈。此由唐时佛教大行，有衣钵真传之说，我们阅《五灯会元》一书，即知昌黎所处之世，正是此说盛行时代，他是反抗佛教之人，因创此"想当然耳"的说法，意若曰："我们儒家，也有一种衣钵真传。"不料宋儒信以为真，创出道统五说，自己欲上承孟子；告子、荀子之说，与孟子异，故痛诋之。曾子是得了孔子衣钵之人，传之子思，转授孟子，故《大学》之言，虽与告子相同，亦不驳正。

　　昌黎为文，喜欢戛戛独造。伊川曰："轲之死不得其传，似此言语，非是蹈袭前人，又非凿空撰得，必有所见。"即曰："非是蹈袭前人。"是为无稽之谈。既曰"必有所见"，是为"想当然耳"。昌黎之语，连伊川都寻不出来源，宋儒道统之说，根本上发生动摇，所以创出的学说，不少破绽。

程明道立意要寻"孔子传之孟轲"那个东西，初读儒书，茫无所得，求之佛老几十年，仍无所得，返而求之六经，忽然得之。请问明道所得，究竟是什么东西？我们须知："人心之构成，与地球之构成相似：地心有引力，能把泥土沙石，有形有体之物，吸收来成为一个地球；人心也有引力，能把耳闻目睹，无形无体之物，吸收来成为一个心。"明道出入儒释道三教之中，不知不觉，把这三种元素吸收胸中，融会贯通，另成一种新理。是为三教的结晶体，是最可宝贵的东西。明道不知为创获的至宝，反举而归诸孔子，在六经上寻出些词句，加以新解，借以发表自己所获之新理，此为宋学全部之真相。宋儒最大功绩在此，其荆棘丛生也在此。

孟子言性善，还举出许多证据，如孩提爱亲，孺子入井，不忍觳觫等等。宋儒则不另寻证据，徒在《四书》《五经》上寻出些词句来研究，满纸天理人欲，人心道心，义理之性，气质之性等名词，闹得人目迷五色，不知所云。我辈读《宋元学案》、《明儒学案》诸书，应当用披沙拣金的办法，把他这类名词扫荡了，单看他内容的实质，然后他们的伟大处才看得出来，谬误处也才看得出来。

孟子的性善说和荀子的性恶说，合而为一，就合乎宇宙真理了。二说相合，即是告子性无善无不善之说。人问：孟子的学说怎能与荀子相合？我说：孟子曰"人少则慕父母，知好色则慕少艾，有妻子则慕妻子。"荀子曰："妻子具而孝衰于亲。"二人之说，岂不是一样？孟子曰："大孝终身慕父母，五十而慕者，予于大舜见之矣。"据孟子所说：满了五十岁的人，还爱慕父母，他眼睛只看见大舜一人。请问：人性的真相，究竟是怎样？难道孟荀之说，不能相合？由此知：孟荀言性之争点，只在善与恶的两个形容词上，至于人性之观察，二人并无不同。

据宋儒的解释，孩提爱亲，是性之正，少壮好色，是形气之私，此等说法，未免流于穿凿。孩提爱亲，非爱亲也，爱其乳哺我也。孩子生下地，即交乳母抚养，则只爱乳母，不爱生母，是其明证。爱乳母与慕少艾，慕妻子，心理原是一贯，无非是为我而已。为我是人类天然现象，不能说他是善，也不能说他是恶，告子性无善无不善之说，最为合理。告子曰："食、色，性也。"孩提爱亲者，食也；慕少艾、慕妻子者，色也。食、色为人类生存所必需，求生存者，人类之天性也。故告子又曰："生之谓性。"

告子观察人性，既是这样，则对于人性之处置，又当怎样呢？告子设喻以明之曰："性犹湍水也，决诸东方则东流，决诸西方则西流。"又曰："性犹杞柳也，义犹杯棬也，以人性为仁义，犹以杞柳为杯棬。"告子这种说法，是很对的，人性无善无恶，也即是可以为善，可以为恶。譬如深潭之水，平时水波不兴，看不出何种作用，从东方决一口，可以灌田亩，利行舟，从西方决一口，可以淹禾稼，漂房舍，我们从东方决口好了。又譬如一块木头，可制为棍棒以打人，也可制为碗盏以装食物，我们制为碗盏好了。这种说法，真可合孟荀而一之。

孟子书中，载告子言性者五：曰性犹杞柳也，曰性犹湍水也，曰生之谓性，曰食色性也，曰性无善无不善也，此五者原是一贯的。朱子注"食色"章曰："告子之辩屡屈，而屡变其说以求胜。"原书俱在，告子之说，始终未变，而孟子亦卒未能屈之也。朱子注"杞柳"章，谓告子言仁义，必待矫揉而后成，其说非是。而注"公都子"章，则曰："气质所禀，虽有不善，而不害性之本善，性虽本善，而不可以无省察矫揉之功。"忽又提出矫揉二字，岂非自变其说乎！

朱子注"生之谓性"章说道：杞柳湍水之喻，食色无善无不善之说，纵横缪戾，纷纭舛错，而此章之误，乃其本根。殊不知告子言性者五，俱是一贯说下，并无所谓"纵横缪戾，纷纭舛错"。"生之谓性"之生字，作生存二字讲。生存为人类重心，是世界学者所公认的。告子言性，以生存二字为出发点，由是而有"食色性也"之说，有"性无善无不善"之说，又以杞柳湍水为喻，其说最为精确，而宋儒反认为根本错误，此朱子之失也。然朱子能认出"生之谓性"一句为告子学说根本所在，亦不可谓非特识。

告子不知何许人，有人说是孔门之徒，我看不错。孔子赞《周易》，说："天地之大德曰生。"朱子以"生"字言性，可说是孔门嫡传。孟子学说，虽与告子微异，而处处仍不脱"生"字。如云："菽粟如水火，而民焉有不仁者乎？"又云："内无怨女，外无旷夫，于王何有？"仍以食色二字立论，窃意孟子与告子论性之异同，等于子夏子张论交之异同，其大旨要不出孔氏家法。孟子曰："告子先我不动心。"心地隐微之际亦知之，二人交谊之深可想。其论性之争辩，也不过朋友切磋，互相质证。宋儒有道统二字，横亘在心，力诋告子为异端，而自家之学说，则截去生字立论，叫妇人饿死，以殉其所谓节，叫臣子无罪受死，以殉其所谓忠，孟子有知，当必引告子为同调，而摈程朱于门墙之外也。

宋儒崇奉儒家言，力辟释道二家之言，在《尚书》上寻得"人心唯危，道心唯微，唯精唯一，允执厥中"四语，诧为虞廷十六字心传，遂自谓生于一千四百年以后，得不传之学于遗经。嗣经清朝阎百诗考出，这四句是伪书，作伪者采自荀子，荀子又是引用道经之语。阎氏之说，在经学界中，算是已定了的铁案,这十六字是宋儒学说的出发点,根本上就杂有道家和荀学的元素,反欲借孔子以排老子,借孟子以排荀子,遂无往而不支离穿凿。朱子曰:"气质所禀,虽有不善,而不害性之本善,性虽本善,而不可以无省察矫揉之功。"请问:所禀既有不善,尚得谓之本善乎?既本善矣,安用矫揉乎?此等说法,真可谓"纵横缪戾,纷纭舛错"。以视告子扼定生存二字立论,明白简易,何啻天渊!

宋儒谓人心为人欲,盖指饮食男女而言,谓道心为天理,盖指爱亲敬兄而言。朱子《中庸章句·序》曰:"人莫不有是形,故虽上智不能无人心。"无异于说:当小孩的时候,就是孔子也会抢母亲口中糕饼;我与孺子同时,将入井,就是孔子也是只有怵惕而无恻隐。假如不是这样,小孩生下地即不会吸母亲身上之乳,长大来,看见井就会跳下去,世界上还有人类吗?道理本是对的,无奈已侵入荀子范围去了。并且"人生而静"数语,据后儒考证,是文子引老子之语,河间献王把他采入《乐记》的。《文子》一书,有人说是伪书,但也是老氏学派中人所著,可见宋儒天理人欲之说,不但侵入告子荀子范围,简直是发挥老子的学说。然则宋儒错了吗?曰不唯莫有错,反是宋儒最大功绩。假使他们立意要将孔孟的学说与老荀告诸人融合为一,反看不出宇宙真理,唯其极力反对老荀告诸人,而实质上乃与诸人融合为一,才足证明老荀告诸人之学说不错,才足证明宇宙真理实是如此。

朱子《中庸章句·序》又曰:"必使道心常为一身之主,而人心每听命焉。"主者对仆而言,道心为主,人心为仆;道心者为圣为贤之心,人心者好货好色之心;听命者,仆人职供奔走,唯主人之命是听也。细绎朱子之语,等于说:我想为圣为贤,人心即把货与色藏起,我想吃饭,抑或想及"男女居室,人之大伦",人心就把货与色献出来,必如此,方可曰:"道心常为一身之主,而人心每听命焉。"然而未免迂曲难通矣。总之,宇宙真理,人性真相,宋儒是看清楚了的,只因要想承继孟子道统,不得不拥护性善说。一方面要顾真理,一方面要顾孟子,以致触处荆棘,愈解释,愈迂曲难通。我辈厚爱宋儒,把他表面上这些渣滓扫去了,里面的精义,自然出现。

告子曰,"食色性也,仁内也,非外也,义外也,非内也。"下文孟子只驳他义外二字,于食色二字,无一语及之,可见"食色性也"之说,孟子是承认了的。他对齐宣王说道:"王如好货,与民同之,于王何有?""王如好色,与民同之,于王何有?"并不叫他把好货好色之私除去,只叫他推己及人,使人人遂其好货好色之私。后儒则不然,王阳明《传习录》曰:"无事时,将好货好色好名等私,逐一追究搜寻出来,定要拔去病根,永不复起,方始为快。常如猫之捕鼠,一眼看着,一耳听着,才有一念萌动,即与克去,斩钉截铁,不可姑容,与他方便,不可窝藏,不可放他出路,方能扫除廓清。"这种说法,仿佛是:见了火会烧房子,就叫人以后看见一星之火,立即扑灭,断绝火种,方始为快,律以孟子学说,未免大相径庭了。

《传习录》又载:"一友问:欲于静坐时,将好色好货等根逐一搜寻出来,扫除廓清,恐是剜肉做疮否? 先生正色曰:这是我医人的方子,真是去得人病根。更有大本事人,过了十余年,亦还用得着,你如不用,且放起,不要作坏我的方法。是友愧谢。少间曰:此量非你事,必吾门稍知意思者,为此说以误汝。在座者悚然。"我们试思:王阳明是极有涵养的人,平日讲学,任如何问难,总为勤勤恳恳的讲说,何以门人这一问,他就动气,始终未把道理说出? 又何以承认说这话的人,是稍知意思者呢? 这就很值得研究了。

怵惕与恻隐,同是一物,天理与人欲,也同是一物,犹之烧房子者是火,煮饭者也是火,宋明诸儒,不明此理,把天理人欲看为截然不同之二物。阳明能把知行二者合而为一,能把明德亲民二者合而为一,能把格物致知诚意正心修身五者看作一事,独不能把天理人欲二者看作一物,这是他学说的缺点,门人这一问,正击中他的要害,所以就动起气来了。

究竟剜肉做疮四字,怎样讲呢? 肉喻天理,疮喻人欲,剜肉做疮者,误天理为人欲,去人欲即伤及天理也。门人的意思,即是说:"我们如果见了一星之火,即把他扑灭,自然不会有烧房子的事,请问拿什么东西来煮饭呢? 换言之,把好货之心连根去尽,人就不会吃饭,岂不饿死吗? 把好色之心连根去尽,就不会有男女居室之事,人类岂不灭绝吗?"这个问法,何等利害! 所以阳明无话可答,只好愤然作色。此由阳明沿袭宋儒之说,力辟告子,把"生之谓性"和"食色性也"二语,欠了体会之故。

阳明研究孟荀两家学说,也未彻底。《传习录》载阳明之言曰:"孟子从源头上说来,荀子从流弊上说来。"我们试拿孟子所说"怵惕恻隐"四字来研究,由怵惕而生出恻隐,怵惕是"为我"之念,恻隐是"为人"之念,"为我"扩大,则为"为人"。怵惕是源,恻隐是流。荀子学说,从为我二字发出,孟子学说从为人二字发出。荀子所说,是否流弊,姑不深论,怵惕之上,是否尚有源头,我们也不必深考,唯孟子所说恻隐二字,确非源头。阳明说出这类话,也是由于读孟子书,忘却恻隐上面还有怵惕二字的缘故。

《传习录》是阳明早年讲学的语录,到了晚年,他的说法,又不同了。《龙溪语录》载,钱绪山谓"无善无恶心之体,有善有恶意之动,知善知恶是良知,为善去恶是格物"四语,是师门定本。王龙溪谓:"若悟得心是无善无恶之心,亦即是无善无恶之意,知即是无善无恶之知,物即是无善无恶之物。"时阳明出征广西,晚坐天泉桥上,二人因质之。阳明曰:汝中(龙溪

字）所见，我久欲发，恐人信不及，徒增躐等之弊，故含蓄到今，此是傅心秘藏，颜子问道所不敢言。今既说破，亦是天机该发泄时，岂容复秘！阳明至洪都，门人三百余人来请益，阳明曰："吾有向上一机，久未敢发，以待诸君之自悟，近被王汝中拈出，亦是天机该发泄时。"明年广西平，阳明归，卒于途中。龙溪所说，即是将天理人欲打成一片，阳明直到晚年，才揭示出来。因此知：门人提出剜肉做疮之问，阳明正色斥之，并非说他错了，乃是恐他躐等。

钱德洪极似五祖门下之神秀，王龙溪极似慧能。德洪所说，即神秀"时时勤拂拭"之说也，所谓渐也。龙溪所说，即慧能"本来无一物"之说也，所谓顿也。阳明曰："汝中须用德洪工夫，德洪须透汝中本旨，二子之见，止可相取，不可相病。"此顿悟渐修之说也。《龙溪语录》所讲的道理，几于六祖《坛经》无异。此由心性之说，唯佛氏讲得最精，故王门弟子，多归佛氏，程门高弟，如谢上蔡、杨龟山诸人，后来也归入佛氏。佛家言性，亦谓之无善无恶，与告子之说同。宇宙真理，只要研究得彻底，彼此虽不相师，而结果是相同的。阳明虽信奉孟子性善说，卒之倡出"无善无恶心之体"之语，仍走入告子途径。儒家为维持门户起见，每曰"无善无恶，是为至善"。这又流于诡辩了，然则我们何尝不可说："无善无恶，是为至恶"呢？

有人难我道：告子说："性无善无不善。"阳明说："无善无恶心之体。"一个言性，一个言心之体，何为混为一谈？我说道：性即是心之体，有阳明之言可证。阳明曰："心统性情，性心体也，情心用也，夫体用一源也。知体之所以为用，则知用之所以为体矣。"性即是心之体，这是阳明自己加的解释，所以我说：阳明的说法，即是告子的说法。

吾国言性者多矣，以告子无善无不善之说最为合理。以医病喻之，"生之谓性"和"食色性也"二语，是病源，杞柳湍水二喻，是治疗之方。孟荀杨墨申韩诸人，俱是实行疗病的医生，有喜用热药的，有喜用凉药的，有喜用温补的，药方虽不同，用之得宜，皆可起死回生。我们平日把病源研究清楚，各种治疗技术俱学会，看病情如何变，施以何种治疗即是了。

治国者，首先用仁义化之，这即是使用孟子的方法，把一般人可以为善那种天性诱导出来。善心生则恶心消，犹之治水者，疏导下游，自然不会有横溢之患。然人之天性，又可以为恶，万一感化之而无效，敢于破坏一切，则用申韩之法严绳之，这就等于治水者之筑堤防。治水者疏导与堤防二者并用，故治国者仁义与法律二者并用。孟子言性善，是劝人为善；荀子言性恶，是劝人去恶。为善去恶，原是一贯的事，我们会通观之可也。

持性善说者，主张仁义化民；持性恶说者，主张法律绳民。孟子本是主张仁义化民的，但他又说道："徒善不足以为政，徒法不能以自行。"则又是仁义与法律二者并用，可见他是研究得很彻底的，不过在讲学方面，想独树一帜，特标性善二字以示异罢了。我们读孟子书，如果除去性善二字，再除去诋杨墨为禽兽等语和告子论性数章，其全部学说，都粹然无疵。

世界学术，分三大支，一中国，二印度，三西洋。最初印度学术，传入中国，与固有学术发生冲突，相推相荡，经过了一千多年，程明道出来，把他打通为一，以释氏之法治心，以孔子之法治世，另成一种新学说，即所谓宋学。这是学术上一种大发明。不料这种学说，刚一成立，而流弊跟着发生，因为明道死后，他的学说，分为两派，一派为程（伊川）朱，一派为陆王。明道早死，伊川享高寿，宋学中许多不近人情的议论，大概属乎伊川这一派。

中国是尊崇孔子的国家，朱子发现了一个道理，不敢说是自己发现的，只好就《大学》"格物致知"四字解释一番，说我这种说法，是为孔门真传。王阳明发现了一个道理，也不敢说是自己发现的，乃将《大学》"格物致知"四字加一番新解释，说道：朱子解释错了，我的说法，才是孔门真传，所以我们研究宋明诸儒的学说，最好的办法，是把我们所用名词及一切术语扫荡了，单看他的内容。如果拿浅俗的话来说，宋明诸儒的意思，都是说：凡人要想为圣为贤，必须先将心地弄好，必须每一动念，即自己考察，善念即存着，恶念即克去，久而久之，心中所存者，就纯是善念了。关于这一层，宋明诸儒的说法，都是同的。唯是念头之起，是善是恶，自己怎能判别呢？在程朱这一派人说道：你平居无事的时候，每遇一事，就细细研究，把道理融会贯通了，以后任一事来，你都可以分别是非善恶了。陆王这一派说道：不需那么麻烦，你平居无事的时候，把自家的心打扫得干干净净，如明镜一般，无纤毫渣滓，以后任一事来，自然可以分别是非善恶。这就是两派相争之点。在我们想来，一面把自家心地打扫得干干净净，一面把外面的事研究得清清楚楚，岂不是合程朱陆王而一之？然而两派务必各执一词，各不相下。此正如孟荀性善性恶之争，于整个道理中，各截半面以立论，即成对峙之两派，是之谓门户之见。

孙中山先生曾说：马克思信徒，进一步研究，发明了"生存为历史重心"的说法，而告子在二千多年以前，已有"生之谓性"一语，这是值得研究的。达尔文生存竞争之说，合得到告子所说"生之谓性"。达尔文学说，本莫有错，错在因生存竞争而倡言弱肉强食，成了无界域之竞争，已经达到生存点了，还竞争不已，驯至欧洲列强，掠夺弱小民族生存的资料，以供其无厌之欲壑。尼采则由达尔文之说更推进一步，倡超人主义，谓爱他为奴隶道德，谓剿灭弱者为强者天职，因而产出德皇威廉第二，造成第一次世界大战；产出墨索里尼、希特勒和日本军阀。又造成第二次世界大战。推原祸始，实由达尔文对于人生欠了研究之故。假使达尔文多说一句曰："竞争以达到生存点为止。"何至有此种流弊？

中国之哲学家不然，告子"食色性也"的说法，孟荀都是承认了的，荀子主张限制，不用说了，孟子对于食字，只说到不饥不寒，养生丧死无憾为止，对于色字，只说到无怨女无旷夫为止，达到生存点，即截然止步，虽即提倡礼义，因之有"衣食足而礼义兴"的说法，这是中国一贯的主张，绝莫有西洋学说的流弊。

欲世界文明，不能于西洋现行学说中求之，当于我国固有学说中求之。我国改革经济政治，与夫一切制度，断不能师法欧美各国。即以宪法一端而论，美国宪法，算是制得顶好的了，根本上就有问题。美国制宪之初，有说人性是善的，主张地方分权，有说人性不能完全是善，主张中央集权，两派之争执，经过许久，最终后一派战胜，定为中央集权（详见孙中山先生民权主义），此乃政争上之战胜，非学理上之战胜，岂足为我国师法？据我们的研究，人性乃是无善无恶的，应当把地方分权与中央集权融合为一，制出来的宪法，自地主看之，则为地方分权，自中央看之，则为中央集权，等于浑然的整个人性，自孟子看之，则为性善，自荀子看之，则为性恶。

古今中外，讨论人性者，聚讼纷如，莫衷一是，唯有告子性无善无不善之说，证以印度佛氏之说，是合的。他说："生之谓性。"律以达尔文生存竞争之说是合的，律以马克思信徒"生存为历史重心"之说，也是合的。至于他说："食色性也。"现在的人，正疯狂一般向这二字奔去，更证明他的观察莫有错。我们说："心理依力学规律而变化。"而告子曰："性犹湍水也。"水之变化，即是力之变化，我们这条臆说，也逃不出他的范围。性善性恶之争执，是我国两千多年未曾解决之悬案，我们可下一断语曰：告子之说是合理的。

五、心理依力学规律而变化

　　宇宙之内,由离心向心两力互相作用,才生出万有不齐之事事物物,表面上看去,似乎参差错乱,其实有一定不移之轨道。人与物,造物是用一种大力,同样鼓铸之,故人事与物理相通。离心力与向心力,二者互相为变,所以世上有许多事,我们强之使合,他反转相离,有时纵之使离,他又自行结合了。疯狂的人,想逃走的心,与禁锢的力成正比例,越禁锢得严,越是想逃走,有时不禁锢他,他反不想逃走了。父兄约束子弟,要明白这个道理,官吏约束百姓,也要明白这个道理。

　　秦政苛虐,群盗蜂起,文景宽大,民风反转浑朴起来,其间确有规律可寻,并非无因而至。我们手搓泥丸,是增加向心力,越搓越紧,若是紧到极点,即是向心力到了极点,再用大力搓之,泥丸立即破裂,呈一种离心现象。水遇冷则收缩,是向心现象,越冷越收缩,到了摄氏四度,再加冷也呈离心现象,越冷越膨胀,可知离心向心,本是一力之变。比方我们持一针向纸刺去,愈前进距纸愈近,这是向心现象,刺破了纸,仍前进不止,即愈前进距纸愈远,变为离心现象,此针进行之方向,并未改变,却会生出两种现象。因为凡物都有极限,水以摄氏四度为极限,纸以纸面为极限,过了极限,就会生反对的现象,父兄约束子弟,官吏约束百姓,须察知极限点之所在。

　　由上面之理推去,地球之成毁,也就可知了,地球越冷越收缩,到了极限点,呈反对现象,自行破裂,散为飞灰,迷漫太空,现在的地球,于是告终。又由引力的作用,历若干年,又生出新地球。我们身体上之物质,将来是要由现在这个地球介绍到新地球去的。人身体的物质,世世生生,随力学规律旋转,所以往古来今的人的心理,都是随力学规律旋转。

　　万物有引力,万物有离力,引力胜过离力,则其物存,离力胜过引力,则其物毁。目前存在之物,都是引力胜过离力的,故有万有引力之说,其离力胜过引力之物,早已消灭,无人看见,所以万有离力一层,无人注意。

　　地球是现存之物,故把地面外的东西向内部牵引,心是现存之物,故把六尘缘影向内部牵引,小儿是求生存之物,故看见外面的东西,即取来放入自己口中。人类是求生存之物,故见有利己之事,即牵引到自己身上去。天然的现象,无一不向内部牵引,地球也,心也,小儿也,人类也,将来本是要由万有离力作用,消归乌有的,但是未到消灭的时候,他那向内部牵引之力,无论如何,是不能除去的,宋儒去私之说,怎能办得到?

人心之私,既不能除去,我们只好承认其私,把人类画为一大圈,使之各遂其私,人人能够生存,世界才能太平。我们人类,当同心协力,把圈外之禽兽草木地球(如本书第三章丙圈)当作敌人,搜取他的宝物,与人类平分,这才是公到极点,也可以说是私到极点。如其不然,徒向人类夺取财货,世界是永不得太平的。

心理之变化,等于水之变化,水可以为云雨,为霜露,为冰雪,为江湖,为河海,时而浪静波恬,时而奔腾澎湃,变化无方,几于不可思议,而科学家以力学规律绳之,无不一一有轨道可循。

人的心理,不外相推相引两种作用,自己觉得有利的事,就引之使近,自己觉得有害的事,就推之使远。人类因为有此心理,所以能够相亲相爱,生出种种福利;又因为有此心理,所以会相争相夺,生出种种惨祸。主持政教的人,当用治水之法,疏凿与堤防二者并用。得其法,则行船舟,灌田亩,其利无穷;不得其法,则漂房舍,杀人畜,其害也无穷。宋儒不明此理,强分义理之性,气质之性,创出天理人欲种种说法,无异于说,行船舟、灌田亩之水,其源出于天,出于理,漂房舍、杀人畜之水,出于人,出于气。我不知一部宋元明清学案中,天人理气等字,究竟是什么东西,只好说他迂曲难通。

我们细察己心,种种变化,都是依着力学规律走的,狂喜的时候,力线向外发展,恐惧的时候,力线向内收缩。遇意外事变,欲朝东,东方有阻,欲朝西,西方有碍,力线转折无定,心中就呈慌乱之状。对于某种学说,如果承认他,自必引而受之,如果否认他,自必推而去之,遇一种学说,似有理,似无理,引受不可,推去不能,就成狐疑态度。

我心推究事理,依直线进行之例,一直前进,推至甲处,理不可通,即折向乙处,又不可通,即折向丙处,此心之曲折,与流水之迂回相似。水本是以直线进行的,虽是迂回百折,仍不外力学规律。我们的心,也是如此。此外尚有种种现象,细究之,终不外推之引之两种作用。有时潜心静坐,万缘寂灭,无推引者,亦无被推引者,如万顷深潭,水波不兴,即呈一种恬静空明之象。此时之心,虽不显何作用,其实千百种作用,都蕴藏在内。人之心理,与磁电相通,电气中和的时候,毫无作用,一作用起来,其变态即不可思议。我们明白磁电的理,人的心理,就可了然了。

水虽是以直线进行,但把它放在器中,它就随器异形,器方则方,器圆则圆,人的心理,也是如此。人有各种嗜欲,其所以不任意发露者,实由于有一种拘束力把他制住。拘束力各人不同,有受法律的拘束,有受清议的拘束，有受金钱的拘束，有受父兄师长朋友的拘束，有受因果报应及圣贤学说的拘束，种种不同，只要把他心中的拘束力除去，他的嗜欲，立时呈露，如贮水之器有了罅漏，即向外流出一般。

贪财好色之人，身临巨祸，旁人看得清清楚楚，而本人则茫然不知。因为他的思想感情，依直线进行公例，直线在目的物上，两旁的事物，全不能见。譬如寒士想做官，做了官还嫌小，要做大官，做了大官，还是向前不止；袁世凯做了大总统，还想做皇帝。秦皇汉武，做了皇帝，在中国称尊，还嫌不足，要起兵征伐四夷，四夷平服了，又要想做神仙。这就是人类嗜欲依直线进行的明证。

耶教志在救人，以博爱为主旨，其教条是："有人批我左颊者，并以右颊献上。"乃新旧教之争，酿成血战惨祸，处置异教徒，有焚烧酷刑，竟与教旨显背，请问这是什么道理？法国革命，以自由平等博爱相号召，乃竟杀人如麻，稍有反对的，或形迹可疑的，即加诛戮，与所标主旨全然违反，这又是什么道理？我们要解释这个理由，只好求之力学规律。耶稣、卢梭的信徒，只知追求他心中之目的物，热情刚烈，犹如火车开足了马力向前奔走一般，途中人畜无不被其碾毙。凡信各种主义的人，都可本此公例求之。

凡事即都有变例，如本书甲乙两图，是指常例而言，是指静的现象而言，是指未加外力而言，若以变例言之，则有帮助外人攻击其兄者，则有爱花、爱石、爱山水，而忘其身命者。语云："忠臣不事二君，烈女不嫁二夫。"心中加了一个忠字、烈字，往往自甘杀身而不悔。又云："慷慨赴死易，从容就义难。"慷慨者，动的现象也，从容者，静的现象也。中日战争，我国许多无名战士，身怀炸弹，见日本坦克车来，即奔卧道上，己身与敌人同尽，彼其人既不为利，复不为名，而有此等举动，其故何哉？孟子曰："所欲有甚于生者，所恶有甚于死者。"盖我之外，另有一物，为其视线所注也。耶稣、卢梭信徒，求达目的，忘却信条，吾国志士，求达目的，忘却己身，此其间确有一定的轨道，故老子曰："民不畏死。奈何以死惧之。"目的可以随时转变，其表现出来者，遂有形形色色之不同，然而终不外力学规律。我们悟得此理，才可以处理事变，才可以教育民众。

人的思想感情，本是以直线进行，但表现出来，却有许多弯弯曲曲、奇奇怪怪的状态，其原因出于人群众多，力线交互错综，相推相引，又加以境地时时变迁，各人立足点不同，观察点不同，所以明明是直线，转变成曲线。例如：我们取一块直线板，就在黑板上，用白墨顺着直线板画一线，此线当然是直线，假使画直线之时，黑板任意移动，结果所画之线，就成为曲线了。我们如把爱因斯坦的相对论运用到人事上，就可把这个道理解释明白。

人人有一心，即人人有一力线，各力线俱向外发展，宜乎处处冲突，何以平常时，冲突之事不多见？因为力线有种种不同：有力与力不相交的，此人做甲事，彼人做乙事，各不相涉。有力与力相消的，例如有人起心，想害某人，旋想他的本事也大，我怕敌他不过，因而中止。有力与力相合的，例如抬轿的人，举步快慢，自然一致。有力与力相需的，例如卖布的和缝衣匠，有布无人缝，有人缝无布卖，都是不行，相需为用，自然彼此相安。又有大力制止了小力的，例如小孩玩得正高兴的时候，父母命他做某事，他心中虽是不愿，仍不能不作，是父母之力把他的反对力制服了。又如交情深厚的朋友，小有违忤，能够容忍，因为彼此间的凝结力很大，小小冲突之力，不能表现。诸如此类，我们下细考察，即知人与人相接，力线交互错综，如网一般，有许多线，不唯不冲突，反是相需相成，人类能够维系，以生存于世界，就是这个原因。

通常的人，彼此之力相等，个个独立，大本事人，其力大，能够把他前后左右几个人吸引来成一个团体，成了团体以后，由合力作用，其力更大，又向外面吸引，越吸引越大，其势力就遍于天下。东汉党人，明季党人，就是这种现象。如果同时有一人，力量也大，不受他的吸引，并且把自己前后左右几个人吸引成一团体，也是越吸引越大，就成了对峙的两党。宋朝王安石派的新党，司马光派的旧党，是这种现象，程伊川统率的洛党，苏东坡统率的蜀党，也是这种现象，现在各党之对峙，也是这种现象。两党相遇，其力线之轨道，与两人相遇一样。凡当首领的人，贵在把内部冲突之力取消，一致对外，如其不然，他那团体，就会自行解散。有些团体，越受外界压迫，越是坚固，有些一受压迫，即行解体，其原因即在那当首领的人能否统一内部力线，不关乎外力之大小。

有人说：群众心理，与个人心理不同，个人独居的时候，常有明了的意识，正当的情感，一遇群众动作，身入其中，此种意识情感，即完全消失，随众人之动作为动作。往往有平日温良谦让的人，一人群众之中，忽变而为狂厉嚣张、横不依理的暴徒。又有平日柔懦卑鄙的人，一人群众之中，忽变而为热心公义、牺牲身命的志士。法人黎朋著《群众心理》一书，历举事实，认为群众心理，不能以个人心理解释之，其实不然，我们如果应用力学规律，就可把这个道理说明。

人人有一心，即人人有一力，一人之力，不敌众人之力，群众动作，身入其中，我一己之力，被众人之大力榀推相荡，不知不觉，随同动作，以众人的意识为意识，众人的情感为情感，自己的脑筋，就完全失去自主的能力了。因为有这个道理，所以当主帅的人，才能驱千千万万的平民效命疆场，当首领的人，才能指挥许多党徒为杀人放火的暴行。

个人独居的时候，以自己之脑筋为脑筋，群众动作，是以首领之脑筋为脑筋。当首领的人，只要意志坚强，就可指挥如意。史称："李光弼入军，号令一施，旌旗变色。"欲语说"强将手下无弱兵"，就是这个道理。

水之变化，依力学规律而变化，吾人心理之变化，也是依力学规律而变化。每每会议场中，平静无事，忽有一人登台演说，慷慨激昂，激情立即奋发，酿成重大事变，此会议场中的众人，犹如深潭的水一般，堤岸一崩，水即汹涌而出，漂房舍，杀人畜，势所不免。所以我们应付群众暴动的方法，要取治水的方法，其法有三：（1）如系堰塘之水，则登高以避之，等它流干了，自然无事；（2）如系有来源之水，则设法截堵，免其横流；（3）或疏通下游，使之向下流去。水之动作，即是力之动作，我们取治水之法，应付群众，断不会错。

两力平衡，才能稳定，万事万物以平为归，水不平则流，物不平则鸣，资本家之对于劳工，帝国主义之对于弱小民族，不平太甚，可断定他终归失败。处顺利之境，心要变危，处忧危之境，又要有一种迈往之气，使发散收缩二力保其平衡，才不失败。达而在上的人，态度要谦逊，穷而在下的人，志气要高亢，不如此则不平。倘若在上又高亢，我们必说他骄傲，在下又谦逊，我们必说他卑鄙。此由我们的心，是一种力结成的，力以平为归，所以我们的心中，藏得有一个平字，为衡量万事万物的标准，不过自己习而不察罢了。心中之力，与宇宙之力，是相通的，故我之一心，可以衡量万物，王阳明的学说，就是从这个地方生出的。

六、人事变化之轨道

我们既说"心理依力学规律而变化",力之变化,可用数学来说明,故心理之变化,也可用数学来说明。力之变化,可绘出图来,寻求他的轨道。一部二十五史,是人类心理留下的影像,我们取历史上的事,本力学规律,把他绘出图来,即知人事纷纷扰扰,皆有一定的轨道。作图之法,例如心中念及某事,即把那作为一个物体。心中念及他,即是心中发出一根力线,与之联结。心中喜欢他,即是想把他引之使近,如不喜欢,即是想把他推之使远,从这相推相引之中,就可把轨道寻出来。

孙子曰:"吴人越人相恶也,当其同舟共济而遇风,其相救也,如左右手。"这是舟将沉下水,吴人越人,都想把舟拖出水来,成了方向相同的合力线,所以平日的仇人都会变成患难相救的好友。凡是历史上的事,都可本此法把他绘图研究。

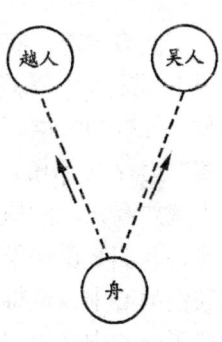

吴人越人相恶图

韩信背水阵,置之死地而后生,是汉兵被陈余之兵所压迫,前面是大河,是死路,唯有转身去,把陈余之兵推开,才有一条生路。人人如此想,即成了方向相同之合力线,所以乌合之众,可以团结为一。其力线之方向,与韩信相同,所以韩信就坐收成功了。

张耳、陈余,称为刎颈之交,算是至好的朋友。后来张耳被秦兵围了,求陈余救之,余畏秦兵强,不肯往,二人因此结下深仇。这是张耳将秦兵向陈余方面推去,陈余又将秦兵向张耳方面推来,力线方向相反,所以至好的朋友,会变成仇敌,卒之张耳帮助韩信,把陈余杀死泜水之上。

嬴秦之末,天下苦秦苛政,陈涉振臂一呼,山东豪俊,一齐响应,陈涉并未派人去联合,何以会一齐响应呢?这是众人受秦的苛政久了,人人心中,都想把他推开,利害相同,心理相同,就成了方向相同之合力线,不消联合,自然联合。

刘邦项羽,起事之初,大家志在灭秦,目的相同,成了合力线,所以异姓之人,可以结为兄弟。后来把秦灭了,目的物已去,现出了一座江山,刘邦想把他抢过来,项羽也想把他抢过来,力线相反,异姓兄弟就血战起来了。

再以高祖与韩彭诸人的关系言之,当项羽称霸的时候,高祖心想:只要把项羽杀死,我就好了。韩彭诸人也想:只要把项羽杀死,我就好了。思想相同,自然成为合力线,所以垓下会师,立把项羽杀死。项羽既灭,他们君臣，无合力之必要，大家的心思，就趋往权利上去了。但是权利这个东西，你占多了，我就要少占点，我占多了，你就要少占点，力线是冲突的，所以高祖就杀起功臣来了。

唐太宗取隋，明太祖取元，起事之初，与汉朝一样，事成之后，唐则弟兄相杀，明则功臣族灭，也与汉朝无异。大凡天下平定之后，君臣力线，就生冲突，君不灭臣，臣就会灭君，看二力之大小，定彼此之存亡。李嗣源佐唐庄宗灭梁灭契丹，庄宗之力，制他不住，就把庄宗的天下夺去了。赵匡胤佐周世宗破汉破唐，嗣君之力，制他不住，也把周之天下夺去了。这就是刘邦不杀韩彭诸人的反面文字。

光武平定天下之后，邓禹、耿弇诸人，把兵权交出，闭门读书，这是看清了光武的路线，自己先行走开。宋太祖杯酒释兵权，这是把自己要走的路线明白说出，叫他们自家让开，究其实，汉光武、宋太祖的心理，与汉高祖的心理是一样，我们不能说汉高祖性情残忍，也不能说汉光武、宋太祖度量宽宏，只能说是一种力学公例。

岳飞想把中原挽之使南，秦桧想把中原推之使北，岳飞想把徽钦挽之使南，高宗想把徽钦推之使北，高宗与秦桧，成了方向相同之合力线，其方向恰与岳飞相反，岳飞一人之力，不敌高宗、秦桧之合力，故三字冤成，岳飞不得不死。

历史上凡有阻碍路线的人，无不遭祸。刘先帝杀张裕，诸葛亮请其罪，先帝曰："芳兰生门，不得不锄。"芳兰何罪？罪在生非其地。赵太祖伐江南，徐铉乞缓师，太祖曰："卧榻之侧，岂容他人酣睡。"酣睡何罪？罪在睡非其地。古来还有件奇事：狂裔华士、昆弟二人，上不臣天子，下不友诸侯，耕田而食，凿井而饮，这明明是空谷幽兰，酣睡自家榻上，宜乎可以免祸了；太公至营丘，首先诛之，这是什么道理呢？因为太公在那个时候，挟爵禄以驱遣豪杰，偏偏有两个不受爵禄的，横亘前面，这仍是阻了路线，如何容他得过？太公是圣人，狂裔华士是高士，高士阻了路线，圣人也容他不过，这可说是普通公例了。

逢蒙杀羿，是先生阻了学生之路，吴起杀妻，是妻子阻了丈夫之路，高祖分羹，是父亲阻了儿子之路，乐羊子食羹，是儿子阻了父亲之路，周公诛管蔡，唐太宗诛建成、元吉，是兄阻弟之路、弟阻兄之路。可见力线冲突了，就是父子兄弟夫妇，都不能幸免的。王猛明白这个道理，见了桓温，改仕苻秦；殷浩不然，即遭失败。范蠡明白这个道理，破了吴国，泛舟五湖；文种不然，即被诛戮。此外如韩非囚秦，子胥伏剑，嵇康见诛，阮籍免祸，我们试把韩非诸人的事实言论考一下，又把杀韩非的李斯，杀子胥的夫差，和容忍阮籍、诛戮嵇康的司马昭各人心中注意之点寻出，考他路线之经过，即知道：或冲突，或不冲突，都有一定的公例存乎其间。

王安石说："天变不足畏，人言不足恤，祖宗不足法。"道理本是对的，但他在当日，因这三句话，得了重谤，我们今日读了，也觉得他盛气凌人，心中有点不舒服，假使我们生在当日，未必不与他冲突。陈宏谋说："是非审之于己，毁誉听之于人，得失安之于数。"这三句话的意义，本是与王安石一样，而我们读了，就觉得这个人和蔼可亲。这是什么道理呢？因为王安石仿佛是横亘在路上，凡有"天变"、"人言"、"祖宗"从路上经过，都被他拒绝转去。陈宏谋是把己字、人字、数字，列为三根平行线，彼此不相冲突。我们听了王安石的话，不知不觉，置身"人言不足恤"那个人字中，听了陈宏谋的话，不知不觉，置身"毁誉听之于人"那个人字中，我们心中的力线，也是喜欢他人相让，不喜欢他人阻拦，所以不知不觉，对于王陈二人的感情就不同了。我们如果悟得此理，应事接物，有无限受用。

力学中有偶力一种，也值得研究。宋朝王安石维新，排斥旧党，司马光守旧，排斥新党，两党主张相反，其力又复相等。自力学言之："两力线平行，强度相等，方向相反，是为偶力作用。"磨子之旋转不已，即是此种力之表现。宋自神宗以来，新旧两党，迭掌政权，相争至数十年之久，宋室政局遂如磨子一般，旋转不已，致令金人侵入，酿成南渡之祸。我国辛亥而后，各党各派，抗不相下，其力又不足相胜，成了偶力作用，政局也如磨子般旋转，日本即乘之而入。

人世一切事变，乃是人与人接触发生出来的，一个人，一个我，我们可假定为数学上之二元，一个 Y，一个 X，依解析几何，可得五线：（1）二直线；（2）圆；（3）抛物线；（4）椭圆；（5）双曲线。人事千变万化，总不外人与人相接，所以任如何逃不出这五种轨道。本章前面所举诸例，皆属乎二直线，第二章甲乙两图，第三章之丙图，则属乎圆，此外还有抛物、椭圆、双曲线三种，叙述如下：

什么是抛物线呢？我们向外抛出一石，这是一种离心力，地心吸力，吸引此石，是一种向心力，石之离心力，冲不破地心吸力，终于下坠，此石所走之路线，即是抛物。弱小民族，对于列强所走路线，是抛物线。例如：高丽人民想独立，这是对于日本生出一种离心力，而日本用强力把它制伏下去。冲不破日本的势力范围，等于抛出之石，冲不破地心吸力，终于坠地一般。

我们抛出之石，假定莫得地面阻挡，此石会绕过地心，仍回到我之本位，而旋绕不已，成为地球绕日状态。这种路线，名曰椭圆，是离心力和向心力二者结合而成。自数学上言之，有一点至两定点之距离，其和恒等，此点之轨迹，名曰椭圆，其和恒等者，即其值恒等之谓也。买卖之际，顾客交出金钱，店主交出货物，二者之值相等，即可看作一物。这是顾客抛出一物，绕过店主，回到他的本位，在店主方面看来，也是抛出一物，绕过顾客，回到他的本位，成一种椭圆形，买卖二家，就心满意足了。顾客有金钱，不必定向某店购买，这是离心力，但他店中的货物，足以引动顾客，又具有引力。店主有货物，不必定卖与某客，这是离心力，但他怀中的金钱，足以引动店主，又具有引力。由引力离力的结合，顾客出金钱，店主出货物，各遂所欲，交易遂成，是为椭圆状态。

又如自由结婚，某女不必嫁某男，而某男之爱情，足以系引她，某男不必定娶某女，而某女之爱情，足以系引他，引力离力，保其平衡，也系椭圆状态。

地球绕日，引力和离力，两相平衡，成为椭圆状态，故宇宙万古如新。社会上一切组织，必须取法这种状态，才能永久无弊。我国婚姻旧制，由父母主持，一与之齐，终身不改，缺乏了离力，所以男女两方，有时常感痛苦。外国资本家专横，工人不入工厂做工，就会饿死，离不开工厂，缺乏了离力，所以要社会革命。至若有离力而无引力，更是不可，上古男女杂交，子女知有母而不知有父，这是缺乏了引力，我国各种团体，有如散沙，也是缺乏了引力。所以政治家创一制度，不可不把离心向心二力配置均平。

有一点至两定点之距离，其差恒等，此点之轨迹，名曰双曲线，其形状，有点像两张弓反背相向一般。凡两种学说，成两种行事，背道而驰，可称为走入双曲线轨道。例如性善说和性恶说，二者恰相反对，对方俱持之有故，言之成理，越讲得精微，相差越远，犹如双曲线越引越长，相离越远一样，究其实，无非性善恶之差，是谓其差恒等。又如入世间法，和出世间法，二者是背道而驰的，利己主义，和利人主义，二者也是背道而驰的，凡此种种，皆属乎双曲线。椭圆绘出图来，有两个心，双曲线绘出图来，也有两个心，椭圆之图，是两心相向，双曲线之图，是两心相背，所以我与人走入椭圆轨道，彼此相需相成，若走入双曲线轨道，心理上就无在不背道而驰。

我们把各种力线详加考察，即知我与人相安无事之路线有四：（1）不相交之线。我与人目的物不同，路线不同，各人向着目的物进行，彼此不生关系。平行线，是永远不相交，有时虽不平行，而尚未接触，亦不生关系；（2）合力线。我与人利害相同，向着同一之目的进行，如前面所说吴越人同舟共济是也；（3）圆形宇宙事事物物，天然是排得极有秩序的。详玩甲乙丙三图，即知凡事都有一定范围，我与人有一定的界限，倘能各守界线，你不侵我之范围，我不侵你之范围，彼此自然相安；（4）椭圆形。前面所说自由贸易、自由结婚等是也。凡属权利义务相等之事，皆属乎此种。

四线中，第一、第三两种线的结果，是利己而无损于人，或利人而无损于己。第二、第四两种线的结果，是人己两利。我们每遇一事，当熟察人己力线之经过，如走此四线，人与我绝不会生冲突。

我们把上述四种线求出，就可评判各家学说和各种政令之得失。我国古人有所谓"万物并育而不相害，道并行而不相悖"者，合得到第一种线，有所谓"通功合作"者,合得到第二种线,有所谓君君臣臣,父父子子者,合得到第三种线,有所谓"通功易事"者,合得到第四种线,西人谓:人人自由,以他人之自由为界限,合得到第三种线,都是对的。尼采的超,人主义,其病在损人,托尔斯泰的无抵抗主义,其病在损己,律以四种,俱不合,故俱不可行。

二直线也,圆也,抛物线也,椭圆也,双曲线也,五者,是人与人相遇之路线,而此五线是变动不居的,只要心理一变,其线即变。例如:吴之孙权,蜀之刘备,各以荆州为目的物,孙权把荆州向东拖,刘备把荆州向西拖,力线相反,故郎舅决裂,夫妇生离,关羽见杀,七百里之连营被烧,吴蜀二国,俨成不共戴天之仇。后来诸葛亮提出魏为目的物,约定共同伐魏,就成了方向相同之合力线,二国感情,立即融洽,合作到底,后来司马昭伐蜀,吴还起兵相救,听说刘禅降了,方才罢兵。这就是心理改变,力线即改变之明证。

我国从前闭关自守,不与外国相通,是不相交之二直线;五口通商而后,受帝国主义之压迫,欲脱其势力范围而不能,是走的抛物线;一旦起而抗战,与帝国主义成一反对形势,彼此背道而驰,即为两心相背之双曲线。我们联合被侵略者,向之进攻,即成为合力线。帝国主义,经过一番重惩之后,翻然悔悟,工业国和农业国,通功易事,以其所有,易其所无,就成为两心相向之椭圆状态。将来再进化,世界大同了,合全球而为一个国家,就成为一个圆心之圆形了。所以这几种线的轨道,是随时可以改易的,只看各人心理如何罢了。

性善说、性恶说,二者背道而驰,是双曲线状态,倘知人性是浑然一体,无所谓善,无所谓恶,即成为浑然之圆形了。入世法和出世法,背道而驰,利己主义和利人主义,背道而驰,这都是双曲线,倘能把他融会贯通,入世出世,原是一理,利己利人,原是一事,则又成为圆形了。

我们做一切事,与夫国家制定法令制度,定要把路线看清楚,又要把引力离力二者支配均平,才不至发生窒碍。我们详考世人的行事和现行的法令制度,以力学规律绳之,许多地方都不合,无怪乎纷纷扰扰,大乱不止。

孟子说:"规矩,方圆之至也,圣人,人伦之至也。"第一句是对的,第二句就不对。我们执规以画圆,执矩以画方,聚五洲万国之人而观之,不能说不圆,不能说不方。唯圣人则不然,孔子、释迦、耶稣、穆罕默德,皆所谓圣人也,诸圣人定下的规律,各不相同,以此圣人之规律,绳彼圣人之信徒,立生冲突,其故何哉?盖圣人之规律,乃尺也、斗也、秤也,非画圆之规、画方之矩也;诸圣人之尺斗秤,长短大小轻重,各不相同,只在本铺适用。今者世界大通,天涯比邻,一市之中,有了几种尺斗秤,此世界文化所由冲突也。所以法令制度,如果根据圣人的学说制定出来,当然不能通行世界。力学规律,为五洲万国所公认,本章所述五种线,是从力学规律出来的,是规矩,不是尺斗秤,依以制定法令制度,一定通行五洲万国。

七、世界进化之轨道

　　人世一切事变，从人类行为生出来的，人类行为，从心理生出来的，而人之心理，依力学规律而变化，故世界进化，逃不出力学规律。

　　世界进化，乃是一种力在一个区域内动作，经过长时间所成之现象也。其间共有三物，一曰力，二曰空间，三曰时间。我们可认为是数学上之三元，其最显著者，为摆线式与螺旋式。古人说："天道循环无端，无往不复。"今人说："人类历史，永无重复。"我们把两说合并起来，就成为摆线式或螺旋式。

　　凡人无论思想方面或行为方面，都是依着力学规律，以直线进行，然其结果，所表现者，乃是曲线，不是直线，这是什么道理呢？因为向前进行之际，受有他力牵引，而两力又相等，遂成为圆形。古人说："循环无端。"环即圈子即是说：宇宙一切事物之演进，始终是循着一个圈子，旋转不已。这个说法，可举例来说明：假如我们在地球上面，无论东西南北，任取一直线向前进行，无丝毫偏斜，结果仍回到原来之地点，因为我们站在地面，是被地心力吸着的，开步向前走，是摆脱地心吸力，而以离心力向前进行，然而仍被地心力吸着。由离心力向心力两相结合，其路线遂成为圆形，而回到原来之地点，任走若干遍，俱是如此，是之谓"循环无端"。然而世界之进化，则不为圆周形，而为摆线形或螺旋线形。

　　什么是摆线呢？我们取一铜元，在桌上滚起走，其圆周所成之线，即是摆线。铜元能滚者，力也，滚过的地方，空间也，不断的滚者，时间也。铜元旋转不已，周而复始，是谓"循环无端"。其路线，一起一伏，对直前进，是谓"永无重复"。宇宙事物之演进，往往有此种现象，如日往月来，寒往暑来，周流不息，是为"循环无端"，然而日月递更，寒暑代运，积之则为若干万万年，虽是循环不已，实是前进不已，这算是摆线式的进化。

　　有人说："人的意志为物质所支配。"又有人说："物质为人的意志所支配。"殊不知：物质与意志，是互相支配的。欧洲机器发明而后，工业大兴，人民的生活情形，随之而变，固然是物质支配了人的意志，但机器是人类发明的，发明家费尽脑力，机器殖能出现，工业才能发达，这又是人的意志支配了物质。这类说法，与英雄造时势、时势造英雄是一样的。有了物理数学等科，才能产生牛顿；有了牛顿，物理数学等科，又生大变化。有了咸、同的时势,才造出曾、左诸人;有了曾、左诸人,又造出一个时势,犹如鸡生蛋,蛋生鸡一般,看起来是辗转相生,其实是前进不已。后之蛋,非前之蛋,后之鸡,非前之鸡,物质支配人的意志,人的意志又支配物质,时势造英雄,英雄又造时势,而世界就日益进化了。鸡与蛋和心与物,都是一物体之两方面,鸡之外无蛋,蛋之外无鸡,心之外无物,物之外无心,二者之进化,都等于一个铜元在桌上滚起走,有点像摆线式的进化。

我们细加研究,即知日往月来,寒往暑来,和鸡生蛋,蛋生鸡这类现象,是纯粹的摆线式进化,因为日月也,寒暑也,鸡与蛋也,状态始终如一,等于一个铜元之状态始终如一,其画出之线,一起一伏,也始终如一。唯英雄造出的时势,较造英雄的时势,更为进步,物质与意志,辗转支配,也是后者较前者为进步。其现象则为历时愈久,社会文明愈进步,而政治家和科学家之智能,亦愈进步,其形式与摆线式微异,而为螺旋线的进化。

什么是螺旋线呢?我们手执一块直角三角板,以长边为轴,旋转一周,所成体积,即是圆锥体。假如用圆锥体的钻子去钻木头,这钻子所走的路线,即是螺旋线,竖的方面越深,横的方面越宽,世界即是以此种状态而进化的。我们取一截竹子,用一针在竹上横起画一圈,此针本是以直线进行,然而始终是在这个圈上旋转不已,是之谓"循环无端"。假设此针进行之际,有人暗中把竹子轻轻拖起走,则此针画出之线,绝不能与经过之路线重合,是之谓"永无重复"。针之进行是力,画出之圈是空间,其拖起走,则属乎时间,但世界进化,不是在竹子上画,乃是在笋子画圈,乃是从尖笋画起走,有人持笋尖拖之,其线越画越长,圈子越画越大,因笋子即圆锥形也。

禹会诸侯于涂山,执玉帛者万国,成汤时三千国,周武王时一千八百国,春秋时二百四十国,战国时,只有七国,到了秦始皇时,天下就一统了。其现象是:历时越久,国之数目越少,其面积越大,这即是竖的方面越深,横的方面越宽,是为螺旋式进化。竖的方面者,时间也;横的方面者,空间也。现在五洲万国的形势,绝像我国春秋战国时代,由进化趋势看去,终必至全球混一而后止。所异者,从前是君主时代,嬴秦混一,有一个皇帝高踞其上,现在是民主时代,将来全球混一,是十八万万人共同做皇帝。

宇宙事事物物之演变,都是离心力和向心力互相作用生出来的,有一力以直线进行,同时又有一相反之力牵制之,遂不得不作回旋状态,而又前进不已,即成为摆线状态或螺旋线状态。日月迭更,寒暑代运,鸡与蛋辗转相生,是未参有人类意志的,只是循着自然之道而行,故依摆线式进化,始终如一;机器与时势,是参有人类意志,而人类天性,是力求进步的,故依螺旋式进化,历时愈久,路线愈扩大。国际之关系,全是人类的意志作用,所以依螺旋式进化，必至全球混一而后止。人类是日求进步的，社会是日益文明的，全球混一，特文明进步之一幕耳。全球混一后，社会文明，又依螺旋式前进，而无有终止，其现象亦犹日月迭更，寒暑代运，依摆线式前进，而无有终止也。

人事千变万化，都是由离心向心二力生出来的，离心者，力之向外发展也，向心者，力之向内收敛也，发展到极点，则收敛，收敛到极点又能发展，此即古人所说，盈虚消长，循环无端也。以虚为起点，由是而发展则为长，发展到极点则为盈，到了极点即收敛而为消，收敛到极点则为虚，由虚而又为长，为盈，为消，为虚，是之谓"循环无端"。春夏秋冬，即盈虚消长之现象也。春者长也，夏者盈也，秋者消也，冬者虚也。一部《易经》和老子《道德经》，俱是发明此理，所谓物极必反也。所以宇宙间事事物物，都是正负二力互为消长，此古人治国，所以有一张一弛之说也。赢秦苛虐，汉初则治之以黄老，刘璋暗弱，孔明则治之以申韩，都是顺应此种趋势的。

我们合古今事变观之，大约可分三个时期：以婚姻制度言之，上古时男女杂交，生出之女子，知有母而不知有父，这个时候的婚制，离心力胜过向心力，是为第一时期。后来制定婚制，子女婚姻，由父母主持，一与之齐，终身不改，向心力胜过离心力，是为第二时期。现在已入第三时期了，某女不必定嫁某男，而某男之爱情，足以系引她，某男不必定娶某女，而某女之爱情，足以系引他，离心向心二力，保持平衡，就成第三时期的自由婚制。此种婚制，本带得有点回旋状态，许多青年，看不清此种趋势，以为应该回复到上古那种杂交状态，就未免大错了。

人民的自由，也可分三个时期。上古人民，穴居野处，纯是一盘散沙，是为第一时期。后来受君主之压制，言论思想，极不自由，是为第二时期。经过一番革命，政府干涉的力量与人民自由的力量保持平衡，是为第三时期。自力学方面言之，第一时期，离心力胜过向心力，第二时期，向心力胜过离心力，第三时期，向心离心二力，保持平衡。第三时期中，参得有第一时期的自由，带得有点回旋状态。卢梭生当第二时期之末，看见此种回旋趋势，误以为应当回复第一时期，所以他的学说，完全取第一时期之制以立论，以返于原始自然为第一要义。他说："自然之物皆善，一入人类之手，乃变而为恶。"他的学说，有一半合真理，有一半不合真理，因其有一半合真理，所以当时备受一般人之欢迎。因其有一半不合真理。所以法国革命实行他的学说，酿成非常的骚乱，结果不得不由政府加以干涉，卒至政府之干涉与人民之自由保持平衡，法国方能安定。

民主主义流行久了，法西斯主义之独裁，因而出现，这都是正负二力互为消长之表现。自墨索里尼倡出法西斯主义后，希特勒和日本军阀，相继仿效，因而造成世界第二次大战，其独裁制度，已越过时势之需要，可断言：此种独裁制，不久必将倒毙，另有一种制度代之。此种制度，一定是民主主义和独裁主义两种结合而成的。

人类分配资财的方法，也分三个时期。上古时人民浑浑噩噩，犹如初生小儿，不知欺诈，不知储蓄，只有公共的资财，并无个人的私财，这是有公而无私，是为第一时期。再进化，人类智识进步，自私自利之心，日益发达，把公共的资财攘为个人私有，这是有私而无公，是为第二时期。再进化，人类智识更进步，公私界限，有明了认识，把公有的资财归之社会，私有的资财归之个人，公与私并行不悖，是为第三时期。我们现在所处的时代，是第二时期之末，第三时期之始。关于经济方面，应该把公私界限划分清楚，公者归之公，私者归之私，社会才能相安无事。

中国从前，自诩为声明文物之邦，以为周公的制度和孔孟的学说好到极点，鄙视西欧，不值一顾，此为第一时期。自甲午、庚子两役而后，骤失自信力，以为西洋的制度和学说，无一不好到极点，鄙视中国，不值一顾，此为第二时期。至今则人第三时期了，既不高视西洋，也不鄙视中国，总是平心考察，是者是之，非者非之，这是折中于第一时期和第二时期之间。我国初与欧人接触，庞然自大，以为高出外国之上。自从两次战败，遂低首降心，屈处列强之下。到了第三时期，我国与列强立于平等线上，这也是折中于第一时期和第二时期之间。

总之，世界进化，都是正负二力互为消长，处在某一时期，各种现象，都是一致，犹如天寒则处处皆寒，天热则处处皆热。现在帝国主义盛行，同时资本主义也盛行，而工商界也就有汽车大王、煤油大王、钢铁大王、银行大王等等出现，民族间就有自夸大和民族是最优秀民族，日耳曼民族是最优秀民族，凡此种种都是第二时期残余之说。跟着就入第三时期，帝国主义消灭，资本主义消灭，工商界某某大王，和某某最优秀民族，这类名词也消灭，这是必然的趋势。所以主持国家大计者，必须看清世界趋势，顺而应之，如其不然，就会受天然之淘汰。

八、达尔文学说之修正

我同友人谈及达尔文，友人规诫我道："李宗吾，你讲你的厚黑学好了，切不可涉及科学范围。达尔文是生物学专家，他的种源论，是积数十年之实验，把昆虫草木，飞禽走兽，一一考察遍了，证明不错了，才发表出来，是有科学根据的。你非科学家，最好是不涉及他，免闹笑话。"我说道："达尔文可称科学家，难道我李宗吾不可称科学家吗？二者相较，我的学力，还在达尔文之上，何以故呢？他的种源论，是说明禽兽社会情形，我的厚黑学，是说明人类社会情形。他研究禽兽，只是从旁视察，自身并未变成禽兽，与之同处，于禽兽社会情形，未免隔膜，我则居然变成人，并且与人同处了数十年，难道我的学力，不远在达尔文之上？达尔文在禽兽社会中，寻出一种原则，如果用之于禽兽社会，我们尽可不管，而今公然用到人类社会来了，我们当然可以批驳他，人类社会中，寻得出达尔文这类科学家，禽兽社会中，寻不出达尔文这类科学家，足证两种社会截然不同，故达尔文的学说，不适用于人类社会。"

今人动辄提科学家三字，恐吓我辈普通人，殊不知科学家聪明起来，比普通人聪明百倍，糊涂起来，也比普通人糊涂百倍。牛顿可称独一无二的科学家，他养有大小二猫，有天命匠人在门上开一大小二洞，以便大猫出入大洞，小猫出入小洞。任何人都知道：只开一大洞，大小二猫俱可出入，而牛顿不悟也，这不是比普通人糊涂百倍吗？牛顿说：地心有吸力，我们固然该信从，难道他说"大猫出入大洞，小猫出入小洞"，我们也信得吗？所以我们对于科学家的学说，不能不慎重审择，谨防他学说里面藏牛顿的猫洞。

因为科学家有时比普通人糊涂百倍，所以专门家之学说，往往不通，例如，斯密士岂非经济家，而他的学说就不通。我辈之话，不足为证，难道专家之批评，都不可信吗？……呜呼，诸君休矣，举世纷纷扰扰，闹个不休者，皆达尔文、斯密士……诸位科学家之赐也。

达尔文讲竞争，一开口，即是豺狼也，虎豹也；鄙人讲厚黑，一开口，即是曹操也，刘备也，孙权也。曹刘诸人，是千古人杰，其文明程度，不知高出豺狼虎豹若干倍，他且不论，单是我采用的标本，已比达尔文采的标本高得多了。所以基于达尔文的学说造出的世界，是虎狼世界，基于鄙人的学说造出的世界，是极文明的世界，达尔文可称科学家，鄙人当然可称科学家，不过达尔文是生物学的科学家，鄙人是厚黑学的科学家罢了。

达尔文研究生物学数十年，把全世界的昆虫草木，飞禽走兽，都研究完了，独于他实验室中有个高等动物，未曾研究，所以他的学说，就留下破绽。请问什么高等动物？答曰：就是达尔文本身，他把人类社会忽略了，把自己心理和行为忽略了，所以创出的学说，不能不有破绽。

达尔文实验室中，有个高等动物，他既未曾研究，我们无妨替他研究。达尔文一生下地，我们就用采集动物标本的法子，把他连儿带母活捉到中国来，用中国的白米饭把他喂大，我们用达尔文研究动物的法子，从旁视察，一直到他老死，就可发现他的学说是自相矛盾的。

达尔文一生下地，就拖着母亲之乳来吃，把母亲的膏血吸入腹中，如不给他吃，他就大哭不止，哭着要吃，这可说是生存竞争，从这个地方视察，达尔文的学说莫有错；长大点能吃东西了，母亲手中拿一糕饼，他见了伸手来索，母亲不给他，放在自己口中，留半截在外，他立会伸手，把糕饼从母亲口中取出，放在他的口中。母亲抱着他吃饭，他就伸手来拖母亲之碗，如不提防，即会坠地打烂，这种现象，也是生存竞争，达尔文的学说也莫有错；若是再大点，自家能端碗吃饭了，他一上桌，就递一个空碗，请母亲与他盛饭，吃了又请母亲盛，母亲面前，现放着满满一碗饭，他再不去抢了，竞争的现象，忽然减少，岂非很奇的事吗？再大点，他自己会往甑中盛饭，再不要母亲与他盛，有时甑中饭不够，他未吃饱，守着母亲哭，母亲把自己的饭分半碗与他吃，他才好了，母亲不分与他，他断不能去抢。更大点，饭不够吃，母亲把自己碗中的饭分与他吃，他不要，他自己会拿囊中之钱在街上买食物来吃。到了此时，竞争的现象，一点莫有，岂不更奇吗？这是小孩下地时，只看见母亲身上之乳，大点即看见母亲碗中之饭，再大点即看见甑中之饭，更大点即看见街上之食物；不特此也，达尔文长大成人，学问操好了，当大学教授了，有穷亲友向他告贷，他就慨然给予，后来金钱充裕，还拿钱来做慈善事业或谋种种公益，这种现象，与竞争完全相反，岂非奇之又奇？于此我们可以定出一条原则："同是一个人，智识越进步，眼光越远大，竞争就越减少。"达尔文著书立说，只把当小孩时哭食母亲之乳、抢夺母亲口中糕饼这类事告诉众人，不把他当教授时施舍金钱、周济家人，做慈善事业这类事告诉众人，此达尔文学说之应修正者一。

达尔文当小孩时抢夺食物，有一定的规律，就是："饿了就抢，饱了就不抢。"不唯不抢，并且让他吃，他都不吃。但有一个例外，见了好吃的东西，母亲叫他不要多吃，他不肯听，结果多吃了不消化，得下一场大病。由此知食物以饱为限，过饱即有弊害。我们可以定出第二条原则："竞争以适合生存需要为准，超过需要以上，就有弊害。"达尔文只说当小孩时，会抢夺食物，因而长得很肥胖，并不说因为食物多了，反得下病，于是达尔文之竞争，遂成了无界域之竞争，欧人崇信其说，而世界遂纷纷大乱，此达尔文学说之应修正者二。

达尔文说："万物都是互相竞争，异类则所需食物不同，竞争还不激烈，唯有同类之越相近者，竞争越激烈。虎与牛竞争，不如虎与虎竞争之激烈，狼与羊竞争，不如狼与狼竞争之激烈，欧洲人与他洲土人竞争，不如欧洲各国互相竞争之激烈。"他这个说法，证以第一次欧洲大战，诚然不错，但是达尔文创出这种学说，他自己就把他破坏了。达尔文的本传上说："一八五八年，他的好友荷理士，从南美洲寄来一篇论文，请他代为刊布，达尔文读这篇论文，恰与自己十年来苦力思索得出的结果完全相合，自己非常失望。落在别人，为争名誉起见，一定起嫉妒心，或者会湮没他的稿子，乃达尔文不然，直把这篇论文交与黎埃儿和富伽二人发布。二人知达尔文平日也有这样的研究，力劝他把平日研究所得著为论文，于一八五八年七月一日，与荷理士论文同时发布，于是全国学者，尽都耸动。"本传之言如此，在替他作传的人，本是极力赞扬他，实际上是攻击他，无异于说：他的学说：根本不能成立。何以故呢？他与荷理士同是欧洲人，较之他洲人更相近，同是英国人，较之其他欧洲人更相近，他二人是相好的朋友，较之其他英人更相近，并且同是研究生物学的人，较之其他朋友更相近，荷理士的著作，宣布出来，足以夺去达尔文之名，于他最有妨害，达尔文不压抑他，反替他宣布，岂不成了同类中越相近越不竞争吗？达尔文是英国人，对于同类，能够这样退让，何以欧战中，那些英国人，竞争那么激烈？我们可以定出第三条原则："同是一国的人，道德低下者，对于同类，越近越竞争，道德高尚者，对于同类，越近越退让。"达尔文不把自己让德可风的事指示众人，偏把他本国侵夺同洲同种的事指示众人，此达尔文学说之应修正者三。

达尔文说："竞争愈激烈，则最适者出焉。"这个说法，又是靠不住的。第一次欧战之激烈，为有史以来所未有，请问达尔文：此次大战结果，哪一国足当最适二字？究其实战败者和战胜者，无一非创痛巨深。他这个说法，岂非毫无征验？乃返观达尔文不与荷理士竞争，反享千古大名，足当最适二字，他这个公例，又是他自己破坏了。他的论文，与荷理士同时发表后，他又继续研究，于1859年11月发布《种源论》，从此名震全球。荷理士之名，几于无人知道，这是由于达尔文返而自奋，较荷理士用力更深之故。我们可以定出第四条原则："竞争之途径有二：进而攻人者，处处冲突，常遭失败；返而自奋者，不生冲突，常占优胜。"达尔文不把自己战胜荷理士之秘诀教导众人，偏把英国掠夺印度的方法夸示天下，此达尔文学说之应修正者四。

有人问：我不与人竞争，别人要用强权竞争的策略，向我进攻，我将奈何？答曰：这是有办法的，我们可以定出第五条原则："凡事以人己两利为主，二者不可得兼，则当利人而无损于己，抑或利己而无损于人。"有了这条原则，人与我双方兼顾，有人来侵夺，我抱定"不损己"三字做去，他能攻，我能守，他又其奈我何？此达尔文学说之应修正者五。

达尔文说，人类进化，是由于彼此相争，我们从各方面考察，觉得人类进化，是由于彼此相让。因为人类进化，是由于合力，彼此能够相让，则每根力线，才能向前直进，世界才能进化。譬如，我要赶路，在路上飞步而走，见有人对面撞来，我当侧身让过，方不耽误行程。照达尔文的说法，见人对面撞来，就应该把他推翻在地，沿途有人撞来，沿途推翻，遇着行人挤做一圈，我就从中间打出一条路，向前而走。请问世间赶路的人，有这种办法吗？我们如果要讲"适者生存"，必须懂得这种相让的道理，才是适者，才能生存。由达尔文的眼光看来，生物界充满了相争的现象，由我们的眼光看来，生物界充满了相让的现象，试入森林一看，即见各树俱是枝枝相让，叶叶相让，所有树枝树叶，都向空处发展，厘然秩然。树木是无知之物，都能彼此相让，可见相让乃是生物界之天然性，因为不相让，就不能发展，凡属生物皆然。深山禽鸟相鸣，百兽聚处，都是相安无事之时多，彼此斗争之时少。我辈朋友往还之际，也是相安无事之时多，彼此斗争之时少。我们可以定出第六条原则："生物界相让者其常，相争者其变。"达尔文把变例认为常例，似乎莫有对，事实上遇着两相冲突的时候，我们就该取法树枝树叶，向空处发展。王猛见了桓温，而改仕苻秦，恽寿平见了王石谷之山水，而改习花卉，皆所谓向空处发展也。大宇宙之中，空处甚多，也即是生存之方法甚多，人与人无须互相争夺，此达尔文学说之应修正者六。

依达尔文的说法，凡是强有力的，都该生存，我们从事实上看来，反是强有力者先消灭。洪荒之世，遍地是虎豹，他的力比人更大，宜乎人类战他不过了，何以虎豹反会绝迹？第一次世界大战以前，德皇势力最大，宜乎称雄世界，何以反会失败？袁世凯在中国势力最大，宜乎成功，何以反会失败？有了这些事实，所以达尔文的学说，就发生疑点。我们细加推究，即知虎豹之被消灭，是由全人类都想打他，德皇之失败，是由全世界都想打他，袁世凯之失败，是由全中国都想打他。思想相同，就成为方向相同之合力线，虎豹也，德皇也，袁世凯也，都是被合力打败的。我们可以定出第七条原则："进化由于合力。"懂得合力的就生存，违反合力的就消灭，懂得合力的就优胜，违反合力的就劣败。像这样的观察，则那些用强权欺凌人的，反在天然淘汰之列。此达尔文学说之应修正者七。

达尔文的误点，可再用比喻来说明：假如我们向人说道："生物进化，犹如小儿身体一天一天的长大。"有人问："小儿如何会长大？"我们答道："只要他不死，能够生存，自然会长大。"问"如何才能生存？"答："只要有饭吃，就能够生存。"问："如何才有饭吃？"我们还未回答，达尔文从旁答道："你看见别人有饭，就去抢，自然就有饭吃，越吃得多，身体越长得快。"诸君试看：达尔文的答案，错莫有错？我们这样的研究，即知达尔文说生物进化莫有错，说进化由于生存莫有错，说生存由于食物也莫有错，唯最末一句，说食物由于竞争就错了。我们只把他最末一句修正一下，就对了。问："怎样修正？"就是通常所说的："有饭大家吃。"平情而论，达尔文教人竞争，无有限度，固有流弊，我们教人相让，无有限度，也有流弊。问：如何才无流弊？我们可以定出第八条原则："对人相让，以让至不妨害我之生存为止；对人竞争，以争至我能够生存即止。"此达尔文学说之应修正者八。

综而言之，人类由禽兽进化而来，达尔文以禽兽社会之公例施之人类，则是返人类于禽兽，这自违进化之说，而况乎禽兽相处，亦未必纯然相争也。他的学说，可分两部分看。他说"生物进化"，这部分是指出事实。他说"生存竞争，弱肉强食"，这部分是解释进化之理由，事实莫有错，理由错了。一般人因为事实不错，遂误以为理由也不错，殊不知：进化之原因多端，相争能进化，相让能进化，不争不让，返而致力于内部，也能进化。又争又让，改而向空处发展，也能进化。其或具备他种条件，如克鲁泡特金所谓互助，我们所谓合力，也未尝不能进化。达尔文置诸种原因于不顾，单以竞争为进化之唯一原因，观察未免疏略。兹断之曰：达尔文发明"生物进化"，等于牛顿发明"地心吸力"，是学术界千古功臣，唯有他说"生存竞争"，因而倡言"弱肉强食"，流弊无穷，我们不得不加以修正。

九、克鲁泡特金学说之修正

　　克鲁泡特金之误点,也与达尔文相同,达尔文是以禽兽社会状况,律之人类社会,故其说有流弊。克鲁泡特金,因为要指驳达尔文之错误,特别在满洲、西伯利亚一带,考察各种动物及原始人类状况,发明互助说,以反驳达尔文之互竞说。他能注意到人类,算是比达尔文更进步了。然而原始人的社会,与文明人的社会,毕竟不同,且克鲁泡特金考察原始人,也是从旁观察,并未曾与之共同居处若干年,而我辈则置身文明人社会中,与之共同居处若干年,所以我辈能发现克鲁泡特金之误点,而指出其流弊。

　　原始人类,无有组织,成为无政府状态,克鲁泡特金的互助说,从原始社会得来,故他提倡无政府主义。所以克鲁泡特金的学说,也可分两部分看,他主张互助不错,因互助而主张无政府主义就错了。

　　生物之进化,好比小儿一天一天的长大,由昆虫,而禽兽,而野蛮人,而文明人,好比吾人,由婴孩,而少年,而壮年。达尔文研究生物,以动物为主,正如小孩抢夺母亲口中食物时代,故倡互竞说。克鲁泡特金所研究者,以原始时代人类为主,较动物更进化了,是小孩更大了点,不抢母亲口中食物,只请母亲与他盛饭,故倡互助说。至于长大成人,独立生活的现象,他二人都未看见。

　　一个国家之进化,也好比小孩一天一天的长大。我国春秋战国时代,弱肉强食,正是小孩抢夺食物时代。后来进化了,汉弃珠崖,是母亲分饭与他吃,他都不要。再进化,到了明初,郑和下南洋,各国纷纷入贡,希望得中国的赏赐,这是穷亲友来告贷,慨然给予。再进化,到了明季和清朝,把蛮夷之地改土归流,每年还要倒贴若干金钱,等于做慈善事业,把贫人子弟收来,给以衣食,延师训读一般。我国进化程度,历历如绘。

　　西洋开化,比我国迟两千多年,其进化才至我国春秋战国时代,故其弱肉强食,与我国春秋战国极相似,而达尔文之互竞说,遂应运而生。要防小孩抢夺食物,不得不用专制手段,故墨索里尼之治意大利,希特勒之治德意志,与商鞅之治秦绝似,而皆收同一之效果,因其为同一时期之产物故也。秦始皇统一六国了,仍复厉行专制,二世而亡,这是世界更进化了,等于身体长大了,再穿小孩衣服,不得不破裂;文景之世,政尚宽大,号称郅治,这是儿子长大了,父母不加干涉,他能独立成为好人。后来历代常有变乱,这是儿子长大成人,父母过于放纵,遂日流于非的缘故。然因其日流于非,而遂欲以待婴孩之法,待长大成人之儿子,则又不可。故今之治国者,如模仿墨索里尼和希特勒,直是师法商鞅,返吾国于春秋战国时代,是谓违反进化，是谓开倒车。

今人每谓我国无三人以上之团体，很抱悲观，这未免误解。无三人以上之团体，正是人人能独立之表现，此时如用达尔文之互竞主义以治国，则是把人民当如怀中小儿，常常防他抢母亲口中食物，这是不可的。如用克鲁泡特金之互助主义以治国，则是把人民当如才能吃饭之小儿，须母亲与之盛饭，这也是不可的。今即长大成人矣，无三人以上之团体，人人能独立矣，故此时治国者，当采用合力主义。譬如射箭，悬出一个箭垛，支支箭向同一之箭垛射去，是之谓合力。我国无三人以上之团体，当采用此种方式，悬出一定之目的，四万万五千万根力线，根根独立，直向目的物射去，你不妨害我之路线，我也不求助于你，彼此不相冲突，不相倚赖，这种办法，才适合我国现情。非然者，崇信达尔文之互竞说，势必压制他人，使他人之力线郁而不伸，而冲突之事以起；崇信克鲁泡特金之互助说，势必借助他人，养成倚赖性，而自己不能独立，于我国现情俱不合。

达尔文说：互竞为人类天性，而他自己不与荷理士竞争，这条公例，算是他自己破坏了。克鲁泡特金说：互助为人类天性，这条公例也是克鲁泡特金自己破坏了的。请问：人类天性既是互助，为甚克鲁泡特金，要讲无政府主义，想推翻现政府，而不与政府讲互助？为甚政府要处罚他，推之下狱，而不与克鲁泡特金讲互助？有了这种事实，所以克鲁泡特金的学说，也不能不加以修正。

古人云："不识庐山真面目，只缘身在此山中。"故考察事物，非置身局外，不能得其真相。我辈是人类，站在人类社会之中，去考察人类，欲得真理，诚有不能。达尔文用的方法，是因人为动物之一，先把动物社会考察清楚了，把他的原则适用于人类社会，论理本是对的，无如动物社会与人类社会毕竟不同，故创出之学说，不无流弊。克鲁泡特金则更进步，从人类社会加以考察，他以为我辈处在现今之社会，不能见庐山真面，乃考察原始人类社会，置身旁观地位，寻出一种原则，以适用于现今之社会，论理也是对的，无如野蛮人之社会与文明人之社会毕竟不同，故创出之学说，也有流弊。

婴儿在母胎，成形之初，其脑髓像鱼蛙之脑，再一二月则像禽鸟之脑，再一二月则像兔犬之脑，再一二月则像猿猴之脑，最后才成为人类之脑，而小儿之脑筋皱纹少，大人则皱纹多，野蛮人之脑筋皱纹少，文明人则皱纹多。小儿下地之初，脑筋与禽兽相去不远，故其抢夺食物，与禽兽相似，稍大点，脑筋之简单类于原始时代的人，故其天真烂漫，也与原始人类相似。然而禽兽之脑筋，与人类有异，故达尔文的学说，不适于人类；原始人类之脑筋，与文明人有异，故克鲁泡特金的学说，不适用于文明社会。

禽兽进化为人类，故人类有兽性，然既名之曰人，则兽性之外，还有一部分人性，达尔文只看见兽性这一部分，未免把人性这一部分忽略了。原始人进化为文明人，故文明人还带有原始人的状态，既然成为文明人，则原始状态之外,还有一部分文明状态,克鲁泡特金只看见原始状态这一部分,未免把文明状态这一部分忽略了。禽兽有竞争,无礼让,人类是有礼让的,达尔文所忽略的,是在这一点。原始人类,浑浑噩噩,无有组织,成为无政府状态,文明人则有组织,有政府,克鲁泡特金所忽略的是在这一点。

我们生在文明社会中,要考察人类心理真相,有两个方法:(1)一部廿五史,是人类心理留下的影像,我们熟察历史事迹,既可发现人类心理真相,这是本书前面业已说明了的;(2)凡物体,每一分子的性质,与全物体的性质是相同的,社会是积人而成的,人身是社会之一分子,我们把身体之组织法运用到社会上,一定成为一个很好的社会。

治国采用互竞主义有流弊,采用互助主义,也有流弊,必须采用合力主义。人身之组织,既是合力主义,身体是许多细胞构成,每一细胞都有知觉,等于国中之人民,大脑等于中央政府,全身神经,都可直达于脑,等于四万万五千万人,每人的力线,都可直达中央,成为合力之政府。目不与耳竞争,口不与鼻竞争,手不与足竞争,双方之间非常调协,故达尔文之互竞主义用不着;目不需耳之帮助而能视,口不需鼻之帮助而能言,手不需足之帮助而能执持,个个独立,自由表现其能力,克鲁泡特金之互助主义,也用不着。目尽其视之能力,耳尽其听之能力,口鼻手足,亦各尽各之能力,把各种能力,集合起来,就成为一个健全之身体,是之谓合力主义。我国古人有曰:"以天下为一家,以中国为一人。"已经发现了这个原则。

国家有中央政府,有地方政府,人身亦然。我们的脚被蚊子咬了,脚政府报告脑政府,立派右手来,把蚊子打死。万一右手被蚊子咬,自己无法办理,报告脑政府,立派左手来,把蚊子打死。有时睡着了,脑政府失其作用,额上被蚊子咬,延髓脊髓政府代行职务,电知手政府把蚊子打死,脑政府还不知道。耳鼻为寒气所侵,温度降低,各处本救灾恤邻之道,输送血液来救济,于是耳鼻就呈红色。万一天气太寒,输送了许多血液,寒气仍进逼不已,各地方政府协商道:"我们再输送血液去,仍无济于事,只好各守防地,把输送到耳的血液,与他截留了。"于是耳鼻就呈青白色。

我说至此处,一定有人起而质问道:"你说的救灾恤邻之道,正是克鲁泡特金的互助主义,他的学说,何尝会错?"我说道:他讲的互助不错,错在无政府主义,必须有了政府,才能谈互助,无政府是不能互助的。举例来说:前清时,我们四川对于云贵各省有协饷,这可说是互助了,满清政府一倒,协饷即停止,这即是无政府即不能互助之明证。并且满清政府一倒,川滇黔即互相战争起来,由此知:在无政府之下,只能发生互竞的现象,断不会发生互助的现象。

人身有中央政府,有省县市区各种政府,脑中记忆的事,都由各政府转报而来,各政府仍有档案可查,施催眠术的人,是蒙蔽了中央政府,在省县市区政府调阅旧卷,所以人在催眠中,能将平素所做之事说出,而醒来时又全不知道。疯人胡言乱语，这是脑政府受病，中央政府失了作用，省县市区政府，乱发号令。所以疯人说的话，都是他平日的事，不过莫得中央政府统一指挥，故话不连贯；夜间做梦，是中央政府休职，各处政府的人，跳上中央舞台来了，人一醒，中央政府复职，他们立即躲藏。有时中央政府也能察觉，故梦中的事，也能略记一二。我们可以说：疯狂和做梦，都是讲无政府主义的。

古来亡国之时，许多人说要死节，及到临头，忽然战栗退缩。因为想死节，是出于理智，从脑中发出，是中央政府发的命令；战栗退缩，是肌肉收缩，是全国人民不愿意。文天祥一流人，从容就死，是平日厉行军国民教育，人民与中央政府，业已行动一致了。许多人平日讲不好色，及至美色当前，又情不自禁，因为不好色是脑政府的主张，情不自禁，是身体他部分的主张。我们走路，心中想朝某方走，最初一二步注意，以后即无须注意，自然会向前走去，这回是中央政府发布号令后，人民依着命令做去，如果步步注意，等于地方上事事要劳中央政府，那就不胜其烦了。我们每日有许多无意识的动作，都是这个原因。古人作诗，无意中得佳句，疑有神助。大醉后写出之字，比醒时更好，这是由于中央政府平日把人民训练好了，遇有事来，不需中央指挥，人民自动作出之事，比中央指挥办理还要好些。心理学书上，有所谓"下意识"者，盖指除政府以外其他政府而言。

理智从脑而出，能辨别事理，情欲从五官百骸而出，是盲目的，故目好色，耳好声，身体肌肤好愉快，往往与脑之主张相违反。古代哲学家，如希腊的柏拉图等，和中国的程朱等，都是崇奉理智，抑制情欲。例如程子说："妇人饿死事小，失节事大。"又把韩昌黎"臣罪当诛，天王圣明"二语，极力称赞，只要脑中自认为真理，就可把五官百骸置之死地，与暴君之专制是一样。所以这样学说昌明时代，也即是君权极盛时代。后来君主打倒了，民主主义出现，同时学说上也盛行情欲主义，纵肆耳目之欲，任意盲动，无所谓理智，等于政治上之暴民专制。我们读历史，看出一种通例：君主时代，政府压制人民，同时哲学家即崇理智而抑情欲，民主时代，人民敌视政府，同时哲学家即重情欲而轻理智。

据上面之研究，可知身体之组织，与国家之组织是很相同的，我们返观吾身，知道脑与五官百骸是很调协的，即知道：我们创设一种学说，必使理智与情欲相调协，不能凭着脑之空想，以虐苦五官百骸，亦不能放纵五官百骸，而不受理智之裁判。建设一个国家，必使政府与人民调协，不能凭着政府之威力压制人民；而为人民者，亦不能对政府取敌视行为。吾身之组织，每一神经俱可直达于脑，故脑为神经之总汇处，与五官百骸，不言调协而自然调协。因此每一人民之力线，必使之可以径达中央，中央为全国力线之总汇处，政府与人民，不用调协而自然调协。能这样的办理，即是合力主义，才可以救达尔文和克鲁泡特金两说之弊，而与天然之理相合。

十、我国古哲学说含有力学原理

宇宙之力，是圆陀陀的，周遍世界，不生不灭，不增不减，吾人生存其中，随时都可看见，有人看见一端，即可发明一条定理。例如看见苹果坠地，即发明万有引力，看见壶盖冲动，即发明蒸汽，看见磁铁功用，即发明指南针，看见死蛙运动，即发明电气，种种发明，可说是同出一源。因为苹果坠地，是力之内敛作用，壶盖冲动，是力之外发作用，磁气电气，是力之内敛外发两种作用。达尔文看见此力向外发展，有如水然，能随河岸之曲折，而适应环境，向前流去，故创进化论。又见进化中所得着的东西，能借收敛作用把持不失，故说凡物有遗传性。此外种种科学，与夫哲学上种种议论，都是从那个圆陀陀的东西生出来的。譬如有人在树上摘下一果，有人在树上摘下一花，又有人在树上摘下一枝一叶，为物虽不同，其实都在树上摘下来的。所以百家学说，归于一贯，中西学说，可以相通。

我国《周易》一书，一般人都说它穷造化之妙，宇宙事事物物，都逃不出易理，这是什么原因？因为《易经》所说的道理，包含有力学原理，宇宙事事物物，既逃不出力学规律，所以就逃不出《易经》所说的道理。我们如就卦爻来解说，读者未免沉闷，兹特另用一个法子来说明：

假定伏羲、文王、周公、孔子四位圣人都是现在的人，我们把他四位请来，对他说道：现在西洋的科学，很进步了，一切物理，都适用力学规律，我们想把力学原理编译成一部书，不唯用在物理上，并且要应用到人事上。我们订有一个编译大纲，你们照此编译。（1）西洋的力字，译作气字，正负二力，译作阴阳二气。（2）发散的现象，用阳字表示，收敛的现象，用阴字表示。（3）正负二力相等时，阴阳二电中和时，俱是寂然不动的，这种现象，译作"太极"；他动作的时候，有发散收缩两种现象，称之曰"两仪"。（4）由内向外发展，称之曰"其动也辟"，辟是开放之意；由外向内收缩，称之曰"其静也翕"，翕是收合之意。（5）凡物运动，都是以直线进行，若不受外力，他是一直永远前进的，因此可下一定例曰"其动也直"，直是不弯曲之意；凡物静止的时候，若不受外力，他是永远静止的，因此可下一定例曰"其静也专"，专是不移易之意。（6）正负二力变化，有八种状态，可把他描画下来，名之曰八卦，又把这八卦错综变化起来，把他所有的变态，穷形尽致的表示出来。（7）每一卦作一说明书，把宇宙事事物物的变态包含其中，使读者能够循着轨道推往知来。（8）这部书言盈虚消长之理，由虚而长而盈，是发散作用，由盈而消而虚，是收缩作用，可定名为《易经》。易有变易、交易两解，经字即常字之意，使人见了《易经》二字，即知书中所说的，是阴阳二气变化的常理，换言之，即是正负二力变化的规律。以上八条，即是我们所订的编译大纲。他们果然这样做去，把书做成了，各书坊都有发售，阅者试读一部，检查一下，看与编译大纲合不合，即知与力学规律合不合。

我们说：周易与力学相通，更可引严又陵之言为证。严译《天演论》，曾说道："夫西学之最切实而可以御蕃变者，名数质力四者之学而已。而吾《易》则名数以为经，质力以为纬，而合而名之曰《易》，大宇之内，质力相推，非质无以见力，非力无以呈质，凡力皆乾也，凡质皆坤也。奈顿（即牛顿）之三例，其一曰：'静者不自动，动者不自止，动路必直，速率必均。'此所谓旷古之虑，自其例出，而后天学明人事利者也。而《易》则曰：'乾，其静也专，其动也直。'后二百年，有斯宾塞尔者，以天演自然言化，著书造论，贯天地人而一理之，此亦晚近之绝作也。其为天演界说曰：'翕以合质，辟以出力，始简易而终杂糅。'而《易》则曰：'坤，其静也翕，其动也辟。'至于全力不增减之说，则有自强不息为之先。凡动必复之说，则有消息之义居其始，而《易》不可见，乾坤或几乎息之旨，尤与热力平均、天地乃毁之言相发明也，此岂可悉谓之偶合也耶？"严氏之言如此，足为《周易》与力学相通之明证。

老子是周秦诸子的开山祖师，他在中国学术界之位置，等于西洋物理学中之牛顿。牛顿看见万物都向内部牵引，因创出万有引力的学说。其实这种现象，老子早已看见了。他说："天得一以清，地得一以宁，神得一以灵，谷得一以盈，万物得一以生，侯王得一以为天下贞。天无以清将恐裂，地无以宁将恐发，神无以灵将恐歇，谷无以盈将恐竭，万物无以生将恐灭，侯王无以贞而贵将恐蹶。"老子的意思，即是说：天地万物，都有一个东西把他拉着，如果莫得那个东西，天就会破裂，地就会发散，神就会歇绝，谷就会枯竭，万物就会消灭，侯王就会倒下来。看他连下裂发歇竭灭蹶六个字，都是万有引力那个引字的反面字，也即是离心力那个离字的代名词，可见牛顿所说的现象，老子早已看见。牛顿仅仅用在物理上，老子并且应用到人事上，他的观察力，何等精密！他的理想，何等高妙！

近代的数学，以X代未知数，遇着未知物，也以X代之，如X光线是也。古代的数学，以一代未知，故中国古代的天元数，和西洋古代的借根方，都是以一代未知数，老子看见万物都向内部牵引，不知是个什么东西，只好名之为一。

老子说："有物混成，先天地生，寂兮寥兮，独立而不改，周行而不殆，可以为天下母，吾不知其名。"又说："视之不见名曰夷，听之不闻名曰希，抟之不得名曰微，此三者不可致诘，故混而为一。"又说："湛兮似或存，吾不知谁之子，象帝之先。"这究竟是个什么东西，值得老子如此赞叹？如今科学昌明了，我们仔细研究，才知他所说的，即是向心离心二力稳定时的现象，也即是阴电阳电中和时的现象。他看见有一个浑然的东西，本来是寂然不动的，一动作起来，就非常奇妙，"一生二，二生三，三生万物。"这一个东西，动作起来，就生出一发散、一收缩两个东西，由这两个东西，就生出第三个东西，由此辗转相生，就生出千万个东西了。

数学上用 X 或一字代未知数，是变动不居的，可以代此数，又可代彼数，故用一字代未知物，可以代此物，又可代彼物。我们研究老子书中的一字，共有两种。他说："天得一以清"的一字，是指万物向内部牵引之现象而言。他说："一生二，二生三"的一字，是指离心向心二力稳定时之现象，也即是阴阳二电中和时之现象。我们这样的研究，老子书中的一字就有实际可寻了。

西人谈力学，谈电学，都是正负二者，两两对举；老子每谈一事，都是把相反之二者，两两对举。如云："有无相生，难易相成。"有无难易对举。"虚其心，实其腹，弱其志，强其骨。"虚实强弱对举。他如：言静躁，言雌雄，言洼盈等等，无一非两两对举，都是描写发散和收缩两种状态。

正负二力，是互相消长的。老子知道：发散之后，跟着即是收敛，收敛之后，跟着即是发展，所以他说："将欲歙之，必固张之，将欲弱之，必固强之。"他以为要想向外发展，必先向内收敛，因此他主张俭，主张啬，俭的结果是广，啬的结果是长生久视，俭与啬者收敛也，广与长生久视者发展也。一般人都说老子无为，其实误解了。他是要想有为，而下手则从无为做起走，故曰："无为则无不为。"他的话，大概上半句是无为，下半句是有为。例如："慈故能勇，俭故能广，不敢为天下先，故为成事长。"等等皆是。我们用科学的眼光看去，即知他是把力学原理应用到人事上。

我们生在今日，可以援用力学公例，老子那个时候，力学未成专科，当然无从援用，但老子创出的公例，又简单，又真确，即是用水作比喻，如"上善若水"，"江海能为百谷王"，"天下莫柔弱于水"等语，都是以水作比喻。水之变化，即是力之变化，他以水作比喻，即可说是援用力学规律。

学术是进化的，牛顿之后，出了一个爱因斯坦，发明了相对论，他的学说，比牛顿更进一步；老子之后，出了一个庄子，他的学说，也比老子更进一步。庄子虽极力推尊老子，然而却不甘居老子篱下，你看他《天下篇》所说，俨然在老子之外独树一帜，这是他自信比老子更进一步，才有那种说法。

庄子学说，与爱因斯坦酷似，所异者，一个谈物理，一个谈人事。爱因斯坦谈物理，从空间时间立论，庄子谈人事，也从空间时间立论。爱因斯坦名之曰相对，在庄子则为比较，从空间上两相比较，从时间上两相比较，比较即是相对之意，庄子和爱因斯坦，所走途径，完全相同。

庄子说："泰山为小，秋毫为大。"又说："彭祖为夭，殇子为寿。"这类话，岂不很奇吗？我们知道他是从比较上立论，也就不觉为奇了。拿泰山和秋毫比较，自然泰山很大，秋毫很小；如拿恒星行星和泰山比较，泰山岂不很小吗？拿原子电子和秋毫比较，秋毫岂不很大吗？拿彭祖和殇子比较，自然殇子为夭，彭祖为寿；但是大椿八千岁为春，八千岁为秋，拿彭祖与之比较，彭祖之命岂不很短吗？蜉蝣朝生暮死，木槿朝开暮落，拿殇子与之比较，殇子之命，岂不很长吗？庄子谈论事物，必从比较上立论，认为宇宙无绝对之是非善恶，世俗之所谓是非善恶者，乃是相对的。爱因斯坦在物理学上发明的原则，庄子谈论人事，早已适用了。爱因斯坦的相对论，必兼空间时间二者而言之，庄子学说亦然，泰山秋毫一类话，是从空间立论，彭祖殇子一类话，是从时间立论，所以说：庄子所走的途径，与爱因斯坦完全相同。

毛嫱西施，世人很爱她，而鱼见之则深入，鸟见之则高飞，同是毛嫱西施，人与鱼鸟之自身不同，则爱憎即异。骊姬嫁与晋献公，初时悲泣，后来又欢喜，同是骊姬，同是嫁与晋献公，时间变迁，环境改易，连自己的观察都不同。我们平日读庄子的书，但觉妙趣横生，今以爱因斯坦之原则律之，才知他的学说是很合科学的。

儒家的学说，把相对的道理忽略了，对于空间时间的关系，不甚措意，认为他们所定的大经大法，是万世不易的。庄子懂得相对的原理，故把儒家任意嘲笑，以为凡事须要看清空间时间的关系。儒家开口即谈仁义，庄子则曰："仁义先王之蔽庐也，止可以一宿而不可以久处。"此等见解，实较儒家为高。

儒家最重要的，是《大学》、《中庸》二书，《中庸》"放之则弥六合"，是层层放大，"卷之则退藏于密"，是层层缩小，具备了发散收缩两种现象；《大学》亦然。《大学》说："古之欲明德于天下者，先治其国；欲治其国者，先齐其家；欲齐其家者，先修其身；欲修其身者，先正其心；欲正其心者，先诚其意。"这是层层缩小。又说："意诚而后心正，心正而后身修，身修而后家齐，家齐而后国治，国治而后天下平。"这是层层放大。绘图如丁图，阅之自明。孔子"上律天时，下袭水土"，仰观俯察，把宇宙自然之理看得清清楚楚，所以创出的学说，极合自然之理，而《大学》、《中庸》，遂成为儒家嫡派之书。

诚意之意字，朱子释之曰："意者，心之所发也。"而明儒王一庵、刘蕺山、黄宗羲诸人，均谓，身之主宰为心，心之主宰为意，故曰：主意。其说最确，故可绘图如丁图：西欧学说，无论利己主义，利人主义，均以我字为起点，即是以身字为起点；中国则从身字推进两层，寻出意字，以诚意为下手功夫。譬之建屋，中国是把地上浮泥去了，寻出石底，方从事建筑；西人从我字起点，是在地面浮泥上建筑，基础未固，建筑愈高，倒塌下来，压毙之人愈多。所以由斯密士学说之结果，会酿成社会革命；由达尔文学说之结果，会酿成世界第一次大战，第二次大战；如实行中国学说，绝无此流弊。

（详见拙著《中国学术之趋势》）

孔子问礼于老子，其学是从老子而来。老子曰："为道日损，损之又损，以至于无为。"这是向内收敛。又曰："无为则无不为矣。"这是向外发展。《中庸》"放之则弥六合，卷之则退藏于密"，正是老子家法。老子又曰："修之于身，其德乃真，修之于家，其德乃余，修之于乡，其德乃长，修之于邦，其德乃丰，修之于天下，其德乃普。"我们绘之为图，岂不与丁图一样？足知孔老学说原是一贯。

仲尼祖述尧舜，《尧典》曰："克明俊德，以亲九族，九族既睦，平章百姓，百姓昭明，协和万邦，黎民于变时雍。"绘出图来，也与丁图一样，足知孔门学说是尧舜家法。

西人讲个人主义的，反对国家主义和社会主义。讲国家主义的，反对个人主义和社会主义。讲社会主义的，反对个人主义和国家主义。个人即所谓我，社会即所谓天下。西人之我也，国家也，天下也，三者看为不相容之物，存其一必去其二。而中国之学说则不然，把此三者融合为一，细玩丁图，于三者之间，还要添一个家字，老子还要添一个乡字，看起来，并无所谓冲突。《礼记》曰："以天下为一家，以中国为一人。"此种学说，何等精粹。自西人眼光看来，世界处处冲突，此强权竞争，优胜劣败之说所由来也。《中庸》曰："万物并育而不相害，道并行而不相悖。"处处取平行线态度，绝无所谓冲突。所以要想世界太平，非一齐走入中国主义这条路不可。

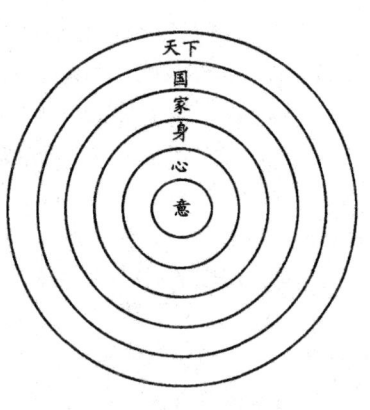

丁图　诚正修齐治平图

中西人士，聪明才智是相等的，不过研究的方法，稍有不同，西人把他聪明才智用以研究物理，中国古人把他聪明才智用以研究人事。西人用仰观俯察的法子，把宇宙自然之理看出来了，创出物理上种种学说；中国古人，用仰观俯察的法子，把宇宙自然之理看出来了，创出人事上种种学说。然而物理上种种学说，逃不出力学规律，人事上种种学说，逃不出心理学。我们定出一条臆说："心理依力学规律而变化。"即可将人事与物理沟通为一，也即是将中西学说沟通为一。

中国古人所说上行下效，父慈子孝，与夫"绥之斯来，动之斯和"一类话，都含磁电感应原理，社会上一切组织，看似无有条理，而实极有条理，看似不科学，而实极合科学。本书所绘甲乙丙丁四图，纯是磁场现象，厘然秩然，可说中国古人是将磁电原理运用到人事上来了，西人则父子兄弟夫妇间的权利义务，都用簿式计算，以致人与人之间，冷酷无情，必须灌注以磁电，才有一种祥和之气。

中国古人，喜欢说与天地合德、与天地同流一类话，初看去，不过是些空洞的话，而今科学昌明了，大家都知道：所谓天体，是循着力学规律走的。古人窥见了真理，他说与天地合德同流，无异说：吾人做事，要与力学规律符合。

吾人做事，根于心理，心理依力学规律而变化。水之变化，即是力之变化，古人论事，多以水作喻，可以说：都是援引力学规律。老子曰："上善若水。"孔子在川上曰："逝者如斯夫。"孟子曰："源泉混混。"他如："防民之口，甚于防川。"与夫"器方则水方，器圆则水圆。"等等说法，无一不取喻于水。孙子曰："兵形像水，水之形避高而趋下，兵之形避实而击虚，水因地而制流，兵因敌而制胜，故兵无常形，水无常势。"故《孙子》十三篇，俱可以力学规律绳之。如本书第六章，举《孙子》所说："吴人越人，同舟济而遇风。"韩信背水阵，引《孙子》语："置之死地而后生。"俱可本力学规律，绘图说明。

宋儒子《孔记》中，特别提出《大学》、《中庸》二篇，程朱诸人，复精研易理，于真理都有所窥见。周子太极图，俨然是螺旋式的回旋状况，所以宋儒之理学，能于学术上开一新纪元。宋儒发明了理学，愈研究愈精微，到了明朝王阳明出来，他的学说风靡天下，我们只把阳明提出来研究即是了。他的学说，最重要者：（1）致良知；（2）知行合一。此二者均含有力学原理。

（1）致良知。王阳明《传习录》说："人的良知，就是草木瓦石的良知。"草木暂不说，请问瓦石是无生之物，良知安在？我们把瓦石加以分析，除了泥沙，别无他物，细加考察，即知它有凝集力，能把泥沙分子结合拢来，对于外物有一种引力，把瓦石向空抛去，它能依力学规律向下而坠。由此知：阳明所谓良知，不外力之作用罢了。阳明所说的良知，与孟子所说的良知不同，孟子指仁爱之心而言，只是一种引力，阳明则指是非之心而言，是者自必引之使近，非者自必推之使远，具有向心离心二力之作用，故阳明学说，较孟子学说圆满。我们这样的研究，即知阳明所谓致良知者，无非把力学原理应用到事事物物而已。

（2）知行合一。阳明说："知是行的主意，行是知的工夫；知是行之始，行是知之成。"他这个道理，可画根力线来说明。例如：我闻友人病重，想去看他。我心中这样想，即心中发出一根力线，直射到友人方面，我由家起身，即是沿着这根力线一直前进，直到病人面前为止。知友人病重，是此线之起点，故曰："知是行之始。"走到病人面前，是此线之终点，故曰："行是知之成。"两点俱在一根直线上，故曰："知行合一。"一闻友病，即把这根路线画定，故曰："知是行的主意。"画定了，即沿着此线走去，故曰："行是知的工夫。"阳明把明德亲民二者，合为一事，把博学、审问、慎思、明辨、笃行五者合为一事，把格致诚正、修齐治平八者合为一事，都是用的这个方式，都是在一根直线上，从起点说至终点。

王阳明解释《大学·诚意章》"如好好色，如恶恶臭"二句，说道："见好色属知，好好色属行，只见好色时，已自好了，不是见后又立个心去好，闻恶臭属知，恶恶臭属行，只闻恶臭时，已自恶了，不是闻后别立一个心去恶。"他这种说法，用磁电之理一说就明白了。"异性相引，同性相推"，是磁电的定例，能判别同性异性者，知也，引之推之者，行也。我们在讲室中试验，即知道：磁电一遇异性，立即相引，一遇同性，立即相推，并不是先把同性异性判定了，然后才去引之推之。知行二者，简直分不出来，恰是阳明所说"既知即行"的现象。

阳明说的"知行合一"乃是思想与行为合一，如把知字改为思想二字，更觉明了，因为人的行为，是受思想支配的。故阳明曰："知是行的主意。"所以我们观察人的行为，即可窥见其心理，知道他的心理，即可预料其行为。古人说"诚于中，形于外。"又说："中心达于面目。"又说："根于心，见于面，盎于背，旋于四体"等语。我们下细研究，即知这些说法，很合力学规律。心中起了一个念头，力线一动，即依着直线进行的公例，达于面目，跟着即见于行事。但有时心中起了一个念头，竟未见诸实行，这是什么缘故呢？是心中另起一种念头，把前线阻住了，犹如起身去看友人之病，行至中途，发生障故，路线被阻一般。此种现象，在阳明目中看来，仍与实行了无异，不必定要走到病人面前才算实行，只要动了看病人的念头，即等于行。故曰：知行合一。

阳明说："见好色属知，好好色属行。"普通心理学，分知、情、意三者，这"好好色"，明明属乎情，何以谓之行呢？因为一动念，力线即射到色字上去了，已经是行之始，故阳明把情字看作行字，他说的"知行合一"乃是"知情合一"。所以我们要想彻底了解阳明学说，必须应用力学规律，根据他所说"知是行之始，行是知之成"，绘出一根直线，才知他的学说不是空谈，而是很合自然之理的。

十一、经济、政治、外交三者应采用合力主义

我国古代，不但哲学家的学说，合得到力学原理，就是大政治家的政策，也合得到力学原理。以春秋战国言之，其时外交上发生两大政策，第一是管仲尊周攘夷的政策，第二是苏秦合六国以抗强秦的政策；这两大政策，俱合力学规律，故当时俱生重大的影响。管仲的政策是尊周攘夷，他提出尊周二字，九合诸侯，把全国力线集中于尊周之一点，内部力线，既已统一了，然后向四面打出，伐狄，伐山戎，伐楚，遂崛起而称霸了。春秋时楚国最强，齐自襄公之乱，国力微弱，远非楚敌，召陵之役，齐合鲁宋陈卫郑许曹诸国以击楚，是合众弱国以攻打一个强国，合得到力学上的合力方式，所以能取胜。后来晋文公合齐宋秦诸国以伐楚，也是师法管仲政策，采用合力主义。

苏秦合六国以攻强秦，这是齐楚燕赵韩魏六国各发出一根力线，集中于攻打强秦之一点，其政策名曰合纵，是合六根力线，从纵的方向向强秦攻去，也是一种合力主义，故他的政策实行后，秦人不敢出关者十五年。

诸葛孔明，是三代下第一个政治家，他的外交政策，是联吴伐魏，合两个弱国，攻打一个强国。史称："孔明自比管仲乐毅。"孔明治蜀，略似管仲治齐，以之自比，尚属相似，请问孔明生平哪一点像乐毅，为甚以之自比？我们考《战国策》：燕昭王以乐毅为上将军，率燕赵楚魏宋五国之兵以伐齐；孔明的《隆中对》，主张西和诸戎，南抚夷越，东联孙权，然后北伐曹魏，与乐毅和燕昭王那篇议论完全相似，可知孔明自比管乐，全是取他合众弱国以攻打强国这一点。这是孔明在南阳同诸名士研讨出来的政策，不过古史简略，只载"自比管仲乐毅"一句，未及详言之耳。后来孔明的政策成功，曹操听说孙权把荆州借与刘备，二人实际联合了，他正在写字，手中之笔都落了，由此知合力主义之利害。

大凡列国纷争之际，弱小国之唯一办法，是采用合力主义，合众弱国以攻打强国，已经成了历史上铁则。而强国对付之唯一办法，是破坏他的合力主义，设法解散弱国之联盟，故六国联盟成功，秦即遣张仪出来挑拨离间，吴蜀联盟成功，曹操即设法使孙权败盟。

弱国能否战胜强国，以弱国之合力主义能否贯到彻底为断。齐合八国之师以伐楚，晋合四国之师以伐楚，燕合五国之师以伐齐，是合力到底，故能成功。苏秦合六国以抗秦，而六国自相冲突，故归失败；吴蜀联盟，中经孙

权败盟，关羽被杀，后来虽重行联合，而势力大为衰减，故仍不能成功。

合力主义，不但施之外交，且应施之内政。齐桓之能够称霸，是由管仲作内政，寄军令，内部力线是一致的；孔明治蜀，内部力线也是一致，故魏人畏之如虎。秦自商鞅而后，内部事事一致，六国既彼此相冲突，而各国内部复不讲内政，故秦兴而六国灭。管仲与宁鲍诸人，同心一德，合得到合力主义，故成功；苏秦有一个好友张仪，反千方百计，驱之入秦，违反合力主义，故失败。

主持国家大计，贵在把全国力线，根根都发展出来，集中于中央政府，用以对外，自然绰有余裕，所以身负国家重责的人，必须有笼罩万有的气象。古人云："万方有罪，罪在朕躬。"即是此种气象，秦曰："如有一介臣，断断猗，无他技，其心休休焉，其如有容焉，人之有技，若己有之，人之彦圣，其心好之，不啻如自其口出。"也是此种气象。刘邦豁达大度，能把敌人方面的韩信、陈平、黥布、彭越等诸人收己用，智者尽其谋，勇者尽其力。项羽则局量狭小，不唯韩彭诸人容留不住，连一个忠心耿耿的范增也不能用。刘邦用众人之力，项羽用一己之力，故汉兴而楚灭。

武王曰："纣有臣亿万，唯亿万心。"这是违反了合力主义。"予有臣三千，唯一心。"这是合乎合力主义，故武王兴而殷纣灭。他如光武之推心置腹，诸葛孔明之集思广益，都可谓之实行合力主义。

互竞主义，力线是横的，彼此相互冲突；互助主义，彼此虽不冲突，然力线仍是横的，成立不起政府，不得不流而为无政府主义。若行合力主义，则力线是纵的，可以成立政府，而力线则根根直达中央，彼此不相冲突。讲尼采的超人主义，其弊流于你死我活；讲托尔斯泰的不抵抗主义，其弊流于你活我死；最好是行合力主义，你与我大家都活。

我国治国之术，有主张用仁义感化的，其说出于孟子一派的儒家，是建筑在性善说上面，性善说是一偏之见，故纯用仁义感化有流弊；有主张用法律制裁的，其说出于申韩一派的法家，是建筑在性恶说上面，性恶说是一偏之见，故纯用法律制裁，也有流弊。我们知道：心理依力学规律而变化，无所谓善，无所谓恶，这是把性善说和性恶说合而为一，施之治国，则一面用仁义感化，等于治水者之疏瀹，使之向下流去，一面用法律制裁，等于治水者之筑堤，不使其横流。治水者，既是疏瀹与筑堤并行不悖，所以治国者仁义法律亦可并行不悖。水之变化，即是力之变化，用治水之法治民，断不会错。

世界之所以纷争不已者，实由互相反对之两说同时并行之故，而此互相反对之两说，大都一则建筑在性善说上，一则建筑在性恶说上。例如：个人主义经济学之鼻祖是斯密士，他说："人类皆有自私自利之心，利用这种自私自利之心，就可把人世利源尽量开发出来。"因主张营业自由。故知《原富》一书，是建筑在性恶说上。社会主义经济学之倡始者，是圣西门诸人，他们都说："人性是善良的，上帝造人类，并莫有给人类罪恶痛苦，人类罪恶痛苦，都是恶社会制成的。"故知共产诸书，是建筑在性善说上，性善说与性恶说既两相冲突，故社会主义与个人主义就两相冲突。民主主义的学说，发源于卢梭，卢梭说："自然之物皆善，经人类之手，乃变而为恶。"这是属乎性善说。倡独裁主义者，则谓人心好乱，必须采用独裁制，才能镇压下去，这是属乎性恶说。性善说与性恶说，既两相冲突，民主主义与独裁主义，遂两相冲突。达尔文倡优胜劣败之说，发挥人类自私自利之心，这是属乎性恶说。克鲁泡特金，起而反对之，说："动物和原始人类，都知道互助。"这是属乎性善说。性善说与性恶说，既两相冲突，故达尔文学说，克鲁泡特金学说，遂两相冲突。我们试思：同一社会之中，有种种两相冲突之主张，同时并行，世界乌得不大乱？

　　我们要想解除世界纷争，非先把人性研究清楚不可，人性研究清楚了，再来定经济政治外交三者的实施办法。我们主张：性无善无恶，算是把性善说与性恶说合而一之，因此我们拟具的经济制度，是把个人主义和社会主义合而一之，拟具的政治方式，是把民主主义和独裁主义合而一之。至于外交方面，我们把被侵略者联合为一，算是互助主义，进而对侵略者抗战，算是互竞主义，这可说是把克鲁泡特金学说和达尔文学说合而一之。基于经济之组织，生出政治之组织，基于经济政治之方式，生出外交之方式，由民生，而民权，而民族，三者一以贯之，而三民主义，就成为整个的了。

　　孙中山先生学说，业经国内学者详加阐发，独于他的学说系根据力学原理立论，许多人都未注意。他讲五权宪法，曾说道："政治里头，有两个力量，好比物理学里头，有离心力与向心力一般。"他主张两力平衡，才能达到安全现象。他讲民权主义，以机器为喻，以机器中之活塞为喻。又说：放水制和接电钮等等，都是把力学上原理运用到政治方面，中山先生把人事与物理会通为一，故创出的学说，很合宇宙自然之理。

　　此书初版，对于政治经济外交三者，本着合力主义，一一拟具实施办法。此次再版，因为曾写了一本《社会问题之商榷》，又写了一本《制宪与抗日》，后来又总括大意，写入《我的思想统系》中。其大旨：关于政治一层，人民行使四权，先从一村一场开始，各村各场办好了，联合为区，各区办好了，联合为县，由是而省而全国，四万万五千万人，有四万万五千万根力线，根根力线，直达中央，成一个合力政府。大总统去留之权，操诸人民之手，兴革大政，由全体人民裁决，大总统违法，可由人民总投票，撤职讯办，是为民主主义。大总统在职权内发出之命令，任何人不能违反，俨然专制时代之皇帝，是为独裁主义。像这样的办法，民主制和独裁制，即合而为一了。关于经济一层：土地、工厂、银行和经济贸易四者，一律收归国有，其他经济之组织，悉仍其归，个人主义、社会主义融合为一。人民私有之土地，始而收归一村一场公有，继而收归全区公有，全县公有，全省公有，终而收归全国公有（详细办法，具载拙著《我的思想统系》中）。关于外交一层，由我国出来，组织"新的国际联盟"，喊出"人类平等"的口号，以弱小民族为主体，进而与列强联合，以这个新的国联为推行我国王道主义之机关，我们最终的目的，是全球十八万万人共同做皇帝，把全世界土地收归全人类公有。

  自有历史以来，都是人同人争，其力线是横的，我们改为纵的方向，悬出地球为目的物，合全人类向之进攻，把他内部蕴藏的财富取出来，全人类平分，人同人争之现象，永远消灭，是为合力主义之终点。

第五部　社会问题之商榷

自　序

我从二十四年八月一日起,在成都《华西日报》写《厚黑丛话》。每日写一二段,初意是想把平日一切作品拆散来,连同新感想,融合写之。乃写至二十五年四月底止,历时九月,印了三小册,觉得心中想写的文字,还莫有写出好多。长此写去,阅者未免讨厌,因变更计划,凡新旧作品,已经成了一个系统者,各印专册。《厚黑丛话》暂行停写,其他心中想写的文字,有暇时,再写一种《厚黑余谈》。

我打算刊为专册的,计:(1)《厚黑学》;(2)《心理与力学》;(3)《社会问题之商榷》;(4)《考试制之商榷》;(5)《中国学术之趋势》共五种。《厚黑学》业于本年五月内印行,兹特将《社会问题之商榷》付印。

民国十六年,我做了一篇《解决社会问题之我见》,载入《宗吾臆谈》内,十七年扩大为一单行本,十八年印行,名曰:《社会问题之商榷》。此书发表后,据朋友的批评,大概言:"理论尚不大差,唯办法不易实行,并且有些办法,恐非数百年后办不到。"这种批评,我很承认。我以为,改革社会,等于修房子,应当先把图样绘出,然后才按照修造,如或财力不足,可先修一部分,陆续有款,陆续添修,最终就成为一个很完整的房子了。倘莫得全部计划,随便修几间来住,随后人多了,又随便添修几间,再多又添几间,结果杂乱无章,不改修,则人在里面,拥挤不通,欲改修,则须全行拆掉,筹款另建,那就有种种困难了。东西各国,旧日经济之组织,漫无计划,就是犯了这种弊病。

大凡主持国家大计的人,眼光必须注及数百年后,断不能为区区目前计。斯密士著《原富》,缺乏此种眼光,造成资本主义,种下社会革命之祸胎。达尔文缺乏此种眼光,倡优胜劣败之说,以强权为公理,把全世界造成一个虎狼社会。孟德斯鸠,缺乏此种眼光,倡三权分立之说,互相牵制,因而激成反动,产出墨索里尼、希特勒等专制魔王,为扰乱世界和平的罪魁,这是很可痛心的。

我辈改革社会,当悬出最远大的目标,使人知道前途无有止境,奋力做去,社会才能日益进化。并且有了公共的目标,大家向之而趋,步骤一致,社会才不至纷乱。

《礼记》上有《礼运》一篇，本是儒家的书，又有人说是道家的思想，书中提出大同的说法，至今二千多年，并未实现。当日著书的人，明知其不容易实现，而必须这样说者，即是悬出最远大的目标，使数千年后之人，向之而趋。也即是绘出一个房子的样式，使后人依照这个样式修造，经过若干年，这个完整的房子，终当出现。著《礼运》的人，虽然提出此种目标，而实际上，则从小康下手，一步一步地做去。至于释迦佛所说的境界，更非历劫不能到，然而有了此种目标，学佛的人，明知今生不能达到，仍不能不苦苦修习。东方儒释道三个教主，眼光之远大，岂是西洋斯密士一类学者所能梦见？有了西洋这类目光短浅的学者，才会酿成世界第一次大战，直接间接死了数千万人。大战过后，仍不能解决，跟着又要第二次大战，如不及早另寻途径，可断跟着又要第三次大战，第四次大战。

墨索里尼、希特勒和日本少壮军人，真是瞎子牵瞎子，一齐跳下岩。我国自辛亥革命，至今已二十五年，政治和经济，一切机构，完全打破，等于旧房子，全行拆掉，成了一片平地，我们应当斟酌国情，另寻一条路来走。如果盲目的模仿西洋，未免大错而特错。

房子是众人公共住的，我们要想改修，当多绘些样式，经众人细细研究，认为某种样式好，才着手修去。不能凭着一己的意见，把众人公住的房子，随便拆来乱修。我心中有了这种想法，就不揣冒昧，先绘个样式出来，请阅者严加指驳，将不合的地方指出；同时就说："这个办法，应当如何修改"，另绘一个样式，我们大家斟酌。

本书前四章是理论，第五章是办法，有了这种理论，就不能不有这种办法。十八年刊行之本，有吴郝姚杨四君的序文。本年四月再版《厚黑学》，已刻入，兹不赘刻，我有自序一首，也删去。第六章《各种学说之调和》，中间删去数段，其余一概仍旧，未加改窜。现在我觉得办法上，有许多地方，应该补充和修改，将来写入《厚黑余谈》，借见前后思想之异同。

中华民国二十五年，六月十二日，李宗吾，于成都。

一、公私财产之区分

我们要想解决社会问题，首先当研究的，就是世界上的财物，哪一种应当归诸社会公有，哪一种应当归诸个人私有，先把这一层研究清楚了，然后才有办法。兹将我所研究者分述如下：

第一项，地球的生产力：地球上未有人类，先有禽兽。禽兽渴则饮水，饥则食果实，那个时候地球上的天然物，是禽兽公有的，即可以说，那个时候的地球是禽兽公有物。随后人类出来，把禽兽打败了，也如禽兽一般，渴饮饥食，地球上的天然物，归人类所有。我们可以说，那个时候的地球是人类公有物，任何人都有享受地球上天然物的权利。后来人类繁兴，地球上的天然物不够用，才兴耕稼，把地球内部蕴藏的生产力，设法取出来，以供衣食之用。于是大家占据地球上面一段，作为私有物，就有所谓地主了。地主占据之方法有二，最初是用强力占据，后来才用金钱买卖，无论哪一种，都是把地球的生产力攘为私有，我们须知，这地球的生产力是人类的公有物，不唯不该用强力占据，并且不该用金钱买卖。不唯资本家不该占有，就是劳动家也不该占有。为什么劳动家不该占有呢？例如我们请人种树，每日给以工资口食费壹元，这壹元算是劳力的报酬，所种之树，经过若干年，出售与人，得十元百元或千元，我们所售者，是地球内部的生产力，不是种树人的劳力，因为他的劳力，是业已报酬了的。当初种树的工人，即无分取树价之权。地球是人类公有物，此种生产力，即该人类平摊，故我主张的第一项，即是地球生产力应该归诸社会公有。

第二项。机器的生产力：最初人民做工，全靠手足之力，后来机器发明，他那生产力就大得了不得。我们川省轿夫担夫的工价，大约每日壹元，如用手工制出之货，每日至多不过获利壹元，这壹元算是劳力的报酬；如改用机器，一人之力，可抵十人百人千人之力，所获之利，十元百元或千元不等。这多得的九元，或九十九元，或九百九十九元，是机器生产力的效果。不是劳力的效果，也应该人类公有，不该私人占有。就说工人劳苦功高，有了机器，莫得劳力，他的生产力不能出现，我们对于工人，加倍酬报，每人每日给以二三元，或四五元罢了，所余的五元，或九十五元，或九百九十五元，也应该人类平摊。被资本家夺去，固是不平之事，全归工人享用，也是不平之事。因为发明家发明机器，是替人类发明的，不是替哪个私人发明的。犹之前辈祖人遗留的产业一般，后世子孙，各有一份，我们对发明家，予以重大的报酬，他那机器，就成为人类公有物。现在通行的机器，发明家早将发明权抛弃了，成了无主之物，他的生产力，即该全人类公共享受。故我主张的第二项，即是机器生产力应该归诸社会公有。

上面所举种树人及在工厂做工之人，是就劳力之显著者而言，若精密言之，则种树时尚有规划者，种后有守护者，砍售时有砍者售者，工厂中亦有经理监工售货种种劳工，除去此等人之报酬外，才是纯粹的地球生产力和机器生产力，才应归社会公有。

第三项，人的脑力体力：各人有一个身体，这个身体即算是各人的私有物。身体既是各人私有物，则脑之思考力和手足之运动力，即该归诸个人私有，不能把他当作社会公有物，不能说使用了不给代价。故我主张的第三项，即是各人的脑力体力应该归诸个人私有。

我们把上面三项的性质研究清楚了，就可定出一个公例曰："地球生产力和机器生产力，是社会公有物，不许私人用强力占据，或用金钱买卖。脑力体力，是个人私有物，如果要使用他，必须给予相当的代价。"

（1）斯密士的学说，律以上述公例，就发现一个大缺点，各工厂除开支工资而外，所得纯利，明明是机器生出来的效果，乃不归社会公有，而归厂主私有，这就是掠夺了机器的生产力，是极不合理的事。又田地中产出之物，地主把他划作两部分，一部分归佃农自用，这是劳力的报酬，是很正当的，另一部分，作为租息，由地主享用，这一部分明明是使用地球的代价，乃不归社会公有，而归地主私有，这就是掠夺了地球的生产力，也是极不合理的事斯密士的学说，承认厂主有享受纯利之权，承认地主有享受租息之权，犯了夺公有物以归私之弊。有了这个缺点，所以欧美实行他的学说，会造成许多资本家，会酿出劳资的大纠纷。

（2）孙中山的学说，律以上述公例，就觉得他的学说是很圆满的，是与公例符合的。阅者如果不信，试取孙中山所著三民主义，反复熟读，再遍览他的著作及一切演说词，无论如何，总寻不出他夺私有物以归公的地方，也寻不出夺公有物以归私的地方。

二、人性善恶之研究

大凡研究古人之学说，首先要研究他对于人性之主张，把他学说之出发点寻出了，然后才能把他学说之真相研究得出来。我们要解决社会问题，非先把人性研究清楚了，是无从评判的。孟子主张性善，荀子主张性恶，二说对峙不下，是两千余年未曾解决之悬案。所以中国学术史上，生出许多纠纷，其实二说俱是一偏之见。宋以后儒者，笃信孟子之说，一部宋元明清学案，触处皆是穿凿矛盾，中国如此，欧洲亦然。因为性善说性恶说，是对峙的两大派。所以经济学上就生出个人主义和社会主义两大派，一派说人有利己心，一派说人有同情心，各执一词，两派就纠纷不已了。

斯密士认定人人都是徇私的，人人都有利己心，但他以为这种自私自利之心。不唯于社会上无损，并且是非常有益的。因为人人有贪利之心，就可以把宇宙自然之利开发无遗，社会文明就因而进步，虽说人有自私自利之心，难免不妨害他人，但是对方也有自私自利之心，势必起而相抗，其结果必出于人己两利，各遂其私之一途。他全部学说，俱是这种主张。他不料后来资本家专横到了极点，劳动家毫无抵抗能力，致受种种痛苦。他的学说，得了这样的结果。

社会主义之倡始者，如圣西门等一流人，都是悲天悯人之君子，目睹工人所受痛苦，倡为共产之说。他们都说："人性是善良的，上帝造人类，并没有给人类罪恶痛苦，人类罪恶痛苦，都是恶社会制成的。"我们看他这种议论，即知道共产主义的学说是以性善说为出发点。

孟子主张性善，他举出的证据，共有两个：(1)"孩提之童，无不知爱其亲"；(2)"乍见孺子将入井，皆有怵惕恻隐之心"。他这两个证据，都是有破绽的。他说"孩提之童，无不知爱其亲"。这话诚然不错，但是我们可以任喊一个当母亲的，把他的亲生孩子抱出来当众试验。母亲手中拿一块糕饼，小儿见了，就伸手来拖，母亲如不给他，把糕饼放在自己口中，小儿就会伸手，从母亲口中把糕饼取出，放入他的口中。请问孟子，这种现象算不算爱亲呢？孟子又说："今人乍见孺子将入于井，皆有怵惕恻隐之心。"这个说法，我也承认，但是我要请问孟子，这句话中，明明是怵惕恻隐四字，何以下文说"恻隐之心，仁之端也"，"无恻隐之心非人也"？凭空把怵惕二字摘来丢了，是何道理？又孟子所举的证据，是孺子对于井，生出死生存亡的关系，那个时候，我是立在旁边，超然于利害之外。请问孟子，假使我与孺子，同时将入井，此心作何状态？请问此刹那间发出来的念头，究竟是恻隐，是怵惕？不消说，这刹那间，只是有怵惕而无恻隐。恻隐是仁，怵惕断不可谓之为仁，怵惕是惊惧的意思，是从自己怕死之心生出来的。吾人怕死之心，根于天性，乍见孺子将入井，是猝然之间，有一种死的现象呈于吾前。我见了不觉大吃一惊，心中连跳几下，这即是怵惕。我略一审视，知道这是孺子死在临头，不是我死在临头，立即化我身而为孺子，化怵惕而为恻隐。孺子是我身之放大形，恻隐是怵惕之放大形，先有我而后有孺子，先有怵惕而后有恻隐，天然顺序，原是如此。怵惕是利己之心，恻隐是利人之心，利人心是利己心放大出来的。主张性善说者，每每教人把利己心铲除了单留利人之心，皮之不存，毛将安附？既无有我，焉得有孺子？既无怵惕，焉得有恻隐？

研究心理学，自然以佛家讲得最精深，但他所讲的是出世法，我们现在研究的是世间法。佛家言无人无我，此章是研究人我的关系，目的各有不同，故不能高谈佛理。孟子言怵惕恻隐，我们从怵惕恻隐研究起走就是了。怵惕是利己心，恻隐是利人心，荀子知道人有利己心。故倡性恶说，孟子知道人有利人心，故倡性善说。我们可以说：荀子的学说，以怵惕为出发点，孟子的学说，以恻隐为出发点。王阳明《传习录》说："孟子从源头上说来，荀子从流弊上说来。"荀子所说，是否流弊，姑不深论。怵惕之上，有无源头，我们也不必深求。唯孟子所讲之恻隐，则确非源头。怵惕是恻隐之源，恻隐是怵惕之流，王阳明所下源流二字，未免颠倒了。

孟子的学说，虽不以怵惕为出发点，但怵惕二字，他是看清楚了的。他知道恻隐是从怵惕扩充出来的，因教人再扩而充之，以达于四海，其说未尝不圆满。他的学说，纯是推己及人，所以他对齐宣王说："王如好货，与民同之"，"王如好色，与民同之"，又说"老吾老，以及人之老；幼吾幼，以及人之幼"，又说："人人亲其亲，长其长，而天下平"。吾字其字，俱是己字的代名词，孟子的学说，处处顾及己字，留得有己字的地位，本无何种弊害，惜乎他的书上，少说了一句"恻隐是怵惕扩充出来的"。传至宋儒，就误以为人之天性一发动出来，即是恻隐，以恻隐二字为源头，抹杀了怵惕二字。元明清儒者，承继其说，所以一部宋元明清学案，总是尽力发挥恻隐二字，把怵惕二字置之不理，不免损伤己字，因而就弊端百出。

宋儒创"去人欲存天理"之说，天理隐贴恻隐二字，把他存起，自是很好。唯人欲二字，界说不清，有时把怵惕也认为人欲，想设法把他除去，成了"去怵惕存恻隐"，那就坏事不小了。程子说："妇人饿死事小，失节事大。"他不知死之可畏，这可算是去了怵惕的。程子是主张去人欲之人，他发此不通之论，其病根就在抹杀了己字。这是由于他读孟子书，于怵惕恻隐四字，欠了体会的缘故。张魏公符离之败，死人无算，他终夜鼾声如雷，其子南轩，夸其父心学很精，这也算是去了怵惕的。怵惕是恻隐的根源，去了怵惕，就无恻隐，就会流于残忍，这是一定不移之理。许多杀人不眨眼的恶匪，身临刑场，谈笑自若，就是明证。

据上项研究，可知怵惕与恻隐，同是一物，天理与人欲，也同是一物，犹之煮饭者是火，烧房子者也是火一般。宋儒不明此理，把天理人欲看作截然不同之二物，创出"去人欲"之说，其弊往往流于伤天害理。王阳明说："无事时，将好色好货好名等私，逐一追究搜寻出来，定要拔去病根，永不复起，方始为快。常如猫之捕鼠，一眼看着，一耳听着，才有一念萌动，即与克去，斩钉截铁，不可姑容，与他方便，不可窝藏，不可放他出路，方是真实用功，方能扫除廓清。"这种说法，仿佛是见了火会烧房子，就叫人以后看见了一星之火，立即把他扑灭，断绝火种，方始为快。《传习录》中又说："一友问，欲于静坐时，将好名好色好货等根，逐一搜寻，扫除廓清，恐是剜肉做疮否？先生正色曰：这是我医人的方子，真是去得人病根，更有大本事人，过了十数年，亦还用得着，你如不用，且放起，不要作坏我的方子。是友愧谢。少间曰：此量非你事，必吾门稍知意思者，为此说以误汝。在座者悚然。"我们试思，王阳明是很有涵养的人，他平日讲学，任人如何问难，总是勤勤恳恳的讲说，从未动气，何以门人这一问，他会动气？何以始终未把那门人之误点指出？何以又承认说这话的人是稍知意思者呢？因为阳明能把知行二者合而为一，能把明德亲民二者合而为一，能把格物、致知、诚意、正心、修身五者看作一事，独不能把天理、人欲看作一物，这是他学说的缺点，他的门人这一问，正击中他的要害，所以他就动起气来了。

究竟"剜肉做疮"四字，怎样讲呢？肉喻天理，疮喻人欲，剜肉做疮，即是把天理认作人欲，去人欲即未免伤及天理，门人的意思，即是说：我们如果见了一星之火，即把他扑灭，自然不会有烧房子之事，请问拿什么东西去煮饭呢？换言之，即是把好货之心连根去尽，人就不会吃饭，岂不饿死吗？把好色之心连根去尽，就不会有男女居室之事，人类岂不灭绝吗？这个问法，何等利害？所以阳明无话可答，只好愤然作色了。宋儒去人欲，存天理，所做的是剜肉做疮的工作。

我们如果知道怵惕与恻隐同是一物，天理与人欲同是一物，即知道个人主义与社会主义并不是截然两事。斯密士说人有利己心，是以怵惕为出发点，讲共产的人，说人有同情心，是以恻隐为出发点，前面曾说恻隐是怵惕之放大形，因而知同情心是利己心之放大形，社会主义、个人主义之放大形。

据我的研究，人性无所谓善，无所谓恶，善恶二字，都是强加之词。我举一例，就可证明了：假如有友人某甲来访我，坐谈许久，我送他出门去后，旋有人来报，说某甲走至街上，因事与人互殴，非常激烈，现刻正在难解难分之际。我听了这话，心中生怕某甲受伤，赶急前往救援。请问这种生怕某甲受伤之心，究间是善是恶？假使我们去问孟子，孟子一定说："此种心理即是性善的明证。因为某甲是你的朋友，你怕他受伤，这即是爱友之心。此种心理，是从天性中不知不觉自然流出，人世种种善举，由此而生，古之大圣大贤，民胞物与，是从此念扩充出来的。现在所谓爱国，所谓爱人类，也是从此念扩充出来。此种心理是维持世界和平之基础，你应该把他好生保存，万不可失掉。"假如我们去问荀子，荀子一定说："此种心理，即是性恶的明证。因为某甲是人，与某甲相殴之某乙也是人，人与人相殴，你不怕某乙受伤，而怕某甲受伤，不去救某乙，而去救某甲，这即是自私自利之心。此种心理，是从天性中不知不觉自然流出，人世种种恶事，由此而生。欧洲大战数年，死人无算，是从此念扩充出来的。日本在济南任意惨杀，也是从此念扩充出来的。此种心理，是扰乱世界和平之根苗，你应该把他铲除净尽，万不可存留。"上面所举之例，同是一事，两面说来，俱是持之有故，言之成理，所以性善性恶之争，就数千年而不能解决。因为研究人性有两说对抗不下，所以个人主义和社会主义就对抗不下。

　　据我的研究，听见友人与人斗殴，就替友人担忧，怕他受伤，这是心理中一种天然现象，犹如磁电之吸引力一般，不能说他是善，也不能说他是恶，只能名之曰天然现象罢了。我们细加考察，即知吾人任发一念，俱是以我字为中心点，以距我之远近，定爱情之厚薄。小儿把邻人与哥哥相较，觉得哥哥更近，故小儿更爱哥哥。把哥哥与母亲相较，觉得母亲更近，故小儿更爱母亲。把母亲与己身相较，自然更爱自己，故见母亲口中糕饼，就取来放在自己口中。把朋友与别人相较，觉得朋友更近，故听见朋友与别人斗殴，就去救朋友。由此知人之天性是距我越近，爱情越笃，爱情与距离，成反比例，与磁电的吸引力相同，此乃一种天然现象，并无善恶之可言。我所说小儿夺母亲口中食物的现象，和孟子所说孩提爱亲、少长敬兄的现象，俱是一贯的事，并不生冲突。孟子看见小儿爱亲敬兄的现象，未看见夺母亲口中食物的现象，故说性善；荀子看见夺母亲口中食物的现象，未看见爱亲敬兄的现象，故说性恶。各人看见半截，就各执一词，我们把两截合拢来，孟荀两说就合而为一了，现在所讲的个人主义和社会主义，也就联为一贯了。

　　古今学说之冲突，都是由于人性之观察点不同，才生出互相反对之学说，其病根就在对于人性，务必与他加一个善字或恶字，最好是把善恶二字除去了，专研究人性之真相。如物理学家研究水火之性质一般，只要把人性的真相研究出来，自然就有解决的方法。假如研究物理的人，甲说水火性善，乙说水火性恶，问他们的理由，甲说水能润物，火能煮饭，是有益于人之物，是谓性善，乙说水能淹死人，火会烧房子，是有害于人之物，是谓性恶，像这样的说法，可以争辩数千年不能解决。不幸孟子之性善说，荀子之性恶说，其争辩的方式，纯是争辩水火善恶之方式，所以两说对峙两千余年而不能解决。物理学家，只是埋头研究水火之性质，用其利，避其害，绝不提及善恶二字，此种研究法，我们是应该取法的。

著者尝谓小儿爱亲敬兄，与夫夺母亲口中食物等事，乃是一种天然现象，与水流湿火就燥的现象是一样的，不能说他是善，也不能说他是恶。我多方考察，知道凡人任起一念，俱以我字为中心点，曾依孟子所说性善之理，绘出一图，又依荀子性恶之理，绘出一图，拿来照规之，两图俱是一样，两图俱与物理学中磁场现象相似（见拙著《心理与力学》），因臆断人之性灵和地球之引力，与夫磁气电气，同是一物。我们把地球物质的分子解剖之，即得原子，把原子解剖之，即得电子。据科学家研究，电子是一种力，这是业经证明了的。吾身之物质，无一不从地球而来，将吾身之物质解剖之，亦是由分子而原子、而电子，也是归于一种力而后止。吾人的身体，纯是电子集合而成，所以吾人心理的现象，与磁电的现象绝肖，与地球的吸引力也绝肖。

　　人有七情，大别之只得好恶二者，好者引之使近，恶者推之使远，其现象与磁电相推相引是一样的。磁电同性相推，异性相引，与人类男女相爱，同业相嫉是一样。人的心，分知、情、意三者，意是知、情的混合物，只算有知、情二者。磁电相推相引，是情的作用。能判别同性异性，是知的作用。足知磁电之性与人性相同，小儿生下地即会吸乳，与草木之根能吸取地中水分，是一样的。小儿见了食物，伸手取来，放在口中，其作用与地心遇着物体就吸，是一样的。小儿有了这种天然作用，小儿才能生活。地球有了这种天然作用，地球才能成立。小儿夺取食物，固然是求生存，地心吸引物体，草木之根吸取地中水分，与夫磁电之相推相引，都是求生存的现象，不如此，即无磁电，无草木，无地球，无人类了。基于此种研究，可知孙中山说"生存是社会问题的重心"真是不错。

　　物理种种变化，逃不出力学公例。人为万物之一，故吾人心理种种变化，也逃不出力学公例。著者用物理学规律去研究心理学，觉得人心的变化，处处是循着力学轨道走的，可以一一绘图说明。于是多方考察，从历史事迹上，现今政治上、日常琐事上、自己心坎上、理化数学上、中国古书上、西洋哲学上，四面八方，印证起来，似觉处处可通。我于是创了一条臆说："心理变化，循力学公例而行。"曾著一文，题曰：《心理与力学》。所有引证及图解，俱载原作，兹不备述。我于绪论中，曾说："治国之术，有主张用道德感化的，其说出于孔孟，孔孟学说，建筑在性善说上，性善说有缺点，所以用道德治国，会生流弊。有主张用法律制裁的，其说出于申韩，申韩学说，建筑在性恶说上，性恶说有缺点，所以用法律治国，也会生出流弊。我主张治国之术当采用物理学，一切法令制度，当建筑在力学之上等语，我因此主张国家所定制度，当使离心向心二力保持平衡，犹如地球绕日一般。地球对于日，有一种离力，时时想向外飞去，日又有一种引力，去把地球牵引着，二力平衡，成椭圆状，所以地球绕日，万古如一，我们这个世界，就因而成立了。国家一切制度，当采用此种原理，才能维持和平。例如甲女不必定嫁乙男，

第五部　社会问题之商榷

是谓离力,而乙男之爱情,足以系着她,是谓引力;乙男不必定娶甲女,是谓离力,而甲女之爱情,足以系着他,是谓引力,二力保其平衡,甲乙两男女之婚姻遂成。故自由结婚之制度,是具备了引离二力的,是为最良之制度。中国的旧婚制,父母之命,媒妁之言,一与之齐,终身不改,只有向心力而无离心力,故男女两方均以为苦。又如欧洲资本家专制,工人不入工厂做工,就会饿死,离不开工厂,缺乏了离力,故酿成劳资的纠纷。"本书第五章,主张做工与否听其自由,这是一种离力。对于做工者,优予报酬,使人见而生羡,这是一种引力。二力保持平衡,愿做工者做工,不愿做工者听其自由,社会就相安无事了。

著者著了《心理与力学》过后,再去读孙中山的三民主义,觉得他的学说处处与力学公例符合。他讲民族主义说:"世界是天然力和人为力凑合而成,人为力最大的有两种,一种是政治力,一种是经济力。我们中国同时受这三种力的压迫,应该设个方法,去打消这三个力量。"他处处提出力字。又《孙中山演说集》讲五权宪法说:"政治里头,有两个力量,一个是自由的力量,一个是维持秩序的力量,政治中有这两个力量,好比物理学里头有离心力与向心力一样,离心力是要把物体里头的分子离开向外的,向心力是要把物体里头的分子吸收向内的。如果离心力过大,物体便到处飞散,没有归宿;向心力过大,物体愈缩愈小,拥挤不堪。总要两力平衡,物体才能够保持平常的状态。政治里头,自由太过,便成了无政府,束缚太紧,便成专制,中外数千年来,政治变化,总不外乎这两个力量之往来冲动。"又说:"兄弟所讲的自由同专制,这两个力量,是主张双方平衡,不要各走极端,像物体的离心力和向心力互相保持平衡一样。如果物体是单有离心力,或者是单有向心力,都是不能保持常态的,总要两力相等,两方调和,才能够令万物均得其平,成现在的安全现象。"这简直是明明白白的引用力学公例。

《民权主义》第六讲说:"现在分开权与能,所造成的政治机关,就是像物质的机器一样,其中有机器本体的力量,有管理机器的力量,现在用新发明来造新国家,就要把这两种力量分别清楚⋯⋯像这样的分开,就是把政府当作机器,把人民当作工程师,人民对于政府的态度,就好比是工程师对于机器一样,有了这样的政治机关,人民和政府的力量,才可以此平衡。"这就是孙中山把力学上两力平衡之理,运用到政治上的地方。

他又说:"现在做种种工作的机器,像火车轮船,都是有来回两个方向的动力。蒸汽推动活塞前进以后,再把活塞推回,来往不息,机器的全体,便运动不已。人民有了这选举、罢免两个权,对于政府之中的一切官吏,一面可以放出去,又一面可以调回来,来去都可以从人民的自由,这好比是新式的机器,一推一拉,都可以用机器的自动。"推出去是离心力,拉回来是向心力,这也是应用力学原理的地方。这类话很多,不及备引。

孙中山《民权主义》第六讲："中国有一段最有系统的政治哲学，在外国的大政治家，还没有见到，还没有说到那样清楚的，就是《大学》中所说的格物致知、诚意正心、修身齐家治国平天下那一段的话，把一个人从内发扬到外，由一个人的内部做起，推到平天下止，像这样精微开展的理论，无论什么政治哲学家，还没有见到，都没有说出。"我们试把《大学》这段文字拿来研究，格致诚正，是我身内部的工作，暂不必说，今从我身说起走："身修而后家齐，家齐而后国治，国治而后天下平。"试绘一图，第一圈是我，第二圈是家，第三圈是国，第四圈是天下，层层放大，是一种离心力现象。"欲明明德于天下者，先治其国，欲治其国者，先齐其家，欲齐其家者，先修其身。"层层缩小，是一种向心力现象。这种现象，与磁场现象绝肖。孟子的学说，由怵惕扩充而恻隐，再扩充之以达于四海，又说"老吾老，以及人之老；幼吾幼，以及人之幼"，又说"亲亲而仁民，仁民而爱物"，都是层层放大。孟子主张爱有差等，即是大圈包小圈的现象，孟子的学说，是个人主义和社会主义两相调和的。杨子拔一毛而利天下不为也，有个人而无社会，照上面之法绘出图来，只有第一圈之我，我以外各圈俱无。墨子爱无差等，摩顶放踵以利天下，有了社会，却无个人，如果绘出图来，只有天下之一个大圈，内面各圈俱无。吾人的爱情，如磁气之吸引力一般，杨墨两家的学说，绘出图来，均与磁场现象不类，可知他们的学说，是违反了天然之理。孟子因为杨墨的学说不能把个人主义和社会主义调和为一，故出死力去排斥他。因为孔子的学说能把个人

修齐治平图

主义和社会主义调和为一，故终身崇拜孔子。现在欧洲讲个人主义的和讲社会主义的，都是落了杨墨两家的窠臼，把两主义看作截然不相容之二物，孙中山不取他们学说，返而取《大学》的说法，真是卓识。

他说："外国是以个人为单位，他们的法律，对于父子弟兄姊妹夫妇，各个人的权利，都是单独保护的。打起官司来，不问家族的情形是怎么样，只问个人的是非怎么样。再由个人放大，便是国家，在个人和国家的中间，便是空的。"我们把他绘出图来，只有内部一个我字小圈和外部一个国字大圈，不像《大学》那个图层层包裹，故孙中山说他中间是空的。孙中山又说："中国国民和国家结构的关系，先有家族，再推到宗族，再然后才是国族，这种组织，一级一级的放大，有条不紊。"我们细绎"一级一级的放大"这句话。俨然把磁场现象活画纸上。我们由此知，孙中山的学说，纯是基于宇宙自然之理的。

中国的旧家庭，以父子弟兄叔侄同居为美谈，这种制度是渊源于儒家之性善说。欧洲社会主义倡始者，如圣西门诸人，都说"人性是善良的"，与儒

家之学说相同，故生出来的制度也就相同。福利埃主张建筑同居舍，以一千六百人同居一舍，其制尤与中国家庭相似。讲共产的人，主张"各尽所能，各取所需"，我国圣贤所创的家庭制，即是想实行此种主张，一家之中，父子弟兄叔侄，实行共产，能读书的读书，能耕田的耕田，能做官的做官，其余能作何种职业，即作何种职业，各人所得之钱，一律归之公有，这即是"各尽所能"了；一家人的衣食费，疾病时药医费，儿童的教育费，老人的赡养费，一律由公上开支，这可谓"各取所需"了。我们试想，以父子兄弟叔侄骨肉之亲，数人以至数十人，在一个小小场所，施行"各尽所能，各取所需"的组织，都还行之不通，都还要分家，何况聚毫无关系之人，行大规模之组织，怎么会办得好？中国历代儒者，俱主张性善说，极力提倡道德，极力铲除自私自利之心，卒之他们自己的家庭，也无一不是分析了的，这都是由于性善说有破绽的缘故。

孙中山的理想社会则不然，他主张的共产，是公司式的共产，不是家庭式的共产。他建国方略之二，结论说："吾之国际发展实业计划，拟将一概工业，组成一极大公司，归诸中国人民公有。"民国十三年，一月十四日，他对广州商团警察演说道："民国是公司生意，赚了钱，股东都有份。"又说："中华民国是一个大公司，我们都是这个公司内的股东，都是应该有权力来管理公司事务的。"十三年三月十日，对东路讨贼军演说道："把国家变成大公司，在这个公司内的人，都可以分红利。"又说："中华民国，是四万万人的大公司，我们都是这个公司内的股东。"由此可知，孙中山的理想社会是公司式的组织，绝非家庭式的组织，现在欧美的大公司，即可说是孙中山主义的试验场所。欧美各公司的组织法，比中国家庭的组织法好得多，这是无待说的，所以我们讲共产，应当来欧美公司式，不当采中国家庭式。家庭式的共产制，建筑在性善说上，带得有道德作用和感情作用；公司式的共产制，是建筑在经济原则上，脱离了道德和感情的关系。欧洲人的家庭组织，与中国人不同，他不知中国家庭之弊，故理想中的社会走入了中国家庭式的轨道。孙中山是中国人，深知旧式家庭之弊，所以他的理想社会，采取欧美公司式，真可谓真知灼见。现在崇拜欧化的人，一面高呼打倒旧家庭，一面又主张"各尽所能，各取所需"的家庭式共产制度，未免自相矛盾。

孙中山民生主义，是建筑在经济原则上，脱离了道德和感情的关系，我这话，是有实证的。民生主义第四讲说："洋布便宜过于土布，无论国民怎么提倡爱国，也不能够永久不穿洋布，来穿土布……或者一时为爱国心所激动，宁可愿意牺牲，但是这样的感情冲动，是和经济原则相反，是不能持久的。"我们读这一段文字，即知孙中山对于人性之观察……唯公司式的共产则不然，股东中有在公司中办事的人，予以相当的报酬，不愿在公司中办事的人，听其自由，如此则"有所能而不尽"，也就无妨于事了。股东要需用公司中所出物品，由各人拿钱来买，自然不会有"取所需而无厌"的事，这就是公司式的共产远胜家庭式共产的地方。中国的旧家庭，往往大家分小家，越分越小，欧美的公司，往往许多小公司，合并为一大公司，越合越大。中国旧家庭，数人或十数人，都会分裂，欧美大公司，任是几百万人，几千万人，都能容纳，我们把这种公司制扩大，使他容纳四万万人，就可成为全国共产，再扩之能容纳十五万万人，就可成为世界共产，这即是大同世界了。

我把中国的旧家庭，看作欧洲社会主义者的试验场所，把欧美的大公司，看作孙中山主义的试验场所，就试验的结果，下一断语曰："公司式的共产制，可以实行，家庭式的共产制不可实行。"将来我们改革社会，订立制度的时候，凡与中国家庭制类似的制度，都该避免，遇有新发生的事项，我们即在欧美公司中搜寻先例，看公司中遇有此类事项，是用什么方法解决，如此办去，方可推行无阻。著者有了此种意见，所以第五章解决社会问题的办法，是采用公司制的办法。

我著《心理与力学》，创一臆说曰："心理变化，循力学公例而行。"此发表后，很有些人说我是牵强附会的，后来我曾经考得：欧洲十七世纪时，有白克勒者，曾说："道德吸引，亦若物理之吸力。"他尝用离心力和向心力，以解释人类自私心和社交本能。又十八世纪与十九世纪之初，曾有人用牛顿之引力律，以解释社会现象。可知我所说的，古人早已说过，并不是何种新奇之说。又我主张性无善无恶，这个说法，中国告子早已说了的，告子说："性犹湍水也。"湍水之动作，纯是循着力学公例走的。我说："心理变化，循力学公例而行。"算是把告子和白克勒诸人之说，归纳拢来的一句话。既是中外古人，都有此种学说，我这个臆说，或许不会大错。我用这个臆说去考察孙中山的学说，就觉得他是深合宇宙自然之理的，他改革社会的办法，确与力学公例符合。兹再举两例如下：

孙中山主张平均地权，他说："令人民自己报告地价，政府只定两种条件，一是照原报的价抽税，一是照价由政府收买。这个办法，可使人人不敢欺蒙政府，不敢以多报少，或以少报多，效用是很妙的。因为人民以少报多，原意是希望政府去买那块地皮，假设政府不买，要照原报之价去抽税，岂不受重税之损失吗？至于以多报少，固然可以减轻税银，假若政府要照原价收买，岂不是因为减税，反致亏本吗？地主知道了这种利害，想来想去，都有危险，结果只有报一个折中的实价，法则之善，是再无有复加的。"（见《孙中山演说集》第一编"三民主义"）他这个办法，即是暗中运用力学原理。地价报多报少，可以自由，这是离心力，但是报多报少，都怕受损失，暗中有一种强制力，即是向心力，两力平衡，就成为折中之价了。孙中山讲民权主义曾说："机器之发动，全靠活塞，从前的活塞，只能推过去，不能推回来，必用一个小孩子，去把他拉转来，后来经一个懒孩子的发明，逐渐改良，就成了今日来往自如的活塞，推过去了之后，又可以自动的拉回来。"这是由于从前的机器只有推出去的离心力，没得拉回来的向心力，后来经懒孩子的发明，把二力配置停匀，机器就自能运动不已，不需派人拉动了。外国对于地价一层，设专官办理，不时还要发生诉讼之事，就像从前的活塞要派小孩子拉动一样，偶尔管理不周，机器就会发生毛病，这是由于此种制度，未把二力配置停匀之故。孙中山定地价的法子，内部藏有自由和强制两个力量，这两个力量是平衡的，所以不需派人去监督，人民自然不会报多报少，真是妙极了，非怪他自己称赞道："法则之善，无有复加。"

更以孙中山之考试制言之。中国施行考试制的时候，士子愿考与否，听其自由。这是离力，考上了有种种荣誉，使人欲羡，又具有引力，二力是平衡的，所以那个时候的士子，政府不消派人去监督他，他自己会三更灯火五更鸡，发愤用功。现在的学生，若非教职员督课严密，学生就不会用功，就像从前机器中的活塞，要派一个小孩子去拉动一般。现在各省设教育厅，设省视学，各县设教育局，设县视学，各校又设校长和管理员，督促不可谓不严，而教育之窳败也如故，学生之嬉惰也如故，其所以然之理，也就可以想见了。孙中山把考试制采入五权宪法，厘定各种考试制度，以救选举制度之穷，可算特识。

综上所述，可知孙中山主义，纯是基于宇宙自然之理，其观察人性，绝未落性善性恶窠臼，我们用物理学的眼光看去，他的主张，无一不循力学公例而行，无一不合科学原理。

三、世界进化之轨道

大凡一国之中，每一制度俱与其他制度有连带关系，我们试把古今中外会通视之，即知每一时期的制度都有共通的性质，都与那个时期的情形相适应，犹之冬寒夏暑一般，每一时期的饮食衣服，俱与那个时期气候相适应。我们如想改革社会，应当先把世界进化之趋势审察清楚，一切设施，才不至违背潮流。前一章，人性善恶之研究，是置身在斯密士和孙中山学说之内部，搜寻他的立足点，这一章，是站在他们学说之外部，鸟瞰世界之趋势。譬如疏导河流者，必须站在河侧高山之上，纵览山川形势，与夫河流方向，才知道何处该疏漏，何处该筑堤。兹将我所研究者，拉拉杂杂的写他出来。我这种研究，有无错误，还望阅者诸君指正。

禹会诸侯于涂山，执玉帛者万国，成汤时三千国，周武王时，一千八百国，到了春秋的时候，只有二百几十国，到了战国的时候，只有七国，到了秦始皇的时候，就成为一统。以后虽时有分裂，然不久即混一，仍不害其为一统之局。欧洲从前，也是无数小国，后来也是逐渐合并，成为现在的形势。由此知世界的趋势，总是由数小国，合并为一大国，由数大国，合并成一更大之国，渐合渐大，国数亦渐少，由这种趋势观去，终必至全球混一而后止。现在国际联盟，是全球混一的动机，发明了世界语，是世界同文的预兆，这种由分而合的趋势，我们是应该知道的。

我们熟察宇宙一切事变，即知道社会进化是以螺旋线进行，不是以直线进行。螺旋式的状态，是纵的方面越深，横的方面越宽。例如现在列强并峙，仿佛春秋战国一般，但是现在范围更广大，文化更进步，这就是螺旋式的进化。古人每说："天道循环，无往不复。"可知他们已窥见这种回旋状态，但他们不知是螺旋形，误以为是环形，所以才有"循环无端"之说。假使宇宙事事物物之进行，都是循着一个圈子，旋转不已，怎么会有进化呢？我国古来流传有循环无端的谚语，所以才事事主张复古，这都是由于观察错误所致。古人说："天遵循环。"今人说："人类历史，永无重复。"我们把这两说合并拢来，就成一个螺旋式的状态了。

我国的兵制，可分为三个时期。春秋战国的时候，国际竞争剧烈，非竭全国之力，不足以相抗，故那时候行征兵制，全国皆兵，这算是第一个时期。后来全国统一了，没得国际的战争，虽间有外夷之患，其竞争也不剧烈，无全国皆兵之必要，故第二个时期，就依分工之原则，兵与民分而为二，民出财以养兵，兵出死以卫民，就改行募兵制。现在入了第三个时期，欧亚交通，列强并峙，国际竞争剧烈，非竭全国之力，不能相抗，又似有全国皆兵之趋势。但务必强迫人民当兵，回复第一时期的制度，社会上一定纷扰不堪。这个时期的办法，应取螺旋进化的方式，参用第一时期的征兵制而却非完全征兵制，把募兵制与全国皆兵之制融为一致。平日用军事教育训练人民，即寓全国皆兵之意，有事时仍行招募法，视战事之大小，定招募之多寡，规定每省出兵若干，由各省酌派每县募若干，再由各县向各乡村分募，以志愿当兵者充之。我国人口四万万，世界任何国之人口，俱不及我国之多，故与任何国开衅，均无须驱全国之人与之作战，只须招募志愿当兵之人，已经够了。鼓之以名誉，予之以重赏，自不患无人应募，且此等兵出诸自愿，其奋勇敌忾之心，自较强迫以为兵者热烈得多。否则把那些怯懦无勇的人强迫到军中来，凑足人数，反是坏事不小。这个办法，可用力学公例来说明。当兵与否，听其自由，这是一种离力；当兵者享美名，得厚赏，又足以使人欣羡，是为一种引力。二力保其平衡，愿当兵者与不愿当兵者，各得所欲，社会上自然相安。又战事终了之后，解散军队，最为困难，如用上述招募法，事平后，由原籍之省县设法安插，就容易办理了。

　　我国婚姻制度，也可分为三个时期。上古时男女杂交，无所谓夫妇，生出之子女，知有母而不知有父，这个时候的婚制，只有离心力而无向心力，是为第一个时期。后来制定婚制，一与之齐，终身不改，夫妇间即使有非常的痛苦，也不能轻离，是为有向心力而无离心力，这是第二个时期的婚制。到了现在，已经是入了第三个时期，这个时期，是结构自由，某女不必定嫁某男，而某男之爱情足以系引她，某男不必定娶某女，而某女之爱情足以系引他，由离心向心二力之结合，就成为第三时期的自由婚制。此种婚制，本来参得有一半上古婚制，也是依螺旋式进化的，许多青年男女，看不清这种轨道，以为应该回复上古那种杂交状态，就未免大错了。

　　欧洲人民的自由，也可分为三时期。上古人民，穴居野处，纯是一盘散沙，无拘无束，极为自由，是为第一个时期。中古时，人民受君主之压制，言论思想，极不自由，是为第二个时期。自法国革命后，政府干涉的力量，和人民自由的力量，保持平衡，是为第三个时期。以力学公例言之，第一时期，有离心力而无向心力；第二个时期，有向心力而无离心力；第三时期，向心离心二力，保其平衡。从表面上观之，这第三时期中，参有第一时期的自由状态，似乎是回复第一时期了，而实非回复第一时期，乃是一种似回复非回复的螺旋状态。卢梭生当第二时期之末，看见那种回旋的趋势，误以为应当回复到第一时期,所以他的学说,完全取第一时期之制以立论,以返于原始自然状态,为第一要义。他说:"自然之物皆善,一人人类之手,乃变而为恶。"他的学说,有一半合真理,有一半不合真理,因其有一半合真理,所以当时备受一般人之欢迎,因其有一半不合真理,所以法国大革命的时候,酿成非常骚动的现象,结果不得不由政府加以干涉,卒至政府干涉的力量,与人民自由的力量,保持平衡,社会方才安定,此乃天然之趋势。惜乎卢梭倡那种学说之时,未把这螺旋式进化的轨道看清楚,以致法国革命之初,冤枉死了许多人。

人类分配财产的方法,第二章内,曾经说明,是分三个时期。第一个时期,地球上的货财,为人类公有;第二个时期,把地球上的货财,攘为各人私有;第三个时期,公有私有,并行不悖。到了第三时期,俨然是把个人私有物分出一半,公诸社会,带得有点回复第一时期的状态,实际是依螺旋式进化,并非回复到第一时期。

我们把时代划分清楚,就知道何种学说适宜,何种学说不适宜。我们现在所处的时代,是第二时期之末,将要入第三时期了。斯密士自由竞争的学说,达尔文优胜劣败的学说,都是第二时期的产物,故施行起来,能生效,其说能耸动一时,但律以第三时期,则格不相入。所以斯密士之学说,会生出资本家专制之结果,达尔文之学说,会生出欧洲大战之结果,穷则变,因而产出共产主义,以反对斯密士之学说,产出互助论,以反对达尔文之学说。这共产主义和互助论,宜乎是第三时期的学说了,而却又不然,因为第三时期之学说,当折中第一时期和第二时期之间。

克鲁泡特金之互助论,确是第三时期的人应当行的轨道,惜乎克鲁泡特金,发明这种学说,是旅行西伯利亚和满洲等处,从观察动物和野蛮人生活状态得来的,他理想中的社会,是原始的状态,换言之,即是无政府状态。因之他极力提倡无政府主义,他的学说,也是有一半可取,有一半不可取。

我们会通观之,凡是反对第二时期制度之人,其理想中的社会,俱是第一时期的社会,中国人之梦想华胥国,梦想唐虞,与夫欧洲倡社会主义的人,倡无政府主义的人,倡民约论的人,俱是把第一时期的社会,作为他们理想中的社会,俱是走入相同的轨道,他们这些人,都说人性皆善,也是走入相同的轨道,这是很值得研究的事。此外凡是不满意现在制度的人,其理想中的社会,无一不是原始状态,例如打倒知识阶级,与夫恋爱自由等说法,都是回复原始时状态。我们用这种眼光,去研究现在各种学说,孰得孰失,就了如指掌了。

孙中山的学说,是公有的资财和私有的资财并行不悖。他主张把那应该归公有者，归还公家，似乎是回复第一时期了，然而私有权仍有切实之保障，则又非完全回复第一时期。这种似回复非回复的状态，恰是依着螺旋进化的轨道走的。

我们要解决社会问题，当知我国情形与欧美迥然不同，我国未通商以前，无论谁贫谁富，金钱总是在国内流转，现在国内金钱，如水一般，向外国流去。例如外国运洋纱洋油，到中国来卖，我们拿金钱向他买，不久衣穿烂了，油点干了，金钱一去，永不回头，这是一种变相的抢劫。我国现在的情形，犹如匪徒劫城，全城之人，无一不被劫，不过受害有轻重罢了。我们对付外国劫城，当行坚壁清野之法，不购外货，使他无从掠夺，才是正办。外国工人，受欧美资本家之压迫，我国人民，也受欧美资本家之压迫，彼此的敌人是相同的，我国抵制外货和外国工人罢工，乃是一贯的策略，欧美工人攻其内，我们防堵于外，那些大资本家，自然就崩溃了。孙中山主张收回关税，以免外货之压迫，即是坚壁清野的办法，所以孙中山主义，在我国是很适宜的。

资本家的剩余价值，是从掠夺机器生产力得来，换言之，即是掠夺了全人类的劳力，他并莫有掠夺自己厂内工人的劳力，因为厂内工人，他给了相当的工价，就不能坐以掠夺之罪，唯有他把厂内制出之货，销售于世界各国，全世界的人，就受其掠夺了。例如我国人口四万万，男女各半，我国女子，自古以纺织为业，自从洋纱洋布输入中国，女子纺织之事，遂至绝迹，这就是掠夺了二万万女子的职业，虽有劳力，无所用之。诸如此类，不胜枚举。由此知欧美工业发达，全人类的劳力，都被资本家掠夺了，所以凡是由机器生出来的纯利，必须全人类平摊，在道理上才讲得通。

世界上的金钱，与夫一切物品，都是从地球中取出来的，我们人类，如果缺乏金钱，抑或想享受愉快的生活，只消向地球索取就是了。不料欧洲那些讲强权竞争、优胜劣败的学者，只教人向人类夺取，不知向地球索取，真可谓误人误己。地球是拥有宝库的主人翁，人类犹如盗贼一般，任你如何劫压，主人毫不抗拒。欧洲大战，杀人数千万，恰像一伙劫贼，在主人门外，互相劫杀，你剥我的衣服，我抢你的财物，并不入主人门户一步，闹到一齐受伤，遍体流血，这伙劫贼，才讲和而散。地球有知，当亦大笑不止，推原祸始，那充当群盗谋主的达尔文，实在不能辞其责。孙中山的实业计划，是劫夺地球的策略。

世界的纷争，实由机器生产力和地球生产力不相调协，才酿出来的。欧洲工业国，机器生产力，发达到了极点，不能不在国外寻销场，寻原料，所以酿成大战；而世界之农业国，则地中生产力，蕴藏而不能出，货弃于地，殊为可惜，有了这种情形，农业国，工业国，就有通功易事之必要了。无如列强专以侵夺为目的，迷梦至今未醒，奈何奈何！

　　列强既执迷不悟，我们断无坐受宰割之理，也无向他摇尾乞怜之理，只有修明内政，准备实力，与之周旋，一面组织弱小民族联盟，仿苏秦联合六国的办法，去对付五大强国即是了，以修明内政为正兵，以联合弱小民族为奇兵。苏秦的方法，是"秦攻一国，则五国各出锐师以挠秦，或救之，有不如约者，五国共攻之。"现在五大强国是秦人，世界弱小民族是六国，我们把世界弱小民族联合起来，互相策应，多方以挽之，这个办法，有种种胜算：（1）世界弱小民族人数多，各强国人数少；（2）弱小民族利害相同，容易联合，各强国利害冲突，举动不能一致；（3）弱小民族大概是农业国，列强大概是工业国，他们的原料和销场，尝仰给农业国，可以说强国人民的衣食，仰给予弱小民族，弱小民族的衣食，不仰给予他们。以上三者，皆是弱小民族占优胜。我们把弱小民族联合起来，向列强进攻，与他一个重大打击，其入手方法，即是不供给他的原料，不购他的货物，采用甘地的办法，为大规模之组织，列强能悔祸国好，如可开衅，我们就一致动作起来，明知世界大战终不能免，不如我们先动手，经过一次大战，然后才有和平之可言。这是弱小民族，生死关头，断无退让之理，等到各强国创痛巨深，向弱小民族求和的时候，才提出最平等之条件，与之议和，农业国出土地和工人，工业国出机器和技师，所得利益，按照全世界人口平均分摊，不达到此项目的，决不与之妥协。只要弱小民族能够努力，大同世界，未必不能实现。此种办法，是顺着进化轨道走的，这种轨道孙中山看得极清楚，他主张联合弱小民族的十二万万五千万人，去攻打列强的二万万五千万人，就是顺着这轨道走的。

　　苏秦联合六国以抗强秦的法子，是他发箧读书，经过了刺股流血的工夫，揣摩期年，才把他发明出来的，我们不可因苏秦志在富贵，人格卑下，就连他的法子都轻视了。苏秦的法子，含得有真理，是以平字为原则，与孙中山所讲民族主义相同。他说六国，纯用"宁为鸡口毋为牛后"等语，以激动人不平之气，与孙中山所讲次殖民地等语，措辞相同。苏秦窥见了真理，自信他的法子会生效，所以他自己说道："此真可以说当世之君矣。"果然出来一说就生效，六国都听他的话，以他为从约长，他的计划成了，秦人不敢出关者十五年，这个法子的效力，也就可以想见了。可惜苏秦志在富贵，佩了六国相印，就志满意得，不复努力，以致六国互相攻伐，从约破裂，后来误信张仪之话，联袂事秦，遂一一为秦所灭。今日主张亲美亲日亲英法等，都是走入了六国西向以事强秦之轨道，可为寒心！

　　现在弱小民族，被列强压制久了，一旦有人出来联合，是非常容易的。

威尔逊揭出"民族自决"之标语，大得世界之欢迎，但自决云者，不过叫他自己解决罢了，还没有说帮助他，我们如果揭出"弱小民族互助"的标语，当然受加倍的欢迎。《孙中山演说集》说：日俄战争的时候，俄国由欧洲调来的舰队，被日军打得全军覆没，这个消息传出来，孙中山适从苏伊士运河经过，有许多土人，看见孙中山是黄色人，现出很欢喜的样子来问道："你是不是日本人呀？"孙中山答应道："我是中国人，你们为什么这样高兴呢？"他们答应道："我们东方民族，总是被西方民族压迫，总是受痛苦，以为没有出头的日子，这次日本打败俄国，我们当作是东方民族打败西方民族，日本打胜仗，我们当作是自己打胜仗一样，这是一种应该欢喜的事，所以我们便这样的高兴。"（见《演说集》第五编"大亚洲主义"）我们读了这段故事，试想日本打败俄国，与苏伊士运河侧边的土人何关？日本又没有说过一句要替他们解除痛苦的话，他们表现出这种状态，世界弱小民族的心理，也可窥见一般了。我们中国，如果揭出"弱小民族互助"的旗帜，真可谓世界幸福，这种办法，是促成世界大同的动机，将来世界大同了，不但是弱小民族之幸，也是列强之幸。

世界革命，是必然之趋势，社会主义国际化，也是当然之事，而今应该由中国出来，担负世界革命的任务，把三民主义普及全世界。其方法也和革满清的命一样，从宣传入手。我国人民四万万，世界各处都布散得有，宣传起来，非常容易。我们须知世界大战爆发在即，一开战我国势必牵入漩涡，那时费尽气力，饱受牺牲，还不得好结果，不如我们早点从事此项工作，或许能够制止大战，使他不至发生。何以言之呢？因为前次欧战，列强全靠属国之兵助战，我国用宣传的方法，把他属国人民的心理改变了，釜底抽薪，未必非制止大战之一法。

现在之国际联盟，可以说是强国联盟，是他们宰割弱小民族之分赃团体，像我国济南惨案这类事，与其诉诸国际联盟，不如诉诸弱小民族，与其派人到欧美去宣传，不如派人到印度非洲南洋等处去宣传。我国在列强中，诚渺乎其小，但在被压迫民族中，则是堂堂一大国。我国素重王道，向不侵凌小国，在历史上久为世界所深信，由我国出来提倡世界革命，当然比俄国更足取信于人，兼之孙中山三民主义之学理，讲得更彻底，施行起来，任何民族都能满意。我们对世界弱小民族，以平字为原则，对五大强国，亦以平字为原则，决不为丝毫已甚之举，本着此项宗旨做去，一定收绝大效果。孙中山抱大同思想，以天下为公，将来把三民主义普及全世界，实现大同，完成孙中山之遗志，发扬中国之光辉，然后才可谓之革命成功。

我格外还有层意见，也可提出来研究。古人说："外宁必有内忧。"几乎成了一定不移之理。晋武平吴过后,跟着就有八王之乱;洪秀全取了南京,跟着就有韦杨之乱;去岁革命军取得武汉江西南京之处,跟着就宁汉分裂;现在定都南京,全国统一,而内部意见分歧,明争暗斗,日益激烈。大家高呼打倒某某,铲除某某,其目标全在国内,我们应设法把目标移向国际去,使全国人的视线一致注射外国,内部冲突之事自然可以减免。我主张由我国出来组织弱小民族联盟,大家努力去做世界革命的工作,这即是转移目标之法。目标既已转移了,内部意见,自然可以调和。

举个例来说:刘备和孙权,本来是郎舅之亲,因为大家都以荆州为目的物,互相争夺,闹得郎舅决裂,夫妇生离,关羽被杀,七百里之连营被烧,吴蜀二国,俨然成了不共戴天之仇。后来诸葛亮提出联盟伐魏的政策,以魏为目的物,大家的视线,都注向魏国,吴蜀二国的感情,立即融洽,彼此合作到底。后来诸葛亮和孙权死了,后人还继续他们的政策,直到司马昭伐蜀,吴还遣兵相救,及闻后主降了,方才罢兵。这就是目标转移了,感情就会融洽的明证。诸葛亮和孙权,都是人杰,他们这种政策,我们很可取法。

我的主张,可以二语括之曰:"对内调和,对外奋斗。"现在列强以不平等待我,故当取奋斗主义,等到他们以平等待我了,对外即改取调和主义。我们此时唯一的办法,在首先调和内部。必须内部调和,才能向外奋斗;能够向外奋斗,内部才能调和,二者是互相关联的。但是根本上调和的方法,尤在使全国人思想一致;要想使全国人思想一致,非先把各种学说调和一致不能成功。这个道理,留到第六章再说。

四、解决社会问题之办法

改革社会，犹如医生医病一般：有病之部分，应该治疗，无病之部分，不可妄动刀针；社会上有弊害的制度，应该改革，无弊害的制度，不可任意更张，致滋纷扰……这是我们应该注意的。前数章俱系理论上之讨论，这一章是讨论实施办法。关于办法上应该讨论者，可分作两层：一是旧社会之经济制度，应如何结束；二是新社会之经济制度，应如何规定。本章就是在这两点上加以讨论。

土地和机器，该归公有，理由是很正当的。但是已经归入私人之土地机器，究竟该用什么手段把他收归公家，这是亟待研究的。我国私人的土地和机器，都是用金钱购来的，细察他们金钱之来源，除少数人是用非理手段从人民手中夺取者外，余人的金钱，大概是由劳心劳力得来的，换言之，即是用私有的脑力体力换来的。我们既承认脑力体力是个人私有物，如果把地主的土地和厂主的机器无代价的没收了，就犯了夺私有物以归公之弊，社会上当然起绝大的纠纷，当然发生流血惨祸。凡事以平为本，把私人的土地和机器抢归公有，这算是极不平之事，不平则争……关于这一点，孙中山认得最清楚。《民主主义》第二讲："我们所主张的共产，是共将来不共现在，这种将来的共产，是很公道的办法，以前有了产的人，决不至吃亏，和欧美所谓收归国有，把人民已有了的产业，都抢去政府里头，是大不相同。"

从前美国北方各省，主张释放黑奴，南方各省，也未尝不赞成，只是要求给以相当的代价。那个时候，有几百万黑奴，其代价约需银几百万万元，政府无这笔款，去偿还黑奴的主人，才发生战事。一共血战五年，双方都非常激烈，为世界大战之一。此次战争，比美国独立战争，损失更大，流的血也更多，后来南方战败，才无代价的把黑奴释放了。我们可以说释放黑奴之战，是发源于债务的关系，假如当日的美国政府，有几百万万元去偿还黑奴的主人．这种流血惨祸，当然可以避免。后来虽说把黑奴释放了，目的得达，但这五年血战中，牺牲的生命财产，也就不少了，其代价也不可谓不大。犹幸是北方战雅了，万一战败，那更是无谓之牺牲了。现在把私人的土地和机器收归公有，其事与释放黑奴相类。美国当日勒令南方各省释放黑奴，不给代价，才发生大杀戮，我们为避免大战争，大杀戮起见，当然采用孙中山办法，购归公有。

现在政局纷乱，一切改革事项，当然说不上，但是，就学理上言之，将来改革经济制度，究竟当采用何种方式呢？我们不妨预先讨论，等到有了人民可以信托之廉洁政府，才好实行。据著者个人的主张，凡是使用机器的工厂和轮船、铁道等，一律由公家办理，其有私人业已办理者，由公家照价收买。全国土地，一律由公家备价收买，私人要使用土地者，一律向公家承佃，把旧日缴与地主的租价，缴与公家，公家收得此款，作为全国人民公用。如此则全国之人，无一不享受租金之利，即是无一不享受地主之权，换言之：无一人不是佃户，也即是无一人不是地主。孙中山所谓平均地权，就完全实现了。

但其中最困难者，就是收买的经费太大，无从筹措。现在中国工业未发达，使用机器的工厂也少，轮船、铁路也少，公家收买起来，倒还容易，只是中国土地如此之广，地价如此之昂，如果照价收买，比释放黑奴的代价不知高过若干万倍，美国当日，尚苦无款偿黑奴主人，我国今日，怎么会有这宗巨款，去偿还地主？关于这一层，孙中山是虑到了的，所以他于照价收买之外，再定一个照价抽税的法子。他的办法，是把地价确定了，令地主按年纳税，以后地价增涨了，多得的利益，仍归公家，遇必要时，才照价收买。他就是因为政府无这笔巨款，来收买全国土地，才想出这种照价抽税的办法，以济照价收买之穷。

现在亟须筹划的，就是款项一端，这种收买全国土地的款，究竟从何筹措呢？著者主张第一步的办法，就是规定银行由国家设立，不许私人设立，人民有款者，应存入银行，需款者应向银行借贷，其有私相借贷者，将来有赖骗等事，法律上不予保护，人民以金钱存入外国银行者，查确后，取消国籍，逐出国外。又于华侨所在地，设立国家银行，存储华侨之款，有款不存入本国银行者，取消国籍，不予保护，一面由银行发行国家钞票，内地交易，纯用国家钞票，人民持外国钞票向银行存放者，不予收受。如此则外国钞票即被驱逐了，人民的金钱，完全集中于国家之手，国家要收买土地和举办大实业，就不患无款了，孙中山所谓发达国家资本就算办到了。

银行贷出之息，与存入之息，为二与一之比，例如人民存入银行之款，定为月息六厘，人民向银行贷款，则定为月息一分二厘，如此则一进一出之间，银行可得月息六厘，人民有款放借者，无异于将子金缴一半与公家。现在购买土地者，其利也不过几厘，并且买地时须过税，每年须上粮，不时还有派逗等事，今定为银行存款，月息六厘，其利也不为薄。通常人民借贷之利，每月一分几或二三分不等，以著者所居自流井之地言之，每当银根枯窘时，月息有高至五六分者，今定为向银行贷款，得月息一分二厘，其利也不为贵。像这样办去，公家坐享大利，而于存款者、贷款者，仍两无所损，那些用大利盘剥的人，就无所用其技了。

有人主张废除利息，这却可以不必。因为人民的金钱，是从劳力得来的，人民以金钱存入银行，由公家拿去作社会上种种公益，即无异把劳力贡献到社会上，谋种种幸福。此等人是应该奖励的，银行给予之利息，即可视为一种奖励金。

又有主张废除金钱，发行劳动券者，更可以不必。资本家之专横，是由于土地和机器许私人占有，才生出来的，与金钱制度何干？我们把土地、机器收归公有，又不许私相借贷，虽有金钱，成了英雄无用武之地，也就无害于社会了。拿劳动券去换取衣食住，其实效与金钱何异？现在的金钱，我们又何尝不可把他当作一种劳动券呢？主张发行劳动券之人，其用心未免太迂曲了。

我们把银行组织好了，就可着手收买全国的土地了。照孙中山的办法，是命地主自将地价呈报到政府，我们收买之时，恐怕地主所报地价有以少报多之弊，可用投标竞佃法（川省各县教育局所辖产业，多作投标竞佃法，颇称便利），用投标竞佃，以定租金，然后据租金之多寡，以转定地价。例如某甲在乡间，有地若干亩，由政府将其地投标竞佃，假定投标结果，得年租七百二十元，以月息六厘计，即定为地价一万元。由银行收入某甲存款一万元，月付息六十元，其欲用现款者，以钞票付给之，公家收入之租息，与银行支付之利息相等，仿佛公家是替私人经管产业一般，公家本然无利可图，但经公家收买过后，可用大规模之组织来改良土地，每年增加的利益，就完全归诸公有了。

投标之时，即以地主所报之价为标准，假定某甲所报地价是一万元，投标结果，租息最高额是七百二十元，我们即认定地主所报之价是确定的，即由银行收入某甲存款一万元。如果投标结果，依租息计算，该一万一千元，我们因为他原报之价是一万元，银行只能收入某甲一万元，如果依租息计算，只该九千元，我们就认定某甲有意欺蒙政府，罚他一千元，银行中只收他八千元的存账。我们定出此种办法，地主呈报地价，自必非常审慎，绝不敢以少报多。

著者主张"全国土地，应一律由政府备价收买，不许私人占有"。向友人谈及，友人即说道：中国哪有这笔巨款来收买？我即把组织银行和集中全国金钱的办法说与他听，见得收买土地，不愁无款，听者每每驳我道：孙中山定的法子，是"照价抽税"和"照价收买"两种，你单取"照价收买"这一种，把"照价抽税"那一种抹杀了，把私人所有权完全夺去，与孙中山主义不合；并且投标竞佃之法，孙中山也莫有说过，施行起来，未免与他的办法冲突。我说道：我所说的，与孙中山主义并无不合，办法也无冲突。孙中山的办法，是："由地主呈报地价，政府照价抽税，将来地价增加之利益，全归公家，公家如要收买，照原报之价，给予地主。"照他这个办法，则是地主报价之时，所有权已经转移与公家去了，所以日后增加之利益，全归公有，收买之时，只照原价给予；如果地主的所有权，尚未消失，则增加之利益，应归地主所有，政府收买之时，当另行议价。我们因此知"照价抽税"和"照价收买"，只算是一个办法，并不是两个办法。孙中山本来想把全国土地，一律照价购归公有，因为无此巨款，才想出照价抽税的办法，先把所有权转移了，把地价确定了。暂不付价，等到随后有钱之时才付价，我们只要有款，早点付价，又何不可之有？

土地是公有物，应该归公，金钱是私人脑力体力掉换来的，应该归私。孙中山的民生主义，我可以替他下一条公例曰："金钱可私有，土地不能私有"。因此之故，他才规定以金钱给地主，把土地收归公有，所以我主张全国土地一律由公家备价收买，与孙中山主义并无违反。至于我所说投标竞佃的法子，乃是照价收买时，一种补充办法，对于地主所报之价，予以一种测验，与孙中山的办法，丝毫没有冲突。

社会问题中，最难解决的，就是土地问题，我们只要把土地问题解决了，其余的就容易解决了，收买工厂和轮船、铁道等项，都是很容易的事，我主张解决社会问题的办法，可括为数语曰："地球生产力和机器生产力，完全归公，脑力和体力，完全归私，使用机器的工业归公，不用机器的工业归私，大商业归公，小商业归私，贷款的利息，一半归公，一半归私。"如此办理，则个人主义和社会主义，两相调和，与孙中山民生主义的精神就符合了。

我们既承认脑力体力是个人私有物，所以凡服务社会，就该给以相当代价，不能把他的脑力体力看作社会公有物，任意没收。各人的资禀不同，才能不同，应听其择业自由，各就其性之所近，自去选择职业，欲务农者，向公家承佃土地，欲做工者，向工厂寻觅工作，其愿当官吏教员及从事他种职业者亦同，因劳动的种类不同，所得的报酬也不同。表面上看去，似乎不平等，其实不然，这个道理，与民权主义是一样。孙中山说："天生万物，除了水面以外，没有一物是平的，各人的聪明才力，有天赋的不同，所以造就的结果，当然不同，造就既不同，自然不能平等，如果把他们压下去，一律要平等，世界便莫有进步，人类便要退化。"所以孙中山主张的民权平等，是各人在政治上立足点平等，不是从上面压下去，成为平头线的平等。因此我们主张的经济平等，也不是把平等线放在平头上，成为国中贫富相等，是把平等线放在立足点，使各人致富的机会平等，或贫或富，纯视各人努力与否以为断。

关于商业问题，我以为日常生活必需之品，如果一律由国家经营，那就不胜其繁了，因此我主张大商业归公，小商业归私，但是大小界限，如何划分，这是很费研究的。我主张施行之初，可定为国际贸易归公，国内贸易归私，国家向外国购买大批货物，分售与人民，人民有货欲销售外国者，由国家承买，转售与外国。我国闭关数千年，并未产生何种大资本家，可知国内贸易并非造成资本制度之主因，故国内贸易，可以听人民自由经营。我们把国际贸易归公办到了，再看国内情形如何，并可进而规定国内某种商业亦应由国家经营，私人不得经营。关于机器方面，亦可规定某种机器，私人不得使用。此种办法，必须到了实施之时，斟酌现情而为之，此时不能一一预定。我们不许私人购买土地，不许私人使用机器，不许私人设立银行，不许私人经营国际贸易，孙中山所谓节制私人资本，就算达到了。

依上述办法，国家把土地、机器、银行和国际贸易收归公有过后，国家每年收入，当然非常之多，自当尽量扩充实业教育与增加民众利益之事。但是国家发达到了极点，每年余款，究竟作何用途呢？我也想有一个办法，孙中山屡屡向人演说，他要把中国变成一个大公司，四万万人都是股东，并且说："这个公司内的人，都可以分红利，子子孙孙，便不怕穷。"我们把土地、机器、银行和国际贸易四者收归公有，那么四万万人都成为地主、厂主，成为银行和国际贸易的股东，孙中山理想中的大公司，就出现了。这个大公司，是以每一个身体为一股，国中生了一人，即是增加一股，死了一人，即是取消一股，股权是非常明晰的。我们就可仿照公司分红的办法，政府每年除各项开支而外，其所有余款，即按照全国人口数目，平均分摊，作为生活费，其分摊数目之多少，以国家每年余款多少为断，最大限度，以能维持生活为止。

有了这个办法，社会上可以免去许多纠纷：（1）中国所谓育婴恤嫠济贫诸局，可以裁撤，外国所谓失业者救济法，教员、工人养老金等等，俱可废去了；（2）现在许多富有哲学文学科学等天才的人，每因饥寒所迫，兼营他业，或改营他业，国家受无形之损失，倘能发给生活费，使无冻饿之忧，则各人能就其性之所近，专心深造，于社会之文明，增进不少；（3）语云：衣食足而礼义兴。又云：饥寒起盗心。有了发给生活费的办法，则国民的道德可以增进。

有人问我道：人人都有饭吃，还有何人肯做工？还有何人肯努力？社会怎么能够进化？我道：人人有了饭吃，努力心或许减少一点，如谓人类就不努力，社会就不会进化，我却不以为然。请问牛顿和达尔文诸人，其目的岂是因为要吃饭，才去研究学问吗？难道他们有了饭吃，就不会研究学问吗？我恐怕正是因为他们有了饭吃，才能专心研究，才能有此空前绝后的大发明。

孙中山把生活程度分作三级：第一级是需要，有衣穿才不会冷死，有饭吃才不会饿死；第二级是安适，穿的求其舒服，吃的求其甘美；第三级是奢侈，穿的要轻绡细绢，海虎貂鼠，吃的要山珍海味，鱼翅燕窝。我所说的发给生活费，只算达到第一级，其第二级、第三级，则让那些勤勉做工的人享受。

努力向上之心，人人都有，凡是稍知奋勉的人，断莫有因为免去冻饿，就可满足他的欲望，就不前进，其例甚多，无待详举。平心论之，人之天性不一，有因为生活问题解决了，就不去做工的，却也有丰衣足食，还是孜孜不已的，若谓国家发了生活费，就无人做工，这层可以不虑。假使实施之时，果然有此现象，我们少发给点款，使他们所得者，不足维持生活，就不患无人做工了。做工与否，本是听人自由，但做工者优予报酬，使人见而生羡，又不得不做工，于是做工者，不做工者，各遂所愿，社会上就相安无事了。

有人问我道：全国人民，具何种资格，有坐领生活费之权利？政府为什么有发给生活费之义务？我说道：这有两个理由：（1）地球是人类公有物，使用土地者，对于公家缴纳租金，此项租金，即该人类平均分受；（2）发明家发明机器，是替人类发明的，由机器生出来的利益，应该人类平均分受。基于这两种理由，故人民有领受生活费的权利；政府是掌管全国土地和工厂的机关，故有发给生活费的义务。孙中山讲衣食住行四者曾说："一定要国家来担负这种责任，如果国家把这四种需要，供给不足，无论何人，都可以来向国家要求。"可见国家有保证人民生存的义务，人民有向国家要求生存的权利。我主张发给生活费，即是国家担负人民衣食等项的责任，保证人民的生存。此种办法，与民生主义是很合的。

我提出解决社会问题的办法，是采用公司式的组织，这是业经说明了的。我分配资财的方法，是从自然界中两个地方取法得来：

一是取法身体分配血液的方法。身体中某部分越劳动，血液之灌注越多，除了弥补消耗之外，还有剩余，因此人身越劳动的部分，就越发达，这就是人身奖励劳动的方法。所以我们对于劳动者，应该从优报酬。我们身体中，还有些无用的部分，例如男子之乳，他是无用的东西，但是既已生在我们的身上，也不能不给以血液，不过男子之乳不劳动，灌注的血液很少，所以男子之乳，就渐渐缩小。我们发给生活费，不可过多，使不做工的人如男子的乳一般，渐渐消缩。才合天然公理。

二是取法天空分配雨露的方法。自然界用日光照晒江海池沼，土地草木，把他的水蒸气取出来，变为雨露，又向地上平均洒下，不唯干枯之地，蒙其泽润，就是江海池沼，本不需水，也一律散给；最妙的，是把草木中所含水分蒸发出来，又还给他，一转移间，就蓬蓬勃勃地生长了；并且枯枝朽木，也一样散给，不因为他莫得生机，就剥夺他享受雨露之权。洒在地上之水，听凭草木之根吸取，无所限制，吸多吸少，纯是草木自身的关系，自然界固无容心于其间。公家收入的租息，与夫银行和工商业的纯利，原是从人民身上取出来的，除公共开支而外，不问贫富，一律平均分给，致富的机会，人人均等，这就是取法雨露之无私。

孙中山把生活程度分作三级：（1）需要，即生存；（2）安适；（3）奢侈。现在的经济组织，是以死字为立足点，进而求生存，再进而求安适，求奢侈，因为立足点是死字，一遇不幸的事，就有冷死的饿死的。著者主张发给生活费，是以生存为立足点，进而求安适，求奢侈，照孙中山民生主义说来，生存是社会问题的重心，国家倘能每年发给生活费，使人人能够生存，这就算重心稳定了，重心既稳定，社会自然安静。著者谆谆以发给生活费为言，意盖在此。

本章所拟办法，把土地、机器、银行、国际贸易四者收归国有，则拥有金钱之人，任他如何努力，决不会造到钢铁大王、煤油大王、银行大王、汽车大王、商业大王诸人的地位，每年由政府发给生活费，则劳动家任如何不幸，决不会有冻饿之虞，像这样的办法，把富者的地位削低一级，把贫者的地位升高一级，贫富之间，就不会相差过远了。现在痛恨资本制度的人，对于有资财者，设种种法子去抑制他，我们施行此种经济制度之后，从上面削低一级，从下面升高一级，在两级中间的地方，就可任人发展，不加限制；不唯不当限制，并且还要尽力提倡，社会才能进步。我主张把国际贸易收归国有，把国内贸易留为人民活动之余地，又主张人民存款在银行者，应当付以利息，都是为提倡人民努力起见。有人说：这种办法，仍不免贫富不平。我说：唯其不平，人民才肯努力，世界才能进化，犹如水之趋入大海一般，唯其地势高下不平，才能奔趋不已，如果平而不流，就成为死水了。水不流则腐，人类不努力，世界便会退化，其理是相同的。世间至平者，莫过于水，故量物平否，以水为准，然而水之前进不已者，实在是由于不平，名为不平，实为至平。我们取水之原理，以改造社会，就与天然之理符合了。

政府每年发给生活费，其手续很麻烦，当由各都市、各乡村分头办理，每一都市和每一乡村，应设立户籍调查所，把人口调查清楚，确定某人的籍贯，隶属某处，生活费由原籍的户籍调查所转发，即无错误了。某处死了一人，即由该处的户籍调查所查明死者籍隶何处，即通知原籍的调查所，停止他的生活费，旅行在外，生下子女，就地报告该处调查所注册，将来的生活费，即向该调查所承领，但经申请后，得由所生地的调查所，备文移归原籍。人是活动之物，转徙不常，调查之时和发给生活费之时，从生死两点注意，就可杜绝流弊了。

我们既规定人民有款者当存入银行，需款者当向银行借，则各都市各乡村，都要遍设银行，人民取款存款，方才便利。政治方面之组织，是合各乡村而成为一县，合各县而成为一省，合各省而成为一国。经济方面，当与之相应，首都设中央银行，各省设省银行，各县设县银行，各乡村设乡村银行；各乡村之银行，隶属于县银行，各县之银行，隶属于省银行，各省之银行，隶属于中央银行。金钱是人民膏血，故银行之分布，当如脉络一般，使之成为网状，才能流通无阻。私人向银行借款者，须有担保人，担保人须银行中有存款，足供担保者，否则以借款者或担保者应得之生活费作抵押品。银行与户籍调查所，关系密切，二者宜并设一处。

施行本章所说办法，有当虑及者，土地、机器、银行、国际贸易四者集中于国家之手，全国人民的金钱，俱归于银行，政府每年又要发给生活费，国家的权责太大，当局的人，舞起弊来，人民就受害不浅了。如果防弊的方法尚未想好，就冒冒昧昧的着手改革，把土地、工厂等项收归公有，倒不如不改革，不收归公有还好点。所以我们要改革经济制度，当先从改革政治入手，先把政治改革了，把防弊之方法想完善，然后才能说改革经济制度。只要在政治方面，能把孙中山所说的选举、罢免、创制、复决四权完全办到了，则经济方面，无论什么弊，都可防止了。本章所说解决社会问题的办法，都是预定计划，不能立即就办，我们现在第一要着，就是努力去实行这四权，等到人民对于这四权能充分的行使了，再来改革经济制度，那就无有流弊了。

银行及户籍调查所之职员，与夫银行之监察员，及其他重要职员，由人民投票选举或罢免。属于一乡村者，由全乡村人民总投票，属于全县者，由全县人民总投票，属于全省全国者亦然，遇有大事，亦用总投票法公决。例如原定银行存款月息六厘，有人提议，应改为四厘，又有人提议，应改为八厘，即将三者的理由，作具说明书，公布全国，定期总投票。各人向本地户籍调查所投票，其旅居异地者，可从邮局投递，由户籍调查所开票，总计主张四厘者若干票，主张六厘者若干票，主张八厘者若干票，汇报于县，由县汇报于省，由省汇报中央。假定主张四厘者占多数，即改为存入银行者，月息四厘，向银行借款者，月息八厘。又如有人主张各人的资财不可过多，存入银行之款，应该加以限制，又有主张不应加以限制。究竟应限制，或不应限制？如应限制，则每人存款，究应至多以若干为限，可由全国人民总投票决定之。全国是一个大公司，四万万人是公司中之股东，人人有切己利害，有分红息之希望，故投票时，不会受人运动，即使有舞弊者，亦必互相举发，在公家服务之人，如有侵蚀亏吞等弊，亦必互相稽查。假无发给生活费之规定，人民与国家，不生关系，即使他人营私舞弊，亦不愿因为公家之事，去开罪于私人。中国官吏，侵蚀公款，无人过问，其弊正在于此。今有发给生活费之规定，则人民与国家，居于利害共同的地位，侵蚀国家之款，即无异侵蚀私人之款，全国有四万万人，即是有四万万个监察员，侵蚀者无所藏其奸，孙中山主张的全民政治，即可出现。

关于遗产制一层，许多人都主张废除，如照本章所说的办法做去，土地、工厂，一律归公，私人也就无所谓产业了，所有者不过银行中所存之金钱，我们只研究此项金钱应否传给子孙就是了。此事于各个人都有关系，将来可用全民数投票法解决之。在我个人之主张，是可以听其传给的，因为我们既经承认各人的身体是各人私有物，由脑力体力换来的资财，就应该各人私有。各人所生子女，是他的身体化分出来的，当然有承受他的资财之权，如果归为公有，也就犯了"夺私有物以归公"之弊。普通人所以努力者，大都想积下资财，传之后人。如果积下的金钱，不许传之子孙，必会减少人类努力心，即是减少社会进化之速度。

富者过富，贫者过贫，欲废除遗产制，以化除贫富阶级，殊不知资本家之产生，与遗产制无甚关系。兹可举例为证：美国钢铁大王卡耐基，为贫人子，三岁时，为丝厂工徒，一周得工资一弗二十仙。煤油大王洛克依兰，为农家儿，六七岁时，随其母往山下拾柴，或随其父在田间拔草。铁道大王介姆舍尔，十五岁，父死，无以为生，乃入商店为学徒。韦尔德以架设太平洋海底电线，名闻天下，十六岁时，也在纽约商店为学徒。法国大银行家劳惠脱，少时家贫，走至某银行，向主人陈述，愿执贱役，主人不许。他走出来之时，皮鞋上落下一钉，俯而拾之，主人因为他不忽细事，乃呼入，令在银行服役。美国大富豪休洼布，系小村中织毛工人之子，少时助其父工作，或佣于农家，或为邮局马夫。铜山王，章洛克，为农人子，少时随其父驱牛十余头，走数百里，夕与牛同寝，晨与牛同兴。砂锅糖王斯布累克，德国人，十八岁时，航海至美国，抵岸后，检视衣囊，左方余砂糖数块，右方剩金三弗，一身之外，别无长物。商业大王瓦纳迈尔，为造砖工人之子，幼时家贫，无力就学，无冬无夏，皆跣行于街市。汽车大王福尔特，二十余年前，他尚为钟表职工。以上诸人，都是贫人之子，并未承受遗产。唯银行大王摩尔根之父，是美国著名富翁，但他之致富，全不依赖其父。他常说："余虽为斯派沙摩尔根之子,并不借此以立于世界,余必为一个独立之奇男子。"可见他之拥有巨资,也不是遗产的关系。我们细考诸人致富之源,都是掠夺地球和机器的生产力,否则经营国际贸易,抑或开设银行,唯休洼布一人未独立营业,但他终身辅佐钢铁大王,他之资财,仍是从掠夺地球和机器生产力而来。如果把土地、机器、银行和国际贸易四者收归国有,那些在实业界称王的人,断不会产生,这才是根本治疗之法。

至于改革社会之程序,我主张从乡村办起走,以每一乡村为一单位,各办各的,因为改革之初,情形复杂,应该各就本地情形,斟酌办理,才能适合,如有窒碍处,随时改良。等到各乡村办好了,才把全县联合起来,各县办好了,才把全省联合起来,各省办好了,才把全国联合起来,将来世界各国办好了,把全球联合起来,就是大同世界了。

改革社会,应该注意者有两点:(1)所定法令规程,要多留各地方伸缩之余地,越苛细,就窒碍越多,越是不能实行;(2)当从劝导入手,使各地人民喜喜欢欢的去办理,不能用严刑峻罚,强迫人民办理。其实施方法,当如下述:

政府把土地收归公有后,即统计此一乡村共有土地若干,命全乡村之人组织一个团体,公共管理,由这个团体把土地分佃与农民,全乡村每年共收租息若干,政府责成这个团体缴交银行,如租息是谷物等项,由这个团体公共变卖,以银缴入银行,政府立于监督地位,也就不繁难了。

全国土地,由国家出资财改善者,其利益归国家所得,由各乡村出资财改善者,其利益归各乡村所得,各乡村改善土地后,增加之收入,由本乡村人民平均分受。凡购置机器,改良肥料等,所需之款,向银行息借,其息可缓至获利后偿付。若建筑马路,疏凿沟渠等项,其工程施之土地上而含有永久性者,所用之款,政府与该乡村各担负一半。例如某乡村因建路凿渠,向银行借款两千元,工毕之日,政府派员勘验认可后,政府担负一半,银行只列该乡村借银一千元就是了,政府名为负担一半,实则仍无所损。因为银行贷出之息与存入之息,为二与一之比。假定存入是月息六厘,贷出是一分二厘,人民向银行存款两千元,银行应付月息十二元,某乡村因筑路凿渠,借去两千元,银行只列该乡村去银一千元,其收入之月息十二元,恰与人民存款二千元之息相抵,不过政府多负担一千元无息之债务罢了,只要政府不付利息,此项债务,就多担负点也无妨。

孙中山所说农业上增加生产的方法,共计七种:第一是机器问题,第二是肥料问题,第三是换种问题,第四是除害问题,第五是制造问题,第六是运送问题,第七是防灾问题。应由政府派人到乡村去,把改良办法详加讲演,

第五部 社会问题之商榷

或用文字说明，务使农民心中了然，其采用与否，听人民自由，不必用强力干涉。语云："利之所在，人必趋之。"他们知道大利所在，自然会踊跃从事。孙中山曾说："对中国人说要他去争自由，他们便不明白，不情愿附和，但是对他说请他去发财，便有很多人跟上来。"我们叫各乡村组织团体，叫他改良土地，就是请他去发财，人民哪有不欢迎之理？即有怀疑之人，充其量不过不遵照改良就是了，断不会出来阻挠，因为公家叫他们组织个团体，担负缴纳全乡村租息，这个团体，尽可照公家原定租额转佃出去，团体中人，不过费点力，代公家收租息就是了，并不至于赔累，他们何至出头反对？只要这层办到，乡村中的事权，渐归统一，将来一切事都好办理，也就算收了效果了。

关于增加生产的事项，他们不愿意改良，只好听之，如其加以干涉，反转多事，反会生出反响。我们总是尽力提倡，尽力劝导，听其自由采用，只要某乡村获了大利，他们自然会争先恐后的仿办起来。这类事，如果督促严厉了，反转会弊病丛生，王安石的青苗法，就是前车之鉴。宋朝那个时候的人民，于青黄不接之时，每每出重利向富室借贷，王安石创青苗法，由公家以较轻之利，借与农民，于秋收后付还，使利归公家，而农民也不至受重利之苦，本是公私两利的好法子，王安石雷厉风行的督促官吏实行，据散放青苗钱之多少，以定官吏之成绩，于是那些地方官，就向民间估派，其有不需款之农民，与夫家资饶裕之富民，都强迫他领取青苗钱，闹得天怒人怨，以最良之法，收最恶之果，都是由于强迫二字生出来的。苏东坡说宋神宗求治太急，真是洞见症结之论，我辈改革社会，当引为大戒。

天下事有当强迫者，有不当强迫者，例如把土地、机器、银行和国际贸易四者收归国有的时候，则当强制执行，任何人不能独异。至于乡村中改良事项，则当如上说的办法，听其自由。像这样办法，就与孙中山所主张"政府强制的力量，和人民自由的力量，双方平衡"的原则相符合了。语云：十年树木，百年树人。教养人民，原是与种植树木一样，我们虽甚望树子长成，亦只能把土壤弄好，把肥料弄好，等他自家生长，我们是不能替树子帮忙的。这个道理，柳宗元的《郭橐驼传》，说得很明白。现在新政繁兴，民间大困，当局诸公，每每以福国利民之心，做出祸国害民之事，就是违反了柳宗元的说法。斯密士全部学论，纯取放任自由，他说："人民好利之心，根于天性，政府只消替他把障碍物除去了，利之所在，人民自然会尽力搜求，一切天然之利，就因而开发出来了。"他这个学说，在欧洲是生了大效的，我们开发乡村利益的时候，本他这个学说做去，自然会生大效。

前面的办法，实行之后，一人之身，可得两重利益：（1）乡村中改善土地，增加生产的利益，每人可得一份；（2）每年由政府按照全国人口发给生活费，这又是一份利益。有了这个原因，全乡村之事和全国之事，人民就不能不过问了。现在的人，大都是"事不关己不劳心。"革命的人，拼命去争民权，争得之后，交给人民，叫他来行使。我恐怕乡间的老百姓，还会嫌我们的多事，妨害他吃饭睡觉的时间，只好顺着他们喜欢发财的天性，把民权二字附着在发财二字上面，交给与人民，人民接受发财这个东西，顺便就把民权那个东西携带去了。他们知道官吏是替他经理银钱的管事，不得不慎选其人，遇有不好的管事，不得不更换。如此则选举权、罢免权，他们自然晓得行使了。他们知道一切章程如不定好，就有人舞弊，公款就要受损失，他们将来就要少分点红利，如此则创制权、否决权也就晓得行使了。所以政府每年必要发给生活费，人民与政府才生得起关系，才能行使民权，人人有切己关系，才不会为少数人所把持，全民政治，乃能实现。

改革社会，千头万绪，犹如钟表一般，中间的机械，只要有了点小小毛病，全部动作，都会停止。我国土地，有如此之大，各地情形不同，实施的详细办法，岂是政府中几个人能够坐而揣测的，只好划归各地人民自去揣酌办理，政府只消把大政方针与各种进行计划宣布出来，使人民知道政府的目的是怎么样，进行的途径是怎么样，他们自然会朝着那个途径做去，各乡各县，渐渐趋于一致，就可以渐渐联合起来了。现在世界的大势，是朝全民政治方面趋去，故一切事权，当散而给诸人民，才不至与潮流违反。民生主义与民权主义，是一个东西，不可分而为二，一面又须顾及世界民族的心理，顺着大同的轨道做去，三民主义，就成为整个之物了。

五、各种学说之调和

　　现在世界上纷纷扰扰，冲突不已，我穷原竟委的考察，实在是由于互相反对的学说生出来的。孟子之性善说，荀子之性恶说，是互相反对的；宗教之利人主义，进化论派之利己主义，是互相反对的；个人主义之经济学，社会主义之经济学，是互相反对的。凡此种种互相反对之学说，均流行于同一社会之中，从未折中一是，思想上既不一致，行为上当然不能一致，冲突之事，就在所不免。真理只有一个，犹如大山一般，东西南北看去，形状不同，游山者各见山之一部分，所说山之形状，就各不相同。我们研究事理，如果寻出了本源，任是互相反对之说，都可调和为一。性善与性恶，可以调和为一，利人与利己，可以调和为一，个人主义与社会主义，可以调和为一，这是前面业已说了的。著者把所有互相反对的学说加以研究，觉得无不可以调和。兹再举两例于下：

　　（甲）马克思说："人的意志为物质所支配。"又有人说："物质为人的意志所支配。"这两说可以调和为一的。兹用比喻来说明：假如我们租了一座房子，迁移进去，某处作卧房，某处作厨房，某处作会客室，器具如何陈设，字画如何悬挂，——要审度屋宇之形势而为之。我们的思想，受了屋宇之支配，即是意志受了物质之支配，但是我们如果嫌屋宇不好，也可把他另行改造，屋宇就受我们之支配，即是物质受意志之支配。欧洲机器发明而后，工业大兴，人民的生活情形，随之而变，固然是物质支配了人的意志，但机器是人类发明的，发明家费尽脑力，机器才能出现，工业才能发达，这又是人的意志支配了物质。这类说法，与"英雄造时势，时势造英雄"是一样的，单看一面，未尝说不过去，但必须两面合拢来，理论方才圆满。有了物理、数学等科，才能产出牛顿，有了牛顿，物理、数学等科，又生大变化。有了咸同的时局，才造出曾左诸人，有了曾左诸人，又造出一个时局。犹如鸡生蛋，蛋生鸡一般，表面看去，是辗转相生，其实是前进不已的，后生蛋非前一蛋，后之鸡非前之鸡。物质支配人的意志，人的意志又支配物质，英雄造时势，时势又造英雄，而世界就日益进化了。倘若在进化历程中，割取半截以立论，任他引出若干证据，终是一偏之见。我们细加考究，即知鸡与蛋原是一个东西，心与物也是一个东西，鸡之外无蛋，蛋之外无鸡，心之外无物，物之外无心，唯心论，唯物论，原可合而为一的。

　　（乙）古人说："非知之艰，行之维艰。"孙中山说："知难行易。"这两说也可合而为一的。古人因为世人只知坐而研究，不去实行，就对他说道：

知是很容易的，行是很艰难的，你们总是趋重实行就是了。孙中山研究出来的学理，党人不肯实行，孙中山就对他们说道：知是很艰难的，行是很容易的，我已经把艰难的工作做了，你们赶快实行就是了。古人和孙中山，都是注重在实行，有何冲突？"非知之艰，行之维艰"二语，出在伪古文《尚书》上，是傅说对武丁所说的，傅说原是勉励武丁实行，并没有说事情难了，叫武丁莫行，原书俱在，可以复按。发明轮船、火车的人，费了无限心力，方才成功，发明之后，技师照样制造，是很容易的，这是"知难行易"。初入工厂的学生，技师把制造轮船、火车的方法传授他，学生听了，心中很了然，做起来却很艰难，这是"知易行难"。孙中山的说法，和傅说的说法，其差异之点，即在知字的解释不同。孙中山是指发明家发现真理而言，傅说是指学生听讲时心中了解而言。我们试取"孙文学说"读之，他举出的证据，是饮食、作文、用钱等十事和修理水管一事，都是属乎发明方面的事。孙中山是革命界的先知先觉，他训诫党员，是发明家对技师说话，故说"知难行易"。傅说身居师保之位，他训诫武丁，是技师对学生说话，故说"知易行难"。就实际言之，发明家把轮船、火车发明了，交与技师制造，技师又传授学生，原是一贯的事，孙中山和傅说，各说半截，故二者可合而为一。由此知知易行难和知难行易两说可以调和为一。世间的事，有知难行易者，有知易行难者，合二者而言之，理论就圆满了。

著者把性善和性恶，利人和利己，个人主义和社会主义，唯心和唯物，知难行易和知易行难种种互相反对之学说加以研究之后，乃下一结论曰："无论古今中外，凡有互相反对之二说，双方俱持之有故，言之成理，经过长时间之争辩，仍对峙不下者，此二说一定可以并存，一定是各得真理之一半，我们把两说合而为一，理论就圆满了。"

著者从前对于孙中山的学说，也不甚满意，故去岁著《解决社会问题之我见》，系自辟蹊径，独立研究，不与民生主义相涉，自以为超出孙中山的范围了。今岁著此文时，复取孙中山学说研究之，意欲寻出缝隙，加以攻击，无如任从何方面攻击，他俱躲闪得开，始知他的学说理论圆满，他倡此种学说时，四面八方，俱是兼顾到了的，我去岁所拟解决社会问题各种办法，已尽包括于民生主义之中。我当初讨论这个问题，自有我的根据地，并未依傍孙中山，乃所得结果，孙中山早已先我而言之，因自愧学识之陋，而益服孙中山用力之深。真理所在，我也不敢强自立异，于是把我研究所得者，作为阐发孙中山学说之材料。阅者试取拙著《宗吾臆谈》，与此文对照观之，当知著者之信仰孙中山，绝非出于盲从。

著者幼年，极崇拜孔子，见《礼记》上有"儒有今人与居，古人与稽，今世行之，后世以为楷"等语，因改名世楷，字宗儒，后来觉得孔子学说有许多地方不满我意，乃改字宗吾，表示信仰自己之意，对于孔子宣布独立，而今下细研究，始知孔子的学问原自精深，确能把个人主义和社会主义调和为一，远非西洋哲学家所能企及。孔子学说，最贻人口实者，不过忠君一层，其实这是时代的关系，于他的学说，并无甚损。古时主权在君，故孔子说忠君，这不是尊君，乃是尊主权，现在主权在民，我们把他改为忠于民就是了。例如孔子说："君使臣以礼，臣事君以忠。"我们改为"人民对政府要有礼，政府对人民要尽忠"，施行起来，就无流弊了。孙中山曾说：欧美人民，对于政府，常有反抗的态度。瑞士学者新发明一种说法，说"人民对政府要改变态度"。我们说："人民对于政府要有礼"，也可算是新学说。像这样的替孔子修正一下，他的学说，就成为现在最新的学说了。《大学》有格致诚正修齐治平一段话，把个人主义和社会主义融合为一，孙中山称赞他是中国独有的宝贝，外国大政治家没有见到。孔子说："大道之行也，天下为公。"孙中山常喜欢写"天下为公"四字，因为孔子理想的社会，是大同世界，孙中山理想的社会，也是大同世界，所以孙中山对于孔子，极为心折。

宇宙事物，原是孳生不已的，由最初之一个，孳生出无数个，越孳生，越纷繁，自其相同之点观之，无在其不同，自其相异之点观之，无在其不异。古今讲学的人，尽管分门别户，互相排斥，其实越讲越相合，即如宋儒排斥佛学，他们的学说中，参得有禅理，任何人都不能否认。孟子排斥告子，王阳明是崇拜孟子之人，他说"无善无恶心之体"，其语又绝类告子。诸如此类，不胜枚举。因为宇宙真理，同出一源，只要能够深求，就会同归于一。犹如山中生出草草木木一般，从他相异之点看去，草与木不同，此木与彼木不同，同是一木，发生出来的千花万叶，用显微镜看之，无一朵相同之花，无一片相同之叶，可说是不同之极了，我们倘能会观其通，从他相同之点看去，则花花相同，叶叶相同，花与叶相同，此木与彼木相同，木与草相同，再进之，草木和禽兽相同，精而察之，草木禽兽，泥土沙石，由分子，而原子，而电子，也就无所谓不同了。我们明白此理，即知世间种种争端无不可以调和的。有人问我道：你说"心理变化，循力学公例而行"。请问各种学说，由同而异，又由异而同，是属乎力学公例之哪一种？我说：水之变化，即是力之变化，同出一源之水，可分为数支，来源不同之水，可汇为一流，千派万别，无不同归于海，任他如何变化，却无一不是循力学公例而行。宇宙事物，凡是可以用水来作比喻的，都可说是与力学公例符合。

中国人研究学问，往往能见其全体，而不能见其细微。古圣贤一开口即是天地万物，总括全体而言之，好像远远望见一山，于山之全体是看见了的，只是山上之草草木木的真相，就说得依稀恍惚了。西人分科研究，把山上之一草一木看得非常清楚，至于山之全体，却不十分了然。将来中西学说，终必有融合之一日。学说汇归于一，即是思想一致，思想既趋一致，即是世界大同的动机。现在世界纷争不已，纯是学说分歧酿出来的，我们要想免除这种纷争，其下手之方法，就在力求学说之一致。所谓一致者，不在勉强拉合，而在探索本源，只要把他本源寻出来，就自然归于一致了。所以我们批评各家学说，务于不同之中，寻出相同之点，应事接物，务于不调和之中，寻觅调和的方法，才不至违反进化之趋势，不是我们强为调和，因为他根本上，原自调和的。我看现在国中之人，往往把相同之议论，故意要寻他不同之点，本来可以调和的事，偏要从不调和方面做去，互相攻击，互相排挤，无一事不从冲突着手，大乱纷纷，未知何日方止。

现在各党各派，纷争不已，除挟有成见，意气用事者外，其他一切纷争，实由于学说冲突酝酿出来的。要调和这种纷争，依我想，最好是各人把各人所崇奉的学说，彻底研究，又把自己所反对的学说，平心观察，寻觅二者异同之点，果能反复推求，一定能把真正的道理搜寻出来，彼此之纷争，立归消灭。因为宇宙间的真理，只有一个，只要研究得彻底，所得的结果，必定相同。假使有两人所得结果不同，其中必有一人研究不彻底，或是二人俱不彻底，如果彻底了，断无结果不同之理，大家的思想，既趋于一致，自然就没得纷争了。

现在各种主义，纷然并立，仿佛世界各国纷然并立一样，有了国界，此国与彼国，即起争端，有了主义，此党与彼党，即起争端，将来世界各国，终必混合为一而后止，各种主义，也必融合为一而后止。无所谓国，无所谓主义，国界与主义同归消灭，这就是大同世界了。著者主张联合世界弱小民族，攻打列强，可说是顺着大同轨道走的，主张各种主义公开研究，也可说是顺着大同轨道走的。

耶教以博爱为主，后来宗教战争，同奉耶稣之人，互相焚烧屠杀，残酷到了极点，与博爱之宗旨，完全背道而驰。倡民约论的人，何尝不源于悲悯之一念，而其结果，则法国大屠杀，无复丝毫悲悯之念，并非咄咄怪事！著者求其故而不得，只好返求之于力学公例。人之思想感情，俱是以直线进行，耶稣、卢梭诸人的信徒，只知朝着他的目的物奔走，犹如火车、汽车开足了马力，向前奔驰，途中人畜，无不被其碾毙一样。现在身操杀人之柄者，与夫执有手枪、炸弹者，如果明白这个道理，社会上也就受赐不少了。

欧洲新旧教之争，施行大屠杀，是学说冲突之关系，法国革命，施行大屠杀，也是学说冲突之关系，学说杀人，至于如此，真令人四顾苍茫，无从说起。宗教之说，根本上令人怀疑，欧洲殉教诸人，前仆后继，视死如归，自我们的目光看去，仿佛吃了迷药一般，而他们则自以为无上光荣。

第六部　中国学术之趋势

自序一

我生平喜欢研究心理学。于民国九年，作一文曰：《心理与力学》。创出一条臆说："心理依力学规律而变化"。有了这条臆说，觉得经济政治外交，与夫人世一切事变，都有一定轨道，于是陆陆续续，写了些文字，曾经先后发表。

后来我又研究诸子百家的学说，觉得学术上之演变也有轨道可循。我们如果知道从前的学术是如何演变，即可推测将来的学术当向何种途径趋去，因成一文曰：《中国学术之趋势》。自觉此种观察，恐怕不确，存在箧中，久未发表。去岁在重庆，曾将原稿交《济川公报》登载，兹把他印为单行本，让阅者指正。

我说："心理依力学规律而变化。"闻者尝驳我道："我的思想，行动自由，哪里有什么规律？"殊不知我们受了规律的支配，自己还不觉得。譬如书房里，有一鸟笼，鸟在笼中，跳来跳去，自以为活动自由了，而我们在旁观之，任他如何跳，终不出笼之范围。设使把笼打破，鸟在此室中，更是活动自由了，殊不知仍有一个书房把他范围着。汉唐以后的儒者，任他如何说，终不出孔子的范围，周秦诸子和东西洋哲学家，可说是打破了孔子范围，而他们的思想，仍有轨道可循，既有轨道可循，即是有规律。

自开辟以来，人类在地球上，行行走走，自以为自由极了。三百年前，出了一个牛顿，发明地心引力，才知道：任你如何走，终要受地心引力的支配，这是业已成了定论的。人类的思想，自以为自由极了，我们试把牛顿的学说扩大之，把他应用到心理学上，即知道：任你思想如何自由，终有轨道可循，人世上，一切事变，无不有力学规律，行乎其间，不过一般人，习而不察，等于牛顿以前的人不知有地心引力一样。

我写文字，有一种习惯，心中有一种感想，即写一段，零零碎碎，积了许多段，才把他补缀起来，成了一篇文字。此次所发表者，是把许多小段，就其意义相属者，放在一处，再视其内容，冠以篇名。因此成了四篇文字：（1）老子与程明道；（2）宋学与蜀学；（3）宋儒之道统；（4）中西文化之融合，总题之曰：《中国学术之趋势》。

写文字是发表心中感想，心中如何想，即当如何写，如果立出题目，来做文字，等于入场应试，心中受了题之拘束，所有感想，不能尽情写出，又因题义未尽，不得不勉强凑补，于是写出来的，乃是题中之文，不是心中之文。我发表这本书，本想出以随笔体裁，许多朋友说不对，才标出大题目，小题目我觉得做题目，比做文章更难，文章是我心中所有，题目是我心中所无。此书虽名《中国学术之趋势》，而内容则非常的简陋，对于题义，发挥未及十分之一，这是很抱歉的。

　　我写文字，只求把心中感想表达出，即算完事。许多应当参考的书，也未参考，许多议论，自知是一偏之见，仍把他写出来。是心中有了这种疑团，特发表出来，请阅者赐教。如蒙指驳，自当敬谨受教，不敢答辩，指驳越严，我越是感谢。

　　　　中华民国二十五年，七月二日，李宗吾，于成都。

自序二

　　知仍有一个书房，把他范围着。汉唐以后的儒者，任他如何说，终不出孔子的范围，周秦诸子和东西洋哲学家，可说是打破了孔子范围，而他们的思想，仍有轨道可循，既有轨道可循，即是有规律。

一、老子与诸教之关系

（一）中国学术分三大时期

我国学术最发达有两个时期，第一是周秦诸子，第二是赵宋诸儒。这两个时期的学术，都有创造性。汉魏晋南北朝隋唐五代，是承袭周秦时代之学术而加以研究，元明是承袭赵宋时代之学术而加以研究，清朝是承袭汉宋时代之学术而加以研究，俱缺乏创造性。周秦是中国学术独立发达时期，赵宋是中国学术和印度学术融合时期。周秦诸子，一般人都认孔子为代表，殊不知孔子不足以代表，要老子才足以代表。赵宋诸儒，一般人都认朱子为代表，殊不知朱子不足以代表，要程明道才足以代表。

《老子》一书，当分两部分看，他说致虚守静，归根复命一类话，是出世法，庄列关尹诸人，是走的这条路。他说："以正治国，以奇用兵"一类话，是世间法。孔子以仁治国，墨子以爱治国，申韩以法治国等等，皆是以正治国。在吴司马穰苴，是以奇用兵，这都是走的世间法这条路。《老子》一书，是把世间法和出世法一以贯之，两无偏重，所以提出老子，可以总括周秦学术的全体。

汉明帝时，印度佛教传入中国，历魏晋南北朝隋唐五代，愈传愈盛，与中国固有的学术成为两大派，相推相荡，到了程明道出来，把二者融合为一，是为宋明之理学，名为儒家，实是中国和印度两方学术融合而成的新学说。程明道的学说出来后，跟着就分为两大派：一派是程伊川和朱子，一派是陆象山和王阳明。所以宋学要以程明道为代表，朱子不足以代表。

从周秦至今，可分为三个时期。周秦诸子，为中国学术独立发达时期；赵宋诸儒，为中国学术印度学术融合时期。现在已经入第三时期了。世界大通，天涯比邻，中国印度西洋三方学说，相推相荡，依天然的趋势看去，这三者又该融合为一。故第三时期，为中西印三方学术融合时期。学术之进化，其轨道历历可循，知道从前中印两方学术融合，出以某种方式，即知将来中西印三方学术融合，当出以某种方式，我们用鸟瞰法，升在空中，如看河流入海，就可把学术上的大趋势看出来。

（二）《老子》一书是周秦学派之总纲

宇宙真理，是浑然的一个东西，最初是蒙蒙昧昧的。像一个绝大的荒山，无人开采，后来偶有人在山上拾得点珍宝归来，人人惊异，大家都去开采，有得金的，有得银的，有得铜铁锡的。虽是所得不同，总是各有所得。周秦诸子，都是上山开采的人，这伙人中，所得的东西，是以老子为最多。

老子是道家，道家出于史官。我国有史以来，零零碎碎的，留下许多学说，直到老子出来，才把它整理成一个系统。他生于春秋时代，事变纷繁，他年纪又高，眼见的事又多。身为周之柱下史，是国立图书馆馆长。读的书又多。他自隐无名，不问外事，经过了长时间的研究，所以能把宇宙真理发现出来。

老子把古今事变融会贯通，寻出了它变化的规律，定名曰道。道者路也。即是说，宇宙万事万物，非走这条路不可，把这种规律笔之于书，即名之曰《道德经》。德者有得于心也，根据以往的事变，就可以推测将来的事变，故曰："执古之道，以御今之有。"

他见到了真理的全体，讲出来的道理，颠扑不破，后人要研究，只好本着他的道理，分头去研究。他在周秦诸子中，真是开山之祖。诸子取他学说中一部分，引而申之，扩而大之，就独成一派。

前乎老了者，如黄帝，如太公，如鬻子、管子等，《汉书·艺文志》均列入道家，算是老子之前驱，周秦诸子中最末一人，是韩非，非之书有《解老》、《喻老》两篇，把老子的话一句一句的解释，呼老子为圣人，可见非之学也出于老子。至吕不韦门客所辑的《吕氏春秋》，也是推尊黄老。所以周秦时代的学说，彻始彻终，可用老子贯通之。老子的学说是总纲，诸子是细目，是从总纲中提出一部分，详详细细的研究，只能说研究得精细，却不能出老子的范围。

至于老子年代问题，有人说：孔子问礼于老子，为春秋时人，著《道德经》之老子，为战国时人，是两人，不是一人。这层不必深问，我们只说：《道德经》一书，可以总括周秦学术之全体。其书出现于周秦诸子之前，是诸子渊源于老子，出现于周秦诸子中间，或在其后。我们可说：《道德经》可以贯通诸子，而集周秦学术之大成，无论他生在春秋时，生在战国时，甚或生在嬴秦时，其为周秦学术之总代表则一也。

关于老子姓名问题，有种种说法，甚有谓老子姓老者。我想不必这样讲，古人的名字，有点像字学中之反切法，用两个字，切出一个字，举出其人之两个特点，即知其为某人，名字之上，不必一定冠以姓。如祝鲩是名之上冠以官。行人子羽，是字之上冠以官。东里子产，是字之上冠以地，叔梁纥，是名之上冠以字。司马迁是史官，故称史迁，曾受腐刑，又称腐迁。他如髯参军，短主簿，是官职之上冠以形貌，只要举出两个特点，即可确定其为某人。大约老子耳有异状，故姓李名耳，他是自隐无名的人，埋头研究学问，世人得见他时，年已老矣，人人惊其学问之高深，因其须发皓然，又是一个大耳朵，因呼之为老聃。聃是生前的绰号，不是死后之谥，他不是生而皓首，乃是世人得见他时，业已皓首了。一般学者，闻老子之名，都来请教。孔子也去问礼。各人取其学说之一部分，发辉光大之，就成为一家之言，发表出来，尽是新奇之说，人人都去研究。老子自隐无名，其出处存亡，世人也就不甚注意了。犹之四川廖平与康有为说一席话，康本其说，跟即著出《孔子改制考》，《新学伪经考》，震惊一世，而廖之书尚未出也，其人亦不甚为世注意。老子年龄，大约比孔子大二三十岁，孔子是七十几岁死的，老子修神养身，享年最高，或许活到二百多岁，著《道德经》时，已入了战国时代，这也是可能的事。

（三）无为之意义

老子的"无为"，许多人都误解了。《老子》一书，是有为，不是无为。他以为：要想有为，当从无为下手，所以说"无为则无不为"。他的书，大概每句中，上半句是无为，下半句是有为。例如："慈故能勇，俭故能广，不敢为天下先，故能成器长。"要想勇当从慈做起走。要想广，当从俭做起走。要想成器长，当从不敢为天下先做起走。慈与俭，不敢为天下先，是无为；能勇，能广，能成器长，即是有为。老子洞明盈虚消长之理，阴阳动静，互相为根，凡事当从相反方面下手，如作文欲抑先扬，欲扬先抑，写字欲左先右，欲右先左一般。老子说："我无为而民自化，我好静而民自正，我无事而民自富，我无欲而民自朴"。我无为，我好静，我无事，我无欲，我无为；能使民化民正，能使民富民朴，是有为。"弱胜强，柔胜刚"，弱柔是无为，胜强胜刚，是有为。老子书中，这类话很多，都是"无为则无不为"的实证。

老子所说的无为，是顺其自然，我无容心的意思。当为的就为，当不为的就不为，如果当为的不为，这是有心和自然反抗，这叫做有为，算不得无为。王弼注《老子》，就是这种见解。他注《老子》二十七章说道："须自然而行，不造不始。"注二十九章说道："万物以自然为性，故可因而不可为也，可通而不可执也，物有常性而造为之，故必败也，物有往来而执之，故必失矣。"可算得了老子的真谛。老子说："辅万物之自然而不敢为。"（韩非本作恃，按作辅义较长）。即是《阴符经》所说："圣人知自然之不可违，因而制之。"（现在的《阴符经》，虽是伪书，但说的道理不错。）也即是《易经》所说："裁成天地之体，辅相天地之宜。"曹参为相，日饮醇酒，诸事不为，只可谓之"不辅万物之自然"，"不裁成天地之道，不辅相天地之宜"，"知自然之不可违，因而不制之"。黄老之道，岂是这样吗？老子说："其安易持，其未兆易谋，其脆易判，其微易散，为之于未有，治之于未乱，合抱之木，生于毫末，九层之台，起于累土，千里之行，始于足下。"老子把宇宙事事物物的来龙去脉，看得清清楚楚的，事未发动，或才发动，就把他弄好了。犹如船上掌舵的人，把水路看得十分清楚，只须轻轻地把舵一搬，那船就平平稳稳的下去了，这叫做无为。即是所谓，"善用兵者无赫赫之功"，何尝是曹参那种办法呢？文景行黄老，只是得点皮毛，于"为之于未有，治之于未乱"等工作，未免缺乏，所以不无流弊。但政治之修明，已成为三代下第一，黄老之道之大，也可想见了。

（四）"失道而后德，失德而后仁，失仁而后义，失义而后礼"之意义

老子说："失道而后德，失德而后仁，失仁而后义，失义而后礼。"失字作流字解。道流而为德，德流而为仁，仁流而为义，义流而为礼，道德仁义礼五者，是连贯而下的。天地化生万物，有一定规律，如道路一般，是之谓道。吾人懂得这个规律，而有得于心，即为德，本着天地生物之道，施之于人即为仁。仁是浑然的，必须制裁之，使之合宜，归为义。但所谓合宜，只是空空洞洞的几句话，把合宜之事，制为法式，是为饰文，即为礼。万一遇着不守礼之徒，为之奈何？于是威之以刑。万一有悖礼之人，刑罚不能加，又将奈何？于是临之以兵。我们可续两句曰："失礼而后刑，失刑而后兵。"礼流而为刑，刑流而为兵。由道德以至于兵，原是一贯而已。

老子洞明万事万物变化的轨道，有得于心，故老子言道德。孔子见老子后，明白此理，就用以治人，故孔子言仁。孟子继孔子之后，故言仁必带一义字。荀子继孟子之后，注重礼学。韩非学于荀卿，知礼字不足以范围人，故专讲刑名。这都是时会所趋，不得不然。世人见道德流为刑名，就归咎于老子，说申韩之刻薄寡恩，来源于老子。殊不知中间还有道德流为仁义一层，由仁义才流为刑名的。言仁义者无罪，言道德者有罪，我真要为老子叫屈。

孔子说"志于道，据于德，依于仁，游于艺"，都是顺着次序说的，韩昌黎说"博爱之谓仁，行而宜之之谓义，由是而之焉之谓道，存乎己无待于外之谓德"，把道德放在仁义之下，就算弄颠倒了。

老子说："失礼者忠信之薄而乱之首也。"这句话很受世人的痛骂，这也是误解老子。道流而为德，德流而为仁，仁流而为义，义流而为礼，礼流而为刑，刑流而为兵。这是天然的趋势，等于人之由小孩而少年，而壮，而老，而死一般。老子说"失道而后德，失德而后仁，失仁而后义，失义而后礼"，等于说"失孩而后少，失少而后壮，失壮而后老"。他看见由道德流而为礼，知道继续下去，就是为刑为兵，故警告人曰"夫礼者忠信之薄而乱之首也"，等于说"夫老者少壮之终而死之始也"。这本是自然的现象，说此等话的人。有何罪过？

要救死只有"复归于婴儿"。要救乱只有"复归于无为"。吾人身体发育最快，要算婴儿时代，婴儿无知无欲，随时都是半睡眠状态，分之修养家，叫人静坐，却用种种方法，无非叫人达到无知无欲，成一种半睡眠状态罢了。

婴儿的半睡眠状态，是天然的，修养家的半睡眠状态，是人工做成的，只要此心常如婴儿之未孩，也就可以长生久存了。我们知：复归于婴儿，可以救死；即知：复归于无为，可以救乱。

国家到了非用礼不可的时候，跟着就有不礼之人，非用刑不可，跟着就有刑罚不能加的人，非用兵不可。所以到了用礼之时，乱兆已萌，故曰"乱之首"。然则为之奈何？老子曰："化而欲作，吾将镇之以无名之朴。"乱机虽动，用无为二字，即可把他镇压下去。老子用的方法，是："我无为而民自化，我好静而民自正，我无事而民自富，我无欲而民自朴。"他这个话不是空谈，是有实事可以证明。春秋战国，天下大乱，延至嬴秦，人心险诈，盗贼纵横，与现在的时局是一样的。始皇二世，用严刑峻罚，其乱愈甚。到了汉初，刘邦的谋臣张良、陈平，是讲黄老的人，曹参相惠帝用黄老，文景也用黄老，而民风忽然浑朴，俨然三代遗风，这就是实行"镇之以无名之朴"，人民就居然自化自正，自富自朴了。足知老子所说："复归于无为"是治乱的妙法。"复归于婴儿"，可以常壮不老；"复归于无为"，可以常治不乱。

由道流而为德，为仁，为义，为礼，为刑，为兵，道是本源，兵是末流。老子屡言兵，他连兵都不废，何至会废礼？他说："以道佐人主者，可以兵强天下。"又说："夫慈以战则胜。"慈即是仁，他用兵之际，顾及道字仁字，即是顾及本源之意。用兵顾及仁字，才不至穷兵黩武；用刑顾及仁字，才能哀矜勿喜；行礼顾及仁字，才有深情行乎其间，不至徒事虚文；行仁义顾及道德，才能到熙熙嗥嗥的盛世，不是相呴以湿，相濡以沫。我们读《老子》一书，当作如是解。老子用兵之际，都顾及本源，即知他无处不顾及本源。

老子说："兵者不祥之器，非君子之器，不得已而用之，恬澹为主。"他对于兵是这种主张，即知他对于礼的主张，是说："礼者忠信之薄而乱之首，不得已而用之，道德为主。"老子明知"兵之后必有凶年。"到了不得已之时，还是要用兵，即知他明知礼之后，必有兵刑，到了不得已之时，还是要用礼。吾故曰，老子不废礼。唯其不废礼，以知礼守礼名于世，所以孔子才去问礼。老子知兵之弊，故善言兵，知礼之弊，故善言礼。

用刑用兵，只要以道佐之，以慈行之，民风也可复归于朴。庄子曰："假道于仁，托宿于义，以游于逍遥之虚……逍遥无为也"。由此知用刑用兵，也是假道于刑，托宿于兵，以达无为之域。我们识得此意，即知老子说"失义而后礼"，说"礼仁忠信之薄"，与孔子所说"礼云礼云，玉帛云乎哉"同是一意。

（五）绝圣弃智之作用

老子说："绝圣弃智，民利百倍，绝仁弃义，民复孝慈，绝巧弃利，盗贼无有。"又说："天地不仁，以万物为刍狗，圣人不仁，以百姓为刍狗。"又说:"大道废有仁义,智慧出有大伪。"等语很受世人的訾议,这也未免误解。老子是叫人把自己的意思除去,到了无知无欲的境界,才能窥见宇宙自然之理,一切事,当顺自然之理而行之,如果不绝圣弃智,本着个人的意见做去,得出来的结果,往往违反自然之理。宋儒即害了此病,并且害得很深。例如:"妇人饿死事小,失节事大"一类话,就是害的这个病;洛蜀分党,也是害的这个病。他们所谓理,完全是他们个人的意见。戴东原说:"宋以来儒者,以己之见,硬作为圣贤立言之意……其于天下之事也,以己所谓理,强断行之。"又曰:"其所谓理者,同于酷吏所谓法,酷吏以法杀人,后儒以理杀人。"东原此语,可谓一针见血,假使宋儒能像老子绝圣弃智,必不会有这种弊病。

凡人只要能够洞明自然之理,一切事顺天而动,如四时之行,百物之生,不言仁义而仁义自在其中。《庄子》一书,全是发挥此理。苏子由解老子说道:"大道之隆也,仁义行于其中,而民不知。大道废而后仁义见矣。世不知道之足以赡足万物也,而以智慧加之,于是民始以伪报之矣。六亲方和,孰非孝慈,国家方治,孰非忠臣,尧非不孝而独称舜,无瞽瞍也,伊尹周公非不忠也,而独称龙逢比干,无桀纣也,涸泽之鱼、相濡以沫,相呴以湿,不知相忘于江湖"。子由这种解释,深得老子本旨。昌黎说老子小仁义,读了子由这段文字,仁义乌得不小。赢秦时代,李斯、赵高,挟智术以驭天下,叛者四起,即是"智慧出有大伪"的实证。汉初行黄老之术,民风浑朴,几于三代,即是"绝巧弃利,盗贼无有"的实证。

老子绝圣弃智,此心浑浑穆穆,与造化相通,此等造诣极高。孔子心知之,亦曾身体力行之,但只能喻之于心,而不能喻之于口,只可行之于己,而不能责之于人。孔子不言性与天道,非不欲言也,实不能言也,即言之与人亦未必了解也。孔子曰:"天何言哉,四时行焉,百物生焉。天何言哉?"此等处可见孔老学术原是一贯。重言"天何言哉",反复赞叹,与老子所说"吾不知其谁之子,象帝之先","恍兮惚兮,其中有物"等言绝肖。苏子由曰:"夫道不可言,可言皆其似者也,达者因似以识真,而昧者执似以陷于伪。"子由识得此旨,所以明朝李卓吾称之曰:"解老子者众矣,而子由最高。"

要窥见造化流行之妙,非此心与宇宙融合不可,正常人自然做不到,我们既然做不到,而做出的事,如果违反了造化流行之理,又是要不得的,这拿来怎样办呢?于是孔门传下一个最简单最适用的法子,这个法子,即是孔子所说的良知良能。孔门教人,每发一念,就用自己的良心裁判一下,良心以为对的即是善,认为不对的即是恶。恶的念头,立即除去,善的念头,就把他存留下,这即是大学上的诚意工夫。这种念头,与宇宙自然之理是相合的,何以故呢?人是宇宙一分子,我们最初发出之念,并未参有我的私意私见，可说是径从宇宙本体发出来的，我把这个念头加以考察，即与亲见宇宙本体无异，把这种念头推行出来的，就可修身齐家治国平天下，这个法子，岂不简单极了呢？有了这个法子，我们所做的事，求与自然之理相合，就不困难了，所难者，何者为善念，何者为恶念，不容易分别。于是孔门又传下一个最简单的法子，叫人闲居无事的时候，把眼前所见的事，仔细研究一下，何者为善，何者为恶，把他分别清楚，随着我心每动一念，我自己才能分别善恶，这就是格物致知了。孔门正心诚意，格物致知，本是非常简单，愚夫愚妇，都做得到，不料宋明诸儒把他解得玄之又玄。朱子无端补入"格致"一章，并且说："至于用力之久，而一旦豁然贯通焉，则众物之表里精粗无不到，而吾心之全体大用无不明矣。"直是禅门的顿悟，岂不与中庸所说"愚夫愚妇，与知与能"相悖吗？我们把正心诚意改作良心裁判四字，或改作问心无愧四字，就任何人都可做到了。

（六）盈虚消长之理

老子的学说，是本着盈虚消长立论的。什么是盈虚消长呢？试作图说明之：如图由虚而长，而盈，而消，循环不已，宇宙万事万物，都不出道德轨道。以天道言之：春夏秋冬，是循着这个轨道走的，以人事言之：国家之兴衰成败，和通常所谓"贫贱生勤俭，勤俭生富贵，富贵生骄奢，骄奢生淫逸，淫逸又生贫贱"，都是循着这个轨道走的。老子之学，纯是自处于虚，以盈为大戒，虚是收缩到了极点，盈是发展到了极点。人能以虚字为立足点，不动则已，一动则只有发展的，这即是长了。如果到了盈字地位，则消字即随之而来，这是一定不移之理，他书中所谓"弱胜强，柔胜刚"，"高以下为基"，"功成身退天之道"，"强梁者不得其死"，"飘风不终朝，骤雨不终日"，"跂者不立，跨者不行"，"多藏必厚亡"，"高者抑之，下者举之"，"将欲歙之，必固张之，将欲弱之，必固强之，将欲废之，必固兴之，将欲夺之，必固与之"种种说法，都是本诸这个原则立论。这个原则，人世上一切事都适用，等于瓦特发明蒸汽，各种工业都适用。

老子盈虚循环图

（七）老子之兵法

老子把盈虚消长之理，应用到军事上，就成了绝妙兵法。试把他言兵的话，汇齐来研究，即知他的妙用了，他说："以道佐人主者，不以兵强天下，其事好还……善者果而已。"又曰："夫佳兵者不祥之器，非君子之器，不得已而用之。"又曰："以奇用兵。"又曰："慈故能勇……夫慈以战则胜，以守则固，天将与之，以慈卫之。"又曰："善为士者不武，善战者不怒，善胜敌者不争。"又曰："用兵有言，不敢为主而为客，不敢进寸而退尺，祸莫大于轻敌，轻敌几丧吾宝，故抗兵相加，哀者胜矣。"又曰："勇于敢则杀，勇于不敢则活。"又曰："坚强者死之徒，柔弱者生之徒，是以兵强则不胜。"可知老子用兵，是出于自卫，出于不得已，以慈为主。慈有二意：一是恐我的人民为敌人所杀；二是恐敌人的人民为我所杀，所以我不敢为造事之主，如若敌人实在要来攻我，我才起而战之，即所谓"不敢为主而为客"。虽是起而应之，却不敢轻于开战，"轻敌几丧吾宝"。这个宝字，就是"我有三宝"的宝字。慈为三宝之一，轻于开战，即是不慈，就算失去一宝了。我既不开战，而敌人必来攻，我将奈何？老子的法子就是守，故曰："以守则固"。万一敌人猛攻，实在守不住了，又将奈何？老子就向后退，宁可退一尺，不可进一寸，万一退到无可退的地方，敌人还要进攻，如再不开战，坐视我的军士束手待毙，这可谓不慈之极了。到了此刻，是不得已了，也就不得不战了，从前步步退让，极力收敛，收敛到了极点，爆发出来，等于炸弹爆裂。这个时候，我的军士，处处是死路，唯有向敌人冲杀，才是生路，人人悲愤，其锋不可当，故曰"哀者胜矣"。敌人的军士，遇着这种拼命死战的人，向前冲是必死的路，向后转是生路，有了这种情形，我军当然胜，故曰"以战则胜"。敌人的兵，恃强已极，"坚强者死之徒"，他当然败。这真是极妙兵法，故曰："以奇用兵"。韩信背水阵，即是应用这个原理。

　　孙子把老子所说的原理推演出来，成书十三篇，就成为千古言兵之祖。孙子曰："卑而骄之"。又曰："少则逃之，不若则避之。"又曰："不可胜者守也。"又曰："善守者藏于九地之下。"又曰："投之无所往，死且不北。"又曰："兵士甚陷则不惧，无所往则固，深入则拘，不得已则斗。"又曰："投之无所往，请剧之勇也。"又曰："帅与之期，如登高而去其梯，帅与之深入诸侯之地，而发其机，若驱群羊，驱而往驱而来，莫知所之，聚三军之众，投之于险，此将军之事也。"又曰："死地吾将示之以不活。"又曰："投之亡地然后存，陷之死地然后生。"又曰："始如处女，敌人开户，后如脱兔，敌不及拒"。凡此种种，我们拿来与老子所说的对照参观，其方法完全是相同的，都是初时收敛，后来爆发。孙子曰："将军之事静以幽"。静字是老子书上所常用，幽字是老子书上玄字杳字冥字合并而成的，足知孙子之学，渊源于老子。所异者：老子用兵，以慈为主，出于自卫，出于不得已，被敌人逼迫，不得不战，战则必胜；孙子则出于权谋，故意把兵士陷之死地，以激战胜之功，把老子"以奇用兵"的奇字发挥尽致。开始凡是一种学说，发生出来的支派，都有这种现象，即是把最初之说引而申之，扩而大之，唯其如此，所以独成一派。老子的清静无为，连兵事上都用得着，世间何事用不着？因为老子窥见了宇宙的真理，所以他的学说，无施不可。

（八）《史记》老庄申韩同传之原因

韩非"主道"篇曰："虚静以待令。"又曰："明君无为于上。"这虚静无为四字，是老子根本学说，韩非明明白白提出，足见他渊源所自。其书曰："若水之流，若船之浮，守自然之道，行无穷之令。"又曰："不逆天理，不伤情性，不吹毛而求小疵，不洗垢而察难知，不引绳之外，不推绳之内，不急法之外，不缓法之内，守成理，因自然，祸福生于道德，而不出于爱恶"。可见他制定的法律，总是本于自然之理，从天理人情中斟酌而出，并不强人以所难。他说："明主立可为之赏，设可避之斗，故贤者劝赏，而不肖者少罪。"可见他所悬的赏，只要能够努力，人人都可获得，所定的罚，只要能够注意，人人都可避免。又曰："明君之行赏也，暖乎如时雨，百姓利其泽；其行罚也，畏乎若雷霆，神圣不能解也。诚有功则虽疏贱必赏，诚有过则虽嬖而必诛。"事事顺法律而行，无一毫私见。他用法的结果是："因道全法，君子乐而大奸止，淡然闲静，因天命，持大体，上下交顺，以道为舍。"这是归于无为而止。

老子讲虚静，讲无为；韩非也是讲虚静，讲无为。黄老之术，发展出来，即为申韩，申韩之术，收敛起来，即为黄老。二者原是一贯。史迁把老庄申韩同列一传，即是这个道理。后人不知此理，反痛诋史迁，以为韩非与李耳同传，不伦不类。试思史迁父子，都是深通黄老的人，他论大道则先黄老，难道对于老氏学派，还会谈外行话吗？不过韩非之学，虽是渊源于老子，也是引而申之，扩而大之，独成一派。老子曰："我无为而民自化。"韩非曰："明君无为于上，群臣竦惧乎下。"同是无为二字，在老子口中，何等恬适，一出韩非之口，而凛然可畏，唯其如此，所以才独立成派。

庄子与韩非，同是崇奉老子，一出世，一人世，途径绝端相反，而皆本之于无为。庄子事事放任，犹可谓之无为，韩非事事干涉，怎么可谓之无为呢？庄子是顺应自然做去，毫不参加自己的意见，所以谓之无为。韩非是顺应自然，制出一个法律，我即依着法律实行，丝毫不出入，也是不参加自己的意见，故韩非之学说归于无为。因为他执行法律时，莫得丝毫通融，不像儒家有议亲议贵这类办法，所以就蒙刻薄寡恩之名了。

韩非说："故设柙非所以备鼠也，所以使怯弱能服虎也。"可见他立法是持大体，并不苛细。汉高祖用讲黄老的张良为谋臣，入关之初，"除秦苛法，约法三章，杀人者死，伤人及盗抵罪。""苛法"是捕鼠之物，把他除去，自是黄老举动："杀人者死，伤人及盗抵罪"，是设柙服虎，用的是申韩手段。我们从此等地方考察，黄老与申韩，有何冲突？

（九）老子与其他诸子

道流而为德，德流而为仁，仁流而为义，义流而为礼，礼流而为刑，刑流而为兵。道德居首，兵刑居末。孙子言兵，韩非言刑，而其源者出于老子。我们如果知道兵刑与道德相通，即知诸子之学无不与老子相通了。老子三宝，一曰慈，二曰俭，三曰不敢为天下先；孔子温良恭俭让，俭字与老子同，让即老子之不敢为天下先，孔子尝言仁，即是老子之慈，足见儒家与老子相通。墨子之兼爱，即是老子之慈，墨子之节用，即是老子之俭。老子曰："用兵有言，不敢为主而为客，不敢进寸而退尺。"又曰："以守则围。"墨子非攻而善守，足见其与老子相通。战国的纵横家，首推苏秦，他读的书，是阴符，揣摩期年，然后才出而游说，古阴符不传，他是道家之书，大约是与老子相类。老子曰："天之道其犹张弓乎，高者抑之，下者举之。"老子此语，是以一个平字立论。苏秦说六国，每用"宁为鸡口，无为牛后"一类话，激动人不平之气，暗中藏得有天道张弓的原理，与自然之理相合，所以苏秦的说法，能够披靡一世。老子所说"欲取姑予"等语，为后世阴谋家所祖，他如杨朱庄列关尹诸人，直接承继老子之学，更不待说，周秦诸子之学，即使不尽出于老子，也可说老子之学与诸子不相抵触，既不抵触，也就可以相通。后世讲神仙，讲符箓等等，俱托始于老子，更足知老子与百家相通。

汉朝汲黯，性情刚直，其治民宜乎严刑峻法了，乃用黄老之术，专尚清静。诸葛武侯，淡泊宁静，极类道家，而治蜀则用申韩。这都是由于黄老与申韩，根本上是共通的缘故。孔孟主张仁义治国，申韩主张法律治国，看是截然不同的两种，其实是一贯的。诸葛武侯说："法行则知恩。"这句话真是好极了，足补《四书》《五经》所未及。要施恩先必行法做起走，行法即是施恩，法律即是仁义。子产治郑用猛，国人要想杀他，说道："孰杀子产，吾其与之。"后来感他的恩，又生怕他死了，说道："子产而死，谁其嗣之。"难道子产改变了政策吗？他临死前还说为政要用猛，可见猛的宗旨至死不变，而所收的效果，却是惠字。《论衡》载："子谓子产……其养民也惠。"又讲："或问子产，子曰：'惠人也。'"猛的效果是惠，此中关键，只有诸葛武侯懂得，所以他治蜀尚严，与子产收同一之效果。一般人说申韩刻薄寡恩，其实最慈惠者，莫如申韩。申子之书不传，试取韩非子与诸葛武侯本传，对照读之，当知鄙言之不谬。

韩非之学，出于荀子，是主张性恶的。荀子以为人性恶，当用礼去裁制他。韩非以为礼的裁制力弱，法律的裁制力强，故变而论刑名。由此可知：黄老申韩孟荀，原是一贯。害何种病，服何种药。害了嬴秦那种病，故汉初药之以黄老；害了刘璋那种病，故孔明药之以申韩。儒者见秦尚刑名，至于亡国，以为申韩之学万不可行，此乃不知通变之论。商鞅变法，秦遂盛强，逮至始皇，统一中国，见刑名之学生了大效，继续用下去，犹之病到垂危，有良医开一剂芒硝大黄，服之立愈，病已好了，医生去了，把芒硝大黄作为常服之药，焉得不病？焉得不死？于芒硝大黄何尤？于医生何尤？

（十）孔子不言性与天道之原因

《礼记》上，孔子屡言"吾闻诸老聃曰"，可见他的学问渊源于老子。至大限度，只能与老子对抗，断不能驾老子而上之。《史记》载："孔子适周，问礼于老子，去，谓弟子曰：'鸟吾知其能飞，鱼吾知其能游，兽吾知其能走。走者可以为罔（网），游者可以为纶，飞者可以为矰。至于龙，吾不能知，其乘风云而上天。吾今日见老子，其犹龙邪！'"这种惊讶佩服的情形，俨如虬髯客见了李世民，默然心死一样。《虬髯客传》载：道士谓虬髯曰："此世界非公世界，他方可也"。虬髯也就离开中国，到海外扶馀另觅生活。孔子一见老子，恰是这种情形。老子曰："失道而后德，失德而后仁，失仁而后义，失义而后礼。"道德已被老子讲得透透彻彻，莫得孔子说的，孔子只好从仁字讲起走了。老子学说，虽包含有治世法，但是略而不详，他专言道德，于仁义礼三者，不加深论。孔子窥破此旨，乃终身致力于仁义礼，把治国平天下的方法，条分缕析的列出来。于是老子谈道德，孔子谈仁义礼，结果孔子与老子，成了对等地位。孔子是北方人，带得有点强哉矫的性质，虽是佩服老子，却不愿居他篱下。这就像清朝恽寿平，善画山水，见了王石谷的山水，自量不能超出其上，再画得好，也是第二手，乃改习花卉，后来二人竟得齐名。孔子对于老子，也是这样。他二人一谈道德，一谈仁义礼，可说是分工的工作。

《论语》载：子贡曰："夫子之文章，可得而闻也，夫子之言性与天道，不可得而闻也。"孔子何以不言性与天道呢？因为性与天道，老子已经说尽，莫得孔子说的了。何以故呢？言性言天道，离不得自然二字，老子提出自然二字，业已探骊得珠，孔子再说，也不能别有新理，所以就不说了。老子说："致虚极，守静笃。"请问致的是什么？守的是什么？这明明是言心言性，一部宋元明学案，虚字静字，满纸都是，说来说去，终不出"致虚守静"的范围，不过比较说得详细罢了。老子书中言天道的地方很多，如云"天地之间，其犹橐籥乎，虚而不屈，动而愈出"。"天长地久，天地所以长且久者，以其不自生，故能长生"。"飘风不终朝，骤雨不终日，孰为此者天地，天地尚不能长久，而况于人乎"。"天网恢恢，疏而不失"。"天之道其犹张弓乎，高者抑之，下者举之，有余者损之，不足者补之。"老子这一类话，即把天地化生万物，天人感应，天道福善祸淫，种种道理，都包括在内，从天长地久说至天地不能长久，就叫孔子再谈天道，也不能出其范围，所以只好不说了。老子所说"有物混成，先天地生"，孔子也是见到了的，他赞《周易》，名此物曰太极，曾极力发挥，唯理涉玄虚，对门人则浑而不言，故《大学》教人从诚意做起走。

性与天道，离了自然二字，是不能讲的。何以见得呢？一般人说宋儒是得了孔子真传的，朱子是集宋学大成的，朱子毕生精力，用在《四书集注》上，试拿《集注》来研究："性与天道，不可得而闻也"这一章，朱子注曰："性者人所受之天理，天道者天理自然之本体，其实一理也。"这不是明明白白的提出自然二字吗？《中庸》"天命之谓性，率性之谓道。"朱注："率循也，道犹路也，人物各循其性之自然，则其日用事物之间，莫不各有当行之路，是则所谓道也。"岂不是又提出自然二字吗？孟子曰："天下之言性也，则故而已矣，故者以利为本，所恶于智者，为其凿也，如智者若禹之行水也，则无恶于智矣，禹之行水也，行其所无事也，如智者亦行所无事，则智亦大矣。天之高也，星辰之远也，苟求其故，千岁之日至，可坐而致也。"此章言性又言天道，朱注："利犹顺也，语其自然之势也……其所谓故者，又必本其自然之势……水之在山，则非自然之故矣……禹之行水，则因其自然之势则导之……程子曰，此章专为智而发。愚谓事物之理，莫非自然，顺而循之，归为大智。"朱注五提自然二字，足见性与天道离却自然二字，是讲不清楚的。老子既已说尽，宜乎孔子不再说了。

（十一）三教异同之点

春秋战国时，列国并争，同时学术界，也有百家争鸣。自秦以后，天下统一，于是学说随君主之旨意，也归于统一。秦时奉法家的学说，此外的学说，皆在所排斥。汉初改而奉黄老。到了汉武帝表章六经，罢黜百家，从此以后，专奉孔子之学。而老子的学说，势力也很大。孔老二教，在中国成为两大河流。随后佛教传入中国，越传越盛，成了三大河流。同在一个区域内，相推相荡，经过了很长的时间，天然有合并的趋势，于是宋儒的学说，应运而生。

我们要谈宋儒的学说，须先把三教异同研究一下：三教异同古人说的很多，无待我们再说，但我们可补充一下：三教均以返本为务。孟子曰："天下之本在国，国之本在家，家之本在身。"但返至身，还不能终止。孟子

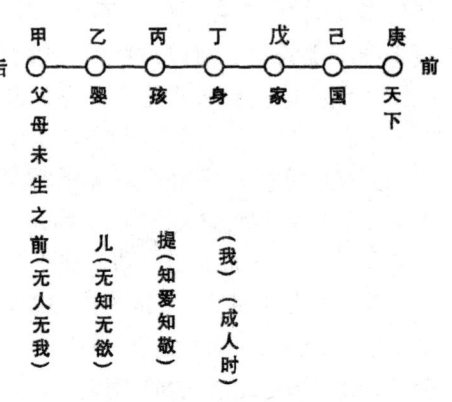

后	甲	乙	丙	丁	戊	己	庚	前
	父母未生之前（无人无我）	婴儿（无知无欲）	孩提（知爱知敬）	身（我）	家（成人时）	国	天下	

三教"返回本源"的线索图

又曰："孩提之事，无不知爱其亲也，及其长也，无不知敬其兄也。"可知儒家返本，以返至孩提为止。《老子》一书，屡言婴儿，请问孟子之孩提，与老

子的婴儿，同乎不同？答曰：不同。何以故呢？孟子所说之孩提能爱亲敬兄，大约是二三岁或一岁半岁。老子曰："如婴儿之未孩。"说文：孩，小儿笑也。婴儿还未能笑，当然是指才下地者而言。老子又说："骨弱筋柔而握固。"初生小孩，手是握得很紧的。可见老子所说的婴儿，确指才下地者而言。孟子所说的孩提知爱知敬，是有知识的。老子曰："常使民无知无欲。"是莫有知识的。可知老子返本更进一步，以返至才下地的婴儿为止。

但老子所说的虽是无知无欲，然犹有心；故曰："圣人当无心，以百姓心为心"。释氏则并心而无之，以证入涅槃，无人无我为止。禅家常教人"看父母未生前面目"。竟是透过娘胎，较老子的婴儿，更进一步。他们三家俱是在一条线上，我们可作图表示，如图：儒家由庚返至丁，再由丁返至丙。老子由丁返至乙。佛氏由丁返至甲。我们可呼此线为"返本线"。由此可看出三家的异同。要说他们不同，他三家都沿着返本线向后而走，这是相同的。要说他们相同，则儒家返至丙点而止，老子返至乙点而止，释氏直返至甲点方止，又可说是不同。所从三教同与异俱说得去，总看如何看法。

《大学》说："欲修其身者先正其心，欲正其心者先诚其意。"从身字追进两层，直至意字，从诚意做起走。但是有意就有我，老子以为有了我即有人，人我对立，就生出许多胶胶扰扰的事，闹个不休。有我即身，故曰："吾所以有大患者，为吾有身。"倘若无有我身，则人与我浑而为一，就成了与人无忤，与世无争，再不会有胶胶扰扰的事。故曰："及吾无身，吾有何患？"《庄子》书上种种讥诮孔子的话，与夫老子谓孔子曰："去子之骄气与多欲，态色与淫志"等语，都是根据这个原理。试问如老子所说，是个什么境界呢？这就是所说的："恍兮惚兮，窈兮冥兮"了，也即是"婴儿未孩"的状态，自佛学言之，此等境界是为第八识，释氏更进一步，打破此识，而为大圆镜智，再进而连大圆镜智也打破，即是《心经》所说"无智亦无得"了。

据上面所说，似乎佛氏的境界，非老子所能到，老子的境界，非孔子所能到，则又不然，佛氏说妙说常，老子曰："复命曰常。"又曰："玄之又玄，众妙之门。"佛氏的妙常境界，老子何尝不能到呢？孔子毋意必固我，又曰："无可无不可。"佛氏所谓法执我执，孔子何尝莫有破呢？但三教虽同在一根线上，终是个个独立。他们立教的宗旨，各有不同，佛氏要想出世，故须追寻至父母未生前，连心字都打破，方能出世，说是要出世，所以世间的礼乐刑政等等，也就不详加研究了。孔门要想治世，是在人事上工作上，人事之发生，以意念为起点，而意念之最纯粹者，莫如孩提之童，故从孩提之童研究起来，以诚意为下手工夫，由是而正心修身，以至齐家治国平天下。他的宗旨，既是想治世，所以关于涅槃灭度的学理，也就不加探讨了。老子重在窥探造化的本源，故绝圣弃智，无知无欲，于至虚至静之中，领会那寂然不动、虚而逍遥之妙，故而像于初生之婴儿。向后走是出世法，向前走是世间法。他说道："多言数穷，不如守中。"这个中字，即指乙点而言，是介于入世出世之中。佛氏三藏十二部，孔子《诗》、《书》、《易》、《礼》、《春秋》，可算说得很多了。老子却不愿意多说，只简简单单五千多字，扼着乙点立论，含有"引而不发，跃如也"的意思。他的意思，只重在把入世出世打通为一，揭出原理，等人自去研究，不愿多言，所以讲出世法莫得释氏那么精，讲世间法莫得孔子那么详。综而言之，释氏专言出世法，孔子专言世间法，老子则把出世法和世间法打通为一，这就是他三人立教不同的地方。

老子说："致虚极，守静笃，万物并作，吾以观其后，夫物芸芸，各归其根，归根曰静，静曰复命。"他是用致虚守静的工夫，步步向内收敛，到了归根复命，跟着又步步向外发展，所以他说："修之于身，其德乃真，修之于家，其德乃彰，修之于乡，其德乃长，修之于邦，其德乃丰，修之于天下，其德乃普。"孔子之学，得之于老子。其步骤是一样。大学说："古之欲明明德于天下者，先治其国；欲治其国者，先齐其家；欲齐其家者，先修其身；欲修其身者，先正其心；欲正其心者，先诚其意。"这是步步向内收敛。"意诚而后心正，心正而后身修，身修而后家齐，家齐而后国治，国治而后天下平。"又是步步向外发展。老子归根复命的工作，与佛氏相同，从"修之于身"，以至"修之于天下"，与孔子相同，所以老子之学，可贯通儒释两家。

北方人喜吃面，南方喜吃饭，孔子开店卖面，释迦开店卖饭，老子店中，面和饭皆有，我们喜欢吃某种，进某家店子就是了。不能叫人一律吃面，把卖饭的店子封了，也不能叫人一律吃饭，把卖面的店子封了。卖面的未尝不能做饭，卖饭的也未尝不能做面，不过开店的目的，各有不同罢了。儒释道立教，各有各的宗旨，三教之徒，互相攻击，真算多事。

（十二）宋学是融合儒释道三家学说而成

最初孔老二教，迭为盛衰，互相排斥。故太史公说："世之学老子则绌儒学，儒学亦绌老子。"到了曹魏时，王弼出来。把孔老沟通为一。他说："圣人茂于人者神明也，情，应物而无累于物者也，今以无累便谓其不复应物，失之远矣"（见《魏志·钟会传》裴松之注），"冲和以通无"，指老氏而言。"哀乐以应物"，指孔氏而言。裴说："应物而无累于物"，就把孔老二说从学理上融合为一。王弼曾注《易经》和《老子》，《易经》是儒家的书，《老子》是道家的书，他注这两部分，就是做的融合孔老的工作，这是学术上一种大著作，算是一种新学说。大受一般人的欢迎，所以开晋朝清谈一派。

人情是厌故喜新的，清淡既久，一般人都有点厌烦了，适值佛教陆续传入中国，越传越盛，在学术上另开一新世界，朝野上下，群起欢迎。到了唐时，佛经遍天下，寺庙遍天下，天台、华严、净土各宗大行，禅宗有南能北秀，更有新兴之唯识宗，可算是佛学极盛时代。唐朝自称是老子之后，追尊老子为玄元皇帝，道教因之很盛。孔子是历代崇奉之教，当然也最盛行。三教相荡，天然有合并的趋势。那个时候的儒者，多半研究佛老之学，可说他们都在做三教合一的工作，却不曾把此融合为一，直到宋儒，才把这种工作完成了。

戴东原谓："宋以前孔孟自孔孟，老子自老子，谈老子者高妙其言，不依附孔孟，宋以来，孔孟之书，尽失其解，儒家杂袭老释之言以解之。"这本是诋斥宋儒的话，但我们从这个地方，反可看出宋儒的真本事来。最当注意的是："宋以前，孔孟自孔孟，老释自老释"二语，老释和孔孟，大家认为是截然不同之二派，宋时就把他融合为一，创造力何等伟大。

在宋儒尽管说他是孔门嫡派，与佛老无关，实际是融合三教而成，他们学说俱在，何能掩饰。其实能把三教融合为一，这是学术上最大的成功。他们有了这样的建树，尽可自豪，反弃而不居，自认孔门嫡派。这即是为门户二字所误。唯其是这样，我们反把进化的趋势看出来了。儒释道三教，到了宋朝天然该合并，宋儒顺着这个趋势做去，自家还不觉得，犹如河内撑船一般，宋儒极力欲逆流而上，自以为撑到上流了，殊不知反被卷入大海，假令程朱诸人，立意要做三教合一的工作，还看不出天然的趋势，唯其极力反对三教合一，实际上反完成了三教合一的工作，这才见天然趋势的伟大。宋儒学说，所以不能磨灭掉，在完成三教合一的工作，其所以为人诟病者，在里子是三教合一，面子务必说是孔门嫡派，成了表里不一致。我们对于宋儒，只要他的里子，不问他的面子，他们既建树了这样大功，就应替他表彰。

宋儒融合三教，在实质上，不在字面上。若以字面而论，宋儒口口声声，诋斥佛老，所用的名词，都是出在四书五经上，然而实质上却是三教合一。今人言三教合一者，满纸是儒释道书上的名词，我们却不能承认他把三教融合了。这是什么缘故呢？譬如吃饮食，宋儒把鸡鱼羊肉、米饭菜蔬吃下肚去，变为血气，看不出鸡鱼羊肉、米饭菜蔬的形状，实质上却是这些东西融合而成。他人是把这些东西吃下去，吐在地上，满地是鸡鱼羊肉米饭菜蔬的细颗，并未融化。我们把融合三教之功，归之宋儒，就是这个道理。世间的道理，根本上是共通的，宋儒好学深思，凡事要研究彻底，本无意搜求共通点，自然把共通点寻出，所以能够把三教融合。

由晋历南北朝隋唐五代，而至于宋，都是三教并行。名公巨卿，大部研究佛老之学，就中以禅宗为尤盛。我们试翻《五灯会元》一看，即知禅宗自达摩东来，源远流长，其发达的情形，较之宋元学案所载的道学，还要盛些。王荆公尝问张文定（方平）："孔子去世百年，生孟轲亚圣，自后绝人何也？"文定言："岂无？只有过孟子上者。"公问是谁？文定言："江南马大师，汾阳无业禅师，雪峰、岩头、丹霞、云门是也。儒门淡泊，收拾不住，皆归释氏耳。"荆公欣然叹服。（宋《稗类钞宗乘》）佛教越传越盛，几把孔子地盘完全夺去，宋儒生在这个时候，受儒道的甄陶孕育，所以能够创出一种新学说。

周敦颐的学问，得力于佛家的寿涯和尚和道家陈抟的太极图，这是大家知道的。程伊川说："程明道出入于老释者几十年。"宋史说：范仲淹命张横渠读《中庸》，读了犹以为未足，又求诸老释。这都是"儒门淡泊，收拾不住"的缘故。明道和横渠，都是"返求诸六经然后得之"。试问：他二人初读孔子书，何以得不到真传，必研究老释多年，然后返求诸六经，才把他寻出来？何以二人都会如此？此明明是初读儒书，继续佛老书，涵泳既久，融会贯通，心中恍若有得：然后还向六经搜求，见所说的话，有与自己心中相合者，就把他提出来组织成一个系统，这即是所谓宋学了。因为天下的真理是一样的，所以二人得着的结果相同。

著者往年著《心理与力学》一文，创一条臆说："心理依力学规律而变化。"曾说："地心有引力，把泥土沙石，有形有状之物，吸引来成为一个地球，人心也有引力，把耳濡目染，无形无体之物，吸引来，成为一个心。"宋儒研究儒释道三教多年，他的心，已经成了儒释道的化合物，自己还不觉得，所以宋学表面上是孔学，里子是儒释道融合而成的东西。从此以后，儒门就不淡泊了，就把人收拾得住，于是宋学风靡天下，历宋元明清以至于今，传诵不衰。他们有了这种伟大工作，尽可独立成派，不必依附孔子，在他们以为依附孔子，其道始尊，不知依附孔子，反把宋儒的价值看小了。

（十三）宋学含老学成分最多

宋学是融合三教而成，故处处含有佛老意味。其含有佛学的地方，前人指出很多，不必再加讨论。我们所要讨论的，就是宋学所含老氏成分，特别浓厚。宋儒所做的工夫，不外"人欲净尽，天理流行"八字。天理者天然之理，也即是自然之理。人欲者个人之私意。宋儒教人把自己的私意除掉，顺着自然的道理做去，这种说法，与老子有何区别？所异者，以天字代自然二字，不过字面不同罢了。

但是他们后来注重理学，忽略了天字，即是忽略了自然二字，而理学就成了管见，此戴东原所以说宋儒以理杀人也。

周子著《太极图说》云："无极而太极。"这无极二字，即出自《道德经》。张横渠之《易说》，开卷诠乾四德，即引老子"迎之不见其首"二语。中间又引老子"谷神，刍狗，三十辐共一毂，高以下为基"等语，更是彰明其著。

伊川门人尹焞言："先生（指伊川）平生用意，唯在《易传》，求先生之学，观此足矣，语录之类，皆学者所记，所见有深浅，所记有工拙，盖不能无失也。"（《二程全书》）可见易学是伊川根本学问，伊川常令学者看王弼易注（《二程全书》），《四库提要》说："自汉以来，以老庄说易，始魏王弼。"

伊川教人看此书，即知：伊川之学根本上参有老学。

朱子号称是集宋学大成的人。《论语》开卷言："学而时习之。"朱子注曰："后觉者必效先学者之所为，乃可以明善而复其初。"戴东原曰："复其初出庄子。"（《东原年谱》），明善复初，是宋儒根本学说，庄子是老氏之徒，这也是参有老学之证。

《大学》开卷言："大学之道，在明明德。"朱子注曰，"明德者人之所得乎天，而虚灵不昧，以其众理而应万事者也。"这个说法，即是老子的说法。我们可把这几句话，移注老子。老子曰："谷神不死。"谷者虚也，神者灵也，不死者不昧也。"谷神不死"，盖言：虚灵不昧也。"具众理而应万事"，即老子"虚而不屈，动而愈出"之意。"虚"则冲漠无朕，"不屈"则万象森然，故曰"具众理"。"动"则感而遂通，"愈出"则顺应不穷，故曰"应万事"。这岂不是老子的绝妙注脚？

《中庸》开卷言："天命之谓性，率性之谓道。"朱注提出自然二字。《论语》："夫子之言性与天道，不可得而闻也。"朱注又提出自然二字。孟子"天下之言性也"一章，朱注五提自然二字，这是前面已经说了的。

又《老子》有"致虚极，守静笃"二语，宋儒言心性，满纸是虚静二字，静字犹可说大学中有之，这虚字明明是从老子得来。

宋学发源于孙明复、胡安定、石守道三人，极盛于周程张朱诸人。程氏弟兄幼年曾受业于周子，其学是从周子传下来的，但伊川作明道行状说："先生生于一千四百年之后，得不传之学于遗经。"又说："先生为学，自十五六时，闻汝南周茂叔论道，遂嫌科举之业，慨然有求道之志，未知其要，泛滥于诸家，出入于老释者几十年，返求诸六经，然后得之。"可见宋学是程明道特创的，明道以前，只算宋学的萌芽，到了明道，才把他组织成一个系统，成为所谓宋学。周子不过启发明道求之志罢了。所以我们研究宋学，当从明道研究起走。

明道为宋学之祖，等于老子为周秦诸子之祖。而明道之学，即大类老子，老子曰："圣人无常心，以百姓心为心。"明道著定性书说："夫天地之常，以其心普万物而无心，圣人之常，以其情顺万物而无情。故君子之学，莫如廓然而大公，物来而顺应。"此等说法，与老子学说，有何区别？也即是王弼所说："体冲和以通无，应物而无累于物。"

《二程遗书》载：明道言："天地万物之理，无独必有对，皆自然而然，非有安排也。每中夜以思，不知手之舞之，足之蹈之也。"明道所悟得者，即是老子所说："有无相生，难易相成，长短相形，高下相倾，声音相和，前后相随"之理，《老子》书中，每用雌雄，荣辱，祸福，静躁，轻重，歙张，枉直，生死，多少，刚柔，强弱等字，两两相对，都是说明"无独必有对"的现象。明道提出自然二字，宛然老子的学说。

其他言自然者不一而足，如《遗书》中，明道云："言天之自然者，谓之天道。"又云"一阴一阳之谓道，自然之道也"皆是。故近人章太炎说："大程远于释氏，偏迩于老聃"。（见《检论卷·四通程篇》）

宋学是明道开创的，明道之学，既近于老子，所以赵宋诸儒，均含老氏意味。宋儒之学，何以会含老氏意味呢？因为释氏是出世法，孔子是世间法，老子是出世法世间法一以贯之。宋儒以释氏之法治心，以孔子之学治世，二者俱是顺其自然之理而行，把治心治世，打成一片，恰是走人老子的途径。宋儒本莫有居心要走入老氏途径，只因宇宙真理，实是这样，不知不觉，就走入这个途径，由此知：老子之学，不独可以贯通周秦诸子，且可以贯通宋明诸儒。换言之：即是老子之学，可以贯通中国全部学说。

伊川说："返求诸六经然后得之。"究竟他们在六经中得着些什么呢？他们在《礼记》中搜出《大学》、《中庸》两篇，提出来与《论语》、《孟子》，合并研究。在《尚书》中搜出"人心唯危，道心唯微，唯精唯一，允执厥中"十六字。又在《乐记》中搜出"人生而静，天之性也，感于物而动，性之欲也"数语，创出天理人欲等名词，互相研究，这即是所谓"得不传之学于遗经"了。

宋儒搜出这些东西，从学理上言之，固然是对的，但务必说这些东西是孔门"不传之学"，就未免靠不住，"人生而静"数语，据后人考证，是《文子》引《老子》之语，河间献王把他采入《乐记》的。而《文子》一书，又有人说是伪书，观其全书，自是道家之书，确非孔门之书。

阎百诗《尚书古文疏证》说："虞廷十六字，盖纯袭用荀子，而世未之察也，《荀子·解蔽篇》：昔者舜之治天下也云云，故《道经》曰：'人心之危，道心之微，危微之几，唯君子而后能知之。'此文前文有精于道，一于道之语，遂概括为四字，复读以成十六字。"可见宋儒讲的危微精一，直接发挥荀子学说，间接是发挥道家学说。

朱子注《大学》说："经一章，盖孔子之言，而曾子述之。其传十章。则曾子之意，而门人记之也。"朱子以前，并无一人说《大学》是曾子著的，不知朱子何所依据，大约是见诚意章有曾子曰三字，据阎百诗说：《礼记》四十九篇中，称曾子者共一百个，除有一个是指曾中外，其余九十九个，俱指曾参，何以见得此篇多处提及曾子二字，就是曾子著的？

朱子说：《中庸》是孔门传授心法，子思学之于书以授孟子。此话也很可疑。《中庸》有"载华岳而不重"一语，孔孟是山东人，一举目即见泰山，所以论孟中言山之高者，必说泰山。华山在陕西，孔子西行不到秦，华山又不及泰山著名，何以孔门著书，会言及华山呢？明明是汉都长安，汉儒著书，一举目即见华山，故举以为例。又说："今天下车同轨，书同文"，更是嬴秦混一天下后的现象。这些也是经昔人指出了的。

据上所述，宋儒在遗经中搜出来的东西，根本上发生疑问。所以宋儒的学问，绝不是孔孟的真传，乃是孔老孟荀混合而成的，宋儒此种工作，不能说是他们的过失，反是他们的最大功绩，他们极力尊崇孔孟，反对老子和荀子，实质上反替老荀宣传。由此知：老荀所说的是合理的，宋儒所说的也是合理的。我们重在考求真相，经过他们这种工作，就可证明孔老孟荀可融合为一，宋儒在学术上的功绩，真是不小。

我们这样的研究，就可把学术上的趋势看出来了。趋势是什么？就是各种学说，根本上是共通的，越是互相攻击，越是日趋融合，何以故？因为越攻击，越要研究，不知不觉，就把共通之点发现出来了。

《宋元学案》载："明道不废观释老书，与学者言，有时偶举示佛语。伊川一切屏除，虽庄列亦不看"。明道把三教之理，融会贯通，把大原则发明了，伊川只是依着他这个原则研究下去，因为原则上含得有释老成分，所以伊川虽屏除释老之书不观，而传出来的学问，仍带有释老意味。

伊川尝谓门人张释曰："我昔状明道先生之行，我之道盖与明道同，异时欲知我者，求之此文可也。"伊川作明道行状，言出入于老释者几十年，既自称与明道同，当然也出入于老释。所谓不观释老书者，是指学成之后而言，从前还是研究过释老的。

宋儒的学说，原是一种革命手段。他们把汉儒的说法，全行推倒，另创一说，是备具了破坏和建设两种手段。他们不敢说是自己特创的新说，仍复托诸孔子，名为复古，实是创新。路德之新教，欧洲之文艺复兴，俱是走的这种途径。宋儒学说，带有创造性，所以信从者固多，反对者亦不少，凡是新学说出来，都有这类现象。

（十四）程明道死后之派别

明道把三教融合的工作，刚刚做成功，跟着就死了。死后，他的学术，分为两大派。一派是伊川朱子，一派是陆象山和王阳明。明道死时，年五十四，死了二十多年，伊川才死。伊川传述明道的学问，就走入一偏，递传以至朱子。后人说朱子集宋学之大成，其实他未能窥见明道全体。宋元学者说："朱子谓明道说话浑沦，然太高，学者难看。……朱子得力于伊川，于明道之学，未必尽其传也。"据此可知：朱子得明道之一偏，陆象山起而绍述明道，与朱子对抗，不但对于朱子不满，且对于伊川亦不满。他幼年闻人诵伊川语，即说道："伊川之言，奚为与孔孟不类？"又说："二程见茂叔后，吟风弄月而归，有'吾与点也'之意。后来明道此意却存，伊川已失此意。"又说："元晦似伊川，钦夫似明道，伊川锢蔽深，明道却疏通。"象山自以为承继明道的，伊川自以为承继明道的，其实伊川与象山，俱是得明道之一偏，不足尽明道之学。伊川之学，得朱子发挥光大之，象山之学，得阳明发挥光大之，成为对抗之两派。朱子之格物致知，是偏重在外，阳明之格物致知，是偏重在内。明道曰："与其非外而是内，不若内外之两忘"。明道内外两忘，即是包括朱陆两派。

朱陆之争，乃是于整个道理之中，各说半面，我们会通观之，即知两说可以并行不悖。（一）孔子说："学而不思则罔，思而不学则殆。"朱子重在学，陆子重思，二者原是不可偏废。（二）孟子说："博学而详说之，将以反说约也。"朱子宗的是这个说法。孟子又说："心之官则思，思则得之，不思则不得也，此天所与我者，先立乎其大者，则其小者不能夺也。"陆子宗的是这个说法。二说同出于孟子，原是不冲突的。（三）陆子尊德性，朱子道问学，《中庸》说："尊德性而远问学。"中间著一而字，二者原可联为一贯。（四）从伦理学上言之：朱子用的是归纳法，陆子用的是演绎法，二法俱是研究学问所不可少。（五）以自然现象言之：朱子万殊归于一本，是向心力现象，陆子一本散之万殊，是离心力现象，二者原是互相为用的。我们这样的观察，把他二人的学说合而用之即对了。

明道学术：分程（伊川）朱和陆王两派，象山相当于伊川，阳明相当于朱子。有了朱子"万殊归于一本"之格物致知，跟着就有阳明"一本散之万殊"之格物致知，犹之有培根之归纳法，跟着就有笛卡儿之演绎法，培根之学类伊川和朱子，笛卡儿之学，类象山和王阳明。宇宙真理，古今中外是一样的，所以学术上之分派和研究学问的方法，古今中外也是一样的。

（十五）学术之分合

孔子是述而不作的人，祖述尧舜，宪章文武，融合众说，独成一派。《老子》书上有"谷神不死"及"将欲取之"等语，经后人考证，都是引用古书。他书中所说"用兵有言"及"建言有之"等语，更是明白援引古说，可见老子也是述而不作之人，他的学说，也是融合众说，独成一派。印度有九十六外道，释迦一一研究过，然后另立一说，这也是融合众说，独成一派。宋儒之学，是融合儒释道三教而成，也是融合众说，独成一派。这种现象，是学术上由分而合的现象。

大凡一种学说，独立成派之后，本派中跟着就要分派。韩非说"儒分为八，墨分为三"，就是循着这个轨道走的。孔学分为八派，秦灭而后，孔学灭绝，汉儒研究遗经，成立汉学，跟着又分许多派。老氏之学，也分许多派。佛学在印度，分许多派；传入中国，又分若干派。宋儒所谓佛学者，盖禅宗也。禅宗自达摩传至五祖。分南北两派，北方神秀，南方慧能，慧能为六祖，他门下又分五派。明道创出理学一派，跟着就分程（伊川）朱和陆王两派。而伊川门下分许多派。朱子门下分许多派，陆王门下，也分许多派。这种现象，是由合而分的现象。

宇宙真理，是圆陀陀的，一个浑然的东西，人类的知识很短浅，不能骤窥其全，必定要这样分而又合，合而又分的研究，才能把那个圆陀陀的东西研究得清楚。其方式是每当众说纷纭的时候，就有人融会贯通，使他汇归于一的，这是做的由分而合的工作。既经汇归于一之后，众人又分头研究，这是做的由合而分的工作。

我们现在所处的时代，是西洋学说，传入中国，与固有的学说，发生冲突，正是众说纷纭的时代。我们应该把中西两方学说融会贯通，努力做出分而合的工作。必定要这样，才合得到学术上的趋势，等到融会贯通过后，再分头研究，做合而分的工作。

二、宋学与蜀学

（一）二程与四川之关系

凡人的思想，除受时代影响之外，还要受地域的影响，孔子是鲁国人，故师法周公，管仲是齐国人，故师法太公，孟子是北方人，故推尊孔子，庄子是南方人，故推尊老子，其原因：（1）凡人生在一个地方，对于本地之事，耳濡目染，不知不觉，就成了拘墟之见。（2）因为生在此地，对于此地之名人，有精密的观察，能见到他的好处，故特别推称他。此二者可说是一般人的通性，我写这篇文字，也莫有脱此种意味。

程明道的学说，融合儒释道三家而成，是顺应时代的趋势，已如前篇所说。至于地域关系，他生长河南，地居天下之中，为宋朝建都之地，人文荟萃，是学术总汇的地方，故他的学说，能够融合各家之说，这层很像老子。老子为周之柱下史，地点也在河南，周天子定都于此，诸侯朝聘往来，是传播学说集中之点，故老子的学说，能够贯通众说。

独是程明道的学说，很受四川的影响。这一层少人注意，我们可以提出来讨论一下：

明道的父亲，在四川汉州做官，明道同其弟伊川，曾随侍来川，伊川文集中，有《为太中（程子父）作试汉州学生策问》三首，《为家君请宇文中允典汉州学书》、《再书》及《蜀守记》等篇，都是在四川作的文字。其时四川儒释道三教很盛，二程在川濡染甚深，事实俱在，很可供我们的研究。

（二）四川之《易》学

《宋史·谯定传》载："程颐之父珦，尝守广汉，颐与其兄颢皆随侍，游成都，见治篾箍桶者，挟册，就视之，则《易》也，欲拟议致诘，而篾者先曰：'若尝学此乎？'因指'未济男之穷'以发问，二程逊而问之，则曰'三阳皆失位也。'兄弟涣然有所省，翌日再过之，则去矣。"伊川晚年注《易》，于未济卦，后载"三阳失位"之说，并曰："斯义也，闻之成都隐者。"足观《宋史》所载不虚。据《成都县志》所载："二程过箍桶翁时地方，即是省城内之大慈寺。"

《谯定传》又载："袁滋入洛，问《易》于颐，颐曰：'《易》学在蜀耳，盍往求之？'滋入蜀访问，久之，无所遇，已而见卖酱薛翁于眉邛间，与语大有所得。"我们细玩"易学在蜀"四字，大约二程在四川，遇着长于《易》

的人很多，不止箍桶翁一人，所以才这样说。

段玉裁做富顺县知县，修薛翁祠，作碑记云："……继读东莱吕氏撰《常州志》，有云。袁道洁闻蜀有隐君子名，物色之。莫能得，末至一郡，有卖香薛翁，且荷芨之市，午辄扃门默坐，意象静深。道洁以弟子礼见，且陈所学，叟漠然久之，乃曰：'经以载道，子何博而寡要也？'与语，未见复去。"《宋史》云"眉邛间"，吕氏云"至一郡"，皆不定为蜀之何郡县，最后读浚仪王氏《困学纪闻》云："谯天授之《易》，得于蜀夷族卖氏，袁道洁之《易》，得于富顺监卖香薛翁，故曰：'学无常师。'宋之富顺监，即今富顺县也，是其为富顺人无疑。"（见段玉裁《富顺县志》）究竟薛翁是四川何处人，我们无须深考，总之有这一回事，其人是一个平民罢了。（按《宋史》作卖酱，吕、王作卖香，似应从吕王氏，因东莱距道洁不久，《宋史》则元人所修也。）

袁滋问《易》于伊川，无所得，与卖酱翁语，大有所得，这卖酱翁的学问，当然不小。《论语》上的隐者，如晨门、荷蒉、沮溺、丈人等，不过说了几句讽世话，真实学问如何，不得而知，箍桶翁和卖酱翁，确有真实学问表现，他二人《易》学的程度，至少也足与程氏弟兄相埒，卖酱翁仅知其姓薛，箍桶翁连姓亦不传，真是鸿飞冥冥的高人。

《易》学是二程的专长，二人语录中，谈及《易》的地方，不胜枚举。《宋史·张载传》称："载尝坐虎皮，讲《易》水师，听者甚众。一夕，二程至，与论《易》，次日语人曰：'比见二程，深明《易》理，吾所不如，汝可师之。'撤坐辍讲。"据此可见二程《易》学之深，然遇箍桶翁则敬谨领教，深为佩服，此翁之学问，可以想见。袁滋《易》学，伊川不与之讲授，命他入蜀访求，大约他在四川受的益很多，才自谦不如蜀人，于此可见四川《易》学之盛。

据《困学纪闻》所说，四川的夷族，也能传授高深的《易》学，可见那个时候，四川的文化，是很普遍的，《易经》是儒门最重要之书，《易》学是二程根本之学，与四川发生这样的关系，这是很值得研究的。

（三）四川之道教

薛翁说袁道洁博而寡要，俨然道家口吻，他扃门默坐，意象静深，俨然道家举止，可见其时道家一派，蜀中也很盛。二程在蜀，当然有所濡染。

宋儒之学，据学者研究，是杂有方士派，而方士派，蜀中最盛。现在讲静功的人，奉《参同契》和《悟真篇》二书为金科玉律，此二书均与四川有甚深之关系。

《悟真篇》是宋朝张伯端字平叔号紫阳所著。据他自序是熙宁己酉年，随龙国陵公到成都，遇异人传授。考熙宁己酉，即宋神宗二年，据伊川新作《先公太中传》称："神宗即位年代，知汉州，熙宁中议行新法，州县嚣然，皆以为不可。公未尝深论也,及法出,为守令者奉行唯恐后,成都一道,抗议指其未便者,独公一人。"神宗颁行新法,在熙宁二年,即是张平叔遇异人传授之年,正是二程在四川的时候。平叔自序,有"既遇真筌,安敢隐默"等语。别人作的序有云:"平叔遇青城丈人于成都。"又云:"平叔传非其人,三受祸患。"汉州距成都只九十里,青城距成都,距汉州,俱只百余里,二程或者会与青城丈人或张平叔相遇,否则平叔既不甚秘惜其术,二程间接得闻也未可知。

现在流行的《参同契集注》,我们翻开一看,注者第一个是彭晓,第二个是朱子。彭晓字秀川,号真一子,仕孟昶为祠部员外郎,是蜀永康人。永康故治,在今崇庆县西北六十里。南宋以前,注《参同契》者十九家,而以彭晓为最先,通行者皆彭本,分九十一章,朱子乃就彭本,分上中下三卷。宁宗元年,蔡季通编置道州,在"寒泉精舍"与朱子相别,相与订正"《参同契》",竟夕不寐,明年季通卒,越二年朱子亦卒,足见朱子晚年都还在研究《参同契》这种学说。

清朝毛西河和胡渭等证明:宋儒所讲,无极太极,河洛书是从华山道士陈抟传来。朱子解《易》,曾言"邵子得于希夷(即陈抟),希夷源流,出自《参同契》。"宋学既与《参同契》发生这种关系,而注《参同契》之第一个人是彭晓,出在四川,他是孟昶之臣,孟昶降宋,距二程到川,不及百年,此种学说,流传民间,二程或许也研究过。

义和团乱后,某学者著一书,说:"道教中各派,俱发源于四川,其原因就是由于汉朝张道陵,在四川鹤鸣山修遭,其学流传民间,分为各派,历代相传不绝。"他这话不错,以著者所知,现在四川的学派很多,还有几种传出外省,许多名人,俯首称弟子,这是历历可数的。逆推上去,北宋时候,这类教派当然很盛。二程在蜀当然有所濡染。

(四)四川之佛教

佛教派别很多,宋儒所谓佛学者,大概指禅宗而言。禅宗至六祖慧能而大盛,六祖言:"不思善,不思恶,正凭么时,那个是明上座本来面目?"宋儒教人:"看喜怒哀乐未发前气象。"宛然是六祖话语。

四川佛教,历来很盛,华严宗所称为五祖的宗密,号圭峰,即是唐时四川西充人。唐三藏法师玄奘,出家在成都大慈寺。以禅宗而论,六祖再传弟子"马道一",即是张文定所说马大师,是四川什邡人,他在禅宗中的位置,与宋学中的朱子相等,有《五灯会元》可考。他的法嗣,布于天下,时号马祖,他出家在什邡罗汉寺,得道在衡岳,传道在江西,曾回什邡,筑台说法,邑人称为活佛。(《什邡县志》)。二程到四川的时候,当然他的流风余韵,犹存者。什邡与汉州毗连,现在什邡高景关内,有雪门寺,相传二程曾在寺中读书，后人于佛殿前，建堂祀二程，把寺名改为雪门，取"立雪程门"之义。（《什邡县志》）。二程为甚不在父亲署内读书，要跑到什邡去读？一定那个庙宇内有个高僧，是马祖法嗣，二程曾去参访。住了许久，一般人就说他去行医读书了。

马祖教人，专提"心即是佛"四字。伊川曰"性即理也"，宛然马祖声口，这种学理，或许从雪门寺高僧得来。

宋朝禅宗大师宗杲，名震一时，著有《大慧语录》。朱子也曾看他的书，并引用他的话，如"寸铁伤人"之语。魏公道是四川广汉人，他的母亲秦国夫人，曾在大慧门下，参禅有得，事载《五灯会元》。大慧之师圆悟，是成都昭觉寺和尚。著有《圆悟语录》。成都昭觉寺，现有刻板，书首载有张魏公序文，备极推崇。圆悟与二程，约略同时，二程在川之时，四川禅风当然很盛，二程当然有所濡染。

（五）二程讲道台

二程的父亲，卒于元祐五年庚午，年八十五，逆推至熙宁元年戊申，年六十三，其时王安石厉行新法，明道曾力争不听，他们弟兄，不愿与安石共事，因为父亲年已高，所以侍父来蜀。明道生于宋仁宗明道元年壬申，伊川生于二年癸酉，二人入蜀时，年三十六七，正是年富力强的时候，他们抛弃了政治的生活，当然专心研究学问。王阳明三十七岁，谪居贵州龙场驿，大悟格物致知之旨，与二程在汉州时，年龄相同，不得志于政治界，专心研究学问，忽然发明新理，也是相同。

现在汉州城内，开元寺前，有"二程讲道台"（《汉州志》），可见二程在汉州曾召集名流，互相讨论，把三教的道理融会贯通，恍然有得，才发明所谓宋学。伊川所说的"返求诸六经，然后得之"，大约就在这个时候。汉州开元寺，可等于王阳明的龙场驿。

宋明诸儒，其初大都出入佛老。其所谓佛者，是指禅宗而言，其所谓老者，不纯粹是老子，兼指方士而言。阳明早年，曾从事神仙之学，并且修习有得，几乎能够前知，有阳明年谱可证。不过阳明不自讳，宋儒就更多方掩饰，朱子著《参同契考异》托名"华山道士邹䜣"，不直署己名，掩饰情形，显然可见。

二程是敏而好学、不耻下问的人，遇着箍桶匠，都向他请教，当然道家的紫阳派、真一派，佛家的圆悟派，也都请教过的。我们看程子主张"半日读书，半日静坐"，形式上都带有佛道两家的样子，一定与这两家有关系。伊川少时，体极弱，愈老愈健，或许得力于方士派的静坐，不过从来排斥佛老，与这两家发生关系的实情，不肯一一详说，统以"出入佛老"一语了之。箍桶翁是他自己说出，并笔之于书，后人方才知道。

我们从旁的书考证，宋朝的高僧甚多，乃《宋史》仅有《方技传》，而高僧则绝不一载。此由宋儒门户之见最深。元朝修《宋史》的人，亦染有门户习气，一意推崇道学，特创道学传，以位置程朱诸人，高僧足与程朱争名，故削而不书，方技中人，不能夺程朱之席，故而书之。以我揣度，即使二程曾对人言：在蜀时，与佛老中人如何往还，《宋史》亦必削而不书，箍桶翁和卖酱翁，不能与二程争名，才把他写上。其余的既削而不书，我们也就无从详考。

（六）孟蜀之文化

箍桶翁、卖酱翁传《易》，张平叔、彭晓传道，圆悟传禅，可见其时四川的学者很多。请问为什么那个时候四川有许多学者呢？因为汉朝文翁化蜀后，四川学风就很盛。唐时天下繁盛的地方，扬州第一，四川第二，有"扬一益二"之称。唐都陕西，地方与蜀接近，那个时候的名人，莫到过四川的很少，所以中原学术，就传到四川来。加以五代时，中原大乱，许多名流，都到四川来避难，四川这个地方，最适宜于避难，前乎此者，汉末大乱，中原的刘巴、许靖都入蜀避难，后乎此者，邵雍临死，说"天下将乱，唯蜀可免。"他的儿子邵伯温携家人蜀，卒免金人之祸。昔人云："天下未乱蜀先乱，天下已治蜀后治。"这是对乎中原而言，因为地势上的关系，天下将乱，朝廷失了统御力，四川就首先与之脱离，故谓之先乱；等到中原平定了，才来征服，故谓之后治。其实四川关起门是统一的，内部是很安定的。

五代时，中原战争五十多年，四川内政极修明，王孟二氏，俱重文学。《十国春秋》说王建"雅好儒臣，礼遇有加"。又说王衍"童年即能文，甚有才思"。孟蜀的政治，比王蜀更好，孟氏父子二世，凡四十一年，孟昶在位三十二年，《十国春秋》说孟昶"劝善恤刑，肇兴文教，孜孜求治，与民休息。"又曰："后主（指昶）朝宋时，自二江至眉州，万民拥道痛哭，恸绝者凡数百人，后主亦掩面而泣。藉非慈惠素著，亦何以深入人心至此哉？"这是孟昶亡国之后，敌国史臣的议论，当然是很可信的。清朝知县大堂面前牌坊，大书曰"尔俸尔禄，民膏民脂；下民易虐。上天难欺。"这十六字，是宋太宗从孟昶训饬州县文中选出来，颁行天下的（见《容斋续笔·戒石铭条》）。昶之盛饬吏治，已可概见。

后世盛称文景之治，文帝在位二十三年，景帝在位十六年，合计不过三十九年。孟氏父子，孜孜求治，居然有四十一年之久，真可谓太平盛世。国内既承平，所以大家都研究学问，加以孟昶君臣，都提倡文学。《十国春秋》曰："帝（指昶）所学，为文皆本于理。居恒谓李昊、徐光溥曰：'王衍浮薄而好为轻艳之文，朕不为也。'"他的宰相，母昭裔，贫贱时，向人借《文选》，其人有难色，他发愤说道："我将来若贵，当镂板行之。"后来他在蜀做了宰相，请后主镂板印九经，又把九经刻石于成都学宫，自己出私财营学宫，立教舍，又刻《文选》、《初学记》、《白氏六帖》，国亡后，其子守素赍至中朝，诸书大章于世，纪晓岚著《四库提要》，叙此事，并且说："印行书籍，创见于此。"他们君臣，在文学上的功绩，可算不小。

孟昶君臣，既这样的提倡文学，内政又修明，当然中原学者要向四川来，所以儒释道三教的学问，普及到了民间，二程和袁滋，不过偶尔遇着两个，其余未遇着的，不知还有若干。因为有了这样的普遍的文化，所以北宋时，四川才能产出三苏和范镇诸人。苏子由说："辙生十九年，书无不读。"倘非先有孟昶的提倡，他在何处寻书来读？若无名人指示门径，怎么会造成大学问？东坡幼年曾见出入孟昶宫中的老尼，二程二苏，与孟蜀相距不远，他们的学问，都与孟昶有关。子夏居西河，魏文侯受经于子夏。初置博士官，推行孔学。秦承魏制，置博士官，伏生，叔孙通，张苍，皆故秦博士。梁任公说："儒教功臣，第一是魏文侯。"我们可以说："宋学功臣，第一是孟昶。"

隋朝智者大师，居天台山，开天台宗，著有《大小止观》。唐朝道士司马承祯，字子微，也居天台山，著有《天隐子》，又著《坐忘论》七篇。《玉涧杂书》云："道释二氏，本相矛盾。而子微之学，乃全本子释氏，大抵以戒定慧为宗……此论与智者所论止观，实相表里，子微中年隐天台玉霄峰，盖智者所居，知其渊源有自也。"（见《图书集成道教部杂录》）。由此知：凡是互相矛盾的学问，只要同在一个地方，就有融合之可能。五代中原大乱，三教中的名人，齐集成都，仿佛三大河流同趋于最隘的一个峡口，天然该融合为一，大约这些名流，麇集成都，互相讨论，留下不少的学说。明道弟兄来川，召集遗老，筑台讲道，把他集合来，融会贯通，而断以己意，成为一个系统，就成为所谓宋学。

（七）苏子由之学说

大家只知程氏弟兄是宋学中的泰斗，不知宋朝还有一个大哲学家，其成就较之程氏弟兄，有过之无不及，一般人都把他忽略了。此人为谁？即是我们知道的苏子由。程氏弟兄做了融合三教的工作，还要蒙头盖面，自称是孔孟的真传；子由著有《老子解》，自序著此书时，会同僧道商酌，他又把《中庸》"喜怒哀乐之未发"和六祖"不思善不思恶"等语，合并研究，自己直截了当地说出来，较诸其他宋儒光明得多。子由之孙苏籀，记其遗言曰："公为籀讲《老子》数篇曰：'高出孟子二三等矣！'又曰：'言至道无如五千文。'"苏籀又说："公老年做诗云：'近存八十一章注，从道老聃门下人。'盖老而所造益妙，硞硞者莫测矣。"子由敢于说老子高出孟子二三等，自认从道老聃门下，这种识力，确在程氏弟兄之上。苏东坡之子苏迈等，著有《先公手泽》，载东坡之言曰："昨日子由寄《老子新解》，读之不尽卷，废卷而叹：'使战国有此书，则无商鞅、韩非；使汉初有此书，则孔老为一；使晋宋间有此书，则佛老不为二：不意晚年见此奇特。'"我破读东坡此段文字，心想子由此书，有甚好处，值得如此称叹，后来始知纯是赞叹他融合三教的工作。

明朝有个李卓吾，同时的人几乎把他当作圣人，他对于孔子，显然攻击，著《藏书》六十八卷，自序有曰："前三代吾无论矣，后三代汉唐宋是也，中间数百余年，而独无是非者，岂其人无是非哉？咸以孔子之是非为是非，因未尝有是非耳。"又曰："此书但可自怡，不可示人，故名《藏书》也，而无奈一二好事朋友，索观不已，予又安能以已耶？但戒曰：'览则一任诸君览，但无以孔夫子之定本行赏罚也则善矣。'"他生在明朝，思想有这样的自由，真令人惊诧。他因为创出这样的议论，闹得书被焚毁，身被逮捕，下场至自刎而死，始终持其说不变。其自信力有这样的坚强，独对苏子由非常佩服。万历二年，他在金陵刻子由《老子解》，题其后曰："解老子者众矣，而子由最高……子由乃独得微言于残篇断简之中，宜其善发老子之蕴，使五千余言烂然如皎日，学者断断乎不可一日去手也，解或示道全，当道全意，寄子瞻，又当子瞻意，今去子由五百余年，不意复见此奇特。"卓吾这样的推崇子由，子由的学问也就可知了。

苏子由在学术上，有了这样的成就，何以谈及宋学，一般人只知道有程朱，不知道苏子由呢？其原因：（一）子由书成年已老，子由死于政和二年壬辰，年七十四，此书是几经改删，至大观二年戊子十二月方才告成，程明道死于元丰八年乙丑，年五十四，伊川死于大观元年丁亥，年七十五，子由成书时，在明道死后二十三年，伊川死后一年，那个时候，程氏门徒遍天下，子由的学说，出来得迟，自不能与他争胜，子由书成后四年即死，也就无人宣传他的学说了。（二）那时党禁方严，禁人学习元祐学术。伊川谢绝门徒道："尊所闻，行所知可也，不必及吾门也。"连伊川都不敢宣传他的学问，子由何能宣传？伊川死时，门人不敢送丧，党禁之严可想。史称子由"筑室颍滨，不复与人相见，终日默坐，如是者几十年。"据此，则子由此书，能传于世，已算侥幸，何敢望其能行？（三）后来朱子承继伊川之学，专修洛蜀之怨，二苏与伊川不合，朱子对于东坡所著《易传》，子由所著《老子解》，均痛加诋毁。其诋子由曰："苏侍郎晚为是书，合吾儒于老子，以为未足，又并释氏而弥缝之，可谓舛矣，然其自许甚高，至谓当世无一人可以语此者，而其兄东坡公，亦以为'不意晚年见此奇特'。以予观之，其可谓无忌惮者欤！因为之辩。"（见《宋元学案》）《中庸》有"大人而无忌惮"之语，朱子说他无忌惮，即是说他是小人。此段文字，几于破口大骂。朱子又把子由之说，逐一批驳，大都故意挑剔，其书俱在，可以复按。朱子是历代帝王尊崇的人，他既这样攻击子由，所以子由的学说也就若存若亡，无人知道了。（四）最大原因，则孔子自汉武帝而后，取得学术界正统的地盘，程子做融合三教的工作，表面上仍推尊孔子，故其说受人欢迎，子由则赤裸裸的说出来，欠了程明道的技术，所以大受朱子的攻击，而成为异端邪说。朱子痛诋子由，痛诋佛老，是出于门户之见，我们不必管，只看学术演进的情形就是了。

（八）学术之演进

我们从进化趋势上看去，觉得到了北宋的时候，三教应该融合为一，程明道和苏子由，都是受了天然趋势的驱迫，程子读了许多书，来在四川，加以研究，完成融合三教的工作。苏子由在四川读了许多书，去在颍滨，闭门研究也完成融合三教的工作，二者都与四川有关。这都是由于五代时，中原大乱，三教名流，齐集成都，三大河流，同时流入最隘一个峡口的缘故。子由少时在蜀，习闻诸名流绪论，研究多年，得出的结果，也是融合三教，也是出于释氏而偏迩于老聃，与大程子如出一辙。可见宇宙真理实是如此。从前佛教传入中国，与固有学术生冲突，历南北朝隋唐以至五代，朝廷明令天下毁佛寺，焚佛经，诛僧尼之事凡数见，自宋儒之学说出，而此等冲突之事遂无，不过讲学家文字上小有攻讦而已，何也？根本上已融合故也。

世界第一次大战，第二次大战，纷争不已者，学说分歧使之然也。现在国府迁移重庆，各种学派之第一流人物，与夫留学欧美之各种专门家，大都齐集重庆，俨如孟蜀时，三教九流，齐集成都一样，也都是无数河流，趋入一个最隘之峡口。我希望产生一种新学说，融合中西印三方学术而一之，而世界纷争之祸，于焉可免。（著者按：初版时，国府尚未迁移重庆，则只言。现在交通便利，天涯比邻，中国、印度、西洋三大文化接触，相推相荡，也是三大河流趋入最隘的峡口，中西印三大文化，也该融合为一。）

三、宋儒之道统

（一）道统之来源

宋儒最令人佩服的，是把儒释道三教从学理上融合为一，其最不令人佩服的，就在门户之见太深，以致发生许多纠葛。其门户之见，共有二点：（1）孔子说的就对，佛老和周秦诸子说的就不对。（2）同是尊崇孔子的人，程子和朱子说的就对，别人说的就不对。合此两点，就生道统之说。

宋儒所说的道统，究竟是个什么东西呢？我们要讨论这个问题，首先要讨论唐朝的韩愈。韩愈为人很倔强，富于反抗现实的性质。唐初文体，沿袭陈隋余习，他就提倡三代两汉的古文，唐时佛老之道盛行，他就提倡孔孟之学。他取的方式，与欧洲文艺复兴所取的方式是相同的。二者俱是反对现代学术，恢复古代学术，是一种革新运动，所以欧洲文艺复兴，是一种惊人事业，韩愈在唐时，负泰山北斗之地位，也是一种惊人事业。

韩愈的学问，传至宋朝，分为两大派：一派是欧苏曾王的文学，一派是程朱的道学。宋儒所谓道统的道字，就是从昌黎《原道篇》"斯道也，何道也"那个道字生出来的。孟子在从前，只算儒学中之一种，其书价格，与荀墨相等，昌黎才把他表章出来。他读《荀子》说："始吾得孟轲书，然后知孔子之道尊……以为圣人之徒没，尊圣人者孟氏而已，晚得扬雄书，益信孟氏，因雄书而益尊，则雄者亦圣人之徒欤！……孟子醇乎醇者也，荀与扬大醇而小疵。"经昌黎这样的推称，孟氏才崭然露头角。

宋儒承继昌黎之说，把孟子益加推崇，而以自己直发其传，伊川作明道行状，说道："周公没，圣人之道不行，孟轲死，圣人之学不传，道不行百世无善治，学不传千载无真儒，……先生生乎一千四百年之后，得不传之学于遗经……盖自孟子之后，一人而已。"史迁以孟子荀卿合传，寥寥数十字，于所历邹滕任薛鲁宋之事，不一书，朱子纲目，始于适魏之齐，大书特书。宋子淳熙时，朱子才将《孟子》、《论语》、《大学》、《中庸》合称为四子书，至元延祐时，始悬为令甲。我们自幼读四子书，把孟子看作孔子化身，及细加考察，才知是程朱诸人有了道统之见，才把他特别尊崇的。

昌黎是文学中人，立意改革文体，非三代两汉之书不观，他读孔子孟荀的书，初意本是研究文学，因而也略窥见大道，无奈所得不深，他为文主张辞必已出，字法句法，喜欢戛戛独造，因而论理论事，也要独造。他说："斯道也，何道也，非向所谓老与佛之道也。尧以是传之舜，舜以是传之禹，禹以是传之汤，汤以是传之文武周公，文武周公，传之孔子，孔子传之孟轲，孟轲死，不得其传。"这个说法，不知他何所见而云然。程伊川曰："轲死不得其传，似此言语，非蹈袭前人，非凿空撰出，必有所见。"这几句话的来历，连程伊川都寻不出，非杜撰而何？

宋儒读了昌黎这段文字，见历代传授，犹如传国玺一般，尧舜禹直接传授，文、武、周公、孔子、孟轲、则隔数百年，都可传授，心想我们生在一千几百年之后，难道不能得着这个东西吗？于是立志要把这传国玺寻出。经过许久，果然被他寻出来了，在《论语》上寻出"尧曰：咨尔舜……允执其中……舜亦以命禹"。恰好伪古文《尚书》，有"人心唯危，道心唯微，唯精唯一，允执厥中"十六字。尧传舜，舜传禹，有了实据，他们就认定这就是历代相传的东西，究禹汤文武周公，所谓授文者安在？又中间相隔数百年，何以能够传授？又孔子以前，何以独传开国之君，平民中并无一人能得其传？这些问题，他们都不加研究。

宋儒因为昌黎说孟子是得了孔子真传的，就把《孟子》一书，从诸子中提出来，上配《论语》；又从《礼记》中，提出《大学》、《中庸》二篇，硬说《大学》是曾子著的；又说《中庸》是子思亲笔写出，交与孟子，于是就成了孔子传之曾子，曾子传之子思，子思传之孟子，一代传一代，与传国玺一般无二。孟子以后，忽然断绝，隔了千几百年，到宋朝，这传国玺又出现，被濂洛关闽诸儒得着，又递相传授，这就是所谓道统了。

道统的统字，就是从"帝王创业垂统"那个统字窃取来，即含有传国玺的意思。那时禅宗风行天下，禅宗本是衣钵相传，一代传一代，由释迦传至达摩，达摩传入中国，达摩传六祖，六祖以后，虽是不传衣钵，但各派中仍有第若干代名称，某为嫡派，某为旁支。宋儒生当其间，染有此等习气，特创出道统之名，与之对抗。道统二字，可说是衣钵二字的代名词。

请问：濂洛关闽诸儒距孔孟一千多年，怎么能够传授呢？于是创出"心传"之说。说我与孔孟，心必相传，禅宗有"以心传心"的说法，所以宋人就有"虞廷十六字心传"的说法，这心传二字，也是模仿禅宗来的。

本来禅宗传授，也就可疑，所谓西天二十八祖，东土六祖，俱是他们自相推定。其学简易，最合中国人习好，故禅宗风行天下。其徒自称"教外别传"，谓不必研究经典，可以直契佛祖之心，见人每问"如何是祖师西来意"？宋儒教人"寻孔颜乐处"，其意味也相同。

周子为程子受业之人，横渠是程子戚属，朱子绍述程氏，所谓濂洛关闽，本是几个私人讲学的团体，后来愈传愈盛，因创出道统之名。私相推走，自夸孔孟真传，其方式与禅宗完全相同。

朱子争这个道统，尤为出力。他注《孟子》，于末后一章，结句说道："……百世之下，必将有神会而心得之者耳。故于篇中历序群圣之统，而终之以此，所以明其传之所在，而又以俟后圣于无穷也，其旨深哉。"提出"统"字"传"字，又说"神会心得"。即为宋学中所谓"心传"和"道统"伏根，最奇的，于"其旨深哉"四字之后，突然写出一段文字。说道："有宋元丰八年，河南程颢伯醇卒，潞公文彦博题其墓曰，明道先生，而其弟正叔序之曰：周公没，圣人之道不行，孟轲死，圣人之学不传，道不行百世无善治，学不传千载无真儒。无善治，士犹得以明，夫善治之道，以淑诸人，以传诸后。无真儒，则天下贸贸焉莫知所之，人欲肆而天理灭矣。先生生乎千四百年之后，得不传之学于遗经，以兴起斯文为己任，辨异端，辟邪说，使圣人之道焕然复明于世，盖自孟子之后，一人而已。然学者于道，不知所向，则孰知斯人之为功，不知所至，则孰知斯名之称情也哉。"此段文字写毕，即截然而止，不再著一语，真是没头没尾的。见得程子即是"后圣"。朱子于《大学章句·序》又说道："河南两夫子出，而有以接孟氏之传，虽以熹之不敏，亦幸私淑而与有关焉。""著""闻"字，俨然自附于"闻而知之"之列，于是就把道统一肩担上。

（二）道统之内幕

宋儒苦心孤诣，创出一个道统，生怕被人分去。朱子力排象山，就是怕他分去道统。象山死，朱子率门人往寺中哭之，既罢，良久曰："可惜死了告子。"硬派象山作告子，自己就变成宋学中的孟子了。

程朱未出以前，扬雄声名很大，他自比孟子。北宋的孙复，号称名儒，他尊扬雄为范模。司马光注《太玄经》说道："余少之时，闻玄之名，而不获见……于是求之积年。乃得观之，初则溟涬漫漶，略不可入，乃研精易虑，屏人事而读之，数十遍，参以首尾，稍得窥其梗概。然后喟然置书叹曰：呜呼，扬子真大儒耶，孔子既没，知圣人之道者，非扬雄而谁？荀与孟殆不足拟。况其余乎！观玄之书，昭则极于人，幽则尽于神，大则包宇宙，细则入毛发，合天人之道以为一，刮其根本，示人所出，胎育万物，而兼为之母，若地履之而不可穷也，若海挹之而不可竭也，天下之道虽有善者，其蔑以易此矣。"司马光这样说法，简直把《太玄》推得如《周易》一般，俨然直接孔子之传，道统岂不被扬雄争去吗？孟子且够不上，何况宋儒？宋儒正图谋上接孟子之传，怎能容扬雄得过？适因班网《汉书》，说扬雄曾仕新莽，朱子修纲目轻轻与他写一笔："莽大夫扬雄死。"从此扬雄成了名教罪人，永不翻身。孟子肩上的道统，无人敢争，濂洛关闽，就直接孟氏之传了。这就像争选举的时候，自料比某人不过，就清查某人的档案，说他亏吞公款，身犯刑事，褫夺他被选权一般。假使莫得司马光这一类称赞扬雄的文字，纲目上何至有莽大夫这种特笔呢？扬雄仕新莽，作《剧秦美新论》。有人说其事不确，我们也不深辩，即使其事果确，一部紫阳纲目中，类于扬雄、甚于扬雄的人很多。何以未尽用此种书法呢？这都是司马光诸人把扬雄害了的。

从前扬雄曾入孔庙，后来因他曾仕王莽，就把他请出来，荀子曾入孔庙，因为言性恶，把他请出来，公伯宁曾入孔庙，因为他毁谤子路，也把他请出来。我所不解者，司马光何以该入孔庙？扬雄是逆臣，司马光推尊扬雄，即是逆党。公伯宁不过口头毁谤子路罢了，司马光著《疑孟》一书，反孟子说的话，层层攻讦，对于性善说，公然愤疑，其书流传到今，司马光一身，备具了公伯宁、荀卿、扬雄三人之罪，公然得入孔庙，岂非怪事？推原其故，司马光是二程的好友，哲宗即位之初，司马光曾荐明道为宗正寺丞，荐伊川为崇政殿说书，司马光为宰相，连及二程也做官，所以二程入孔庙，连及司马光也配享。司马光之人品，本是很好，但律公伯五寮、荀卿、扬雄三人之例，他就莫得入孔庙的资格，而今公然入了孔庙，我无以名之，直名之曰"徇私"。

宋儒口口声声，尊崇孔子，排斥异端，请问诸葛亮这个人为什么该入孔庙？诸葛亮自比管乐，管乐为曾西所不屑为，孔门羞称五霸，孟子把管仲说得一钱不值，管仲的私淑弟子，怎么该入孔庙？又诸葛亮手写申韩，以教后主，可见他又是申韩的私淑弟子，太史公作《史记》，把申韩与老子同传，还有人说申韩够不上与老子并列，老子是宋儒痛诋之人，诸葛亮是申韩私淑弟子，乃竟入孔庙，大书特书曰"先儒诸葛亮之位"，这个儒字，我不知从何说起？

刘先主临终，命后主读《商君书》，又不主张行赦，他们君臣要研究的，都是法家的学说，我们遍读诸葛亮本传及他的遗集，寻不出孔子二字，寻不出《四书》上一句话，独与管仲商鞅申韩，发生不少的关系，本传上说他治蜀严，又说他"恶无识而不贬"，与孔子所说"赦小过"，孟子所说"省刑罚"显然违反，假如修个"申韩合庙"请诸葛亮去配享，写一个"先法家诸葛亮之位"倒还名实相符。

宋尽排斥异端，申韩管商之学，岂非异端吗？异端的嫡派弟子，高坐孔庙中，岂非怪事吗？最好是把诸葛亮请出来，遗缺以《史记》上的陈余补授。《史记》称："成安君儒者也，自称义兵，不用诈谋。"此真算是儒者，假使遇着庸懦之敌将，陈余一战而胜，岂不是"仁者无敌"，深合孟子的学说吗？

恐怕孔庙中早已供了"先儒陈余之位"。无奈陈余运气不好,遇着韩信是千古名将,兵败身死,儒者也就置之不理了。

诸葛亮明明是霸佐之才,偏称之曰王佐之才,明明是法家,却尊之曰先儒,岂非滑稽之至吗?在儒家谓诸葛亮托孤寄命,鞠躬尽瘁,深合儒家之道,所以该入孔庙,须知托孤寄命,鞠躬尽瘁,并不是儒家的专有品。难道只有儒家才出这类人才,法家就不出这类人才吗?这道理怎么说得通?我无以名之,直名之曰"慕势"。只因汉以后,儒家寻不出杰出人才,诸葛亮功盖三分,是三代下第一人,就把他欢迎入孔庙,借以光辉门面,其实何苦乃尔?

林放问"礼之本",只说得三个字,也入了孔庙,老子是孔子曾经问礼之人,《礼记》上屡引老子的话,孔子称他为"犹龙",崇拜到了极点。宋儒乃替孔子打抱不平,把老子痛加诋毁,这个道理,又讲得通吗?

两庑豚肩,连朱竹垞都不想吃,本来是值不得争夺的,不过我们须知:一部廿四史,实在有许多糊涂账,地方之高尚者,莫如圣庙,人品之高尚者,莫如程朱,乃细加考察,就有种种黑幕,其他尚复何说?

宋儒有了道统二字横塞胸中,处处皆是荆棘,我不知道道统二字有何贵重,值得如许争执。幸而他们生在庄子之后,假使被庄子看见,恐怕又要发出些鹓雏腐鼠的妙论。我们读书论古,当自出见解,切不可为古人所愚。

《四库全书提要》载:"公是先生弟子记四卷,宋刘敞撰,敞发明正学,在朱程前,所见皆正,徒以独抱道经,澹于声誉,未与伊洛诸人倾意周旋,故讲学家视为异党,抑之不称耳,实则元丰熙宁之间,卓然醇儒也。"刘敞发明正学,卓然醇儒,未与伊洛诸人周旋,就视为异党。此中黑幕,纪晓岚早已揭穿。司马光赞扬雄,诋孟子,因与伊洛诸人周旋,死后得入孔庙,此种黑幕,还没有人揭穿。

(三)宋儒之缺点

著者平日有种见解,凡人要想成功,第一要量大,才与德尚居其次。以楚汉而论,刘邦、项羽二人,德字俱说不上,项羽之才,胜过刘邦,刘邦之量,大于项羽,韩信、陈平、黥布等,都是项羽方面的人,只因项羽量小,把这些人容纳不住,才一齐走到刘邦方面来。刘邦豁达大度,把这些人一齐容纳,汉兴楚败,势所必至。《秦誓》所说"一个臣",反复赞叹,无非形容一个量字罢了。于此可见量字的重要。宋儒才德二者俱好,最缺乏的是量字,他们在政治界是这样,在学术界也是这样,君子排君子,故生出洛蜀之争,孔子信徒排斥孔子信徒,故生出朱陆之争。

邵康节临死,伊川往访之,康节举两手示之曰:"眼前路径令放宽,窄则自无着身处，如何使人行？"这一窄字，深中伊川的病。《宋元学案》载："二程随侍太中，知汉州，宿一僧寺，明道入门而右，从者皆随之。先生（指伊川）入门而左，独行，至法堂上相会。先生自谓：'此是某不及家兄处。'盖明道和易，人皆亲近，先生严直，人不敢近也。"又称："明道犹有谑语……伊川直是谨严，坐间不问尊卑长幼，莫不肃然。"卑幼不说了，尊长见他，都莫不肃然。连走路都莫得一人敢与他同行，这类人在社会上如何走得通？无怪洛蜀分党，东坡戏问他："何时打破诚敬？"此语固不免轻薄，但中伊川之病。

《宋元学案》又说："大程德性宽宏，规模广阔，以光风霁月为怀。小程气质刚方，文理密察，以峭壁孤峰为体，道虽同而造德固自各有殊。"于此可见明道量大，伊川量小，可惜神宗死，哲宗方立，明道就死了，他死之后，伊川与东坡，因语言缘故，越闹越大，直闹得洛蜀分党，冤冤不解。假使明道不死，这种党争，必不会起。

伊川凡事都自以为是，连邵康节之学，他也不以为然。康节语其子曰："张巡、许远，同为忠义，两家子弟，互相攻并，为退之所贬，凡托伊川之说，议吾为数学者，子孙勿辩。"康节能这样的预诫后人，故程邵两家未起争端。

朱子的量，也是非常狭隘。他是伊川的嫡系，以道统自居，凡是信从伊川和他的学说的人，就说他是好人，不信从的，就是坏人。苏黄本是一流人物，朱子诋毁二苏，独不诋毁山谷，因为二苏是伊川的敌党，所以要骂他，山谷之孙，黄昀，字子耕，是朱子的学生，所以就不骂了。

林栗，唐仲友，立身行己，不愧君子，朱子与栗论一不合，就成仇衅。朱子的门人，至欲烧栗的书。朱子的朋友陈亮，狎台州官妓，嘱唐仲友为脱籍，仲友沮之，亮构谮于朱子，朱子为所卖，误兴大狱，此事本是朱子不合，朱派中人就视仲友如仇雠。张浚一败于富平，丧师三十万，再败于淮西，丧师七万，三败于符离，丧师十七万；又尝逐李纲，引秦桧，杀曲端，斥岳飞，误国之罪，昭然共见，他的儿子张南轩，是朱子讲学的好友，朱子替张浚作传，就备极推崇。

最可怪者，朱子与吕东莱，本是最相好的朋友，《近思录》十四卷，就是他同朱子撰的。后来因为争论《毛诗》不合，朱子对于他的著作，就字字讥弹，如云："东莱博学多识则有之矣，守约恐未也。"又云："伯恭之弊，尽在于巧。"又云："伯恭教人看文字也粗。"又云："伯恭聪明，看文理却不仔细，缘他先读史多，所以看粗着眼。"又云："伯恭于史分外仔细，于经却不甚理会。"又云："伯恭要无不包罗，只是扑过，都不精。"对于东莱，抵隙蹈瑕，不遗余力，朱派的人，随声附和，所以元人修史，把东莱列入儒林传，不入道学传，一般人都称"朱子近思录"，几于无人知是吕东莱同撰的。

朱子与陆象山，同是尊崇孔教的人，因为争辩无极太极，几至肆口谩骂，朱子的胸怀，狭隘到这步田地，所以他对于政治界、学术界，俱酿许多纠纷。门人承袭其说，朱陆之争，历宋元明清，以至于今，还不能解决。

纪晓岚著《四库提要》，将上述黄昀、林栗、唐仲友、张浚诸事，一一指出。其评朱吕之争，说道："当其投契之时，则引之于《近思录》，使预闻道统之传，及其抵牾以后，则字字讥弹，身无完肤，毋亦负气相攻，有激而然欤。"别人訾议朱子不算事，《四库提要》是清朝乾隆钦定的书，清朝功令，《四书》文非遵朱注不可。康熙五十一年，文庙中把朱子从庑中升上去，与十哲并列，尊崇朱子，可算到了极点。乾隆是康熙之孙，纪著《四库提要》，敢于说这类话，可见是非公道是不能磨灭的。纪文说："刘敞卓然醇儒，未与伊洛诸人倾意周旋，故讲学家视为异党。"这些说法，直是揭穿黑幕，进呈乾隆御览后，颁行天下，可算是清朝钦定的程朱罪案。

宋俞文豹《吹剑外集》（见《知不足斋丛书》第二十四卷）说："韩范欧马张吕诸公，无道学之名，有道学之实，而人无闲言，今伊川晦庵二先生，言为世法，行为世师，道非不弘，学非不粹，而动辄得咎何也，盖人心不同，所见各异，虽圣人不能律天下之人尽弃其学而学焉。……今二先生以道统自任，以师严自居，别白是非，分毫不贷，与安定角，与东坡争，与龙川象山辩，必胜而后已。浙学固非矣，贻书潘吕等，既深斥之，又语人曰：'天下学术之弊，不过两端，永嘉事功，江西颖悟，若不极力争辩，此道何由而得明。'盖指龙川象山也。"程端蒙谓："如市人争，小不胜辄至喧竞……"俞氏这段议论，公平极了。程朱的学问，本是不错，其所以处处受人攻击者，就在他以严师自居，强众人以从己。他说："若不极力争辩，此道何由得明。"不知越争辩，越生反响，此道越是不明。大凡倡一种学说的人，只应将我所见的道理，诚诚恳恳的，公布出来，别人信不信由他，只要我说得有理，别人自然肯信，无须我去争辩，若是所说得不确，任是如何争辩，也是无益的，惜乎程朱当日，未取此种方式。

伊川、晦庵，本是大贤，何至会闹到这样呢？要说明这个道理，就不得不采用戴东原的说法了。东原以为："宋儒所谓理，完全是他们的意见。"因为吾人之心，至虚至灵，着不得些子物事，有了意见，就不虚不灵，恶念固坏事，善念也会坏事，犹之眼目中，不但尘沙容不得，就是金屑也容不得。伊川胸中，有了一个诚敬，诚敬就变成意见，于是放眼一看，就觉得苏东坡种种不合。晦庵胸中，有了一个程伊川，放眼一看，就觉得象山、龙川、吕东莱诸人，均种种不合。是就像目中着了金屑，天地易色一般。佛氏主张破我执法执，不但讲出世法当如是，就是讲世间法，也当如是。然后知老子所说"绝圣弃智"真是名言。东坡问伊川："何时打破诚敬？"虽属恶谑，却亦至理。东坡精研佛老之学，故笔谈中，俱含妙谛。程明道是打破了诚敬的，观于"目中有妓，心中无妓"。这场公案，即可知道。

伊川抱着一个诚敬，去绳苏东坡，闹得洛蜀分党。朱子以道统自命，党同伐异，激成庆元党案，都是为着太执著的流弊。庄子讥孔子昭昭揭日月而行，就是这个道理。庄子并不是叫人不为善，他只是叫人按着自然之道做去，不言善而善自在其中。例如劝人修桥补路，周济贫穷，固然是善，但是按着自然之道做去，物物各得其所，自然无坏桥可修，无滥路可补，无贫穷来周济。回想那些想当善人的，抱着金钱，朝朝出门，寻桥来修，寻路来补，寻贫穷来周济，真是未免多事。庄子说："泉涸鱼相与处于陆，相呴以湿，相濡以沫，不如相忘于江湖。"就是这个道理。程伊川、苏东坡，争着修桥补路，彼此争得打架。朱子想独博善人之名，把修桥补路的事，一手揽尽，不许他人染指，后来激成党案，严禁伪学，即是明令驱逐，不许他修桥，不许他补路。如果他们有庄子这种见解，何至会闹到这样呢？

宋朝南渡，与洛蜀分党有关，宋朝亡国，与庆元党案有关。小人不足责，程朱大贤，不能不负点咎。我看现在的爱国志士互相攻击，很像洛蜀诸贤，君子攻击君子。各种学说，互相诋斥，很像朱子与陆子互相诋斥。当今政学界诸贤，一齐走入程朱途径去了，奈何！奈何！问程朱诸贤，缺点安在？曰："少一个量字。"

我们评论宋儒，可分两部分：他们把儒释道三教融合为一，成为理学，为学术上开一新纪元，这是做的由分而合的工作，这部分是成功了的。洛蜀分党，酿成政治上之纷争，朱陆分派，酿成学术上之纷争，这是做的由合而分的工作，这部分是失败了的。我们现在所处的时代，正与宋儒所处时代相同，无论政治上、学术上，如做由分而合的工作，决定成功，如做由合而分的工作，一定徒滋纠纷。问做由分而合的工作，从何下手。曰：从量字下手。

四、中西文化之融合

（一）中西文化冲突之点

西人对社会，对国家，以我字为起点，即是以身字为起点。中国儒家讲治国平天下，从正心诚意做起点，即是以心字为起点。双方都注重把起点培养好。所以西人一见人闲居无事，即叫他从事运动，把身体培养好。中国儒者，见人闲居无事，即叫他读书穷理，把心地培养好。西人培养身，中国培养心。西洋教人，重在"于身有益"四字；中国教人，重在"问心无愧"四字。这就是根本上差异的地方。

斯密士倡自由竞争，达尔文倡强权竞争，西洋人群起信从，因为此等学说，是"于身有益"的；中国圣贤，绝无类似此等学说，因为倡此等学说，其弊流于损人利己，是"问心有愧"的。我们遍寻《四书》《五经》，诸子百家，寻不出斯密士和达尔文一类学说，只有《庄子》上的盗跖，所持议论，可称神似。然而此种主张，是中国人深恶痛绝的。孟子曰："鸡鸣而起，孳孳为利者，跖之徒也。"自由竞争，强权竞争，正所谓孳孳为利。这就是中西文化有差异的地方。

孔门的学说："欲修其身，先正其心，欲正其心，先诚其意。"从身字向内，追进两层，把意字寻出，以诚意为起点，再向外发展。犹之修房子，把地上浮泥除去，寻着石底，才从事建筑。由是而修身，而齐家，而治国平天下，造成的社会，是"以天下为一家，以中国为一人"。人我之间，无所谓冲突，这是中国学说最精粹的地方。

西人自由竞争等说，以利己为主，以身字为起点，不寻石底，径从地面建筑起走，基础未稳固，所以国际上，酿成世界大战，死人数千万。大战过后，还不能解决，跟着就是第二次世界大战。经济上造成资本主义。

孔门的正心诚意，我们不必把它太看高深了，把他改为"良心裁判"四字就是了。每做一事，于动念之初，即加以省察，"己所不欲，勿施于人"。孔门的精义，不过如是而已。然而照这样做去，就可达到"以天下为一家"的社会。如果讲"自由竞争"等说法。势必至"己所不欲，也可施之于人。"中国人把盗跖骂得一文不值，西洋人把类似盗跖的学说，奉为天经地义。中西文化，焉得不冲突？中西文化冲突，其病根在西洋，不在中国，是西洋人把路走错了，中国人的路，并没有走错。我们讲"三教异同"，曾绘有一根"返本线"，我们再把此线一看，就可把中西文化冲突之点看出来。凡人都是可以为善，可以为恶的。善心长则恶心消，恶心长则善心消，因此儒家主张，从小孩时，即把爱亲敬兄这份良知良能搜寻出来，在家庭中培养好，小孩朝夕相处的，是父亲母亲，哥哥弟弟，就叫他爱亲敬兄，把此种心理培养好了，扩充出去，"亲亲而仁民，仁民而爱物"，就造成一个仁爱的世界了。故曰："孝悌也者，其为仁之本欤。"所以中国的家庭，可说是一个"仁爱培养场"。西洋人从我字，径到国字，中间缺少了个家字，即是莫得"仁爱培养场"。少了由丁至丙一段，缺乏诚意功夫，即是少了"良心裁判"。故西洋学说发挥出来，就成为残酷世界。所以说：中西文化冲突，其病根在西洋，不在中国。

所谓中西文化冲突者，乃是西洋文化自相冲突，并非中国文化与之冲突。何以故呢？第一次世界大战，第二次世界大战，打得九死一生，是自由竞争一类学说酿成的，非中国学说酿成的。这就是西洋文化自相冲突的明证。西人一面提倡自由竞争等学说，一面又痛恨战祸，岂不是自相矛盾吗？所以要想世界太平，非把中国学说发挥光大之不可。

（二）中国学说可救印度西洋之弊

西洋人，看见世界上满地是金银，总是千方百计，想把它拿在手中，造成一个残酷无情的世界。印度人认为这个世界是污浊到极点，自己的身子也是污浊到极点，总是千方百计，想把这个世界舍去，把这个身子舍去。唯老子则有一个见解，他说："金玉满堂，莫之能守。"又说"多藏必厚亡。"世界上的金银，他是看不起的，当然不做抢夺的事。他说："吾所以有大患者，为吾有身，及吾无身，吾有何患？"也是像印度人，想把身子舍去，但是他舍去身子，并不是脱离世界，乃是把我的身子与众人融合为一。故曰："圣人无常心，以百姓之心为心。"因此也就与人无忤，与世无争了。所以他说"陆行不避兕虎，入军不避甲兵。"老子造成的世界，不是残酷无情的世界，也不是污浊可厌的世界，乃是"如享太牢，如登春台，众人熙熙"的世界。

以返本线言之：西人从丁点起，向前走，直到己点或庚点止，绝不回头。印度人从丁点起，向后走，直到甲点止，也绝不回头。老子从丁点起，向后走，走到乙点，再折转来，向前走，走到庚点为止，是双方兼顾的。老子所说"归根复命"一类话，与印度学说相通。"以正治国，以奇用兵"一类话，与西洋学说相通。虽说他讲出世法，莫得印度那样精，讲治世法，莫得西人那样详，但由他的学说，就可把西洋学说和印度学说打通为一。

我所谓"印度人直走到甲点止，绝不回头"，是指小乘而言，指末流而言，若释迦立教之初，固云"不度尽众生，誓不成佛"，原未尝舍去世界也。释迦本是教人到了甲点，再回头转来在人世上工作。无如甲点太高远了，许多人终身走不到。于是终身无回头之日，其弊就流于舍去世界了。老子守着乙点立论，要想出世的，向甲点走，要想入世的，就回头转来，循序渐进，以至庚点为止。孔子意在救世，叫人寻着丙点，即回头转来，做由丁到庚的工作，不必再寻甲乙两点，以免耽误救世工作。此三圣人立教之根本大旨也。

孔子的态度，与老子相同。印度厌弃这个世界，要想离去他。孔子则"素富贵，行乎富贵，素贫贱，行乎贫贱，素患难，行乎患难，素夷狄，行乎夷狄。"这个世界并不觉得可厌。老子把天地万物融合为一，孔子也把天地万物融合为一，宇宙是怎么一回事，还他怎么一回事。所谓"老者安少，少者怀之"，"天地位焉，万物宁焉"就是这个道理。

曾子说："暮春者，春服既成，冠者五六人，童子六七人，浴乎沂，风乎舞雩，咏而归。"这几句话，与治国渺不相关，而独深得孔子的嘉许，这是什么缘故呢？因为这几句话，是描写我与宇宙融合的状态，有了这种襟怀，措施出来，当然人与我融合为一。子路可使有勇，冉有可使足民，公西华愿为小相，只做到人与我相安，未做到人与我相融，所以孔子不甚许可。

宋儒于孔门这种旨趣，都是识得的，他们的作品，如"绿满窗前草不除"之类，处处可以见得，王阳明"致良知"，即是此心与宇宙融合，心中之理，即是事物上之理，遇有事来，只消返问吾心，推行出来，自无不合，所以我们读孔孟老庄及宋明诸儒之书，满腔是生趣，读斯密士、达尔文、尼采诸人之书，满腔是杀机。

印度人向后走，在精神上求安慰；西洋人向前走，在物质上求安慰。印度人向后走，而越来越远，与人世脱离关系，他的国家就被人夺去了。西洋人向前走，路上遇有障碍物，即直冲过去，闹得非大战不可。印度和西洋，两种途径，流弊俱大，唯中国则不然。孟子曰："养生丧死无憾，王道之始也。"又曰："黎民不饥不寒，然而不王者，未之有也。"对于物质，只求是以维持生活而止，并不在物质上求安慰，因为世界上物质有限，要求过度，人与人就生冲突，故转而在精神上求安慰。精神在吾身中，人与人是不相冲突的，但是印度人求精神之安慰，要到彼岸，脱离这个世界，中国人求精神上之安慰，不脱离这个世界。我国学说，折中于印度、西洋之间，将来印度和西洋，非一齐走入我国这条路，世界不得太平。

孔子曰："学而时习之，不亦悦乎。有朋自远方来，不亦乐乎。人不知而不愠，不亦君子乎。"孟子曰："君子有三乐，而王天下不与存焉，父母俱存，兄弟无故，一乐也；仰不愧于天，俯不怍于人，二乐也；得天下英才而教育之，三乐也。"中国人寻乐，在精神上，父兄师友间；西洋人寻乐，大概是在物质上，如游公园、进戏场之类。中西文化，本是各走一条路，然而两者可以调和，精神与物质，是不生冲突的，何以言之呢？我们把父兄师友，约去游公园，进戏场，精神上的娱乐和物质上的娱乐就融合为一了。中西文化可以调和，等于约父兄师友游公园、进戏场一般。但是不进公园戏场，父兄师友之乐仍在，即是物质不足供我们要求，而精神上之安慰仍在。我们这样设想，足见中西文化可以调和。其调和之方式，可括为二语："精神为主，物质为辅。"今之采用西洋文化者，偏重物质，即是专讲游公园，进戏场，置父兄师友于不顾，所以中西文化就冲突了。

中西文化，许多地方，极端相反，然而可以调和，兹举一例为证：中国的养生家，主张静坐，静坐时，丝毫不许动；西洋的养生家，主张运动，越运动越好。二者极端相反，此可谓中西学说冲突；我们静坐一会，又起来运动，中西两说就融合了。我认为中西文化，可以融合为一，其方式就是这样。

有人说："孔门讲仁爱，西人讲强权。我们行孔子之道，他横不依理，以兵临我，我将奈何？"我说：这是无足虑的，孔子讲仁，并不废兵，他主张"足食足兵"。又说："我战则克"。又说"仁者必有勇"。何尝是有了仁就废兵？孔子之仁，即是老子之慈。老子三宝，慈居第一，他说："夫慈以战则胜，以守则固。"假使有了仁慈，即把兵废了，西人来，把我的人民杀死，这岂不是不仁不慈之极吗？西洋人之兵，是拿来攻击人，专作掠夺他人的工具，孔老之兵，是拿来防御自己，是维持仁慈的工具，以达到你不伤害我，我不伤害你而止。这也是中西差异的地方。

孔老讲仁慈，与佛氏相类，而又不废兵，足以抵御强暴。战争本是残忍的事，孔老能把战争与仁慈融合为一，这种学说，真是精粹极了。所以中国学说，具备有融合西洋学说和印度学说的能力。

西洋的学问，重在分析，中国的学问，重在会通，西人无论何事，都是分科研究，中国古人，一开口即是天地万物，总括全体而言之。就返本线来看，西洋讲个人主义的，只看见线上的丁点（我），其余各点，均未看见。讲国家主义的，只看见己点（国），其余各点，也未看见。他们既未把这根线看通，所以各种主义互相冲突。孔门的学说，是修身齐家治国平天下，一以贯之。老子说："修之于身，其德乃真，修之于家，其德乃余，修之于乡，其德乃长，修之于邦，其德乃丰，修之于天下，其德乃普。"孔老都是把这根线看通了，倡出"以天下为家，以中国为一人"的说法，所谓个人也，国家也，社会也，就毫不觉得冲突。（以天下为一家，二语，出《礼运》，本是儒家之书，或以为是道家的说法，故浑言孔老。）中国人能见其会通，但嫌其浑囵疏阔；西人研究得很精细，而彼此不能贯通。应该就西人所研究者，以中国之方法贯通之，各种主义，就无所谓冲突，中西文化，也就融合了。

印度讲出世法，西洋讲世间法，老子学说，把出世法世间法打通为一，宋明诸儒，都是做的老子工作，算是研究了两三千年，开辟了康庄大道，我们把这种学说发挥光大之，就可把中西印三方文化融合为一。

世界种种冲突，是由思想冲突来的，而思想之冲突，又源于学说之冲突。所谓冲突，都是末流的学说，若就最初言之，则释迦孔老和希腊三哲，固无所谓冲突。我想将来一定有人出来，把儒释道三教，希腊三哲，和宋明诸儒学说，西方近代学说，合并研究，融会贯通，创出一种新学说，其工作与程明道融合儒释道三教成为理学一样。假使这种工作完成，则世界之思想一致，行为即一致，而世界大同，就有希望了。

就返本线来看，孔子向后走，已经走到丙点，老子向后走，已经走到乙点，佛学传入中国，不过由乙点再加长一截，走到甲点罢了，所以佛学传入中国，经程明道一番工作，就可使之与孔老二教融合。

孔老二氏，折身向前走，由身而家，而国，而天下，与西人之由个人而国家，而社会，也是同在一根线上，同一方向而走，所以中国学说，与西洋学说，有融合之可能。

西洋、印度、中国，是世界三大文化区域，印度文化，首先与中国接触，经宋儒的工作，已经融合了，现在与西洋文化接触，我们应该把宋儒的理学加以整理，去其拘迂者，取其圆通者，拿来与西洋学说融会贯通，世界文化就融合为一了。

（三）中国学术界之特点

有人问道："西洋自由竞争诸说，虽有流弊，但施行起来，也有相当效果，难道我们一概不采用吗？"我说："我国学术界，有一种很好的精神，只要能够应用此种精神，西洋的学说，就可采用了。"兹说明如下：

鲁有男子独处，邻有嫠妇亦独处，夜雨室坏，妇人趋而托之，男子闭户不纳。妇人曰："子何不学柳下惠？"男子曰："柳下惠则可，我则不可，我将以我之不可，学柳下惠之可。"孔子闻之曰："善学柳下惠者，莫如鲁男子。"这种精神，要算我国学术界特色。孔子学于老子，老子尚阴柔，有合乎"坤"。孔子赞《周易》，以阳刚为贵，深取乎"乾"，我们可说："善学老子者，莫如孔子。"孟子终身愿学孔子，孔子言"性相近"，孟子言"性善"。孔子说："我战则克。"孟子则说："善战者服上刑。"孔子说："齐桓公正而不谲。"又说："桓公九合诸侯，不以兵车，管仲之力也，如其仁，如其仁。"

又曰:"微管仲,吾其披发左衽矣。"孟子则大反其说,曰:"仲尼之徒,无道桓文之事者。"又曰:"管仲曾西之所不为也,而子为我愿之乎。"诸如此类,与孔子之言,显相抵触,然不害为孔门嫡系。我们可说:"善学孔子者,莫如孟子。"韩非学于荀子,荀子言礼,韩非变而为刑名,我们可说:"善学荀子者,莫如韩非。"非之书,有《解老》《喻老》两篇,书中言虚静,言"无为",而无一切措施,与老子全然不类,我们可说:"善学老子者,莫如韩非。"其他类此者,不胜枚举。九方皋相马,在牝牡骊黄之外。我国古哲,师法古人,全在牝牡骊黄之外。遗貌取神,为我国学术界最大特色。书家画家,无不如此。我们本此精神,去采用西欧文化,就有利无害了。

孟子曰:"规矩方圆之至也,圣人人伦之至也。"规矩是匠师造房屋的器具,人伦是匠师造出的房屋,古人当日相度地势,计算人口,造出一座房屋,原是适合当时需要的。他并未说:"传之千秋万世,子子孙孙,都要住在这个屋子内。"又未说:"这个房子,永远不许改造修补。"匠师临去之时,把造屋的器具交给我们,将造屋的方法传给我们。后来人口多了,房屋不够住,日晒雨淋,房子朽坏,既不改造,又不修补,徒是朝朝日日,把数千年以前造屋的匠师痛骂,这个道理,讲得通吗?

中国一切制度,大概是依着孔子的主义制定的,此种制度,原未尝禁人修改。孔子主张尊君,孟子说:"君之视臣如土芥,则臣视君如寇仇。"又说:"民为贵,社稷次之,君为轻。"又说:"闻诛一夫纣矣,未闻弑君也。"孔子说:"入公门,鞠躬如也。"孟子曰:"说大人则藐之,勿视其巍巍然,堂高数仞,榱题数尺,我得志弗为也。"孔子尊君的主张,到了孟子,几乎莫得了。孔子作《春秋》,尊崇周天子,称之曰天王。孟子以王道说各国之君,其言曰:"地方百里,而可以王。"那个时候,周天子尚在,孟子视同无物,岂不显悖孔子的主张吗?他是终身愿学孔子的人,说:"自生民以来,未有圣于孔子。"算是崇拜到了极点的。他去孔子未及百年,就把孔子的主张修改得这样厉害,孔子至今两三千年,如果后人也像孟子的办法,继续修改,恐怕欧人的德谟克拉西,早已见诸中国了。孟子懂得修屋的法子,手执规矩,把孔子所建的房屋,大加修改,还要自称是孔子的信徒,今人现放着规矩,不知使用,只把孔子痛骂,未免不情。

从前印度的佛学,传入我国,我国尽量采用,修改之,发挥之,所有"天台宗","华严宗","净土宗、"等,一一中国化,非复印度之旧,故深得一般人欢迎,就中最盛者,厥唯"禅宗",而此宗在印度,几等于无,唯有"唯识"一宗,带印度彩色最浓,此宗自唐以来,几至失传,近始有人出而提倡之。我何可以得一结论:"印度学说,传至中国,越中国化者越盛行,带印度色彩越浓者,越不行,或至绝迹。"我们今后采用西洋文化,仍用采用印度文化方法,使斯密士、达尔文诸人一一中国化,如用药之有炮炙法,把他有毒那一部分除去,单留有益这一部分。达尔文讲进化不错,错在因竞争而妨害他人,斯密士发达个性不错,错在因发达个性而妨害社会,我们去其害存其利就对了。第一步用老子的法子,合乎自然趋势的就采用,不合的就不采用。第二步用孔子的法子,凡是先经过良心裁判,返诸吾心而安,然后才推行出去。如果能够这样的采用,中西文化,自然融合。今之采用两法者,有许多事项,律以老子之道,则为违反自然之趋势,律以孔子之道,则为返诸吾心而不安,及至行之不通,处处荆棘,乃哓哓然号于人曰:"中西文化冲突,此老子之过也,此孔子之过也。"天乎冤哉!

(四)圣哲之等级

我国周秦之间,学说纷繁,佛学虽是印度学说,但传入中国已久,业已中国化,就我个人的意见,与他定一个等级,名曰"圣哲等级表",一佛氏,二庄子,三老子,四孔子,五告子,六孟子,七荀子,八韩非,九杨朱,十墨翟。

此表以老子为中心,庄子向后走,去佛氏为近,是为出世法,孔子以下,向前走,俱是世间法,告子谓性无善无不善,其湍水之喻,实较孟荀之说为优,古来言"性"之人虽多,唯有告子之说,任从何方面说,俱是对的,故列孟荀之上。凡事当以人己两利为原则,退一步言之,亦当利己而无损于人,或利人而无损于己,杨朱利己而损于人,故列第九。墨翟利人而有损于己,故列第十。此表以十级为止。近来的人,喜欢讲斯密士、达尔文、尼采诸人的学说,如把这三人列入,则斯达二氏的学说,其弊流于损人,斯氏当列第十一,达氏当列第十二。尼采倡超人主义,说:"剿灭弱者,为强者天职。"说:"爱他主义,为奴隶道德。"专作损人利己的工作,其学说为最下,当列第十三。共成十三级。尼采之下,不能再有了。中国之盗跖,和西洋之希特勒、墨索里尼,就其学说言之,应与尼采同列一栏。

我们从第十三级起,向上看,越上越精深,研究起来,越有趣味。从第一级起,向下看,越下越粗浅,实行起来越适用。王弼把老孔融合为一,晋人清谈,则趋入老庄,尤偏重庄子,这是由于老子的谈理,比孔子更精深,庄子谈理,比老子更精深的缘故。程明道把儒释道三教融合为一,开出"理学"一派,而宋明诸儒,多流入佛氏。这是由佛氏谈理,比孔老更精深的缘故。从实施方面言之,印度行佛教而亡国,中国行孔老之教而衰弱,西人行斯密士、达尔文诸人之说而盛强,这即是越粗浅越适用的明证。我们研究学理,当力求其深,深则洞见本源,任他事变纷乘,我都可以对付,不致错误。

至于实践方面，当力求其浅，浅则愚夫愚妇能知能行，才行得起走。

西人崇奉斯密士之说而国富，崇奉达尔文之说而国强，而世界大战之机，即伏于其中。德皇威廉第二，崇奉尼采之说，故大战之前德国最为昌盛，然败不旋踵。现在希特勒、墨索里尼和日本军阀，正循威廉覆辙走去，终必收同一之结果，故知斯密士等三人之学说，收效极大，其弊害亦极大。

墨子学说，虽不完备，但确是救时良药，其学说可以责己，而不可以责人，只有少数圣贤才做得到。当今之世，滔滔者皆是损人利己之流，果有少数圣贤，反其道而行之，抱定损己利人之决心，立可出斯民于水火。墨子之说偏激，唯其偏才能医好大病，现在斯密士、达尔文、尼采诸人之言盈天下，墨子之学说，恰是对症良药。

墨子之损己，是出乎自愿，若要强迫他受损，这是不行的。墨子善守，虽以公输之善攻，且无如之何！如果实行墨子之道，决不会蹈印度亡国覆辙。我国学说理论之不完备，莫如墨子，然而施行起来，也可救印度学说和西洋学说两方之偏。所以要想世界太平，非西洋和印度人一齐走入中国这条路不可。

杨朱的学说，也是对症之药。现在的弊病，是少数人争权夺利，大多数人把自己的权利听凭别人夺去，以致天下大乱。杨朱说："智之所贵，存我为贵，力之所贱，侵物为贱。"守着自己的权利，一丝一毫，不许人侵犯，我也不侵犯人一丝一毫。人人不利天下，天下自然太平。孟子说："杨氏为我，是无君也。"君主是从每人身上，掠取些须权利，积而成为最大的权利，才有所谓君王，人人守着自己的权利，丝毫不放，即无所谓君王。犹之人人守着包裹东西，自然就莫得强盗。实行杨朱学说，则那些假借爱国名义，结党营私的人，当然无从立起。各人立在地上，如生铁铸成的一般，无侵夺者，亦无被侵夺者，天下焉得不太平？不过由杨朱之说，失去人我之关联，律以天然之理，尚有未合。

孟子说："杨朱墨翟之言盈天下，天下之言，不归杨，则归墨。"这个话很值得研究。因为孟子那个时代，人民所受痛苦，与现在一样，所以杨墨的学说，才应运而生，春秋战国，是我国学术最发达时代，杨墨的学说，自学理上言之，本是一偏，无如害了那重病，这类办法，确是良药，所以一般学者，都起来研究，而杨墨之言就盈天下了。

孔子的学说，最为圆满，但对于当时，不甚切要，所以身死数十年后，他在学术上的地盘，会被杨墨夺去。孟子说："天下之言，不归杨，则归墨。"可见孔子三千弟子的门徒，全行变为杨墨之徒，大约孟子的师伯师叔，和一切长辈，都是杨墨之徒了，因此孟子才出来，高呼："打倒杨墨，恢复孔教。"

孟子的学说，本来较杨墨更为圆满，但对于我们现在这个时代，不免稍微的带了唱高调的性质,应该先服点杨墨之药,才是对症。现在须有人抱定墨子牺牲自己的精神,出来提倡杨墨的学说,叫人人守着自己的权利,丝毫不放,天下才得太平,并且还要先吃点韩非之药,才能吃孔孟之药,何以故呢?诸葛武侯曰:"法行则知恩。"现在这些骄兵悍将,贪官污吏,劣绅土豪,奸商贵族,非痛痛的用韩非的法子惩治一下,难免不养痈遗患,故我们应当从第十级逆行上去,第十一级以下,暂不必说。

(五)老子与西洋学说

我国学说,当以老子为总代表,他的学说,与佛氏相通,这是无待说的,而其学说,又与西洋学说相通,兹举严批《老子》为证:严又陵于《老子》第三章说道:"试读布鲁达奇英雄传中,来刻谷土一首,考其所以治斯巴达者,则知其作用,与老子同符。此不佞所以云:黄老为民主治道也。"于第十章批曰:"夫黄老之道,民主之国所用也……君主之国,未有能用黄老者也,汉之黄老,貌袭而取之耳。"于三十七章批曰:"文明之进,民物熙熙,而文物声名皆大盛,此欲作之且宜防也,老子之意,以为亦镇之以朴而已。此旨与卢梭正同。"又曰:"老子言作用,则称侯王,故知《道德经》是言治之书。"然孟德斯鸠《法意》篇中言:"民主乃用道德,君主则用礼,至于专制乃用刑。"中国未尝有民主之制也,虽老子不能为未见其物之思想。于是道德之治,于君主中求之不得,乃游心于黄老以上,意以为太古有之,盖太古君不甚尊,民不甚贱,事本与民主为近也,此所以下篇有小国寡民之说,夫甘食美服,安居乐俗,邻国相望,如是之世,正孟德斯鸠《法意篇》中,所指为民主中之真相也。世有善读二书者,必将以我为知矣。呜呼,《老子》者,民生之治之所用也。"于第四十六章批曰:"纯是民主主义,读法儒孟德斯鸠《法意》一书,有以征吾言之不妄也。"据严氏这种批评,可见老子学说,又可贯通西洋最优秀的民主思想。

现在西洋经济上所实行的,以斯密士学说为原则,政治上所采用的,以卢梭学说为原则。斯密士在经济上主张自由,卢梭在政治上主张自由,我国的老子,正是主张自由的人。我们提出老子来,就可贯通斯卢二氏之学说,斯密士的自由竞争,一变而为达尔文的强权竞争,再变而为尼采的超人主义,与中国所谓"道德流为刑名"是一样的。西洋有了自由主义,跟着就有法西斯主义,与中国有了黄老之放任,跟着就有申韩之专制,也是一样的。我们知道黄老之道德,与申韩之刑名,原是一贯,即可把各种学说之贯通性和蜕变之痕迹看出来。

我不是说中国有了老子,就可不去研究西洋的学问,我只是提出老子,见得各种学说可以互相贯通，只要明白这个道理，就可把西洋的学问尽量的研究。

（六）学道应走之途径

西人用仰观俯察的法子，窥见了宇宙自然之理，因而生出理化各科。中国古人，用仰观俯察的法子，窥了宇宙自然之理，因而则定各种制度。同是窥见自然之理，一则用之物理上，一则用之人事上，双方文化，实有沟通之必要。

中国古人，定的制度，许多地方，极无条理，却极有道理，如所谓父慈子孝，兄友弟恭，在上者仁民爱物，在下者亲上事长之类，隐然磁电感应之理，不言权利义务，而权利义务，自在其中，人与人之间，生趣盎然。西人则与人之间，划出许多界线，所以西洋的伦理，应当灌注以磁电，才可把冷酷的态度改变。中国则未免太浑囵了，应当参酌西洋组织，果能如此，中西文化即融合了。

研究学问，犹如开矿一般，中国人、印度人、西洋人，各开一个洞子，向前开采。印度人的洞子和中国人洞子，首先打通。现在又与西洋的洞子接触了。宇宙真理是浑然的一个东西，中国人、印度人、西洋人，分途研究，或从人事上研究，或从物理上研究，分出若干派，各派都分了又合，合了又分，照现在的趋势看去，中西印三方学说，应该融会贯通，人事上的学说，与物理上的学说，也应该融会贯通。我辈生当此时，即当顺应潮流，做这种融合工作，融合过后，再分头研究。像这样的分了又合，合了又分，经了若干次，才能把那个浑然的东西研究得毫发无遗憾，依旧还他一个浑然的。

宇宙真理，只有一个，只要研究得彻底，彼此是不会冲突的；如有互相冲突之说，必有一说不彻底，或二说俱不彻底。冲突愈甚，研究愈深，自然就把本源寻出，而二者就融合为一。故冲突者，融合之预兆也。譬如数个泥丸放至盘中，不相接触，则永久不生冲突，永久是个个独立，取之挤之捏之，即可合为一个大泥丸。中国、印度、西洋，三方学术，从前是个个独立，不相接触。自佛法西来，与中国固有学术，发生冲突，此所谓挤之捏之也，而程明道之学说，遂应运而生。欧化东渐，与中国固有学术，又发生冲突，此亦所谓挤之捏之也。就天然趋势观之，又必有一种新学说，应运而生，将中西印三方学术，融合为一。

然则融合中西印三方学术，当出以何种方式呢？我们看从前融合印度学术的方式，就可决定应走的途径了。佛教是出世法，儒教是入世法，二者是相反的。程明道出来，以释氏之法治心，孔氏之法治世，入世出世，打成一片，是走的老子途径。苏子由著一部《老子解》，融合儒释道三教，也是走的老子途径。王阳明在龙场驿，大彻大悟，独推象山，象山推崇明道，也是走入老子途径。思想自由如李卓吾，独有契于苏子由，仍是走入老子途径。又明朝陈白沙，学于吴康齐，未知入处，乃揖耳目，去心智，久之然后有得，而白沙之学，论者谓其近于老庄，可见凡是扫除陈言，冥心探索的人，得出的结果，无不走入老子途径。因老子之学，深得宇宙真理故也。据严批老子所说，老子之学，又可贯通西洋学说，我们循着老子途径做去，必可将中西印三方学术，融合为一。

老子之学，内圣外王，其修之于内也，则曰："致虚静，万物并用，吾以观其复。"其推之于外也，则曰："修之于身，其德乃真，修之于家，其德乃余，修之于乡，其德乃长，修之于邦，其德乃丰，修之于天下，其德乃普。"孔门诚意、正心、修身、齐家、治国、平天下，一以贯之，与老子之旨正同，此中国学说之特色也。佛学传入中国，与固有的学术，发生冲突，程明道就用孔门的正心诚意，与佛学的明心见性，打通为一。现在西洋的个人主义，国家主义，传入中国，与固有学术，又生冲突，我们当用孔门的修齐治平，打通为一。西人把个人也，国家也，社会也，看为互不相容之三个物体，而三种主义，遂互相冲突。孔门则身也，家也，国也，天下也，一以贯之，于三者之中，添一个家字，老子更添一乡字，毫不冲突，此中国主义之所以为大同主义也。中印学术，早已融合，现在只做融合中西学术之工作就是了。此种工作，一经完成，则世界学说，汇归于一，学术一致，行为即一致，人世之纷争可免，大同之政治可期。这种责任，应由中国人出来担任，西洋人和印度人，是不能担负的，何也？西印两方人士，对予中国学术，素乏深切之研究，而中国人对于本国学术研究了数千年。对于印度学术，研究了两千年，甲午、庚子之役后，中国人尽量的研究西洋学术，已四十五年，所以融合中西印三方学术的工作，应该中国人出来担负，是在我国学者，顺应此种之趋势，努力为之而已。

第七部 李宗吾自述

一、迂老自述（李宗吾自传）

我自发明厚黑学以来，一般人呼我为教主，孟子曰："颂其诗，读其书，不知其人可乎。"所以许多人都教我写一篇"自传"，而我却不敢，何也？传者传也，谓其传诸当世，传诸后世也。传不传，听诸他人，而自己岂能认为可传？你们的孔子，和吾家聃大公，俱是千古传人，而自己却述而不作。所以鄙人只写"自述"，而不写"自传"。众人即殷殷问我，我只得据实详述，即或人不问我，我也要絮絮叨叨，向他陈述，是之谓自述。

张君默生，屡与我通信，至今尚未识面，他叫我写"自传"，情词殷挚，我因写《迂老随笔》。把我之身世，夹杂写于其中，已经写了许多，寄文上海《宇宙风》登载。现在变更计划，关于我之身世者，写为《迂老自述》，关于厚黑学哲理者，写入《迂老随笔》。我之事迹，已见之《迂老随笔》及《厚黑丛话》者，此处则从略。

我生在偏僻地方，幼年受的教育，极不完全，为学不得门径，东撞西撞，空劳心力的地方，很多很多，而精神上颇受我父的影响，所以我之奇怪思想，渊源于师友者少，渊源于我父者多。

我李氏系火德公之后，由福建汀州府，上杭县，迁广东嘉应州长乐县（现在长乐县改名五华县，嘉应直隶州，改名梅县），时则南宋建炎二年也。广东一世祖敏公，二世祖上达公……十五世润唐公，于雍正三年乙巳，挈家入蜀，住隆昌县萧家桥，时年六十一矣。是为入蜀始祖，公为儒医，卒时年八十二，葬萧家桥，后迁葬自流井文武庙后之柳沟坝。

二世祖景华公，与其兄景荣，其弟景秀三人，于乾隆二十二年丁丑，迁居自流井，汇柴口，一对山，地名糖房湾。故我现在住家仍在汇柴口附近。景华公死葬贡井清水塘。相传公在贡井杨家教书，于东家业内觅得此地，东家即送与他。公自谓此地必发达，坟坝极宽，留供后人建筑，坟坝现为马路占去，余地仍不小。

三世祖正芸公，也以教书为业，生五子，第二子和第四子是秀才，长子和第五子之子，也是秀才。第三子名煊，字文成，是我高祖，一直传到我，才得了一个秀才，满清皇帝，赏我一名举人，较之他房，实有逊色。煊公子孙繁衍，五世同堂，分家时，一百零二人，在汇柴口这种偏僻地方，也算一时之盛，因为只知读书之故，家产一分再分，遂日趋贫困。

煊公长子永枋，为我曾祖，广东同乡人，在自流井修一庙，曰南华宫，举永枋公为总首监修，公之弟永材，以善书名，庙成，碑文匾对，多出其手，光绪中，毁于火，遗迹无存，先人著作，除族谱上，有诗文数首外，其他一无所有。距汇柴口数里，有一小溪，曰会溪桥，碑上序文，及会溪桥三大字，为永材公所书，书法赵松雪、见者皆称佳妙，所可考者，唯此而已。自井世家，以豆芽湾陈家为第一，进士翰林，蝉联不绝，我家先人，多在其家教书，而以永材公教得最久。我父幼年，曾从永材公读。

自井号称王李两大姓，有双牌坊李家、三多寨李家……吾宗则为一对山李家，而以双牌坊，三多寨两家为最盛。民国元年，族弟静修，在商场突飞猛进，大家都惊了，说道："这个李静修，是从哪里来？"陈学渊说道："这是一对山李家，当其发达时，还在我们豆芽坝陈家之前。"二十八年，我从成都归家，重修族谱，先人遗事，一无所知，欲就学渊访之，不料已死，询之陈举才，云：但闻有李永材之名，他事则不知。记得幼年时，清明节。随父亲到柳沟坝扫墓，陈星三率其子侄，衣冠济济，也来扫墓，其墓在润唐公墓之下。我辈围观之，星三指谓其子侄曰："此某某老师之祖坟也。"旋问族中长辈曰："某老师是你何人？某老师是你何人？其后嗣如何？"长辈一一答之，大约是星三及其先辈受益最深之师，才殷殷若是。今已多年，对答之语，全不记忆，其所谓某老师者，除永枋公外，不知尚有何人，先人遗事淹没，可胜叹哉！

永枋公在汇柴口开染房，族亲子弟，衣冠不整者，酒醉者，将及店门，必庄摄其容乃敢过，公见之，亦唯温语慰问，从未以疾言厉色加人。公最善排难解纷，我父述其遗事颇多。年七十，易箦时，命家人捧水进巾，自浴其面，帽微不正，手自整之，乃凭几而卒。我父为永枋公之孙，幼年在染房内学生意，夜间，永枋公辄谈先人逸事及遗训。我父常举以教我，我读书能稍知奋勉，立身行己，尚无大过者，皆从此种训话而来。我父尝曰："教子婴孩，教妇初来。"又曰："教子者以身教，不以言教。"诚名言也。

我家族谱字辈，是"唐景正文永，山高世泽长。""文"字辈皆单名火旁，而以"文"字作号名。我是"世"字辈。我祖父乐山公，务农、种小菜卖，暇时则贩油烛或草鞋，沿街卖之。公身魁梧，性朴质，上街担粪，人与说话，立而谈，担在肩上，不放下，黠者故与久谈，则左肩换右肩，右肩换左肩。公夜膳后即睡，家人就寝时即起，不复睡。熟睡时，百呼不醒，如呼盗至，则梦中惊起，公起整理明日应卖之菜，毕，则持一棍往守菜圃，其地在汇柴口，蒲家坝大路之侧，贼窃他人物经过，公见即奔逐之，贼畏甚，恒绕道避之。年终，割肉十斤，醃作新年之用。公自持刀修割边角，命祖母往摘萝卜作汤，嘱曰："大者留以出售，小者留俟长成，须一窝双生，而又破裂不中售者。"祖母寻遍园中，不得一枚。及汤熟，公自持瓢，盛入碗，复倾入锅中，祖母询之，则曰：我欲分给工人及家人，苦不能遍也。数日即病卒，祖母割醃肉一方献台前，见之即大泣，自言泪比肉多。我祖父以世家子，而穷困如是，勤苦如是，其死也，祖母深痛之，取所用扁担藏之曰："后世子孙如昌达，当裹以红绫，悬之正堂梁上。"此物咸丰庚申年毁于贼。祖母姓曾，固高山寨（距一对山数里）富家女。其父以一对山李氏为诗礼之家，故许字焉，归公后，挑水担粪，劳苦过贫家女，每归宁，见猫犬剩余之饭，辄思己家安得此剩饭而食之。先父母屡述以诫不肖弟兄曰："先人一食之难，至于如此，后世子孙，毋忘也。"不肖今日，安居坐食，无所事事，愧负先人多矣！

乐山公生我父一人，父名高仁，字静安，先祖没后，即归家务农，偕我母工作，勤苦一如先祖。家渐裕，购置田地，满四十岁，得病，延余姓医生诊之。余与我家有瓜葛亲，握脉惊曰："李老表，你怎么得下此病？此为劳瘁过度所致，赶急把家务放下，当如死了一般，安心静养，否则非死不可。"我父于是把家务全交我母，一事不管。我父生二女，长女未出阁死，次女年十余，专门侍疾，静养三年，病愈，六十九岁乃卒。

父养病时，寻些《三国演义》，《列国演义》这类书来看，看毕无书，家有《四书》的讲书，也寻来看。我父胞叔温山公学问很好，一日见父问曰："你在家做些什么？"答曰："看《四书》的讲书。"温山公大奖之，我父很高兴，益加研究。

我弟兄七人，我行六，三哥早卒，成立者六房，父命之曰"六谦堂"。除我外，弟兄皆务农，唯虹弟后来在汇柴口开机房，有点商性质。

我父生于道光乙未年八月，光绪乙亥年八月，满四十。我生于己卯年正月，正是我父闭户读书时代所生的，故我天性好读书。世称：苏老泉，二十七岁，发愤读书，苏老泉生于宋真宗祥符二年己酉，仁宗明道二年乙亥，满二十七岁。苏东坡生于丙子年十二月十九日，苏子由生于己卯年二月二十二日，他弟兄二人，正是老泉发愤读书时代所生的。苏老泉二十七岁，发愤读书，生出两位文豪；我父四十岁，发愤读书，生出一位教主，岂非奇事？我父同苏老泉发愤读书，俱是乙亥年，我生于己卯，与子由同，事也巧合。东坡才气纵横，文章豪迈，子由则人甚沉静，为文淡泊汪洋，好黄老之学，所注《老子解》，推古今杰作。大约老泉发愤读书。初时奋发踔厉，后则入理渐深，渐归沉静，故东坡子由二人，禀赋不同。我生于我父发愤读书之末年，故我性沉静，喜读老子，颇类子由。惜我生于农家，无名师指点，为学不得门径，以是有愧子由耳。

我父病愈时，近邻有一业，欲卖与我父，索价甚昂，我父欲买之而苦其价之高，故意说无钱买，彼此钩心斗角，邻人声言，欲控之官，说我父当买不买，甚至把我家出路挖了，我父只有由屋后绕道而行。卒之此业为我父所买，买时又生种种纠葛。我七弟生于辛巳年正月廿五日，正是我父同邻人钩心斗角时代生的，世本为人，精干机警，我家父母死，哥嫂死，丧事俱他一手所办。尝对我说道："我无事，坐起，就打瞌睡，有事办，则精神百倍，这几年，好在家中死几个人，有事办，不然这日子难得过。"此虽戏言，其性情已可概见。据此看来，古人所谓胎教，真是不错，请科学家研究一下。

我自有知识以来，即见我父有暇即看书，不甚作工，唯偶尔拉甘蔗叶，或种葫豆时盖灰，做这类工作而已。工人作工，他携着叶烟杆，或火笼，挟着书，坐在围土边，时而同工人谈天，时而看书，所以我也养成这种习惯，手中朝日拿着一本书。每夜我父在堂屋内，同家人聚谈，我尝把神龛上的清油灯取下来，放在桌上看书，或倚神龛而看。我父也不问我看何书，也不喊我看，也不喊我不看，唯呼我为"迂夫子"而已。我之喜看书，不是想求上进，也不是想读书明理，只觉得手中有书，心中才舒服，成为一种嗜好。我看书是不择书的，无论圣经贤传，或是鄙俗不堪的唱书小说，我都一例视之，拿在手中看。我有此嗜书之天性，假令有名师益友指示门径，而家中又藏有书籍，我之成就，岂如今日？言念及此，唯浩叹而已。

我父每晨，必巡行田垅一次，尝说："田塍，土边，某处有一缺口，有一小石，我都清清楚楚的。"又说："我睡在家中，工人山上做工情形，我都知道。"我出外归来，尝问我："工人做至何处？"我实未留心看，依稀仿佛对之，他知我妄说也不斥责。

我虽生长农家，却未做工，只有放学归来，叫我牵牛喂水，抱草喂牛，种葫豆时，叫我停学在家，帮着丢葫豆，或时叫我牵牛赴邻近佃户家，碾米碾糠，我亦携书而往。我考得秀才时，照例晏客，佃户王三支，当众笑我道："而今当老爷了（乡间见秀才即呼老爷），如果再拿着书，在牛屁股后面走，我们要不依你的，老爷们都跟着牛屁股走，我们干什么？"但是我碾米碾糠时，还是携书而往。

我父所看之书，只得三本：（一）《圣论广训》（此书是乾隆所著，颁行天下，童生进场考试，要默写，名为默写，实则照书誊）。钱塘《朱柏庐治家格言》，这是我父养病时，请徐老师誊的，字甚工楷。（二）《刿心要览》，我查其卷数，是全部中之第三本。中载古人名言，分修身、治家、贻谋、涉世、宽厚、言语、勤俭、风化、息讼九项，我父呼之为格言书。（三）杨椒山参严嵩十恶五奸的奏折，后附遗嘱。（是椒山赴义前一夕，书以训子者，所言皆居家处世之道。）此外还有一本《三字经注解》，但不甚看。椒山奏折及遗嘱亦少有看，所常常不离者，则在前二种，此外绝不看其他之书。我细加研究，始知我父读书，注重实用。《三字经注解》，及椒山奏折，只可供谈助，椒山遗嘱虽好，但说得太具体，一览无余，不如前二种之意味深长。我父常常读之，大约是把他当作座右铭。我父光绪癸卯年正月初九日得病，十五日去世。初九日还在看此二书。

最奇者，我生平从未见我父写过一个字，他读的《圣论广训》及《朱柏庐治家格言》，是徐老师用朱笔圈断，其他三书，俱是白本，我父未圈点一句。所以我生平不但未见我父写过一字，就连墨笔画的圈圈，都未见过一个。我们弟兄六人，随时都有人在侧，无论写什么，他都喊儿子动笔，我看他吃饭捏筷子，手指很僵硬，且有点发颤，大约是提笔写不起字。

我父常说："唐翼修著有《人生必读》书。"我考试到叙府，买得此书，送在他面前，他也不看，还是喊我拿《圣论广训》和格言书来，揣其心理，大约是谓：只此二书已够用了，其他皆是赘瘤。

我父常常说道："你的书读窜皮了，书是拿来应用的。'书即世事，世事即书。'你读成'书还书，我还我'去了。"我受过此种庭训，故无事时，即把书与世事两相印证，因而著出《厚黑学》与《心理与力学》等书，读者有说我熟透人情的，其实不然。我等于赵括谈兵，与人发生交涉，无不受其愚弄，依然是"书还书，我还我"。

我父又说："书读那么多做甚？每一书中，自己觉得那一章好，即把他死死记下，其余不合我心的，可以不看。"所以我父终身所读之书，只得三本，而三本中，还有许多地方，绝未寓目。常听他曼声念道："人子不知孝父母，独不思父母爱子之心乎？"（《圣论广训》中语）"贫贱生勤俭，勤俭生富贵，富贵生骄奢，骄奢生淫佚，淫佚生贫贱（《剡心要览》中语）。应箕应尾，你两个……"（椒山遗嘱中语，应箕应尾，是椒山之子）我父常常喊我近前，讲与我听，我当了秀才，还是要讲与我听，我听之津津有味，我此次归来，将《剡心要览》寻出细读，真是句句名言，我生平做事，处处与之违反，以致潦倒终身，后悔莫及。

我读书的方式，纯是取法我父，任何书，我都跑马观花的看去，只将惬心的地方记着。得着新书，把序文看了，前面看几页，就随便乱翻，中间看，后面看。每页也未细看，寻着一二句合我之意，就反复咀嚼，将书抛去，一而二，二而三，推究下去，我以为：世间的道理，为我心中所固有，读书不过借以引起心中之道理而已。世间的书读不完。譬如：听说某家馆子菜好，我进去取菜牌子来，点几道菜来吃就是了，岂能按着菜牌子逐一吃完？又好像在成都春熙路，东大街，会府等处游玩，今日见一合意之物，把他买回来，明日见一合意之物，又把他买回来，久之则满室琳琅，样样皆合用，岂能把街上店子之物，全行购归？我这种说法，纯是本之我父，因此之故，我看书，入理不深，而腹笥又很空虚。

我在亲友家耍不惯。但只要有几本书，有一架床，我拿着书，卧在床上，任好久，我都住得惯。其书不拘看过的，未看过的，或是曾经熟读的，我都拿在床上翻来覆去地看。我一到他人室内，见桌上有书，即想翻来看。不过怕人讨厌，不好去翻罢了。但是我虽这样喜书，而家中储几书柜的书，成都有几书柜的书，许多都未下细看过，这是由于我读书是跑马观花，每本打开来，随便看一下就丢了，看了等于未看。

我幼年苦于无书可看，故喜欢购书，而购得来又不细看，徒呼负负，近年立誓不购书，而性之所近，见了就要买，买来又不看，将来只好把家中的书，及成都的书，搬来作了宗吾图书馆，供众人阅读好了。

亡弟之子泽新，对我说："我见着书，心中就糊涂，一进生意场中，心中就开朗。"我的性情，恰与相反，提着家中事务，心中就厌烦，一打开书，心中就开朗。我请客开不起菜单子，而家中小孙儿、小孙女都开得起。赴人宴会归来，问我：吃些什么菜，我无论如何记不全。身上衣服，尺寸若干，至今不知道，告诉我跟着就忘了。上街买物，分不出好歹，不敢还价，想买书就买得来，而买笔又买不来。别人读我《厚黑学》，以为我这个人很精明，殊不知我是糊涂到了极点。到而今迂夫子的状态，还莫有脱，朋友往来，我得罪了人，还不知道。

音乐一门，我完全不懂，戏曲中，有所谓西皮二簧，我至今弄不清楚，我当省视学，学生唱歌按风琴与我听，我只好闭目微微点头，假充内行；名人字画，我分不出好歹，别人评得津津有味。我不敢开腔，不敢说好，怕人追问好处安在。我幼年订古姓女，其叔古威侯，是威远秀才，以善书名。我家接一位关老师，见着我的字说道："你这笔大挥，将来怎么见你叔丈人？"好在此女未过门即死，我未在古府献丑。后来从刘建侯先生读，他一日进我房中，见案上写的卷格小字，堆有寸多高，他取来一看，叹息道："你也可算勤快了，怎么字还是这样？"我听了凄然泣下。阅卷者常常批"字太劣"或"字宜学"。雷铁崖常说我："你那个手爪印确该拿来宰。"我天性上，有这种大缺点，岂真古人所谓"予之齿者去其角，傅之翼者两其足"耶。

我从师学作八股，父亲命我拿与他看，他看了说道："你们开腔即说：恨不生逢尧舜禹汤之世，那个时候，有什么好？尧有九年之水患，汤有七年之旱灾（二语出《幼学琼林》，是蒙塾中读本）。我们农家，如果几个月不下雨，或几个月不晴，就喊不得了，何况九年七年之久！我方深幸未生尧舜禹汤之世，你们怎么朝朝日日的希望？"我听了很诧异，心想："父亲怎么发怪议论？"总想：他的话也有道理，我把这个疑团，存诸胸中，久之久之，忽然想道："我们所谓圣人者是尧舜禹汤文武周公孔子诸人，何以尽都是开国之君，只有孔子一人是平民？又何以三代上有许多圣人，孔子而后，不再出一个圣人？"由此推寻下去，方知圣人构成，有种种黑幕。因此著了一篇《我对于圣人之怀疑》，才把疑团打破，惜其时我父已死，未能向他请问。

我父常说："书即世事，世事即书。"把书与世事，两相印证，何以书上说的"有德者昌，无德者亡"征诸实事，完全相反？怀疑莫释，就成了发明《厚黑学》的根苗。

我的思想，分破坏与建设两部分，《我对于圣人之怀疑》及《厚黑学》，是属乎破坏的，《厚黑学》，破坏一部二十四史，《我对于圣人之怀疑》，破坏一部宋元明清学案。所著《中国学术之趋势》，《考试制之商榷》，《社会问题之商榷》及《制宪与抗日》等书，计包括经济、政治、外交、教育、学术等五项，各书皆以《心理与力学》一书为基础，这是属乎建设的。破坏部分的思想，渊源于我父，建设部分的思想，也渊源于我父。

我父一日问我道："孟子说：'今人乍见孺子将入于井，皆有怵惕恻隐之心。'这是孺子入井，我站在旁边，才是这样，假令我与孺子同时入井，我当如何？"我听了，茫然不能答，他解释道："此时应先救自己，第二步，才来救孺子。"我听了很诧异，心想："我父怎么莫恻隐心，纯是为己之私？这是由于乡下人书读少了，才发出这种议论，如果说出去，岂不为读者所笑？"但当面不敢驳他，退后思之，我父的话，也很有道理，苦思不得其解。民国九年，我从成都辞职归家，关门读了一年的书，把这个问题，重新研究，才知孟子之书，上文明明是"怵惕恻隐"四字，下文"无恻隐之心非人也"，"恻隐之心，仁之端也"，凭空把怵惕二字摘去，这就是一种破绽。盖怵惕者，我畏死也，恻隐者，怕人之死也。乍见孺子将入井，恍如死临头上，我心不免跳几下，是为怵惕。细审之，此乃孺子将死，非我将死，立把我身扩大为孺子，怵惕扩大为恻隐，此乃人类天性也。孟子教人把此心再扩大，以至于四海，立论未尝不是，只是著书时，为行文简洁起见，未将怵惕二字加以解释，少说了一句："恻隐是从怵惕扩充出来的。"宋儒读书欠理会，忘却恻隐上面还有怵惕二字，创出的学说，就迂谬百出了。我父的议论，是从怵惕二字发出来的，在学理上很有根据，我著《心理与力学》把此种议论载上去。张君默生来信说:"怵惕恻隐一释,为千古发明。"殊不知此种议论,是渊源于我父。

我父上街,常同会溪桥罗大老师维桢,谢家坝谢老师文甫等在汇柴口茶馆吃茶,他二人俱在教私塾,上面尧舜禹汤的问题,和孺子入井的问题,未知是我父发明的,抑是同罗谢诸人研究出来的。我父尝因讲《四书》,挨了两耳光,他却深以为荣,常向我弟兄讲述,我把事实详述于下:

永枋公生五子,长子青山,父子俱死,唯其妻尚在,住糖房湾老屋;次子乐山,即我祖……第五子韫山,某年青山之妻死,其孙世兴等,邀请族人至家,人到齐,世兴等三弟兄披麻戴孝,点烛祀神毕,把棺材打开,大呼:"阿婆呀!你要大显威灵呀!"把堂叔学山抓着,横拖倒曳,朝街上走,我父不知是何事,跟着追去,彼时年已五十余矣,又值冬天,穿着皮袍子,鸡婆鞋,跑又跑不得,急喊:"过路的,与我拦住!"问之才知是学山欠钱不付,无钱办丧,拖住张家沱滚水,否则赴自井分县喊冤。我父问明所欠若干,即说:"此款由我垫出,丧事办毕再说。"世兴等此举,全是韫山公之主张,我父不知,一日同韫山公在汇柴口吃茶,谈及此事,我父说:"世兴等对于叔祖,敢于这样侮辱,真是逆伦。"韫山公厉声曰:"怎么是逆伦?学山欠嫂子之钱不付,世兴等开棺大呼'阿婆',是替死者索账,这是嫂子向他要钱,不是侄孙向他要钱,汤伐桀,武王伐纣,孟子都不认为臣弑君,世兴怎么是逆伦?"我父说道:"幺叔!这章书,不是这样讲的,孟子虽然这样说,但仍朱子注这章书曾说:'必要有桀纣之暴,又要有汤武之仁,才不算臣弑君,否则是臣弑君。'所谓'有伊尹之志则可,无伊尹之志则篡也'。学山无桀纣之暴,世兴等无汤武之仁,怎么不是逆伦?"韫山公是饱学先生,被我父问得哑口无言,站起来,给我父两耳光,说道:"胡说!"我父常对我说:"偏偏这章书,我是下细看过,道理我也下细想过,所以幺公被我问穷了。"

我父尝说:读过三个人的治家格言,都是主张早起,朱柏庐云"黎明即起。"唐翼修云:"早眠早起,勤理家务。"韩魏公云:"治家早起,百务自然舒展,纵乐夜归,凡事恐有疏虞。"(我曾查韩魏公及唐翼修所云,系出《人生必读》书内,《刎心要览》中无之)故我父每日从鸡鸣即起,我自有知识以来,见他无一日不如此,虽大雪亦然。然时无有洋火,起来用火链敲火石,将灯点燃,用木炭在火笼中生火烤之,用一小土罐温酒独酌,口含叶烟,坐到天明,将本日工人应作的活路,及自己应办的事详细规划定。父尝说:"一年之计在于春,一日之计在于寅。"盖实行此语也。我与父亲同床睡,有时喊我醒,同我讲书,谈人情物理,有时喊我,我装作睡着,也就算了。可知他独坐时,都在研究书理。但他在灯下,从不看书。我母亲引着小兄弟,在隔壁一问屋睡，有时把我母喊醒，用广东话，谈家务及族亲的事。此等情景，至今如在目前。我父亲早起，我见惯了，所以我每日起来颇早。曾国藩把早起二字说得那么郑重，自我看之，毫不算事。我父曰："以身教，不以言教。"真名言哉！

我父亲起居饮食，有一定的，每晨，命家人于火锅开时，用米汤冲一蛋花调糖吃。人言米锅内煮鸡蛋吃，最益人，我父不能食白蛋，故改而食此。半少午，吃几杯酒，睡一觉，无一日不然，不肯在亲友家宿，迫不得已留宿，即在韫山公家宿，韫山公都要预备。同学曾龙骧娶妻，我祖母姓曾，是亲戚，我父往贺留宿，与雷铁崖同一间屋，我父鸡鸣起来，独坐酌酒，把铁崖呼醒谈天。后铁崖问我说道："你们老太爷，是个疯子，天未明，即闹起。"一般人呼我为疯子，我这疯病，想是我父遗传下来的，后来铁崖留学日本，倒真正疯了。（事见拙著《厚黑丛话》）

我父尝对我说："凡与人交涉，必须将他如何来，我如何应，四面八方都想过，临到交涉时，任他从哪面来，我都可以应付。"所以我父生平与人交涉，无一次失败，处理家务，事事妥当。工人作工时间，无片刻浪费，这都是得力于早起独坐。我父怕工人晏起了，耽搁工作，而每晨呼之起，又觉得讨厌，他把堂屋门作得很坚实，见窗上现白色，再开歇房小门一看，天果然亮了，即把堂屋门砰一声打开，工人即惊醒。

我父见我手中常拿一本书，问我道："这章书怎么讲？子曰：'贤哉回也，一箪食，一瓢饮，在陋巷，人不堪其忧，回也不改其乐，贤哉回也。'颜回朝日读书，不理家务，犹幸有箪食瓢饮，如果长此下去，连箪食瓢饮都莫得，岂不饿死了？"一连问了几回。后来我把答案想起，他再问。我说道："这个道理很明白，颜回有他父亲颜路在。颜路极善理财，于何征之呢？《论语》载：'颜渊死，颜路请子之车，以为之椁。'你想：孔子那么穷，家中只有一个车儿，颜渊是孔子的徒弟，他都忍心要卖他的，叫孔子出门走路，可见颜路平日找钱之法，无微不至。颜渊有了这种好父亲，自然可以安心读书，不然像颜渊这种迂酸酸的人，叫他经理家务，不唯不能积钱，恐怕还会把家务出脱。"我父听了大笑。从此以后，再不叫我讲这章书了。近日颇有人称我为思想家，我闭目回思，在家庭中讨论这些问题，也是渊源之一。

我父购的基业，在离汇柴口数里张家山附近，由张家山前进数里，有位王翰林，名荫槐，字植青，与宋芸子同榜，王得编修，宋得检讨。王之父名瑞堂，与我父同当苍首，植青妹，嫁与杨姓，与我家边界相连，我往杨家，见植青书有一联云："观书当自出见解，处世要善体人情。"这二句，我常常讽诵，于我思想上很有影响。

我所引以为憾者：家庭中常常讨论书理，及人情物理，而进了学堂，老师初则只教背读，继则只讲八股，讲诗赋，有些甚至连诗赋都不讲，只讲八股，像我父所说："书即世事，世事即书"一类话，从未说过。"孺子入井"及"尧舜禹汤"这类问题，也从未讨论过。叫我看书，只看《四书备旨》及《四书味根录》这类庸俗不堪之书，其高者，不过叫我读二十四史，读古文而已。其他周秦诸子及《说文》《经解》等等，提都未提过。迄今思之，幸而未叫我研究说文经解，不然我这厚黑教主，是当不成的。所谓"塞翁失马，安知非福"。我当日因为八股试帖，不能满我之意，而其他学问，又无人指示门径，朝日只拿些道理，东想西想。我读书既是跑马观花，故任何书所说的道理，都不能范围我，而其书中要紧之点，我却记得，马越跑得快，观的花越多，等于蜂之采花酿蜜，故能贯通众说，而独成一说，而"厚黑学"三字，于是出现于世。要想当厚黑教主第二者，不妨用这种方法于去。

八股文规律极严密，《四书备旨》及《四书味根录》等书，虽是庸俗，而却字字推敲，细如茧丝牛毛。我思想上是受过这种训练的。朋辈中推我善做截搭题，凡是两不相关之事，我都可把他联合来成为一片。故我著书谈理，带得有八股义法。因此我在《迂老随笔》中，曾说："道家者流，出于史官，儒家者流，出于司徒之官，厚黑学，则出于八股之官。"

八股时代，有所谓考课，是用以津贴士子的，自井分县，有四季课，富顺县城，有月课，（自井离县九十里，专人下去，得题飞跑回井，把文作起，连夜送进城）自井文武庙鸿文书院，及贡井旭川书院，不时也有课，我读书，米是家中挑，靠考课得奖金，作零用及购书之费。文字非翻新立异，不能夺阅者之目，故每一题到手，我即另出一说，不遵朱注，（本来清朝功令，四书文必遵朱注，及到末年，藩篱渐破。）即遵朱注，也把众人应说之话不说，力求新异，兹举两例如后：

（1）有一次，月课题，"彼恶敢当我哉"。我暗用曹操伐吴，孙权拔刀斫案，起兵拒之，那个意思，把彼字指秦楚燕赵韩魏六国，分作六比，其时我已买些《战国策》这类书来看，大旨言："彼秦国如何，而我齐国则如何……彼秦恶敢当我。""彼楚国如何，而我齐国则如何……彼楚恶敢当我。""彼魏恶敢当我。"

（2）又一次，月课题，"子曰，直哉史鱼，邦有道如矢，邦无道如矢。君子哉，蘧伯玉，邦有道则仕，邦无道则可卷而怀之。"我作了两卷，（甲）第一卷说：此章书，是孔子在陈绝粮时所说，因为"卫灵公问陈于孔子，孔子对曰：俎豆之事，则尝闻之矣，军旅之事，未之学也，明日遂行，在陈绝粮，从者病，莫能兴，子路愠见……"众人有怪孔子所对不该那么直率的，有怪

· 290 ·

不该立即走的。于是孔子就举卫国二人为证，说道："你们怪我不该那么对答，你看卫国的史鱼，邦有道如矢，邦元道如矢，我若不直对，岂不为史鱼所笑？你们怪我不该立即就走，你看卫国的蘧伯玉，邦有道则仕，邦无道则卷而怀之，我若不走，岂不为蘧伯玉所笑？"（乙）第二卷：因为"直哉史鱼"和"君子哉蘧伯玉"的文法，与"孝哉闵子骞"是一样的，《聊斋》上王龟斋一段，不是曾说"孝哉即是人言"吗？因此我说"直哉史鱼"和"君子哉蘧伯玉"，都是世俗之言，而孔门家法，与世俗不同，子为父隐，父为子隐为直，证父攘羊不直。邦有道危言危行，邦无道危行言逊，故孔子对于史鱼，深有不满，意若曰："你们说，'直哉史鱼'，他不过'邦有道如矢，邦无道如矢'罢了，真正的直，岂是这样吗？"春秋之世，正可谓无道之世了，而孔子志在救民，栖栖不已，见蘧伯玉卷怀而退，也是深所不满，意若曰："你们说，'君子哉蘧伯玉'，请问邦有道则仕，邦无道则卷而怀之，'可'乎哉？"重读可字。朱注。明明说伯玉出处合于圣人之道，我这种说法，显与朱注违背。

这三本卷子，都被取录，我未读过古注，不知昔人有无此种说法，即使有也是暗合。我凡考课，都取这种方式，八股文本是对偶，我喜欢写散行文，题目到手，每一本立一个意思，意思写完，即算完事，又另换一本，这个方法，又不费力，又易夺阅者之目。至于作策论，那更可由我乱说了。我生平作此等文字，已经成了习惯，无有新异的文字，我是不喜欢写的。不过昔年是作八股，作策论，今则改作经济、政治、外交等题目罢了。张君默生信来，称我为大思想家，误矣！误矣！

我与雷铁崖（名昭性）、雷民心（名昭仁）弟兄问学，大家作文，都爱翻新立异。铁崖读书很苦，他家中本来命民心读书，命他在家作工，他尝对我说："家中命我割青草，挑在盐涌井去，每挑在一百斤以上，硬把我压够了，看见民心挑行李进学堂，有如登仙。"他请求读书，经家中许可，免去作工，但一切费用，家中不能担任，因彼时其家实在无力担负二人读书之费，故铁崖考课，每次至少都要作两本，而民心则可做可不做，使彼时无所谓月课，则铁崖将在家中作工修老矣。其留学日本，则系岳家出银五十两作路费，到日本纯以卖文为活。

民心天资较铁崖为高，铁崖则用死功，作文"语不惊人死不休"。我说他文笔笨拙，他说我文笔轻浅，彼此两不相下。铁崖每日必写小楷日记，长或数百言，等于作一篇文章，无一日间断，及留学日本，把笨拙脱去，遂大有文名，而我则轻浅如故，且日趋俚俗。铁崖死矣，使其见之，不知作何评语。

庚子年应县试，我与雷氏弟兄同路，在路上民心向我说道："我们倒起身了,不知'长案'起身莫有?"因为县试五场,府试四场,终场第一名,名曰"案首",俗呼为"长案",到院试是一定入学的。第二名以下,则在不可知之数。哪知后来县试案首就是我,府试案首,就是民心,可见凡人不可妄自菲薄。铁崖县试终场第二,府试终场第七,到院试一齐入学,富顺应小试者,一千数百人,入学定额,廿四名。

我买部李善注《昭明文选》,点看了半年。县试头场题目,是"而不见舆薪,至舆薪之不见"。我作起文来,横顺都要成韵语,我也就全篇作韵语,不料榜发竟到第七,以后我循规蹈矩地做,终场竟得案首。后来富顺月课,有一次,题是"使奕秋诲二人奕,其一人专心致志"。我作了两卷,第一卷循规蹈矩的作,第二卷全篇作韵语,第一卷是用心作的,第二卷是信笔写的。后来第一卷摈落,第二卷反被取录。此卷至今尚在。文章本是要不得,我所以提及者,见得我在八股时代,作文字,常常破坏藩篱,所以今日著书也破坏藩篱。是之谓:"厚黑学出于八股之官。"

雷民心应县试,前几场本是前十名,第四场出一题,"陈平论",民心数陈平六大罪,六出奇计,每一计是一罪,在那个时代,应试童生,有不知陈平为何人者,民心能这样做,也算本事。哪知:县官看了,说道:"这个人如此刻薄,将来入了学,都是个包揽词讼的滥秀才。"把他丢在后十名。阅卷者,是叙府知府荐来的,府试时回府阅卷,府官见了民心之卷,说道:"此人文笔很好,如何列在后十名!"阅卷者说道:"他做陈平论,县官如何说,我争之不得。"县试之卷,照例应申送府,府官调来一阅,大加赞赏,因而取得案首。可算奇遇。科举废除久矣,而我絮絮言之,有如白发宫人谈天宝遗事,阅者得无窃笑耶?然使当日我辈不做这类翻案文字,养成一种能力,我今日也断不会成为教主。

光绪丙戌,我年八岁,从陈老师读,陈为我家佃户,是个堪舆先生,一直读了四年。庚寅年,从郑老师读,陈郑二师,除教背读外,一无所授。辛卯年,父接关海洲先生来家,教我们几弟兄,关是未进学之童生,年薪五十串,以彼时米价言之,五十串能买十石米,我写此文时(民国卅年四月)米十石,需法币八千数百元,故在彼时,亦算重聘。后来我当了秀才,某富室欲聘我,年薪七十串,我欲应之,因入高等学堂肄业未果,彼时教师之待遇如是。

关师教法,比陈郑二师为好,读了两年,做八股由破承而至入手,算是成了半篇,试帖诗能做四韵,关师教书,虽不脱村塾中陈旧法子,但至今思之,我受益之处,约有三点:(1)每日讲《龙文鞭影》典故四个,要紧处,用笔圈出,次日闭着书回讲,圈者须背得。我因而养成记典故之习惯,看书紧要处，即圈出熟读。（2）每日讲《千家诗》，及《四书》，命我把槐轩《千家诗注解》，《四书备旨》，用墨笔点，点毕送他改正。我第一次把所点《千家诗》，送他看，他夸道："你居然点断了许多，错误者很少，你父亲得知，不知若何欢喜。"我听了愈加奋勉，因而养成看书之习惯。到了次年，我不待老师讲解，自家请父亲与我买部《诗经备旨》来点。（3）关师在我父友人罗大老师处，借一部《凤洲纲鉴》来看，我也拿来看。我生平最喜看史书，其发端即在于此。关师又在别处借一部《三国演义》，我也拿来看，反复看了几次，所以我后来发明厚黑学以孙曹刘为证。但所举者，是陈寿《三国志》材料，非演义中材料。关师有一次出试帖诗题，题目我忘了，中有雪字，我第一韵，用有同云二字，他在同字上，打一大叉，改作彤字；说道："'彤云密布，瑞雪纷纷'（《三国演义》中语），是这个彤字。"我说道："我用的是《诗经》'上天同云，雨雪雰雰。'"他听了默然不语。壬辰年终，关师解馆，我因病父命辍读。

我六岁时，因受冷得咳病，久不愈，遂成哮吼病，遇冷即发，体最弱，终年不离药罐，从关老师读，读几天声即哑，医数日好多了，一读即哑，所以我父命我辍读养病。癸巳年，父命四兄辍读务农，把五兄送在汇柴口茂源井（现名复兴井），七弟在家，从一个姓侯的老师读，我此时总算废学了。但我在家，终日仍拿着一本书。一日，午饭后，大兄见我在看书，就对父说道："老六在家，活路也不能做，他既爱看书，不如送进学堂，与老五同住，床铺桌子，也是有的，向老师说明，这是送来养病的，读不读，随便他，以后学成随便送点就是了。"彼时我家尚充裕，这种用费，我父也满不在乎，就把我送去。这算是我生平第一个大关键，在大兄不过无意中数语，而于我的前途，关系很大，否则我将以农人终老矣。

刘老师共三人，是三叔侄，叔公之名已忘去，学生呼之为刘二公，是个童生。叔爷名刘应文，号重三，后改为焕章，是个秀才（后乙未年考得廪生），学生呼之为七老师。侄儿名刘彬仁，号建侯，也是秀才，学生呼之为建侯老师。刘二公的文笔，是小试一派，七老师是墨卷一派，建侯老师，善写字，娴于词章，尝听见他在读"帝高阳之苗裔兮"，"若有人兮山之阿"等等，案头放有手写蝇头小楷《史记菁华录》全部，论文高着眼孔。学生的八股文，是刘二公和七老师分改，诗赋则建侯老师改，建侯老师高兴时，也拿八股去改。背书则随便送在那个老师面前都可。我本来是养病的，得了特许，听我自由，但我忘却了是养病，一样的用功，一样的作八股，作诗赋，但不背书而已，读书是默看，不出声。学堂大门，每扇贴一斗方红纸．一扇写的是："枣花虽小能成实，桑叶虽粗解作丝，唯有牡丹如斗大，不成一事又空枝。"一扇写的是："劝君莫惜金缕衣，劝君惜取少年时，花开堪折直须折，莫待无花空折枝。"这是建侯老师写的，我读了非常感动，而同学中华相如（号相如，今在自井商界，颇有名）等，则呼我为老好人。

我在《厚黑丛话》中曾说："父亲与我命的名，我嫌他不好。"究竟是何名，我也可说一下。我自觉小时很醇谨，母亲织麻纺线，我依之左右，母亲叫我出去耍，也不去，说我很像女孩子。而父亲则说我小时（大约指一二岁言）非常的横，毫不依理，见则呼我为"人王"，我父把人王二字，合成一全字，加上派名世字，名为"世全"。算命先生，说我命中少金，父亲加上金旁，成为世铨。我在茂源并读书，请建侯老师与我改号，他改为秉衡，乙未年，清廷命山东巡抚李秉衡为四川总督（后未到任），刘七老师对我说道："你的号，与总督同名，可把他改了。"七老师也会算命，他说我命中少木，并不少金，我见《礼记》上有"儒有今人与居，古人与稽，今世行之，后世以为楷"之语，就自己命名世楷，字宗儒（后来才改为宗吾），七老师嫌李世楷三字，俱是仄声，改为世权，我不愿意，仍用世楷。余见《厚黑丛话》。

最值得研究的，我父亲说我小时横不依理，我自觉在行为上，处处循规蹈矩，而作起文字来，却是横不依理，任何古圣先贤，我都可任意攻击。《厚黑学》和《我对于圣人之怀疑》，两篇文字，不说了。我著《考试制之商榷》，提出一种办法，政府颁行的教育法令，不合我的办法，我把他攻击得体无完肤。我著社会问题之商榷，创出一条公例，斯密士不合我的公例，我把他攻击得体无完肤。这有点像专制时代的帝王，颁出一条法令，凡遇违反法令者，都拿去斩杀一般。父亲说我小时横不依理，岂有生之初，我即秉此天性耶？一般人呼我为教主，得无教主之地位与人王相等耶？释迦一出世，即说："天上地下，唯我独尊。"我得无与之相类耶！故民国元年，发表《厚黑学》，署名曰"独尊"。然则教主也，人王也，盖一而二，二而一也。

我们这个地方的习惯，某处有私馆，就把子弟送去读，时间大概是正月二十几，到了二月底，或三月间，老师才请众东家，来议修金，名之曰"议学"。议学之时，众东家你劝我，我劝你，把修金说定，开单子与老师送去，老师看了无话，就算议定了。学生数十人，最高额是十二串，我五兄（名世源）出了最高额。议到我名下，我父声明这是送来养病时，随便写了几串，把单子送与老师看，老师传话出来，说："全堂中唯有李世铨读得，应该比李世源多出点。怎么才出这点。"我父也就写了十二串。老师这样重视我，很出我意料之外，精神上很受一种鼓动。

我觉得教育子弟，不在随时责斥，责斥多了，使他精神颓丧；不在随时劝勉，劝勉的话太多，成为老生常谈，听者反不注意；也不可过于夸奖，奖之太过，养成骄傲心；总在精神上，予之以鼓动，而此种鼓动，不知不觉，流露出来，乃能生效。建侯老师呼学生必缀以娃娃二字，如云华上林这个娃娃，李世源这个娃娃等等，对学生常出以嘲弄态度，独对于我无此种态度，不过呼我之名，仍缀以娃娃二字罢了。有夜，三位老师都睡了，学生还在嬉笑，建侯老师在床上高声问道："那么夜深，你们还在闹，不知干些什么！及听见有李世铨这个娃娃在，我也就放心了。"这些地方，很使我自尊自重。

刘二公人甚长厚，七老师性严重，建侯老师，对刘二公常常嘲弄之，对七老师则不敢，但不时也要说一二句趣话。有一次，宴会归来，建侯老师对七老师说道："今天席上，每碗菜来，二公总是一筷子两块三块，独于端碗肉圆子来，二公用筷子，把一个圆子，夹成两半个，我心想：二公这下，怎么这样斯文了。那知他把半个圆子，搭在一个整圆子上面，夹起来，一口吃了。"我听了，非常有趣，我生性朴讷，现在口中和笔下，随便都是诙谐语，自然有种种关系，才造成这样的，建侯老师，也是造成之一。

我做文章，很用心，得了题目，坐起想，站起想，睡在床上想，睡在板凳上想，稿子改了又改，一个题，往往改两三次稿，稿子改得稀滥。而今写报章杂志文字，却莫得那么费力了，读我文章的人，有说我天资高，其实是磨炼出来的，天资并不高。五兄往往叫我代笔，我就把不要的稿子，给他誊去缴，次年，甲年，五兄辍读务农，七弟同我在茂源井读一年。

甲午年，我往罗大老师家，把《凤洲纲鉴》借来看，同学王天衢见了，也买一部来看，建侯老师看见，责之曰："你怎么也看此书，李世铨这个娃娃，是养病的，才准他看，此等书，须入了学，方能看，我若不说，别人知道，还说我是外行。"此话真是奇极了，于此可见当时风气。

王天衢的父亲，是井灶上的掌柜，甚喜欢读书，期望其子甚殷，训教很严。一日到学堂来，我等在天衢房中耍，他父亲见着很客气，我等要走，天衢悄悄说："必不可走，一走了，我就要挨骂。"及我等一转背，其父即骂道："你个杂种……"天衢尝对我说："我宁去见一次官，不肯见我父亲。"后隔多年，我遇着天衢问道："你们老太爷的脾气，好点莫有？"他说道："也莫有什么，不过他老人家，每日早膳后，照例要做一坛法事罢了。"后来天衢卒无所成。由此可见：我父对我，不甚拘束，真是得了法的，我悟得此理，故著《心理与力学》，曾说："秦政苛虐，群盗蜂起，文景宽大，民风反浑朴起来，官吏管理百姓，要明白此理，父兄管理子弟，要明白此理。"这是我从经验上得来的，然则父兄对于子弟，竟可不管吗？我父有言曰："以身教，不以言教。"

我的心，随时都放在书理上。有一次，建侯老师率众学生往凤凰坝某家行三献礼，老师同众学生，在茶馆内吃茶，我一人在桥头上独步徘徊，回头见老师同众人望着我笑，我不知何故，回到茶馆，悄悄问华上林："老师笑我何事？"答曰："老师说你很儒雅，将来一定会入学。"我当日本把秀才看得很高，听了不胜惊异。

晚上行三献礼，照例应讲书，死者是祖母，建侯老师登台讲"孝哉闵子骞"一章，把闵子的事讲完，跟着说道："后数百年而有李密者……"这明明是用太史公《屈贾合传》的文法，我站在台下听讲，老师讲至此处，目注于我，微作笑容，意若曰："此等文法，众学生中，只有你才懂得。"此事我当日印象很深，老师形态，至今宛然在目，这都是精神上予我一种鼓励。

建侯老师的文章，注重才气，选些周犊山及江汉炳灵集的八股，与我读。一日，我对罗大老师说："我在读江汉炳灵。"他说："这些文章，小试时代，不可读，读了花心，做起文章，就要打野战。"于此又可见当时风气。我又说："我现在买有部《书经体注》，自己点看，唯有禹贡水道，真不好懂。"他说道："你当然懂不得，如果要懂得，须看《禹贡锥指》。"《禹贡锥指》，是清朝有名的著作，他曾看过，可见也不孤陋。我订古姓女，未过门即死，罗大老师有意把他的女订于我，我五兄很赞成，说他家藏书很多，借此可看些书，不知何故我父不愿意。

罗大老师之弟罗二老师，号德明，学问比他更好。二老师吃鸦片烟，睡在烟盘子侧边，学生背《四书》《五经》，错了一字，他都知道。背《四书朱注》，错了一字，也都知道。（其时考试，《四书》题，要遵朱注，童生进场，片纸不准夹带，只好都背得。）不但此也，庚寅年，我五兄在他塾中读，夜间讲《诗经》，点一盏清油灯，命学生照着书，他在暗处坐起讲，口诵朱注，说道："你们看书上，是不是这样？"学生看之，也莫有错，可见他是用过苦功的。壬辰年，我家关老师因病耽搁一个月，我父请罗二老师代教，我们要读八股，他就把昔人作的八股默写一篇出来，熟读了，又默写一篇，试帖诗亦然。其时已五六十岁了，不知他胸中有若干八股，有若干试帖诗。而他弟兄二人，连一名秀才，都莫有取得。二人都是我父的好友，会着即谈书。

我在茂源井共读了两年，甲午年某月，学堂中忽纷传有鬼，某生某生，听见走得响，伙房也看见。建侯老师得知，说道："你们这些娃娃，真是乱说，哪里会有鬼。"因此众人心定，鬼也不见了。年终解馆，前一夕，师徒聚谈，建侯老师说："这个地方，很不清净，硬是有鬼，有一夜，响起来，我还喊，'七爷！你听！'我口虽说无鬼，心中也很怕。"其时我正读《凤洲纲鉴》，心想，苻坚以百万之师伐晋，谢安石围棋别墅，埋然若无事者，也不过等于建侯老师之口说无鬼，于此深悟矫情镇物之理。后来我出来办事，往往学建侯老师之口说无鬼。

二、我的思想统系

民国元年，我发表《厚黑学》，受的影响，真是不小，处处遭人疑忌，以致沦落不偶，一事无成，久之又久，一般人觉得黔驴无技，才与我相忘于无形。但是常常有人问我，发表此文，动机安在？目的安在？是否愤时嫉俗，有意同社会捣乱，抑或意在改良社会，特将黑幕揭穿。我说："我写此文，最初目的，不过开玩笑罢了。"

满清末年，我入四川高等学堂肄业，与同班友人，张君列五，（名培爵，民国四年，在北平殉义，重庆浮屠关，有衣冠墓）加入同盟会，光绪三十三年毕业，列五对我说道："将来我们起事，定要派你带一支兵。"我听了很高兴，就用归纳法，把历史上的英雄（彼时尚无伟人的名词）一一考察，寻他成功秘诀，久之，无所得。宣统二年，我当富顺中学堂监督，（彼时中学校长名曰监督）一夜卧在监督室，偶然想及曹操、刘备几个人，恍然大悟，就把厚黑学发明了。每逢朋友聚会辄讲说之，以供笑乐。友人王君简恒云："你说的道理很不错，但是我要忠告你，你照着你的说法，埋头做去，包管你干出轰轰烈烈的事业，但切不可拿在口中讲，更不可形诸笔墨，否则于你种种不利。"雷君民心也说："厚黑学，是做得说不得的。"后来我不听良言，竟把他发表了。

辛亥年武昌起义，重庆响应，列五被举为蜀军政府都督，成都跟着反正，成渝合并，列五赴省，退居副都督，专管民政，我在自流井家中，列五打电报叫我同廖君绪初上省，其时党人在成都童子街，办一报曰《公论日报》。我住报社内，社中人，叫我写点文章，我想不出什么文章，众人怂恿我，把厚黑学写出。我初时很迟疑，绪初说："你可以写出，我替你作一序。"绪初是讲程朱学的人，绳趋矩步，简恒民心诸人，俱呼之为"廖大圣人"。我想，圣人都说写得，当然写得。就写出来开玩笑，哪知所生影响，果不出简恒民心所料。

我发表此文，用的笔名，是"独尊"二字，却无人不知厚黑学是我做的。以为我会如何如何，殊不知我发明了厚黑学，反成了天地鬼神，临之在上，质之在旁，每想做一事，才一动念，自己想道："像这样做去，旁人岂不说我实行厚黑学吗？"因此凡事不敢放手做，我之不能成为伟人者，根源实在于此，厚黑学，真把我误了。

后来我才悟得：厚黑二字，确是成功秘诀，而为办事上之必要技术。用此种技术，以图谋一己之私利，我们名之曰厚，曰黑，用此种技术，以图谋众人之公利，则厚字即成为"忍辱负重"，黑字即成为"刚毅果断"。自古圣贤豪杰，皆忍辱负重者也，皆刚毅果断者也。假令我当日悟得此理，一眼注定众人公利，放手做去，举世非之而不顾，岂不成了轰轰烈烈的伟人？无奈悟得时，年已老矣，机会已过矣，回想生平，追悔莫及，只好著书立说，将此秘诀传之于人，所以才在成都《华西日报》，写《厚黑丛话》，反反复复，说明此理。我是生性好辩的人，《厚黑学》，是以荀子"性恶说"为立足地，许多人以孟子"性善说"来驳我，我说道，"孟子说：'孩提之童，无不知爱其亲也，及其长也，无不知敬其兄也'。今试任喊一个当母亲的，把他亲生的孩子抱出来，当众试验，母亲手拿糕饼一块，小孩一见，即伸手来拖，母亲不给他，放在自己口中，露半截在外，小孩立刻会从母亲口中取出，放在自己口中。请问：这种现象，是否爱亲？小孩坐在母亲怀中，食乳食糕饼，哥哥近前他就要用手推他打他。请问：这种现象，是否敬兄？只要全世寻得出一个小孩不这样干，我的厚黑学立即不讲，让孟子的'性善说'成立，既是全世界小孩无一不这样干，我的厚黑学非成立不可。"我口虽这样的说，然而心中也自怀疑，小孩的天性，何以会这样呢？

后来见小孩见着木头石块和铜铁等物，都取来朝口中送，心想：此等现象，岂不等于地心吸力，把外面任何物件，都朝内部吸引一般？因忆在学堂时，教习讲心理学，曾说："人是莫得心的，心中一切知识，都是从外面来的。例如：看见花，知是香的，是我曾经闻过，看见盐知是咸的，是我曾经尝过，某种事该做，某种事不该做，是我曾听某人说过，抑或在书上见过。我们如把心中所有知识，一一考察其来源，从耳入者，仍从耳退出去，从目入者，仍从目退出去，其他从嗅觉味觉感觉入者，一一从其本来路退出，此心即空无所有了。"又忆《圆觉经》云："一切众生，自元始来，种种颠倒，妄认四大，为自身相，六尘缘影，为自心相。"我从此着想，就觉得心之构成，与地球之构成，完全相同。牛顿说："地心有引力，能将泥土沙石，有形有体之物，吸集之而成为地球。"我们何妨说："人心也有引力，能将耳闻目睹，无形无体之物，吸集之而成为心。"我于是把牛顿的公例，和爱因斯坦的相对论，应用到人事上来，果然处处可通。我把孟子的"性善说"，荀子的"性恶说"和宋儒的"去私说"，绘为甲乙丙三图而细玩，才知人心现象纯是"万有引力"现象，并无善恶之可言。民国九年，著一文曰：《心理与力学》，载入《宗吾臆谈》内，创一臆说："心理依力学规律而变化"，后来扩大为一单行本，此书算是我思想之中心点。

人事千变万化，不外人与人接触生出来的，一个我，一个人，是为数学上之二元，一个 X，一个 Y，依解析几何，可得五种线：（1）二直线，（2）圆，（3）抛物线，（4）椭圆，（5）双曲线。人世一切事变，总不出此五种线。我详加考察，认为人与人不相冲突之线，只有四种，直线两种，曲线两种，除此四线而外，任走何种路线，皆是冲突的，至于世界进化，则为三元，一曰力，二曰空间，三曰时间，其轨道则为三元中之螺旋线。我们每做一事，须把力线考察清楚，才不至与人冲突；主持国家大政的人，规定法令制度，也须把力线考察清楚，施行起来，才不至处处窒碍。

达尔文倡互竞主义，其弊流于互相冲突；克鲁泡特金，倡互助主义，其弊流于互相倚赖；我们应改行合力主义，如射箭然，悬一箭垛，支支箭向之射去，彼此不相冲突，而又不相倚赖，则可兼达克二氏之长，而无其流弊。达尔文讲进化不错，错在讲进化而提倡弱肉强食；克鲁泡特金，讲互助不错，错在讲互助而主张无政府。互竞和互助，其力线是横的，成立不起政府；由达尔文之学说，有时亦能成立政府，而其政府，则是极端专制的。国中力线，郁而不伸，断不能永久安定，我们讲合力主义，其力线是纵的，全国有若干人民，即有若干力线，根据力线，直达中央，成一个极强之政府，是为政治上之合力，例如经济也，外交也，亦须取合力主义，不如是则世界永不太平。自有历史以来，皆是人与人相争，其力线是横的，我们应取纵的方向，悬出地球为目的物，合全世界人，向之进攻，把他内部蕴藏的财富，取出来，全人类平分，是为合力主义之终点，著者本此主张，曾作一篇：《解决社会问题之我见》，十六年载入《宗吾臆谈》，十八年扩大为单行本，曰《社会问题之商榷》。二十五年，我写《厚黑丛话》，内面会涉及国际问题。二十六年，定期十一月十二日，召集国民代表大会，制定宪法，我写了一篇《制宪私议》。从六月二十九日起，逐日在成都《华西日报》发表，以供参考，我打算写一篇：《外交私议》，方着手写，"七七"事变发生，乃改写一篇：《抗日计划之商榷》，是年九月合刊一册，曰《制宪与抗日》。这些书现已售罄。此外我还写有《中国民族之特性》，和《从战国说起》等文，在日报上发表，现在我已不想再印了。我原想写一本《中国主义》，现已不想再写，兹把各种文字的大意，分经济、政治、国际三方面写出来就是了。

（甲）关于经济方面：我们改革经济制度，首先应将世间的财物，何者应归公有，何者应归私有，划分清楚，公者归之公，私者归之私，社会上才能相安无事。

第一项，地球生产力：洪荒之世，地球是禽兽公有物，人类出来，把禽兽打败，地球就为人类公有物。所以地球这个东西，应该由全人类公共享受，

根本上不能用金钱买卖，资本家买去，招佃收租，固是侵占公有物，劳动家买去，自行耕种，也是侵占公有物。何以故呢？以川省言之，七七事变以前，请人工作一日，每日工资伙食，至多不过大洋二元，（抗战期中，生活程度高涨，是暂时现象，当以事变前为准）假令我们请工人，在荒山上种树一日，给以大洋二元，他得了报酬，劳力即算消灭，树在山上，听其自然生长，若干年后，出售得价百元，或千元，此多得九十八元，或九百九十八元，全是出于地球之生产力，地球为人类公有物，此多得之九十八元，或九百九十八元，即该全人类平摊，劳动家只能享受相当之代价，而不能享受此项生产力，所以说：劳动家买去耕种，也是侵占了公有物。因此之故，全国土地，应一律收归公有，由公家招佃收租，其利归全社会享受，方为合理。

第二项，机器生产力：替人作工一日，得大洋二元，作手工业，每日获利，也不过大洋二元，这算是劳力之报酬，若改用机器，每日可获利百元，或千元，此多得之九十八元，或九百九十八元，乃出于机器之生产力，非工人之劳力也。当初发明机器之人，业将发明权抛弃，机器成为人类公有物，此九十八元，或九百九十八元，即该全人类平摊，旧日归诸厂主所有，是为侵占了公有物，我们应该收归公有，给工人以相当代价。由机器生出之利益，归全社会享受，方为合理，劳力既得代价，即与普通人无异，所以"劳工专政"之说，是不合理。

第三项，脑力和体力：世间之物，只有身体是个人私有的，由身体发出来，有两种力：一曰，脑之思考力，二曰，手足之运动力。这两种力，即是个人私有物，社会上欲使用之，非出相当代价不可，并且出售与否，各人有完全自主权，不能任意侵犯之。

基于上面之研究，括为二语曰："地球生产力，和机器生产力，是社会公有物，脑力和体力，是个人私有物。"我们持此原则以改革经济制度，社会与个人自然相安无事。

斯密士主张营业自由，个人之脑力和体力，可以尽量发展，这层是合理的，而他同时主张有金钱的人可购土地以收佃租，可购机器以开工厂，这就未免夺公有物以归私。

我们本中山先生遗意，定出一原则曰："金钱可私有，土地和机器不可私有。"将现在私人所有的土地，和使用机器之工厂，一律收归公有，就成为"共将来不共现在"了。但是全国工厂如此之多，土地如此之广，购买之款，从何而出呢？

我们首先定出一条法令，银行由国家设立，私人不得设立，人民有款者，存之银行，需款者，向银行贷用，其有私相借贷者，法律上不予保障，因借贷而涉讼者，其款没收归公，藏巨款于家，而被劫窃者，贼人捕获时，其款亦予以没收，有存款于外国银行者，查确后，取消国籍，华侨所在地，设立国家银行，存储华侨之款，由国家转存外国银行，私人不得径往存储，如此则人民金钱，集中国家银行，可供一切应用。

银行月息多少，依现情为准，兹假定月息一分，以便说明。存入银行，月息一分，贷出为一分半，或二分，即无异于以金钱放借者，缴所得税三分之一，或二分之一与公家矣。

首都设中央银行，各省设省银行，各县设县银行，县之下设区银行和乡村银行，川省有场而无村，则设场银行，银行法既确定，即着手收买。

（1）私人银行，一律取消，其股本存入国家银行，给以月息。

（2）使用机器之工厂和轮船，火车，矿山，铁道等，一律收归公有，私人股本，存入国家银行，经理及职员工人等，悉仍其旧，不予变更，只将红息缴归国家，手续是很简单的。其手工业之工厂则听之。

（3）全国土地房屋，一律照价收买，例如：某甲有土地一段，月收租银一百元，即定为价值一万元，存入银行，每月给以息银一百元；人民需用土地房屋者，向公家承佃。其有土地自耕，房屋自住者，则公共估价，抑或投标竞佃，以确定其租息，原业主有优先承佃权。如此则我国四万万五千万人，无一人不是佃户，也即是无一人不是地主，是之谓"平均地权"。

（4）国际贸易归公，国内贸易归私。出口货，由人民售之公家，转售外国；入口货，由公家购而售之人民，听其自由销售，不再课税。盖价值之高低，公家操纵在手，取多取少，可适合国家之需要，无须多设机关，多用冗员，向销售者琐琐征取，徒滋中饱营私之弊，而阻商业之发达也，执简驭繁，固应如此。外人在内地设有工厂者，人民不得与之直接交易。如此则关税无形取消，外货以百元购得者，以一百五十元，或二百元，售之人民，即无异值百抽五十，值百抽百。

综计收归国有者，凡四项：（1）银行，（2）使用机器之工厂和公司，（3）土地，（4）国际贸易。自学理言之，土地和机器，当然收归国有，银行和国际贸易之归公，则本于中山先生"发达国家资本，节制私人资本"之主张。至其他私人资本，应当如何节制，则俟此四者办到后，再酌量而行之。

上面四者，办理完毕后，即可按照全国人口，发给生活费，以能维持最低生活为原则，（实施时，除未成年，及老年人外，对于壮年人，当视其过去工作情况，分别酌发，以防怠工等弊）因为人民既将土地、机器、银行和国际贸易四者之收益交之国家，国家即应保障人民之生存权。法国革命，是政治上要求人权，我们改革经济制度，则注重生存权。孙中山先生，把生活程度分为三级：（1）需要即生存，（2）安适，（3）奢侈。现在的经济制度，人民一遇不幸，即会冻死饿死，是以死字为立足点，进而求生存，进而求安适和奢侈。我们发给生活费，则是以生字为立足点，进而求安适，求奢侈。中山先生说："生存为社会中心。"人人能生存，重心即算稳定。

旧日贫富悬殊，我们把土地、工厂、银行和国际贸易四者收归国有，则富者削低一级，全国人民，一律发给生活费，则贫者升高一级，高低二级之间，为人民活动余地。语云："饥寒起盗心。"我们发给生活费，社会上可减少许多罪恶，衣食足而礼义兴，风俗可日趋醇厚，学问家不忧衣食，可专心深造，事业家无内顾忧，可一意图功。如此则社会文明，必蒸蒸日上。

改革社会，犹如医病，有病之部分，该治疗，无病之部分，不可妄动刀针。我们从旧经济制度中，将土地、机器、银行和国际贸易四者收归国有，这即是有病之处，加以治疗，其余则悉仍其旧，私人生活，非有害于社会者，不加干涉，这即是无病之处，不动刀针，如此办去，就与孙中山先生之民生主义适合了。

世界富豪，除银行大王摩尔根，其父为富人，承受有遗产外，其余如煤油大王洛克依兰，钢铁大王卡匿奇，铁道大王福介舍尔，汽车大王福尔特，商业大王瓦纳迈尔，铜山大王章洛克，砂糖大王斯布累克，法国大银行家劳惠脱，美国大富豪休洼布等，无不由赤贫之子起家。我们把上述四者收归国有，这些大王，就无从出现了。欧美之银行大王，煤油大王等，养成了雄厚之势力，欲推翻之而不能；我国尚无此种大王出现，然而业已萌芽了。为虺弗摧，为蛇奈何，韩非曰："设柙非所以备鼠也，所以使怯弱能服虎也。"订立法令规章者，如果对于鼠则防之唯恐不周，对于虎则纵之而不过问，其弊将有不可胜言者。我们规定：土地、工厂、银行和国际贸易四者收归国家经营，即所以防虎也。

大凡规划国家大计，目光至少须注及五百年后，否则施行一二百年，又要来一个第二次改革，国家所受牺牲，也就不小了。现在地主之土地，如果不收归国家，而移转佃农手中，并允许私人集资开设银行，开设使用机器之工厂公司，抑或经营国际贸易，即是发生流弊之根源，负有改革之责者，幸思之！思之！又深思之！

孔子倡大同之说，目光注及数千年后，而下手则从小康做起走。孔子死后，二千余年，大同尚未出现，其学说之价值，不唯不灭，反益觉其伟大，何也？悬出一个目标，使人望之而走，数千年俱走不到，数千年后之人，俱有路可走。不似达尔文、尼采和斯密士诸人，所创学说，行之数十年，或百余年，即处处碰壁，无路可走，只好彼此打战。规划国家大计，犹如修一大房子，须先把全部式样绘出，按照修之，即说财力不够，可先修某部分，次修某部分，最终就成一个很好的房子。

孙中山先生讲"民权主义"曾说："天生万物，除了水平面以外，莫有一物是平的。各人聪明才力，有天赋之不同……如果把他们压下去，一律要平等，世界便没有进步，人类便要退化。"所以孙中山先生主张的主权平等，是各人在政治中立足点平等，不是从上面压下去，成为平头的平等。我们把此种原则，适用到经济方面，不把平等线放在平头上，使国中贫富相等，而把平等线放在立足点，使各人致富的机会相等。欲务农者，向公家承佃土地，欲作工者，向工厂寻觅工作，为官吏，为教员，为商贾，悉任自由，不加限制。因劳动种类之不同，所得之报酬即不同，或富或贫，纯视各人努力与否以为断。如此则可促进人民向上心，而国家可日益进步。犹之水然，地势高下不平，就滔滔汩汩，奔趋于海，一若平而不流，即成死水。

斯密士倡营业自由之说，认为人人皆有自私之心，利用此种自私心，就可把世间利源尽量开发出来，其说是以性恶说为立足点；社会主义创始者，如圣西门诸人，皆谓人有同情心，是以性善说为立足点。而社会主义之发生，根本原于性善说，故个人主义经济学，和社会主义经济学之冲突，不外性善说，和性恶说之冲突。我们知道："心理依力学规律而变化。"无所谓善，无所谓恶，即是会善恶而为一。所以我们改革经济制度，即应将个人主义，和社会主义，合而一之，才合孙中山先生民生主义。

（乙）关于政治方面：我国辛亥革命而后，改为民主共和国，意欲取法欧美，这是一种错误。我们要行民主共和制，办法很简单，只消把真正君主专制国的办法打一个颠倒，就成为真正民主共和国了。君主专制国，是一个人做皇帝，我们行民主共和制，是四万万五千万人做皇帝，把一个皇帝权，剖成四万万五千万块，每人各执一块，我们只研究这每块皇帝权如何行使就是了。

我国从前的皇帝，要想兴革一事，就把他的主张，提交军机处，由军机大臣议决了，就通饬各省，转饬各县。以及乡村照办，其办法是由上而下的。民主共和国，以乡村议会，为人民的军机处，乡村议员，为人民的军机大臣，川省有场而无村，人民对于国家想兴革一事，即提交场议会，经场议员议决了，即提交区议会，由是而县议会而省议会，而国会，经国会议决了，即施行，其办法是由下而上，与君主专制国，恰成一反对形式。

君主专制时代，军机大臣议决之案，须奏请皇帝批准，方能施行。民主共和时代，国会议决之案，须经全体人民投票认可，方能施行。小事由国会议决之，大点的事，由各省议会议决行之，再大的事，由各县议会议决行之，顶大的事，才由全体人民投票公决。最困难的，是如何才能使四万万五千万人直接投票，直接发表意见，不致为人操纵舞弊，这就大费研究，而办法就不得不麻烦了。然而我们要想直接行使民权，这种麻烦，是无法避免的。

第一要紧的，是整顿户籍，每县分若干场，场之下分若干保，每保分若干甲，每甲辖十家，投票不分男女老幼，一人有一投票权，一生下地，而取得此权，投票时，以家长为代表，某甲家有十人，某甲一票即算十票，某乙家有八人，某乙一票，即算八票。用联二票，记名投票，甲长亲到各家收票，列榜宣示，某甲家十票可决，某乙家八票否决……榜末合计，本甲可决者共若干票，否决者共若干票，投票之家，持存根前往查对无误后，甲长送之保长，保长又列榜宣示，第一甲可决者若干票，否决者若干票，第二甲可决者若干票，否决者若干票……榜末合计，本保可决者共若干票，否决者共若干票，将榜送之区长，由是而县，而省，而中央，层层发榜，最终以多数决定。此就关于全国之大事言之，关于省县市之事，仿此办理。

我国人民，对于国事，向不过问，要他裁决大政，判定可否，他是茫然不解的，所以必须训政。训之者何人呢？在他省为乡村议员，在吾川则为场议员，场议员，一方面为军机大臣，一方面又为太师、太傅、太保。凡是场议员，其知识当然比农民为高，对于国事能明了，每当裁决大政时，就白场议员公开讲演，使众人了解真相，应投可决票，或否决票，由各人自行判断，归家书票，等候甲长来取。以川省习惯言之，每三天赶场一次，乡村农民，无事都要赶场，场上发生一事，顷刻传遍全场，有未赶场者，亦可转相告语。所以施行此种办法，在川省尚无何种困难。议会设立在场上，人民有议案，直接向之提出，有不了解之事，可向议员请问，于人民很便利。以上系人民行使创制权、否决权之实施办法。

选举大总统，由四万万五千万人直接选举，投票时，也以家长为代表，每票举三人，如投票人意中，认为可当大总统者只有一人，或二人，则票上只写一人，或二人。例如某甲上写赵一等三人，某甲家有十口，则赵一等即为各得十票，某乙票上，写钱二等二人，某乙家有八口，则钱二等即为各得八票，用联二票，甲长亲到各家将票收齐后，即列榜书明：某甲家举赵一等三人，某乙家举钱二等二人……榜末合计，赵一共若干票，钱二共得若干票……各家持存根，查对无误后，由甲长将榜送之保长。保长又列榜宣示：第一甲，赵一得若干票，钱二得若干票……第二甲，孙三得若干票，李四得若干票……合计赵一共得若干票……由保而区，而县，而省，而中央，层层发榜，以最多数之一人为大总统，次多数之二人为副总统，大总统任期四年，如中途病故，或经全国人民总投票撤职，即以副总统代理，以凑满四年为止。

第一任大总统于某年某月某日就职，以后每满四年，于该月该日，新任大总统，必须就职，旧任大总统，得票最多数，可以连任。

人民欲弹劾大总统者，向场议会提出弹劾案，经场议员议决，以全场名义向区议会提出，区议会议定，以全区名义，向县议会提出，由是而省议会，而国会，经国会议决，弹劾案成立，送交大总统，令其自行答辩，由国会将弹劾案，及答辩书，加具按语，刊印成册，发布全国，由人民裁决之。对于大总统，或留任，或免职，仍总投票，层层发榜，取决于多数。省长、县长，以至保长、甲长。人民行使选举权，罢免权，亦参酌此法办理。

大总统违法，经人民总投票，正式免职后，可以交付审判，处监禁，处枪毙，都是可以的。独是未经正式免职以前，大总统，在职权内，发出之命令，任何人都要绝对服从，有敢违反者，大总统得依法制裁之。

凡办事当大处着眼，小处着手，远处着眼，近处着手。我们一眼看定大同世界，而下手则从一村一场办起走，我国人民，向来不问政治，然而也有办法。我们规定，中央设中央银行，各省设省银行，各县设县银行，县之下设区银行，区之下设场银行，人民有钱者，应存之本场银行，又规定，人民的土地，第一步收归各场公有，欲使用土地者，向本场场长投佃。如此则人民因其有切身关系，自不得不起而过问了。场银行行长，由政府委任，副行长和场长，由人民投票选充，不称职者，投票撤换，则选举权，罢免权，人民自能行使了。银行办法大纲，和收买土地，承佃土地办法大纲，由政府规定，其细则由人民共同规定，有不合处，共同修改，则创制权，否决权，人民自能行使了。人民行使四权，以本场为见习之地。有旧式县长，监督其上，自不至发生流弊；即生流弊，亦易救正。

每年应纳租税，总数若干，责成场长缴纳，其整理土地，所得盈余，归各场公用。各场办好了，联而为区，土地收归全区公有。土地余利，归全区公用，区银行副行长，和区长，由全区人民公举，再进则联而为县，土地归全县公有，土地余利，归全县公用，县银行副行长，和县长，由全县人民公举。由是而省，而全国，及至土地收归全国公有，大总统由全国人民公举，则中华民国之宪法，即告完成。倘能再进而将土地收归世界公有，全世界之大总统，由全世界人民公举，则世界大同矣。

银行，工厂，和国际贸易，收归国有，尚属容易，唯乡土地，纠葛万端，故第一步，当收归各村各场公有，本地人熟悉情形，容易处理，政府握定大纲，自会厘然就绪，只要各村各场办好，则基础稳固，以下自迎刃而解。

民主共和国，以取法君主专制国为原则，君主时代，知县有司法权，我们即当以司法权界之县长，县长延请精通法律的人为司法官，司法官对县长负责，县长对人民负责，审判不公，人民弹劾县长，撤换县长就是了。昔日衙门黑暗，人所尽知，今之司法机关，也易受人蒙蔽，往往事之真相，本地人士，昭然共见，而法庭调查之结果，适得其反，我们当以调查和调解之责，加之场长和区长，人民有争执事件，诉诸场长，场长调查明白，予以调解，如不服诉诸区长，场长应将调查所得，及调解经过情形，备文送之区，再调查，再调解，如不服，诉诸县长，区长备文送之县，如仍不服，诉诸省，诉诸中央。场长区长，可依本地习惯法处理，县以上，则以国家法律解决之。

人民对于任何机关，如有疑点，都可自请往查，假如：某甲对于国际贸易局，或中央银行，疑其有弊，即可向本场议会提议，该局或该行，有某点可疑，我要亲往彻查，场议会询明议决，即向区议会提议，本场拟派某甲往查某事，区议会开会议决，即向县议会提出，由是而省议会，而国会，国会开会议决后，即行知该局或该行，听候彻查，某甲查出有弊，即依法提出弹劾案。如无弊，即中央报纸声明，我所疑者某点，今日查明无弊，倘不提弹劾案，又不声明无弊，则某甲应受处分。倘某甲声明无弊，嗣经某乙查出有弊，则某甲亦应受处分，其他省县市所辖机关及工厂等，仿此行之。

现在民主主义，和独裁主义，两大潮流，互相冲突，孙中山先生讲"民权主义"，曾说："美国制宪之初，主张地方分权者，认为人性是善的，主张中央集权者，认为人性不尽是善的。"故知民主主义，和独裁主义之冲突，仍是性善性恶问题之冲突。我们既知人性是浑然的，无善无恶，所以我们制定宪法，应当将地方分权，和中央集权，合而一之。上述的办法，如能一一办到，则是我国四万万五千万人，有四万万五千万根力线，直达中央，成一个极健全的合力政府，大总统在职权内，发出的命令，人民当绝对服从，俨然专制国的皇帝，是为独裁主义，大总统去留之权，操诸人民之手，国家兴革事项，由人民议决，是为民主主义，如此则两大潮流，即合而为一。

中山先生曾说："政治里头，有两个力量，一个是自由的力量，一个是维持秩序的力量，好似物理学里头，有离心力和向心力一般。"又说："兄弟所讲的自由专制，这两个力量，是主张双方平衡，不要各走极端，像物体的离心力和向心力，互相保持平衡一样。"中山先生把物理学的原理运用到政治上，是一种新发明。物理上，离心力，向心力，二者互相为用，故政治上，也是放任与干涉，二者互相为用。从前欧洲国家，对于工商业，行干涉主义。以致百业凋敝，斯密士起而著《原富》一书，力持放任主义，欧人行其说，骤致富强，无如放任大过，酿成资本家之专横，社会上扰攘不安。我们运用中山先生两力平衡之理，把土地、工厂、银行和国际贸易，一律收归国有，强制行之，此所谓专制也。私人生活，与夫劳心劳力之营业，一切放任，非有害于社会者，不加干涉，此所谓自由也。两力平衡，自然安定。

黄老是放任主义，申韩是干涉主义，二者皆是医国良药，用之得当，立可起死回生，嬴秦苛虐，民不聊生，汉承其后，治之以黄老，刘璋暗弱，刑政废弛，孔明承其后，治之以申韩，因病下药，皆生了大效。我国今日，病情复杂，嬴秦之病，是害得有的，刘璋之病是害得有的，又兼之人心险诈，道德沦亡。应当黄老申韩孔孟，三者同时并进：以申韩之法，治贪官污吏，悍将骄兵，奸商贵族；以黄老之道，治老百姓，而正人心，厚风俗；孔孟之书，更不可少。果如此，则中国之病，自霍然而愈。

（丙）关于国际方面：现在的五洲万国，是我国春秋战国的放大形，古之春秋战国，是今之五洲万国的缩影。我辈欲推测将来国际上如何演变，当先研究春秋战国如何演变，果想解决现在国际的纠纷，当先研究春秋战国之纠纷是如何解决。

世界是以螺旋式进化的，禹会诸侯于涂山，执玉帛者万国，成汤时三千国，周武王时一千八百国，春秋时二百四十国，战国时七国，到秦始皇时，天下就一统了。历时越久，国数越少，国之面积越大，这即是螺旋式进化。"竖的方面越深，横的方面越宽"。竖的方面者，时间也，横的方面者，空间也，照这样趋势看去，现在的五洲万国，势必混合为一而后止。所异者，古时是君主时代，嬴秦混合为一，是一个人做皇帝，将来五洲万国，混合为一，是全球十八万万人做皇帝，而为大同之世界。

目下世界大战，一般人很抱悲观，殊不知：这正是世界大同之预兆。如：数个泥丸，放在盘中，不相接触，永久是个个独立。我们取而挤之捏之，就成为一个大泥丸。战国七雄，竞争剧烈，此挤之捏之也，跟着嬴秦之统一出现。今之五洲万国，竞争剧烈，亦所谓挤之捏之也。我们看清此种趋势，顺而应之，才不至为螺旋进化中之牺牲品。

将来地球这个东西，一定是收归全人类公有的，一定是全球十八万万人共同做皇帝的。我们顺应此种趋势，脚踏实地，一步一步地走去。土地一层，始而收归一场一区公有，继而收归一县一省公有，终而收归全国公有。对于政治一层，所有创制、复决、选举、罢免四权，始而行使于本场本区，继而行之于本县本省，终而行使于中央，公举一个大总统。我国的宪政，即算完成。我们办到这步，再看国际十八万万人，公举一个大总统，世界就大同了。世界趋势，显然如此，彼希特勒也，墨索里尼也，日本军阀也，不过昙花一现，终为螺旋进化中之牺牲品而已，犹江河之奔流入海，而欲以人力障塞之，无非多杀人畜，多毁田庐禾稼，而其奔流入海，则依然如故也。

我们把国际趋势看清楚了，再检查世界上产生的各种主义，何者与这种趋势适合，何者不适合，兹讨论如下：

世界文化，分三大区，一印度，二西洋，三中国。印度地偏热带，西洋地偏寒带，中国则介居温带，三方气候不同，民族性不同，因而产出之主义，亦遂不同。温带折中寒热二带之偏，故中国主义，能够折中西洋主义和印度主义之偏。

寒带天然物少，人不刻苦，不能生活，故时时思征服自然，因而产出侵略主义；热带天然物丰富，生活之需，不虞不足，故放任自然，因而产出不抵抗主义。请问：我国产出的，是何种主义？要答复这个问题，当先研究我国对于自然，是何种态度？《易》曰："裁成天地之道，辅相天地之宜"。所谓天地之道，天地之宜，皆自然也。对于自然，不征服之而辅相之，不放任之而制裁之，因而产生之主义，由孔老以至孙中山先生，盖一贯的抵抗而不侵略也。此由中国古人，生居温带，仰观俯察，创出学说，适应环境，不知不觉，遂有以折中西洋印度之偏。其他民族，亦有生居温带者，而不能发生同样之主义，则由其人缺乏仰观俯察的研究性，而以他人之主义为主义也。

中山先生之民族主义，是抵抗而不侵略，尽人皆知，老子言无为，孔子言仁义，当然不侵略，而两家之书，皆屡屡言兵。老子曰："抗兵相加，哀者胜矣。"孔子曰："我战则克。"所谓克也，胜也，皆抵抗之谓也。

战国时，杨朱墨翟之言盈天下，杨之言曰："智之所贵，存我为贵。"此抵抗之说也。又曰："力之所贱，侵物为贱。"此不侵略之说也。墨子非攻，当然不侵略，同时墨子善守，公输九攻之，墨子九御之，公输之攻已穷，墨子之守有余，则又富于抵抗力。二人的主张，都是抵抗而不侵略，不过宣传主义时，杨子为我，偏重在抵抗，墨子兼爱，偏重在不侵略罢了。战国纷乱情形，与现在绝似，其时是我国学术最发达时代，一般学者研究，觉得舍了杨朱主张，别无办法，所以"天下之言，不归杨，则归墨"。我们处在现在这个时局，也觉得舍了杨墨主张，别无办法。

孟子曰："善战者服上刑。"而孔子则曰："我战则克。"正是所谓善战者，这两说岂不冲突吗？只要知道中国主义是抵抗而不侵略，自然就不冲突了。孔子尝说："以不教民战，是谓弃之。"他说"我战则克"，是就抵抗方面言之。孟子把那些"争城以战，杀人盈城，争地以战，杀人盈野"的人，痛恨到极点，他说"善战者服上刑"，是就侵略方面言之。拿现在的话来说，孟子曰"善战者服上刑"，等于说："日本军阀，一律该枪毙。"孔子曰"我战则克"，等于说："抗战必胜。"

中国崇奉儒教，儒教创始者为孔子，发挥光大之者为朱子。孔子学术，本与管仲不同，因其能尊周攘夷，遂称之曰："如其仁，如其仁。"又称之曰：

"民到于今受其赐。"推崇备至，何也？为其能抵抗也。南宋有金人之祸，隆兴元年，朱子初见孝宗，即言："金人与我，有不共戴天之仇，当立即断绝和议。"这些地方，都是儒教精神所在。

中国主义，是一贯的抵抗而不侵略，养成一种民族性，所以中国人任便发出的议论，无不合乎此种主义。例如：秦皇汉武开边，历史家群焉非之，为其侵略也；汉弃珠崖，论者无不称其合王道，为其不侵略也。秦桧议和，成为千古罪人，为其不抵抗也；岳飞受万人崇拜，为其能抵抗也。唐人诗云"年年战骨埋荒外，空见葡萄入汉家"，直不啻为墨索里尼之远征阿比西尼写照：又云"边庭流血成海水，武皇开边犹未已"，更不啻为希特勒之侵夺四邻写照；至云"凭君莫话封侯事，一将功成万骨枯"，俨然是痛骂日本少壮军人。此皆我国文人痛恨侵略之表现，及至受人侵略，则又变成力主用武。南宋有金人之祸，陆放翁游诸葛武侯读书台诗云："出师一表千载无，远比管乐盖有余，世上俗儒宁辨此，高堂当日读何书。"直是斥南宋诸儒只讲理学，不谋恢复。临死示儿云："王师北定中原日，家祭无忘告乃翁。"中国诗人，这类作品很多，我们要想考察民族性，要从哲学家、教育家的学说和文人学士的作品上，才考察得出来，至于政治舞台的人，时或发生变例，秦皇汉武之侵略，秦桧之不抵抗，皆变例也。

西洋人性刚，印度人性柔，中国古人，将刚柔二字处置得恰好。《易经》一书，以内刚外柔为美德，泰卦内阳而外阴，明夷内文明而外柔顺，谦卦山在地下，既济水在火上，无一非内刚外柔之表现。孔老为中国两大教主，老子被褐怀玉，孔子衣锦尚纲，皆深合《易》旨。老子和光同尘，而曰："天下莫柔弱于水，而攻坚强者，莫之能先。"孔子恂恂如也，而曰："三军可夺帅也，匹夫不可夺志也。"此皆外柔内刚之精神也。我国受此种教育数千年，养成一种民族性，故中国人态度温和，谦让有礼，此外柔之表现也；一旦义之所在，奋不顾身，此内刚之表现也。唯其外柔也，故"九一八"以来节节退让，若无抵抗能力；唯其内刚也，故卢沟桥事变而后，全国抗战，再接再厉，为世界各国所震惊。我国民族性，既已如此，所以丑胡也，辽金也，蒙古也，满清也，虽肆其暴力，侵入我国，终而无一不被驱出，故我国对日抗战，其必胜盖决然无疑者。

西人倡天演竞争之说，知有己不知有人，盖纯乎利己主义也。印度教徒，舍身救世，知有人不知有己，盖纯乎利人主义也。中国主义则不然，己欲立而立人，己欲达而达人，盖人己两利也。印度学者，开口即说恒河沙数世界，其目光未免太大，看出世界以外去了，而其国因以灭亡。西洋人又患目光太小，讲个人主义者，看不见国家和社会，于是乎个人也，国家也，社会也，成为互不相容之三个物体，因而生出种种纠纷。中国则修身齐家治国平天下，一以贯之，个人也，国家也，社会也，成为一个浑然之物体。六合之外，存而不论。这种主义，恰足救西洋和印度之弊。

印度实行其主义，而至于亡国；西洋实行其主义，发生第一次世界大战、第二次世界大战。事实之昭著，既已如此，而今只有返求之中国主义。中国主义者，大同主义也。我们应将这种主义在国际上尽量宣传，使世界各国一齐走入中国主义，才可以树大同之基础，而谋永久之和平。

第一次世界大战，第二次世界大战，纯是"武力战争"。而我国则发明有一种最高等战术，曰"心理战争"。三国时，马谡曰："用兵之道，攻心为上，攻城为下，心战为上，兵战为下。"这是"心理战争"学说之起点，而其原理，是自战国时已发明了。《孟子》一书，纯是讲"心理战争"。其言曰："得道者多助，失道者寡助，寡助之至，亲戚畔之，多助之至，天下顺之，以天下之所顺，攻亲戚之所畔，故君子有不战，战必胜矣。"如此之语，不一而足，皆心理战争之说也。曰："可使制梃，以挞秦楚之坚甲利兵。"以秦楚之甲坚兵利，而曰制梃可挞，岂非怪话？而孟子深信不疑，决然言之。果也，孟子死后，不及百年，陈涉吴广，揭竿而起，立把强秦推倒，孟子的说法，居然实现。嬴秦之兵力，推灭六国而有余，陈涉等乌合之众，振臂一呼，而一统之江山，遂土崩瓦解，不败于武力，而败于心理，孟子有知，当亦掀髯大笑。

春秋时，兵争不已，遂产出孙子的"兵战哲学"。战国七雄，运用孙子学说，登峰造极，斗力斗智，二者俱穷，于是又产出孟子的"心战哲学"。惜乎，当时无人用之！现今的形势，绝像战国七雄时代，我们正该运用"心战"之说。问：如何运用？曰：只需把中国主义发扬出来就是了。暴秦亡国条件，德意日三国，是具备了的，全世界人民和他们本国的人民，同在水深火热之中，中国主义，一发扬出来，一定倾心悦服，就成了"心战"妙用。

我国业已全面抗战，应当于"武力战争"之外，再发动一个"心理战争"。在国际上，成立一个"中国主义研究会"，请世界学者悉心研究，就算新添了一支生力军，敌人"攻城"，我们"攻心"，全世界倾心此种主义，是对于敌人取大包围，敌人国内之人民，倾心此种主义，是为内部溃变。日本军阀，自然倒毙，希特勒和墨索里尼，也自然倒毙。

凡是一种大战争，必有一定的主义。第一次世界大战，是西洋主义和西洋主义决胜负，第二次世界大战，我们应该把他变成中国主义和西洋主义决胜负。只要中国主义一战胜，世界大同之基础，就算确定了。十九世纪上半世纪，是西洋主义盛行时代，下半世纪以后，是中国主义昌明时代，就进化趋势观之，盖决然无疑者。

现在五洲万国，纷纷大乱，一般人都说："非世界统一，不能太平。"战国情形，也是如此。战国时梁襄王问孟子："天下恶乎定？"孟子对曰："定于一。"即是说："要统一才能安定。"但统一之方式有二。梁襄王问孟子："孰能一之？"孟子曰："不嗜杀人者一之。"这就是"非武力的统一"。主张"武力统一"者，是用一个"杀"字来统一，说道："你不服从我，我要杀死你。"人人怕死，不得不服从，故"杀"字能统一。主张"非武力的统一"者，是用一个"生"字来统一，说道："你信从我的主张，你就有生路。"人人贪生，自然信从，故"生"字也能统一。人之天性，喜生而恶杀，主张"杀"字统一者，人人厌弃，主张"生"字统一者，人人欢迎，孟子学说。惜乎无人用之。后来嬴秦统一，是用"杀"字统一的，然而不久即亡。今者德意日三国，正循着亡秦途径走去，我们正好运用"生"字统一之学理，乘其弱点而推陷之，兵战心战，同时并进，德意日三国，不败何待？

中西主义，极端相反。西洋方面，达尔文之弱肉强食，尼采之超人主义，与夫近今的法西斯主义等等，都是建筑在"杀"字上面；中国方面，孔子言仁，老子言慈，杨朱为我，墨翟兼爱等等，都是建筑在"生"字上面。我们读达尔文、尼采诸人之书，满腔是杀机，读孔孟老庄和宋明诸儒之书，满腔是生趣。医生用药，相反才能相胜，方今西洋主义盛行，无处不是杀机，应当用中国主义救疗之，以一个生字统一世界。

西人对社会，对国家，以"我"字为起点，即是以"身"字为起点，中国儒家，讲治国平天下，从正心诚意做起走，即是以"心"字为起点。双方都注重把起点培养好，所以西人一见人闲居无事，即叫他从事运动，把身体培养好；中国儒者，见人闲居无事，即叫他读书穷理，把心地培养好。西洋人著书做事，注重"于身有益"四字；中国人著书做事，注重"问心有愧"四字。达尔文讲竞争，倡言"弱肉强食"，尼采讲超人主义，倡言"剿灭弱者，为强者天职"。西人群起信从，为其"于身有益"也；中国绝无此等学说出现，为其"问心无愧"也。西人在物质上求愉快，中国则在精神上求愉快，西人以入剧场跳一场为乐，中国则以读书为乐，为善为乐，仰不愧于天，俯不怍于人为乐，故中国文化，洵足救西洋末流之弊。

孔子的学说，"欲修其身，先正其心，欲正其心，先诚其意。"从"身"字追进二层，把"意"字寻出，以"诚意"为起点。犹之修房子，把地面浮泥除去，寻着石底，才从事建筑，由是而修身，而齐家，而治国平天下，造成的社会，是"以天下为一家，以中国为一人"。人我之间，无所谓冲突。西人学说，以利己为主，以"身"字为起点，不寻石底，径从地间建筑，造成的房子，终归倒塌。所以经济上造成资本主义，国际上酿成第一次世界大战、第二次世界大战，西洋主义，遂告破产。

孟子曰："老者衣帛食肉，黎民不饥不寒。"达尔文生存竞争之说，孟子复生，亦不能否认，但孟子学说，一达到生存点，即截然而止，其言曰："养生丧死无憾，王道之始也。"人民到了不饥不寒，即教以礼让，推行王道。达尔文盛言"优胜劣败"，超出生存点以上，成为无界域之竞争，其弊至于消灭他人之生存权，以供一己之欲壑。尼采学说，继之而起，几不知公理为何物。德国威廉第二和希特勒，从而信之，墨索里尼和日本少壮军人，又从而信之，此世界所以纷纷大乱了也。

孟子曰："行一不义，杀一不辜，而得天下，皆不为也。"由此知：中国主义，有两个原则：（1）人人争生存，以不妨害他人的生存为限；（2）人人争优胜，以不违背公理为限。我们把此种主义发扬出来，全世界恍然觉悟，知道：舍了中国主义，别无出路，此即"攻心"之法也。

中国主义，沉埋已久，应当聚全国学者，尽量开掘之，整理之，去其不合现情者，撷其精华，成为系统，在国际上尽量宣传。从前中山先生革命，一般人以为必大大的流血，只因主义完善，宣传得力，遂不血刃而成功，此心理战胜之先例也。

世界纷纷大乱者，病根有三：（甲）经济方面。（乙）政治方面，民主主义和独裁主义，互相冲突。（丙）国际方面，掠夺者和被掠夺者，互相冲突。我们一面抗战，一面制定宪法。宪法内容：（甲）经济方面，国中的土地、工厂、银行和国际贸易四者，一律收归国有，其他经济上之组织，悉仍其私。（乙）政治方面，四万万五千万人，直接行使四权，四万万五千万根力线，直达中央，成一个极强健的合力政府，民主主义和独裁主义，融合为一。（丙）国际贸易，收归国家经营，入口出口，两相平衡，入超则为外国掠夺我国，出超则为我国掠夺外国，今定为出入平衡，无掠夺者，亦无被掠夺者，国与国即相安无事。宪法制成，一面实行，一面昭示万国，世界人士，正寻不着出路，一旦见中国主义之完善，一定跟着走来，希特勒、墨索里尼和日本军阀，三个恶魔，不打自倒，这即是心理之战胜。

孙中山先生，分出军政、训政、宪政三个时期。现在国难严重，三者当同时并进，对日全面抗战，是为军政。在抗战期中，制定宪法，从一村一场，实行起走，是为宪政，村议员、场议员，负训练人民之责，是为训政。一村一场办好了，扩大为区，再扩大为县，为省，为国，迨及扩大为国，宪政即算完成，将来如能扩大于全世界，就算大同了。

国际战争有三种：（1）帝国主义和帝国主义战争。（2）帝国主义和弱小民族战争。（3）社会主义和资本主义战争。上次大战，属于第一种，这次大战，属于第一种和第二种。另外还有第三种，隐藏着跃跃欲动。若不将这三种问题同时解决，恐怕第二次大战终了后，跟着又要发生第三次大战。威尔逊于上次大战之末，提出"民族自决"之主张，就是预防第二种战争，可惜未能实现。巴黎和会，特订一个"劳工规约"，列入和约之第十三章，就是预防第三种战争，可惜不彻底。

世界上不平等之事有三，列强对弱小民族不平等，资本家对劳工不平等，军阀对平民不平等。孙中山先生曾说："我们今日，要用此四万万人的力量，为世界上的人打不平。"我们本三民主义，制出一部宪法，国与国立于平等地位，而本国的人民，在经济上，在政治上，立足点也平等，这三种不平等之事，就算打平了。我们把这部宪法宣布出来，即成了我国的"抗战宣言"，也即是预定的"战后和约"。倘若世界各国也走上这条路，国际上三种战争之祸根，即彻底拔除。

有了春秋那种形势，管仲"九合诸侯"的政策，应运而生，有了战国那种形势，苏秦"联合六国"的政策，又应运而生。此二者皆"合力主义"也。管仲揭出"尊周攘夷"的旗帜，把全国之力线集中"尊周"之一点，然后向四面打出，伐狄，伐山戎，伐楚，齐桓公遂独霸中原。后来晋文称霸，亦沿袭其策，连孔子修《春秋》，也秉承"尊周攘夷"之主旨。他这个政策，直贯穿了《春秋》全部。

到了战国，情形变了，周天子纸老虎已揭破，"尊周"二字说不上，楚在春秋为夷狄之国，此时更不能说"攘夷"的话，于是苏秦引锥刺股，揣摩期年，从学理上研究出"合纵"之策，齐楚燕赵韩魏六国，发出六根力线，取纵的方向，向强秦攻打，此种政策，一经告成，秦人不敢出关者十五年。《战国策》曰："当此之时，天下之人，万民之众，王侯之威，谋臣之权，皆决于苏秦之策。"又曰："廷说诸侯之王，杜左右之口，天下莫之能抗。"战国时百家争鸣，是我国学术最发达时代，苏秦的政策能够风靡一时，岂是莫得真理吗？无奈他莫得事业心，当了纵约长，可以骄傲父母妻嫂，就志得意满，不复努力，以致未克成功。有了苏秦之"合纵"，才生出张仪之"连横"，连横成功，而六国遂灭，可以说：苏秦的政策，贯穿一部《战国策》。苏秦的事，可分两部分看：自引锥刺股，至当纵约长，是学理上之成功；当纵约长以后，是实行上之失败。司马光修《资治通鉴》，也说苏秦的政策是很好的，深惜六国之不能实行。三国时，鲁肃和孔明，主张孙刘联合，原是抄写苏秦的古本。曹操是千古奸雄，听说孙权把荆州借与刘备，二人实行联合了，正在写字，手中之笔都吓落了，这个政策之厉害，可想而知。

现在五洲万国，是春秋战国的放大形，故威尔逊的"国际联盟"，也就应运而生。他是老教授出身，也是学理上成功，实行上失败。他的十四条原则，一宣布出来备受世界欢迎，绝像苏秦之受欢迎一般。无奈他在巴黎和会，欠了外交手腕，成立的国际联盟，反成了分赃的团体。其最大原因，则由于美国之立场，根本与弱小民族相反，威尔逊"民族自决"之主张，不能实现，理固然也。我们熟察国际形势，仍非走管仲、苏秦和威尔逊这条路线不可，应由我国出来，发起"新的国际联盟"，以弱小民族为主体，进而与强国联合，把威尔逊的原则，修正之，扩大之，喊出"人类平等"的口号，以替代"民族自决"四字，这样一来，决定成功。何也？我国立场与弱小民族相同故也？有孔老以来，绝好的主义，有汉弃珠崖，这类绝好的事实，为世界各国所深信故也。

世界纷争之际，必有一个重心，才能稳定，这个重心轮到我国来了。我们于武力战争之外，应当（1）在国际上成立一个"中国主义研究会"为宣传机关。（2）发起"新的国际联盟"为中国主义实行机关，喊出"人类平等"的口号，把世界上被压迫的民族，和被压迫的劳工与平民，一齐唤醒起来，与我们同立在一根战线上，如此，则我国就为世界重心了。孟子谓："制梃可挞秦楚。"盖纯乎"心理战争"也，我国今日，则"武力战争"与"心理战争"同时并进，无异于以武力推行中国主义，则战胜敌人也决然无疑，救世界人类于水火也，亦决然无疑。

管仲九合诸侯，一匡天下，伐狄，伐山戎，是用武力解决，召陵之役，是用政治解决。我们把"新的国际联盟"组织好，德意日三国，如能信从我们的王道主义，则用政治解决。否则师法苏秦故智，率全人类向之攻打，暴秦亡国条件，德意日三国，是具备了的，不败何待？

世界祸机四伏，念之不寒而栗。上次大战，一告结束，而战胜国之劳工，反暴动起来，法国首相，克利满梭，绰号"母老虎"，是欧战中最出力之人，巴黎和会，充当主席，为法国增光不少，反遭国人行刺，几乎把七十八岁的老命送掉。意大利战胜归国之将士，带起徽章，横行都市，专制魔王墨索里尼，乘机出现。美国人民要暴动，威尔逊调兵弹压，方才平息。英国的矿工和铁路工人，船上水手，结成三角同盟，布起阵势，预备随时可同政府决战，害得英国首相鲁意乔治驾着飞机，今日回伦敦弹压，明日赴巴黎开会，一夕数惊，疲于奔命。其原因，则由于大战到了第三年，一般劳工，都觉悟起来，一方面在战场上兵戎相见，一方面举出代表，在中立国交换意见，主张言和，及到战事终了，劳工觉得白白牺牲，所以处处发生暴动。巴黎和会，正在开会，而各国的劳工，也举代表，在瑞士国之熊城开会。巴黎和会，见此情形，才订一个"劳工规约"列入和约，与自己国中之劳工言和。上次大战，情形如此，此次大战，可想而知。上次威尔逊提出"民族自决"之主张，巴黎和会，列强食言，弱小民族之心理，则又不言可知。此种祸根，若不彻底拔除，战争是永无终止的。要拔除此祸根，舍了中国主义，别无他法，除了中国出来，肩此责任，也别无他人。

世界是一天一天进化的，是日向大同方面趋去的，其所以进化迟滞，大同久未出现者，可用比喻说明之：凡铁条皆有磁气，只因内部分子凌乱，南极北极相消，故磁力发不出来。如用磁石在铁条上面，引导一下，南北极排顺，立即发出磁力。现在全世界分子，凌乱极矣，我们用中国主张，引导一下，分子立即排顺，就可加强进化之速度，而大同可早日出现。

地球为万宝之库，我们需要财货，向之劫取，他是绝不抵抗的。第一次世界大战，第二次世界大战，乃是一伙劫贼，在主人门外，你剥我的衣服，我抢你的器械，互相厮杀，并不入主人门内一步，地球有知，当亦大笑不止。请问是谁之罪？曰：罪在充当群盗谋主之达尔文和尼采。

凡事以"平"为本。孙中山先生之三民主义，纯是建筑在一个"平"字上面，这个"平"字，是从《大学》上治国平天下那个"平"字生出来的。民族主义，民权主义，是向人类争平等，一到"平"字，即截然而止，转其目标，向地球劫取实物，所以民生主义，言开垦，言种植，与夫水力发电等等，纯是开发地球生产力，故三民主义一书，极合现在国际的趋势，可说是中国主义之实行计划，也即是大同世界之指南针。

"新的国际联盟"者，大同世界之过渡机关也。世界纷纷扰扰，是由地球生产力，机器生产力和人类之脑力体力，不相调协生出来的。我们组织"新的国际联盟"，把这四种力线一一排顺，历若干年，调整完毕，然后破除国界，把土地和机器一并收归全人类公有，技师出脑力，工人出体力，把地球蕴藏的宝物取出来，全人类平分，像这样办去，即是悬出地球为目的物，合全人类之力向之进攻，成了方向相同之合力线，人与人战争之祸，永远消除，孔子和孙中山先生所持之大同主义，于是完成。

以上经济、政治、国际三者，俱以合力主义为本。此外我还写了两本书：（1）考试制之商榷；（2）中国学术之趋势。其大意如下：

我以为国家立法，须把力线考察清楚，把离心力、向心力配置平衡，我国从前考试时代，士子读书与否，听其自由，这是一种离心力，考试及格，有种种荣誉和利益，足以动人歆羡，又具有向心力，两力平衡，故其时，国家并未规定学课，读书之子，也不须有人监督，他自己会"三更灯火五更鸡"的用功。这就像地球绕日，离心向心，二力平衡，不需外力推动，自能回旋不已。则校中学课，严密规定，又派教职员严密监视，而学子之用功，未见胜过科举时代，且流弊百出，这就是离心力，向心力，配置不平之故，今之一切制度，大都是二力配置不平，故规章愈密，监察愈严，而流弊反越多，言之慨然。

照现行学制之规定，欲取得毕业资格者，必须捐弃百事，每日在讲堂上坐若干时，历若干年，始取得毕业文凭而去，于是贫家子弟，在所摈弃，富家子弟，因障故而不能每日入校者，亦在所摈弃。国家施行此种制度，四十年矣，冥冥中不知损失若干人才。我主张把现行学制打破，设一个考试制，把考试标准明白规定，等于悬出一个箭垛，使人向之而射一样，每届小学、中学、及大学，举行毕业考试时，在校生，私塾生，自修生，一体与试，不问学年，不问年龄，只问程度，严格考试，只要及格，即给予毕业文凭。并于各地适中场所，设置公共图书标本室，理化试验室，延聘导师，常住其中，俾自修生有所请问。如此办去，则贫民子弟，工商界学徒，各机关小职员和年长失学之人，只要自家肯用功，都有取得大学毕业之希望，半工作，半自修，而各人之能力，可尽量发展，国家文化，可日益进步。中山先生讲"民权主义"，曾说："各人聪明才力，有天赋之不同，如把他们压下去，一律要平等，世界便莫有进步，人类便要退化。"现在学校内，把天才生、劣等生混而为一，同样授课，同时毕业，压为平头的平等，这就是违反中山先生戒条，足使国家退化。因此主张：现行学制，应彻底改革，统以考试制汇其归，曾写了一本《考试制之商榷》。我写此文，有一段趣事，是被木棒痛打一顿，才写出来的，不妨把原委写出来，用博一粲。

我从民国五年起，即当四川省视学（现改名省督学），当局每次召集教育会议，我即把我的主张提为议案，俱未通过，民国十二年，我上一呈文胪陈理由十六项，自请在原籍富顺县试办，经省长公署核准举行。十三年，我呈请省署通令全省试办，各县遂次第举行。十四年年假时，叙州联立中校学生毕业，我往主试，考了几场，一夜，学生多人，手持木棒哑铃，把我拖出寝室，痛打一顿。其时全场静静悄悄，学生寂无一语，我也默不一语，唯闻乒乒乓乓之声。学生临去骂道："你这狗东西，还主不主张严格考试？"我睡在地下想道："只要打不死，又来！"跟即请宜宾知事来验伤，伤单粘卷，木棒哑铃存案备查。次晨，我电呈上峰，末云："自经此次风潮，愈见考试之必要。视学身受重伤，死生莫卜，如或不起，尚望厉行考试，挽此颓风，生平主张，倘获见诸实行，身在九泉，亦当引为大幸。（伤单及原电载《四川教育公报》第一卷，第一期。）我稍愈，即裹伤上堂，勒令学生一律就试，不许一个借故不到，场规更加严厉，试毕将首要学生送交宜宾知事讯办，详情备载

《四川教育公报》，兹不具述。事后，我自咎欠了宣传，特写一文《考试制之商榷》，呈由四川教育厅印作单行本，发交各县研究。

民国十四年，川省颁布"各级学校学生毕业考试暂行条例"。规定：小学会考，于年暑假举行，不分学校与私塾，一体与试，中学修业年满，委员到校主试。其计划是先开放小学，故先举行小学会考，俟小学有了成效，再开放中学。二十三年，中央颁行中学会考制，取消小学会考制，成都，华阳……理番，松潘等六十一县教育局长，以"会考制度，行已数年，成效显著"等语，联名协请保留此项制度，教育厅据情转呈教育部，奉指令"姑准试行一年"。二十四年四川省政府咨请教育部。谓："川省小学会考，有悠久之历史，卓有成效。"陈列理由五项，请予保留，复文"姑准再办一年"。二十五年全川各县，遂一律停止小学会考。

我主张的考试制，有两种意义：（1）学校内部的学课，太不认真，用考试制以救正之。（2）现行的学制，太把人拘束紧了，用考试制以解放之。现行的会考制，有前一种意义，后一种则无之，二十五年九月，我将所著《考试制之商榷》重行印出，并将我请在富顺县试办的呈文，请通令各县试办的呈文，省公署先后令文，成华等六十一县教育局长的呈文，暨教育处、省政府和教育部往来公文，附载于后，成为一本，交成渝书店发售，借供教育界人士讨论。

现在既厉行会考制，我希望政府颁布一条法令："举行会考时，私塾生和自修生，一律与考，不问年龄，只问程度。"只要有此种法令出现，现行学制，就算彻底改革了。

我写那篇《考试制之商榷》，注重在提倡私塾和自修。现在许多有学问的人，想当校长教员而不可得，遂有百计营谋者，同时有许多学生，求入学校而不可得，每次招考，异常拥挤，录取者少，摈弃者多，并且招考时，关说之信函，纷来沓至，校长深以为苦。学校是造就人才之地，闹得来读书须钻营，教书须钻营，不得谓非立法之不善也。从前地方官，对书院山长用聘，待之以师礼，京朝大官回籍者，往往乐就斯席，为地方造人才，盖师位甚尊故也。今则地方官对校长用令，校长对之用呈，学校变成官厅，教员附庸，师道凌夷，一至于此。尚望国家特许私塾之成立，与正式学校，并行不悖，此亦培养士气之法也。东主聘我否，我设馆有人来学否，一以我之品行学问为准，而风俗可日趋醇厚。

现在全面抗战，秀杰之士，或赴前方军营，或在后方工作，同时添设许多临时机关，将来战事终了，机关裁撤，此项人才，消归何处？上次欧战终了，意大利战胜归来之将士，戴着徽章，莫得面包吃，处处暴动，墨索里尼，乘机组织棒喝团，因之窃得政权。此可为前车之鉴。此时我们早把学校开放，允许私塾之成立，则战胜归来之军官军佐和裁撤之人员，政府如不能全行安插，富厚之家，慕其声望，自必厚具修脯，延请训课子弟，抑或自行设馆授徒，此亦代国家消纳人才之一法。苏东坡有篇论任侠的文字，可为我们这种主张之注脚。一面可消除隐患，一面可以培植人才，而款则无须国家添筹。我们何苦而不为？

至于我写的《中国学术之趋势》，大旨言：我国学术最发达有两个时期，第一是周秦诸子，第二是赵宋诸儒，这两个时期的学术，都有创造性。汉魏以至五代是承袭周秦时代之学术，而加以研究，元明是承袭赵宋时代之学术，而加以研究，清朝是承袭汉宋时代之学术，而加以研究，俱缺乏创造性。

从周秦至今，可划为三个时期：周秦诸子，为中国学术独立发达时期，赵宋诸儒，为中国学术和印度学术融合时期。现在已经入第三时期了，世界大通，天涯比邻，中国、印度、西洋，三方面学术，相推相荡，依天然的趋势看去，此三者又该融合为一，是为中西印三方学术融合时期。进化是有轨道可循的，知道从前中印两方学术融合，出以某种方式，即知将来中西印三方学术融合，当出以某种方式。我们用鸟瞰法，升在空中，如看河流入海，就可把学术上之大趋势看出来。

周秦诸子中，当推老子为代表，孔子不足以代表，一部《道德经》，包含世间法和出世法两部分：他说"以正治国，以奇用兵"，是世间法，孔墨申韩孙吴诸人，是走的这条路；他说"致虚极，守静笃，万物并作，吾以观其复"，是出世法，庄列关尹诸人，是走的这条路。他是入世出世，打成一片，我们提出老子，就可贯通周秦诸子全部学说。

赵宋诸儒中，当推程明道为代表，朱子不足以代表。明道把中国学术和印度学术融合为一，成为所谓宋学，明道死后，才分出程（伊川）朱和陆王两派，故提出明道，就可贯通全部宋学。明道以释氏之法治心，以孔氏之法治世，治心治世，打成一片，恰走入老子途径。近人章太炎曰："大程远于释氏，而偏迹于老聃。"故中国学术，彻始彻终，可以老子贯通之。

世人以佛老并称，则老子学说，又可贯通印度学术。严又陵批《老子》，于第十章曰："黄老之道，民主之国之所用也。"于三十七章曰："此旨与卢梭正同。"于四十六章曰："纯是民主主义，读法儒孟德斯鸠《法意》一书，有以征吾言之不妄也。"足知老子学说又可贯通西洋学术。我不是说：我国有了老子，就可不去学西洋学问，我是说：西洋学问，与老子相通，我们可以尽量去学。

我们从周秦诸子中，把老子提出来，就可把中西印三方面学术沟通为一。

有人说：著《道德经》的老子，是战国时人，不是春秋时人，我不管他生在春秋时，生在战国时，我只是说：一部《道德经》，可以贯通中西印三方学术。知其可以贯通，才可把世界学说融合为一。

我们主张把力学规律应用到人事上来，而老子则早已用之。他书中屡以水为喻，水之为物，即是依力学规律而变化的。牛顿所说"万有引力"的现象，老子早已见之，其言曰："天得一以清，地得一以宁，神得一以灵，谷得一以盈，万物得一以生，侯王得一以为天下贞。天无以清将恐裂，地无以宁将恐发，神无以灵将恐歇，谷无以盈将恐竭，万物无以生将恐灭，侯王无以贞而贵高将恐蹶。"裂发歇竭灭蹶六字，俱是"万有引力"那个"引"字的反面字，也即是离心力那个"离"字的代名词，老子看此等现象，不知其为何物，因以"一"字代之，古代算术，凡遇未知数，皆以"一"字代之，老子言道亦然。其所谓"一"，即牛顿所谓"引力"也。

自然界以同一原则，生人生物，牛顿寻出这个原则，用之物理上，老子寻出这样原则，用之人事上。西人谈力学，谈电学，必正负二者对举；老子言道，常用有无，高下，阴阳，静躁，贵贱，刚柔等字，也是把相反之二者对举。牛顿之后，有爱因斯坦，老子之后，有庄子，庄子的学说，含有相对论原理，如"泰山为小，秋毫为大；彭祖为夭，殇子为寿"一类话，都是就空间上，时间上，相对而言之。我们会通观之，即可把人事与物理沟通为一。

牛顿发朋万有引力，定出公例，纷繁之物理，厘然就绪，而科学遂大进步。牛顿的原理，老子早已发明，惜乎沉埋已久，我们把他发掘出来，制成公例，纷繁之人事，一定厘然就绪，而文明必大进步。

从前印度学说，传入我国，我国尽量采用，修正之，发挥之，所有"华严宗"，"天台宗"，"净土宗"等，一一中国化，非复印度之旧，故深得一般人欢迎，就中最盛者唯禅宗，而此宗在印度，几等于无。我们此后采用西洋学说，仍用采用印度学说方法，使达尔文、斯密士诸人一一中国化，如用药之有炮炙法，把他有毒那一部分除去，单留有益这一部分。达尔文讲进化不错，错在倡言弱肉强食，斯密士发达个性不错，错在发达个性而妨害社会，我们去其害存其利就是了。

孔门学说，是诚意，正心，修身，齐家，治国，平天下，一以贯之。从前印度明心见性之说，传入中国，与固有学说，发生冲突，宋儒就用孔门的诚意正心，与之沟通为一。现在西洋的个人主义，国家主义传入中国，又与固有学说，发生冲突，我们应该用孔门的修齐治平，与之沟通为一，始而沟通，终而融合。如此则学说不至分歧，而人事之纷争可免。融合之后，再分头研究，如一株树然，知道枝叶花果同在一树上，即无所谓冲突了。

宇宙事物，原是孳生不已的，由最初之一个，孳生无数个，越孳生，越纷繁。自其相同之点观之，无在其不同，自其相异之点观之，无在其不异。古今讲学的人，尽管分门别户，互相排斥，其实越讲越相合。即如宋儒排斥佛学，他们的学说中，含有禅理，任何人都不能否认，孟子排斥告子，王阳明是孟子信徒，他说："无善无恶心之体。"其语又绝类告子。诸如此类，不胜枚举。因为宇宙真理同出一源，只要能够深求，就会同归于一。犹如山中草草木木一般，从他相异之点看去，草与木不同，同是一木，发生出来的千花万叶，用显微镜看去，无一朵相同之花，无一片相同之叶，可说是不同之极了。我们倘能会观其通，从他相同之点看去，则花花相同，叶叶相同，花与叶相同，此木与彼木相同，再精而察之，草木禽兽，泥土沙石，由分子，而原子，而电子，也就无所谓不同了。世间的学说，由同而异，由异而同，等于同出一源之水，可分为数支，来源不同之水，可汇为一流，千派万别，无不同归于海。

中国人研究学问，往往能见其全体，而不能见其细微，古时圣贤一开口即是天地万物，总括全体而言，好像远远望见一山，于山之全体，是看见了的，只是山上草草木木的真相，就说得依稀恍惚了。西人分科研究，把山上之一草一木，看得非常清楚，至于山之全体，却不十分了然。中国重在综合，西洋重在分析，二者融合为一，就可得真理之全了。

现在世界上纷纷扰扰，冲突不已，我们穷源竟委的考察，实由于互相反对的学说生出来的。性善说与性恶说，是互相反对的，个人主义经济学和社会主义经济学，是互相反对的，民主主义和独裁主义是互相反对的。凡此种种互相反对之学说，流行于同一社会之中，从未折中一是，思想是既不一致，行为上当然不能一致，冲突之事，就在所不免了。真理只有一个，犹如大山一般，东西南北看去，形状不同，游山者各见山之一部分，所说山之形状，就各不相同。我们研究事理，如果寻出本源，任是互相反对之说，俱可折中为一。我们可定一原则曰："凡有互相反对之二说，争辩了数十年，数百年，仍对峙不下，此二说一定是各得真理之一半，一定可合而为一。"如性善说与性恶说。

有人说："人的意志为物质所支配。"又有人说："物质为人的意志所支配。"这两说是各得真理之一半。譬如我们租佃了一座房子，迁移进去，某处作卧房，某处作厨房，某处作会客室，器具如何陈设，字画如何悬挂，一一审度屋宇之形式而为之，我们的思想，受了屋宇之支配，即是意志受了物质之支配。但是我们如果嫌屋宇不好，也可把他另行改造，屋宇就受我们之支配，即是物质受意志之支配。欧洲机器发明而后，工业大兴，人民的生活情形,随之而变,固然是物质支配了人的意志,但机器是人类发明的,发明家费尽脑力,机器才能出现,工业才能发达,这又是人的意志支配了物质。这类说法,与"英雄造时势,时势造英雄"是一样的,单看一面,未尝说不下去,但必须两面合拢来,理论方才圆满。有物理、数学等科,才能产出牛顿;有了牛顿,物理、数学等科,又生大变化。有了咸同的时局,才造出曾、左诸人;有了曾、左诸人,又造出一个时局。犹如鸡生蛋,蛋生鸡一般,表面看去是辗转相生,其实是前进不已的。后之蛋非前之蛋,后之鸡非前之鸡,物质支配人的意志,人的意志又支配物质,英雄造时势,时势又造英雄,而世界就日益进化了。倘于进化历程中,割取半截以立论,任他引出若干证据,终是一偏之见。我们细加考察,即知鸡之外无蛋,蛋之外无鸡,心之外无物,物之外无心,鸡与蛋可说是一个东西,心与物也是一个东西,原可合而为一。

伪古文《尚书》上《说命》一篇,曰:"非知之艰,行之唯艰。"孙中山先生则曰:"知难行易。"一般人都说:两说是冲突的,其实并不冲突,两说可相辅而行。傅说的意思,是说:"非知之艰,行之唯艰,你赶快实行好了。"孙中山先生的意思,是说:"知是很难的,行是很容易的,你赶快实行好了。"二者俱是勉人实行,有何冲突?难易二字,本是形容词,傅说和孙中山先生,站在各人的立场上,因听话者的情况各有不同,故用这种形容词,加强其语气,而归根于叫人实行。我们明白了傅说和孙中山先生立言的本旨,即知两说可相辅而行。

就实质言之,世间的事,有知难行易的,有知易行难的,例如:发明轮船火车,何等艰难,发明之后,叫技师依样制造,那就很容易了,是谓知难行易。学制轮船火车的人,在课堂上听技师讲说制造方法,心中很了然,到工场实地去做,那就很难了,是谓知易行难。

傅说说"知易行难",孙中山先生说"知难行易",这两个知字的意义,迥乎不同,傅说的"知"字,是指"听话了解"而言,孙中山先生的"知"字,是指"发明新理"而言。孙文学说中,所举饮食,作文,用钱等一事和修理水管一事,都是属乎发明方面的事。孙中山先生,是革命界先知先觉,他训诫党员,俨然是发明家对技师说话。意若曰:"艰难的工作,我已经做了,你们当技师的,依样制造,是很容易的。"故曰"知难行易"。傅说身居师保,他训诫武丁,俨然是技师对学徒说话,我们取《尚书》本文读之,即知傅说对武丁说了许多话。武丁说道:"你的话很好,我很了解。"傅说因警告之曰:"知之非艰,行之唯艰。"即是说:"课堂上了解不算事,要工场中做得出来才算事。"傅说和孙中山先生,都是按照听话者之情况而立言,无非趋重实行而已。

发明家把轮船火车发明了，叫技师依样去做，技师做成之后，又招些学生来学，这原是一贯之事，孙中山先生说的是前半截，傅说说的是后半截，所以说：两说并不冲突。

我们可以定出一个原则："凡事与天性习惯违反者，知易行难；与天性习惯不违反者，知难行易。"例如：我们对画师说：我家有一小孩，形状如何如何，叫他画，他画来总不肖，把小孩牵来与他看，他一画就神肖，是谓知难行易。因画师以画为业，与他的习惯并不违反也。画师把小孩画在黑板上，叫素未习画之人临摹，看得明明白白，而画来总不肖，又成了知易行难。因斯人素未习画，与习惯违反故也。革命志士，牺牲生命，在所不惜，所苦者，不知采用何种方法始能成功，是谓知难行易。普通人，你对他讲杀身成仁的道理，他也认为是很好的事，对他讲进行的方法，他也很了解，但叫他去实行，他就不肯于，是谓知易行难。何也？杀身成仁之事，与志士之天性不违反，与普通人之天性则违反也。

据上面的研究，傅说的说法和孙中山先生的说法，原是各明一义。我们当反躬自问，如果自己是技师，是革命志士，就诵孙中山先生之语以自警；如果是学徒，是普通人，就诵傅说之语以自警。

再者：王阳明主张"知行合一"，说："即知即行。"孙中山先生则主张"知行分工"。说："知者不必自行，行者不必自知。"这两说表面是冲突的，其实也是并行不悖。以作战言之，主帅把作战计划决定了，立即发布命令，指挥将士进攻，是为"即知即行"。主帅不必亲临战场，是为"知者不必自行"。战场上的将士，未必了解主帅的计划，是为"行者不必自知"。这也是一贯的事。王阳明说"知行合一"，是就主帅本身言之。孙中山先生说："知行分工"，是就指挥将士言之，如果本身都要分工，那么，孙中山先生著了一部《三民主义》和《孙文学说》，就可闭门高卧了，而他十次失败，十次起事，可知他本身是实行"知行合一"的，不过训诫党员的时候，是主帅对将士说话，才有"知行分工"的说法。全军之中，只有主帅一人，才能这样说。其他将士，奉命作战，"即知即行"。如果也说："知行分工，知者不必自行。"那就误事不小了。我们这样的研究，即知王阳明的说法和孙中山先生的说法，原是各明一义，我们在某种情况之下，适用某种说法即是了。

一部《孙文学说》，全为党员怠于工作而作。所有"知难行易"和"知行分工之说"，都是按照当日情事，为党员痛下砭针，有了这种病，才下这种药，至于傅说和王阳明所说的，其病情又自不同，我们识得立言本旨，才不至自误误人。凡读古人书，俱当如是。

我们又可定一原则曰："关于人事上之处理，凡有互相反对之二说，一定是一主性善说，一主性恶说。"孟子主张仁义化民，是以性善说为立足点，韩非主张法律绳人，是以性恶说为立足点；个人主义经济学，是以性恶说为立足点，社会主义经济学，是以性善说为立足点；独裁主义是以性恶说为立足点，民主主义，是以性善说为立足点；达尔文之互竞主义，是以性恶说为立足点，克鲁泡特金之互助主义，是以性善说为立足点。因为人性之观察不同，创出之学说遂不同。我们欲解除世界之纠纷，当先解除学说之纠纷，欲解除学说之纠纷，当先从研究人性入手。

人性本来是浑然的，无所谓善，无所谓恶，也即是可以为善，可以为恶。孟子出来，于整个人性中，截半面以立论，曰性善，在当时是一种新奇学说，于学术界，遂独树一帜，但是遗下了半面。荀子出来，把这半面提出来，曰性恶，也是一种新奇学说，于学术界，又独树一帜，成为对峙之派。此二派皆持之有故，言之成理，何也？各得真理之一半也。孟子之性善说，已经偏了，王阳明致良知之说，则更偏，学术界通例，其说愈偏者愈新奇，愈受人欢迎，所以王阳明之说一倡出来，风行一世。荀子之性恶说，已经偏，我的厚黑学则更偏，阳明向东偏，我向西偏，其偏之程度恰相等，所以厚黑学三字，遂洋溢乎四川。后来我著《心理与力学》，说："人性无善无恶。"阳明晚年，也说："无善无恶心之体。"譬之攻城，阳明从东门攻入，我从西门攻入，入了城中，所见景物，彼此都是一样，阳明讲致良知，说得头头是道，我讲厚黑学，也说得头头是道，其实皆一偏之见也。

我研究人性，由《厚黑学》而生出一条臆说："心理依力学规律而变化。"由此臆说，生出"合力主义"。本此主义，而谈经济，谈政治，谈国际，谈考试，谈学术趋势，与其他种种，我的思想，始终是一贯。所谓厚黑学者，特思想之过程耳，理论甚为粗浅，而一般人乃注意及之，或称许，或诋斥，啧啧众口，其他作品，则不甚注意，白居易云："仆之诗，人所爱者，悉不过杂律诗，《长恨歌》以下耳，时之所重，仆之所轻。"我也有同样的感慨，故把我思想之统系写出，借释众人之疑。

三、怕老婆哲学

大凡一国之成立，必有一定重心，我国号称礼教之邦，注重的就是五伦。古之圣人，于五伦中，特别提出一个"孝"字，以为百行之本，故曰："事君不忠非孝也，朋友不信非孝也，战阵无勇非孝也。"全国重心在一个孝字上，因而产出种种文明，我国雄视东南亚数千年，良非无因也。自从欧风东渐，一般学者大呼礼教是吃人的东西，首先打倒的就是孝字，全国失去重心，于是谋国就不忠了，朋友就不信了，战阵就无勇了，有了这种现象，国家焉得不衰落，外患焉得不欺凌？

我辈如想复兴中国，首先要寻出重心，然后才有措手的地方。请问：应以何者为重心？难道恢复孝字吗？这却不能，我国有谋学者，戊戌政变后，高唱君主立宪，后来袁世凯称帝，他首先出来反对，说道："君主这个东西，等于庙中之菩萨，如有人把他丢在厕坑内，我们断不能洗净供起，只好另塑一个。"他这个说法，很有至理，父子间的孝字不能恢复，所以我辈爱国志士，应当另寻一个字，以代替古之孝字，这个字仍当在五伦中去寻。

五伦中君臣是革了命的，父子是平了权的，兄弟朋友之伦，更是早已抛弃了，犹幸五伦中尚有夫妇一伦，巍然独存。我们就应当把一切文化，建筑在这一伦上，全国有了重心，才可以说复兴的话。

孩提之童，无不知爱其亲也，积爱成孝，所以古时的文化建筑在孝字上。世间的丈夫，无不爱其妻也，积爱成怕，所以今后的文化，应当建筑在怕字上。古人云："天下岂有无父之国哉？"故孝字可以为全国重心，同时可说，"天下岂有无妻之国哉？"故怕字也可以为全国重心。这其间有甚深的哲理，诸君应当细细研究。

我们四川的文化，无一不落后，唯怕学一门，是很可以自豪的。河东狮吼，是怕学界的佳话，此事就出在我们四川。其人为谁？即是苏东坡所做《方山子传》上的陈季常。他是四川青神人，与东坡为内亲；他怕老婆的状态，东坡所深知，故做诗赞美之曰："忽闻河东狮子吼，拄杖落手心茫然。"四川出了这种伟人，是应当特别替他表扬的。

我们读《方山子传》，只知他是高人逸士，谁知他才是怕老婆的祖师。由此知：怕老婆这件事，要高人逸士才做得来，也可说：因为怕老婆才成为高人逸士。《方山子传》有曰："环堵萧然，而妻子奴婢，皆有自得之意。"俨然薯䐏底豫气象。天下无不是的父母，亦无不是的妻子，虞舜遭着父顽母嚚，从孝字做工夫，家庭卒收底豫之效；陈季常遭着河东狮吼，从怕字做工夫，闺房中卒收怡然自得之效，真可为万世师法。

怕老婆这件事，不但要高人逸士才做得来，并且要英雄豪杰才做得来。怕学界的先知先觉，要首推刘先生，以发明家而兼实行家。他新婚之夜，就向孙夫人下跪，后来困处东吴，每遇着不了的事，就守着老婆痛哭，而且常常下跪，无不逢凶化吉，遇难呈祥。他发明这种技术，真可谓度尽无边苦海中的男子。诸君如遇河东狮吼的时候，把刘先生的法宝取出来，包管闺房中呈祥和之气，其乐也融融，其乐也泄泄。君子曰，刘先生纯怕也，怕其妻施及后人；怕经曰"怕夫不匮，永锡尔类"，其斯之谓欤！

陈季常生在四川。刘先生之坟墓，至今尚在成都南门外。陈刘二公之后，流风余韵，愈传愈广，怕之一字，成了四川的省粹。我历数朋辈交游中，官之越大者，怕老婆的程度越深，几乎成为正比例。诸君闭目细想，当知敝言不谬。我希望外省到四川的朋友仔仔细细，领教我们的怕学，辗转传播，把四川的省粹变而为中华民国的国粹，那么，中国就可称雄了。

爱亲爱国爱妻，原是一理。心中有了爱，表现出来，在亲为孝，在国为忠，在妻为怕，名词虽不同，实际则一也。非读书明理之士，不知道忠孝，同时非读书明理之士，不知道怕。乡间小民，往往将其妻生搥死打，其人率皆蠢蠢如鹿豕，是其明证。

旧礼教注重忠孝二字，新礼教注重怕字，我们如说某人怕老婆，无异誉之为忠臣孝子，是很光荣的。孝亲者为"孝子"，忠君者为"忠臣"，怕老婆者当名"怕夫"。旧日史书有"忠臣传"，有"孝子传"，将来民国的史书，一定要立"怕夫传"。

一般人都说四川是民族复兴根据地，我们既负了重大使命，希望外省的朋友，协同努力，把四川的省粹，发扬光大，成为全国的重心，才可收拾时局，重整山河，这是可用史事来证明的。

东晋而后，南北对峙，历宋齐梁陈，直到文帝出来，才把南北统一，而隋文帝就是最怕老婆的人。有一天独孤皇后发了怒，文帝吓极了，跑进山中，躲了两天，经大臣杨素诸人，把皇后的话说好了，才敢回来。兵法曰："守如处女，出如脱兔。"怕经曰："见妻如鼠，见敌如虎。"隋文帝之统一天下也宜哉！闺房中见了老婆，如鼠子见了猫儿，此守如处女之说也；战阵上见了敌人，如猛虎之见群羊，此出如脱兔之说也。《聊斋》有曰："将军气同雷电，一入中庭，顿归无何有之乡；大人面若冰霜，比到寝门，遂有不堪问之处。"唯其人中庭而无何有，才能气同雷电，唯其到寝门而不堪问，才能面若冰霜，彼蒲松龄乌足知之？

隋末天下大乱，唐太宗出来，扫平群雄，平一海内。他用的谋臣，是房玄龄。史称房谋杜断。房是极善筹谋之人，独受着他夫人之压迫，无法可施，忽然想到：唐太宗是当今天子，当然可以制服她，就诉诸太宗。太宗说："你喊她来，等我处置她。"哪知房太太几句话，就说得太宗哑口无言，私下对玄龄道："你这位太太，我见了都害怕，此后你好好服从她的命令就是了。"太宗见了臣子的老婆都害怕，真不愧开国明君。当今之世，有志削平大难者，他幕府中总宜多延请几个房玄龄。

我国历史上，不但要怕老婆的人才能统一全国，就是偏安一隅，也非有怕老婆的人不能支持危局。从前东晋偏安，全靠王导、谢安，而他二人，都是怕学界的先进。王导身为宰相，兼充清谈会主席，有天手持麈尾，坐在主席位上，正谈得高兴，忽报道"夫人来了"，他连忙跳上犊车就跑，把麈柄颠转过来，用柄将牛儿乱打。无奈牛儿太远，麈柄太短，王丞相急得没法。后来天子以王导功大，加他九锡，中有两件最特别之物，曰"短辕犊"，"长柄麈"。从此以后王丞相出来，牛儿挨得近近的，手中麈柄是长长的，成为千古美谈。孟子曰："孤臣孽子，其操心也危，其虑患也深，故达。"王丞相对于他的夫人，真可谓孤臣孽子了，宜其事功彪炳。

苻坚以百万之师伐晋，谢安围棋别墅，不动声色，把苻坚杀得大败，其得力全在一个怕字。"周婆制礼"，这个典故，诸君想还记得，谢安的太太，把周公制下的礼改了，用以约束丈夫。谢安在他夫人名下，受过这种严格教育，养成泰山崩于前而色不变的习惯，苻坚怎是他的敌手。

苻坚伐晋，张夫人再三苦谏，他怒道："国家大事，岂妇人女子所能知？"这可谓不怕老婆了，后来淝水一战，望见八公山上草木，就面有惧色，听见风声鹤唳，皆以为晋兵，他胆子怯得个这样，就是由于根本上欠了修养的缘故。观于谢安、苻坚，一成功，一失败，可以憬然悟矣。

有人说外患这样的猖獗，如果再提倡怕学，养成怕的习惯，日本一来，以怕老婆者怕之，岂不亡国吗？这却不然，从前有位大将，很怕老婆，有天愤然道："我怕她做甚？"传下将令，点集大小三军，令人喊他夫人出来，他夫人厉声道："喊我何事？"他惶恐伏地道："请夫人出来阅操。"我多方考证，才知道这是明朝戚继光的事。继光行军极严，他儿子犯了军令，把他斩了，夫人寻他大闹，他自知理亏，就养成怕老婆的习惯。谁知这一怕反把胆子吓大了，以后日本兵来，就成为抗日的英雄。因为日本虽可怕，总不及老婆之可怕，所以他敢于出战。诸君读过希腊史，都想知道斯巴达每逢男子出征，妻子就对他说道："你不战胜归来，不许见我之面。"一个个奋勇杀敌，斯巴达以一蕞尔小国，遂崛起称雄，倘平日没有养成怕老婆的习惯，怎能收此良果？

读者诸君，假如你的太太，对于你，施下最严酷的压力，你必须敬谨承受，才能忍辱负重，担当国家大事，这是王导、谢安、戚继光诸人成功秘诀。如其不然，定遭失败。唐朝黄巢造反，朝廷命某公督师征剿。夫人在家，收拾行李，向他大营而来。他听了愁眉不展，向幕僚说道："夫人闻将南来，黄巢又将北上，为之奈何？"幕僚道："为公计，不如投降黄巢的好。"此公卒以兵败伏法。假令他有胆量去迎接夫人，一定有胆量去抵抗黄巢，决不会失败。

我们现处这个环境，对日本谈抗战，对国际方面，谈外交手腕，讲到外交，也非怕学界中人不能胜任愉快。我国外交人才，李鸿章为第一。鸿章以其女许张佩伦为妻，佩伦年已四十，鸿章夫人，嫌他人老，寻着鸿章大闹。他埋头忍气，慢慢设法，把夫人的话说好，卒将其女嫁与佩伦。你想：夫人的交涉都办得好，外国人的交涉，怎么办不好？所以八国联军，那么困难的交涉，鸿章能够一手包办而成。

基于上面的研究，我们应赶急成立一种学会，专门研究怕老婆的哲学，造就些人才，以备国家缓急之用。旧礼教重在孝字上，新礼教，重在怕字上。古人求忠臣于孝子之门，今后当求烈士于怕夫之门。孔子提倡旧礼教，曾著下一部《孝经》，敝人忝任黑厚教主，有提倡新礼教的责任，特著一部《怕经》，希望诸君不必高谈"裁蠡"，只把我的《怕经》早夜虔诵百遍就是了。

教主曰：夫怕，天之经也，地之义也，民之行也。五刑之属三千，而罪莫大于不怕。

教主曰：其为人也怕妻，而敢于在外为非者鲜矣。人人不敢为非，而谓国之不兴者，未之有也。君子务本，本立而道生，怕妻也者，其复兴中国之本屿！

教主曰：唯大人为能有怕妻之心，一怕妻而国本定矣。

教主曰：怕学之道，在止于至善，为人妻止于严，为人夫止于怕。家人有严君焉，妻之谓也。妻发令于内，夫奔走于外，天地大义也。

教主曰：大哉妻之为道也，巍巍乎唯天为大，唯妻则之，荡荡乎无能名焉，不识不知，顺妻之则。

教主曰：行之而不着焉，习矣而不察焉，终身怕妻，而不知为怕者众矣。

教主曰：君子见妻之怒也，食旨不甘，闻乐不乐，居处不安，必诚必敬，勿之有触焉耳矣。

教主曰：妻子有过，下气怡声柔色以谏，谏若不入，起敬起长；三谏不听，则号泣而随之；妻子怒不悦，挞之流血，不敢疾怨，起敬起畏。

教主曰：为人夫者，朝出而不归，则妻倚门而望，暮出而不归，则妻倚闾而望。是以妻子在不远游，游必有方。

教主曰：君子之事也，视于无形，听于无声。入闺房，鞠躬如也。不命之坐，不敢坐；不命之退，不敢退。妻忧亦忧，妻喜亦喜。

教主曰：谋国不忠非怕也，朋友不信非怕也，战阵无勇非怕也。一举足而不敢忘妻子，一出言而不敢忘妻子。将为善，思贻妻子令名，必果；将为不善，思贻妻子羞辱，必不果。

教主曰：妻子者，丈夫所指而终身者也。身体发肤，属诸妻子，不敢毁伤，怕之始也；立身行道，扬名于后世，以显妻子，怕之终也。

右经十二章，为怕学入道之门，其味无穷。为夫者，玩索而有得焉，则终身用之，有不能尽者矣。

新礼教夫妻一伦，等于旧礼教父子一伦，孔子说了一句"为人止于孝"，同时就说"为人父止于慈"，必要这样，才能双方兼顾。所以敝人说"为人夫止于怕"，必须说"为人妻止于严"，也要双方兼顾。

现在许多人高唱"贤妻良母"的说法，女同志不大满意，这未免误解了。"贤妻良母"四字，是顺串而下，不是二者平列。贤妻即是良母，妻道也，而母道存焉。人子幼时，受父母之抚育，稍长出外就傅，受师保之教育，壮而有室，则又举而属诸妻子。故妻之一身，实兼有父母师保之责任，岂能随随便便，漫不经意吗？妻为夫纲，我女同志，能卸去此种责任吗？

男子有三从，幼而从父，长而从师，由壮至老则从妻，此中外古今之通义也。我主张约些男同志，设立"怕学研究会"，从学理上讨论；再劝导女同志，设立"吼狮练习所"，练习实行方法，双方进行，而谓怕学不昌明，中国不强盛者，未之有也。

四、六十晋一妙文

鄙人今年（民国二十八年）已满六十岁了。即使此刻寿终正寝，抑或为日本飞机炸死，祭文上也要写享年六十有一上寿了。生期那一天，并无一人知道，过后我遍告众人，闻者都说与我补祝。我说："这也无须。"他们说："教主六旬诞颂，是普天同庆的事，我们应该发出启事，征求诗文，歌颂功德。"我谓："这更勿劳费心，许多做官的人，德政碑是自己立的，万民伞是自己送的，甚至生祠也是自己修的。这个征文启事，不必烦诸亲友，等我自己干好了。"

大凡征求寿文，例应补叙本人道德文章功业，最要者，尤在写出其人特点，其他俱可从略。鄙人以一介匹夫，崛起而为厚黑圣人，于儒释道三教之外特创一教，这可算真正的特点。然而其事为众人所共知，其学已家喻户晓，并且许多人都已身体力行，这种特点，也无须赘述。兹所欲说者，不过表明鄙人所负责之重大，此后不可不深自勉励而已。

鄙人生于光绪五年己卯正月十三日，次日始立春，算命先生所谓："己卯生人，戊寅算命。"所以己卯年生的人，是我的老庚；戊寅年生的人，也是我的老庚。光绪己卯年，是西历一千八百七十九年，爱因斯坦生于三月十九日，比我要小一点，算是我的庚弟，他的相对论震动全球，而鄙人的《厚黑学》仅仅充满四川，我对于庚弟，未免有愧。此后只有把我发明的学问努力宣传，才能不虚此生。

正月十三日，历书上载明："是杨公忌日，诸事不宜。"孔子生于八月二十七日，也是杨公忌日，所以鄙人一生际遇，与孔子相同，官运之不亨通，一也；其被称为教主一也。天生鄙人，冥冥中以孔子相待，我何敢妄自菲薄！

杨公忌日的算法，是以正月十三为起点，以后每退二日，如二月十一日，三月九日……到了八月，又忽然发生变例，以二十七日为起点，又每月退二日，又九月二十五日，十月二十三日……到了正月又忽然发生变例，以十三为起点。诸君试翻历史书一看，即知鄙言不谬。大凡教主都是应运而生，孔子生日即为八月二十七日，所以鄙人生日非正月十三日不可。这是杨公在千年前早已注定了的。

孔子生日定为阴历八月二十七日，考据家颇有异词。改为阳历八月二十七日，一般人更莫名其妙。千秋万岁后，我的信徒，饮水思源，当然与我建个厚黑庙，每年圣诞致祭，要查看阴阳历对照表，未免麻烦。好在本年（民国二十八年）正月十三日，为厚黑教主圣诞。将来每年阴历重九登高，阳历重三日入厚黑庙致祭，岂不很好。

四川自汉朝文翁兴学而后，文化比诸齐鲁，历晋唐以迄有明，蜀学之盛，足与江浙诸省相埒。明季献贼践蜀，杀戮之惨，亘古未有。秀杰之士，起而习武，蔚为风气。有清一代，名将辈出，公侯伯子男，五等封爵，无一不有。嘉道时，全国提镇，川籍占十之七八。于是四川武功特盛，而文学则蹶焉不振。六十年前，张文襄建立尊经书院，延聘湘潭王壬秋先生来川讲学，及门弟子，井研廖季平，富顺宋芸子，名满天下，其他著作等身学者，指不胜屈，朴学大兴，文风复盛。考《湘绮楼日记》，己卯年正月十二日，王先生接受尊经书院聘书，次日鄙人诞生，明日即立春，万象更新，这其中实见造物运用之妙。

帝王之兴者也，必先有为之驱除者；教主之兴也，亦必先有为之驱除者，四时之序，成功者去。孔教之兴，已二千余年，皇矣上帝，乃眷西顾，择是四川为新教主诞生之所，使东鲁圣人，西蜀圣人，遥遥相对。无如川人尚武，已成风气，特先遣王壬秋入川，为之驱除，此所以王先生一受聘书，而鄙人即嵩生岳降也。

民国元年，共和肇造，为政治上开一新纪元，今为民国二十八年，也即是厚黑纪元二十八年。所以四川之进化，可分为三个时期：蚕丛鱼凫，开国茫然，勿庸深论，秦代通蜀而后，由汉司马相如，以至明阳慎，川人以文学相长，是为第一期，此则文翁之功矣。有清一代，川人以武功见长，是为第二时期，此张献忠之功也。民国以来，川人以厚黑学见长，是为第三时期，此鄙人之功也。

民元而后，我的及门弟子和私淑弟子，努力工作，把四川造成一个厚黑国，于是中国高瞻远瞩之士，大声疾呼曰："四川是民族复兴之根据地！"何想，要复兴民族，打倒日本，舍了这种学问，还有什么法子？所以鄙人于所著《厚黑丛话》内，喊出"厚黑救国"的口号，举出越王勾践为模范人物。其初也，勾践入吴，身为臣，妻为妾，是之谓厚。其初也，沼吴之役，夫差请照样的身为臣妻为妾，勾践不许，必置之死地而后已，是之谓黑，"九一八"以来，我国步步退让，是勾践退吴的方式，七七事变而后，全国抗战，是勾践沼吴的精神。我国当局，定下国策，不期而与鄙人之学说暗合，这是很可庆幸的。天下兴亡，匹夫有责，余岂好讲厚黑哉？余不得已也。

鄙人发明《厚黑学》，是千古不传之秘，而今而后，当努力宣传，死而后已。鄙人对于社会，既有这种空前的贡献，社会人士，即该予以褒扬。我的及门弟子和私淑弟子，当兹教主六旬圣诞，应该作些诗文，歌功颂德。自鄙人之目光看来，举世非之，与举世誉之，有同等的价值。除弟子而外，如有志同道合的逸伯玉，或走入异端的原壤，甚或有反对党，如楚狂沮溺，微生亩诸人，都可尽量地作些文字，无论为歌颂，为笑骂，鄙人都一敬谨拜受。将来汇刊一册，题目《厚黑教主荣录》。千秋万岁后，厚黑学如皎日中天，可谓其生也荣，其死也荣。中华民国万万岁！厚黑学万岁，厚黑纪元二十八年，三月十三日，李宗吾谨启。是日也，即我庚弟爱因斯坦六旬晋一之前一日也。